前言

想寫一本易於學習與理解的資料結構書籍，適合已經學會 Python 程式語法、學過基礎 Python 類別與物件的語法與概念的讀者進階研究。本書使用圖解方式說明資料結構的概念，依照步驟顯示資料結構中新增元素、刪除元素、搜尋元素的運作過程，資料結構的優缺點與使用時機，務必讓概念的解說清楚易懂，接著進行程式碼實作與解說，並分析程式的執行效率。

本書以從基礎到進階的方式安排章節次序，依序為資料結構簡介、Python 的資料儲存容器、陣列、鏈結串列、佇列與堆疊、樹狀結構、進階樹狀結構、排序、搜尋與雜湊、圖形資料結構與圖形走訪、圖形最短路徑、常見圖形演算法、2-3-Tree、2-3-4-Tree 與 B-Tree。

希望本書能帶領讀者進入資料結構的世界，熟悉資料結構的概念，能夠運用資料結構解決問題，提高程式執行速度。學習資料結構沒有捷徑，在程式實作中不斷地融入資料結構，比較不同資料結構對程式執行速度的影響，慢慢累積就會進步。

最後，感謝全華編輯的校對與美工的排版，讓本書更加完善。

作者　黃建庭

目錄

第 1 章 資料結構簡介

第 2 章 Python 的資料儲存容器

資料結構—使用 Python

(增訂版)

黃建庭　著

全華圖書股份有限公司　印行

第3章 陣列

第4章 鏈結串列

第5章 佇列與堆疊

第6章 樹狀結構 (Tree)

第 7 章 進階樹狀結構

第 8 章 排序

第 9 章 搜尋與雜湊

第 10 章 圖形資料結構與圖形走訪 (DFS 與 BFS)

目錄

第 11 章 圖形最短路徑

第 12 章 常見圖形演算法

第13章 2-3-Tree、2-3-4-Tree 與 B-Tree

Python

CHAPTER 01

資料結構簡介

程式設計就是資料結構與演算法，撰寫程式前先規劃所需的資料結構，資料結構就會影響程式的演算法，利用演算法操作資料結構，完成預訂所需要達成的功能。以下介紹資料結構、演算法、演算法複雜度、程式執行效率等。

1-1 資料結構的定義

資料結構 (Data Structure) 是電腦儲存與操作資料的方式，包含儲存的容器、新增資料、讀取資料、刪除資料與搜尋資料等。例如：要建立一個電話簿功能的程式，就要先思考適合的資料結構，該結構要能夠新增電話號碼與聯絡人，且能透過聯絡人資訊來搜尋電話號碼，並且能夠新增與刪除聯絡人和電話號碼，可以選用陣列 (Array)、鏈結串列 (Linked List) 或字典 (Dictionary) 等資料儲存容器製作抽象資料型別，每一種資料儲存容器都有其特性，有關「資料儲存容器」介紹，請見第 2 章。

日常生活中所遇到的問題，有時需要使用特定資料結構儲存資料，接著使用該結構所對應的演算法解決問題。例如使用地圖搜尋最短時間內到達目的地的方式，地圖系統先要有大眾運輸系統的時間表，建立地圖上每一個地點到另一個地點的距離與移動時間，儲存在圖形資料結構內，地點轉換成節點，兩個節點 (地點) 之間可以連通，就新增一個邊，邊上的權重就是所需距離或移動時間。接著使用最短路徑演算法，找出距離最短或移動時間最少的路徑，就可以找出地圖上兩點之間的最短路徑或最短移動時間的規劃路線。

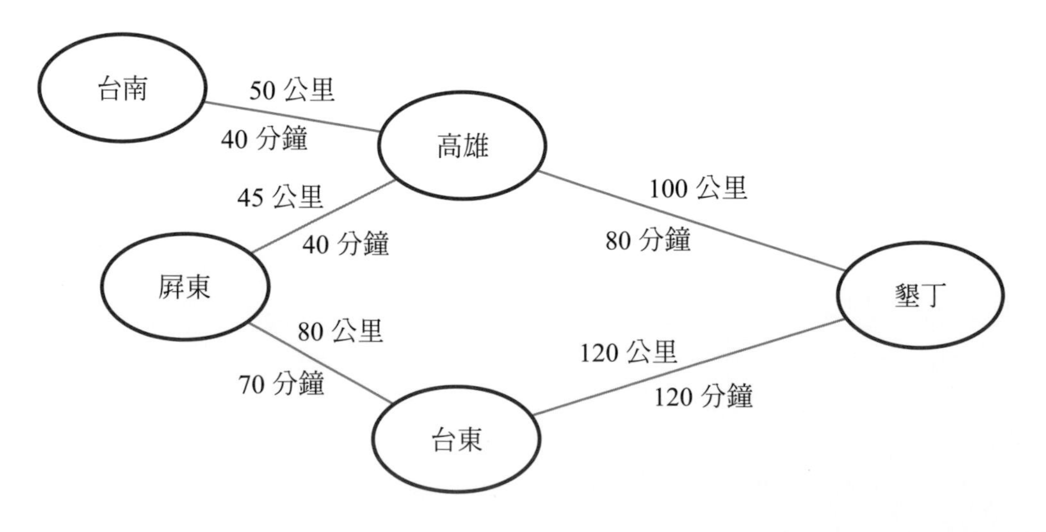

再以利用網路訂火車票爲例，訂票系統伺服器需要儲存大量的交易資料，能夠即時查詢每個列車與車廂是否有空位，能夠預定一個月以後的車票，此時需要具有能夠快速搜尋、新增與刪除功能的資料結構。訂票系統伺服器需要使用資料庫，大部分資料庫底層使用 B-Tree 資料結構實作，B-Tree 資料結構可以有效率的搜尋、新增與刪除資料，符合資料庫所需要功能，B-Tree 資料結構會在之後章節介紹。

1-2 資料結構影響程式執行效率

如果要在存有 n 個數值的陣列中找尋最大值，需要一個一個比較才能知道，利用此資料結構的找尋最大值程式所需時間爲 O(n)，O(n) 的定義將於本章之後介紹，相當於與 n(資料量) 成正比。使用最大堆積 (Max-Heap) 找尋最大值所需時間爲 O(1)，表示爲常數時間，將最大值刪除，調整爲最大堆積，需要時間爲 O(log(n))，最大堆積 (Max-Heap) 會在之後章節介紹。如果不考慮建立最大堆積所需時間，最大堆積結構比陣列結構更適合找尋最大值，也就是同樣是找最大值功能，使用陣列與最大堆積結構會獲得不同的執行效率，撰寫程式時，需要仔細比較不同的資料結構。找到合適的資料結構，能夠加速程式的執行效率。

1-3 演算法的定義

爲了讓電腦執行所需要的功能，必須先將這個功能轉換成演算法 (Algorithm)。演算法是完成功能所需要的步驟，有了演算法才能轉換成程式。資料結構也需要提供操作資料結構的演算法，不然只有儲存資料的空間，沒有操作資料的功能，就不能算是完整的資料結構。

爲了要讓電腦可以正確執行，演算法具有輸入 (Input) 、輸出 (Ouput) 、明確性 (Definiteness)、正確性 (Effectiveness)、有限性 (Finiteness) 之特性。

一、輸入

演算法可能有輸入，也可能沒有輸入，如果有輸入，需要明確的說明輸入的個數與每個輸入所表示的意義。

二、輸出

演算法至少要有一個以上的輸出，表示演算法執行後的結果。

三、明確性

所有演算法步驟都需要明確，演算法步驟不能有兩種以上的解釋，才能依照演算法轉換成程式碼。

四、正確性

演算法要能正確完成所需功能或解決問題，錯誤的演算法就需要修正。

五、有限性

電腦需要在有限步驟內執行程式，若演算法無法在有限步驟內完成，演算法就無法終止，轉換的程式也無法執行完畢，無法獲得結果。

演算法的表示方式，可以使用文字、虛擬碼 (Pseudo Code) 或流程圖 (Flow Chart) 進行表示，可以單純使用文字敘述解題步驟，也可以使用虛擬碼表示演算法。虛擬碼使用類似程式碼的文字表示演算法，例如：利用「if」取代文字敘述的「如果」。還可以使用流程圖表示演算法，流程圖常用於幫助初學程式設計者，以圖示方式寫出解決問題的步驟，若能將解題流程以流程圖表示，就可以轉換成程式語言。

使用文字描述解題步驟，隨著問題的複雜度增加，可能無法清楚描述和表達。虛擬碼使用類似程式碼的文字描述解題步驟，但不能夠直接執行，雖然能快速轉換成程式碼，但適合已經有程式基礎的人員，初學者對程式沒有基礎，不適合使用虛擬碼。流程圖相較於文字敘述與虛擬碼，讓初學者更能掌握解題步驟，但程式規劃與設計人員需要先熟悉各種流程圖的圖形所表示的意義。使用流程圖相較於文字與虛擬碼，更適合初學者精確描述解題步驟。

我們要先瞭解流程圖的圖示，如下表。

流程圖圖示	意義
→	程式流程的線，表示程式的處理順序。
◇	條件選擇，於菱形內寫入條件判斷。
□	程式的敘述區塊，寫出所需完成的功能。
⬭	開始或結束，看到此圖表示程式的開始或結束。
▱	程式所需的輸入與輸出。
○	連接點，當流程圖過長可以使用連接點將過長流程圖切割成多個流程圖組合起來，也可以避免流程圖中線過長或交叉。

假設要判斷一個數字是奇數還是偶數，使用文字敘述、虛擬碼與流程圖表示演算法，如下。

以文字敘述表示演算法

若數字除以 2 的餘數等於 0，則數字為偶數，否則數字為奇數。

以虛擬碼表示演算法

```
if  num % 2 == 0:
   print(num是偶數)
else:
   print(num是奇數)
```

以流程圖表示演算法

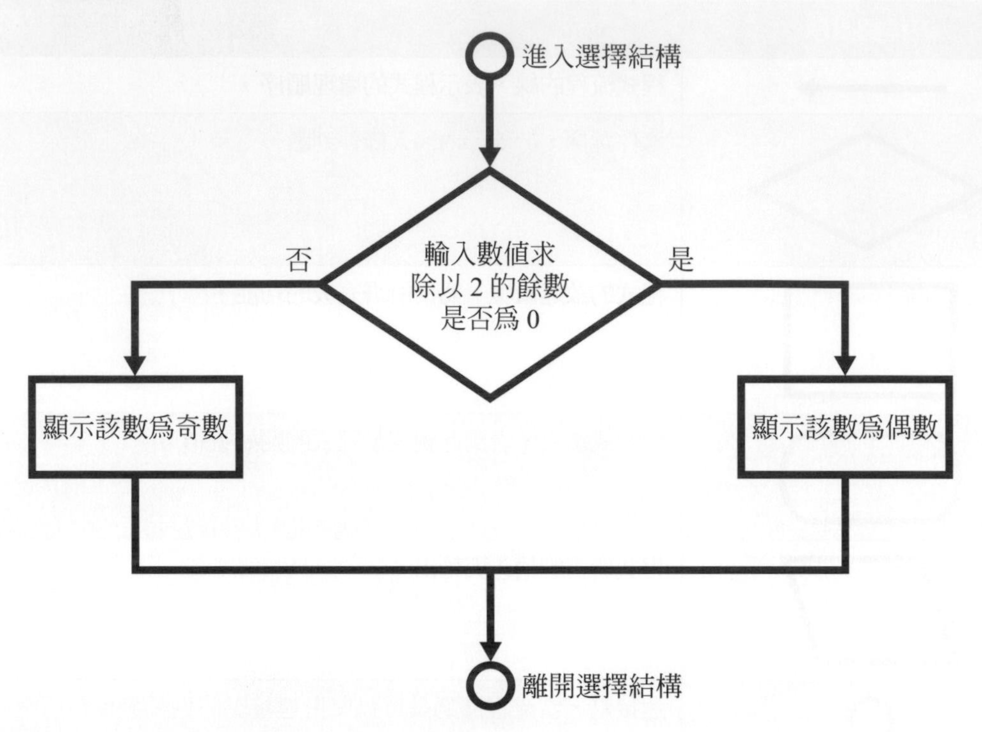

1-4 程式執行效率分析

衡量程式執行效率要有共同的標準，通常以 Big-O 表示，Big-O 是程式複雜度的上界，表示程式執行效率最差也會在此 Big-O 的複雜度以內，Big-O 的定義如下。

O(h(n)) = { f | 存在正數 C 與正整數 N，對於每個 n >= N，使得 0 <= f(n) <= C*h(n) } 我們就可以說「h(n) 是 f(n) 的上界」，f(n) 一定不會超過 h(n)。

範例 1

$2x^2+5x+3 = O(x^2)$

取 C=3，N=6，對於每個 n>=6，都滿足 $0 <= 2x^2+5x+3 <= 3x^2$

範例 2

$6x^3+1000x^2+3 = O(x^3)$

取 C=7，N=1001，對於每個 n>=1001，都滿足 $0 <= 6x^3+1000x^2+3 <= 7x^3$

程式複雜度越大表示越複雜，程式所需執行時間越長。程式複雜度的大小關係如下，如果執行複雜度爲 O(n) 的程式需要花時間 1 秒鐘，則執行複雜度爲 $O(n^2)$ 的程式所需時間約爲 n 秒鐘。

$O(1)<O(\log(n))<O(n)<O(n*\log(n))<O(n^2)<O(n^3)<O(2^n)<O(n!)$

程式複雜度最小爲 O(1)，表示程式在常數時間內可以執行完畢，效率非常好。若程式的複雜度爲 $O(2^n)$ 或 O(n!)，表示 n 值每遞增 1，執行演算法需要花兩倍以上的時間。以下爲 O(log(n))、O(n)、O(n*log(n))、$O(n^2)$、$O(n^3)$、$O(2^n)$、O(n!) 的成長趨勢圖，發現 $O(2^n)$ 與 O(n!) 成長速度很快，複雜度爲 $O(2^n)$ 與 O(n!) 的程式，當 n 值不大時，程式還能夠執行完畢，當 n 值夠大時，可能就無法在有限時間內執行完畢。

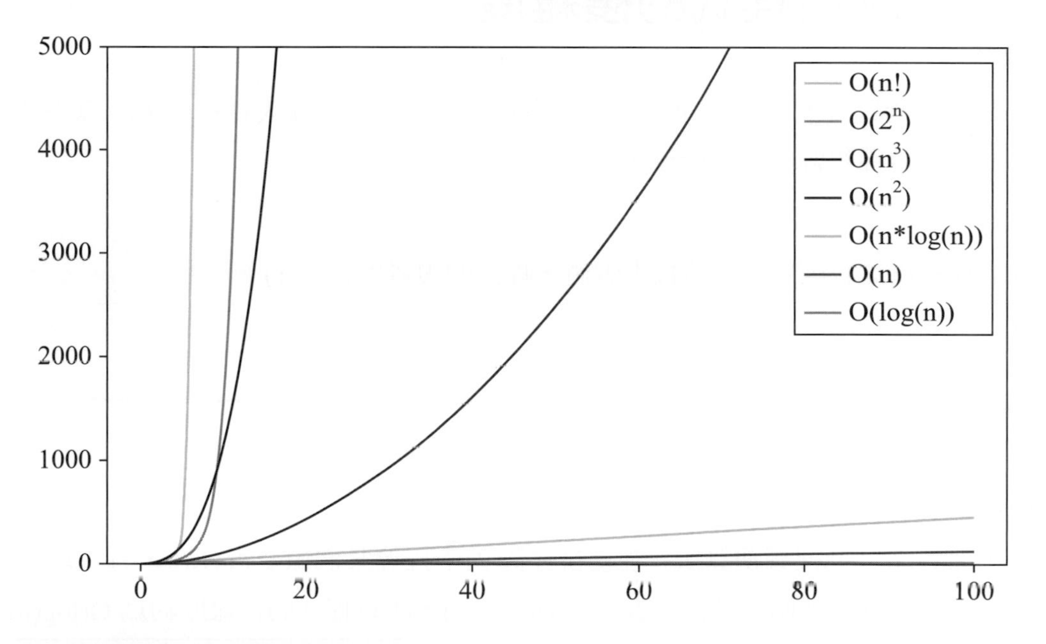

程式複雜度與能處理的資料量

評估程式的複雜度是以一秒鐘內可執行的資料量計算。假設演算法效率爲 O(n) 的程式，一秒鐘大約可以完成 100,000,000 個資料的運算。這個資料量的大小與電腦中央處理器運算速度有關，隨著電腦每秒可以運算的指令數的增加，這個值會不斷成長。

演算法複雜度	n 的最大上限，這是個大概數值，會隨著電腦運算能力的進步而增加
O(n)	100000000
$O(n*\log(n))$	4500000
$O(n^2)$	10000
$O(n^3)$	464
$O(n^4)$	100
$O(2^n)$	26
O(n!)	11

由上表可知，若已知演算法複雜度爲 O(n!)，若題目規定計算時間只有 3 秒鐘，則輸入的資料量 n 就不能超過 33，n 超過 33 就有可能逾時，就需要想效率更好的演算法才行。

評估程式的複雜度

當寫好一個程式，就需要評估程式碼的效率。一般會以輸入資料量來計算程式的複雜度。以下爲各種複雜度的範例程式。

(1) O(1)

以下程式爲比較兩數，回傳較大數值，程式的複雜度爲 O(1)。

```
if a > b:
    return a
else:
    return b
```

(2) O(log(n))

以下程式爲二分搜尋演算法。在已排序陣列中找尋某個值是否存在，每次取一半，就可以逼近要找尋的數值。執行次數約爲 O(log(n))，所以程式的複雜度約爲 O(log(n))。

```
score = [45, 59, 62, 67, 70, 78, 83, 85, 88, 92]
mid=5
left=0
right=9
while score[mid] != 59:
```

```
    print(" 檢查 score[", mid, "]=", score[mid]," 是否等於 59")
    if left >=right:
        break
    if score[mid] > 59:
        right=mid-1
    else:
        left=mid+1;
    mid=(left+right)//2
    print("right 更新為 ", right)
    print("left 更新為 ", left)
```

(3) O(n)

如果要找出 n 個數字的最大值，使用循序搜尋就需要將每個數字看過一次，所以程式複雜度與資料量成正比，就可以說搜尋程式的複雜度為 O(n)。以下為循序搜尋程式，使用一層迴圈求解，該迴圈執行 n 次，所以程式的複雜度為 O(n)。

```
a = [6, 7, 4, 5, 2, 8, 3]
n = 7
max = 0
for i in range(n):
    if max < a[i]:
        max = a[i]
print(max)
```

(4) O(n*log(n))

以下為合併排序，mergesort 函式每次將資料拆成一半，合併排序的 mergesort 的遞迴深度為 O(log(n))，而 merge 函式每一層都需要 O(n)，所以合併演算法效率為 O(n*log(n))，排序單元會詳細介紹合併排序演算法。

```
a=[60, 50, 44, 82, 55, 24, 99, 33]
tmp=[0, 0, 0, 0, 0, 0, 0, 0]
def merge(L, M, R):
    left=L
    right=M+1
    i=L
    while (left <= M) and (right <= R):
        if a[left]<a[right]:
            tmp[i]=a[left]
            left = left + 1
```

```
        else:
            tmp[i]=a[right]
            right = right + 1
        i = i + 1
    while left<=M:
        tmp[i]=a[left];
        i = i + 1
        left = left + 1
    while right<=R:
        tmp[i]=a[right]
        i = i + 1
        right = right + 1
    for i in range(L, R+1):
        a[i]=tmp[i]

def mergesort(L,R):
    if L < R:
        M=(L+R)//2
        mergesort(L,M)
        mergesort(M+1,R)
        merge(L,M,R)
        print("L=", L, "M=", M," R=",R)
        for item in a:
            print(item,' ', end='')
        print()
```

(5) $O(n^2)$

以下程式為九九乘法表，兩層迴圈各執行 n 次，所以程式的複雜度為 $O(n^2)$。

```
n = 10
for i in range(1, n):
      for j in range(1, n):
            print(i, '*', j, '=', i*j, '\t', sep='',end='')
      print()
```

(6) $O(n^3)$

以下程式為 Floyd Warshall 找尋最短路徑演算法的部分程式碼，三層迴圈各執行 n 次，所以程式的複雜度為 $O(n^3)$。

```
n = len(City)
for k in range(n)):
    for i in range(n):
        for j in range(n):
            if dis[i][k]==1000000 or dis[k][j]==1000000:
                continue
            dis[i][j]=min(dis[i][j],dis[i][k]+dis[k][j])
```

(7) $O(2^n)$

以下爲費式數列的遞迴程式，因爲 F(k) 需要遞迴求解 F(k - 1) 與 F(k - 2)，若 k 值很大時，k 值下降速度很慢，相當於一分爲二，程式效率爲 $O(2^n)$。

```
def F(k):
    if k == 0 or k == 1:
        return  1
    else:
        return  F(k - 1) + F(k - 2)
k = int(input("請輸入 k 值？"))
result = F(k)
print("F(", k, ")=", result)
```

(8) O(n!)

以下程式列出 n 個數值的各種排列，有 n! 種排列方式，所以程式顯示至少 n! 次，此程式效率至少 O(n!)，甚至 $O(n^n)$。

```
def perm(curStep):
    if curStep == n:
        for i in range(n):
            print(num[step[i]], " ", end="")
        print()
    else:
        for i in range(n):
            success = True
            for j in range(curStep):
                if step[j] == i:
                    success = False
                    break
            if success:
```

```
                        step[curStep] = i
                        perm(curStep+1)

perm(0)
```

在撰寫程式時，若遇到程式效率爲 $O(2^n)$ 或 $O(n!)$，當 n 值不大還可以接受；當 n 值較大時，就需要考慮以更有效率的演算法撰寫程式。

一、選擇題

(　　) 1. 對於資料結構的敘述何者錯誤？

(A) 資料結構爲電腦儲存與操作資料的方式

(B) 資料結構包含儲存的容器、新增資料、讀取資料、刪除資料與搜尋資料

(C) 資料結構只需要提供儲存資料的空間，不需要提供操作容器的功能

(D) 每一種資料結構儲存容器都有其特性，對不同問題要依照容器特性選擇適合的資料結構。

(　　) 2. 電腦需要在有限步驟內執行完成，若演算法無法在有限步驟內完成，演算法就無法終止，轉換成的程式也無法執行完畢，無法獲得結果，爲演算法的哪一種特性？ (A) 明確性　(B) 正確性　(C) 有限性　(D) 輸出。

(　　) 3. 演算法步驟不能有兩種以上的解釋，才能依照演算法轉換成程式碼，爲演算法的哪一種特性？ (A) 明確性　(B) 正確性　(C) 有限性　(D) 輸出。

(　　) 4. 演算法要能完成所需功能或解決問題，錯誤的演算法就需要修正，爲演算法的哪一種特性？ (A) 明確性　(B) 正確性　(C) 有限性　(D) 輸出。

(　　) 5. 以下流程圖，何者表示條件判斷？

(A) ○　(B) ▭　(C) □　(D) ◇。

(　　) 6. 以下流程圖，何者表示程式的敘述區塊？

(A) ○　(B) ▭　(C) □　(D) ◇。

(　　) 7. 以下流程圖，何者表示程式輸入與輸出？

(A) ▱　B) ▭　(C) □　(D) ◇。

(　　) 8. 以下流程圖，何者表示連接點？

(A) ○　(B) ▭　(C) □　(D) ◇。

(　　) 9. 以下爲程式的複雜度，當 n 相同時，請問哪一個執行時間最短？

(A)O(n)　(B)O(n*log(n))　(C)$O(n^2)$　(D)$O(2^n)$

本章習題

(　　) 10. 以下爲程式的複雜度，當 n 相同時，請問哪一個執行時間最長？

(A)O(n)　(B)O(n*log(n))　(C)$O(n^2)$　(D)$O(2^n)$

(　　) 11. 以下程式的複雜度爲何？　(A)O(n)　(B)O(n*log(n))　(C)$O(n^2)$　(D)$O(2^n)$。

```
n = 10
for i in range(1, n):
      for j in range(1, n):
            print(i, '*', j, '=', i*j, '\t', sep='',end='')
      print()
```

(　　) 12. 以下程式的複雜度爲何？　(A)O(n)　(B)O(n*log(n))　(C)$O(n^2)$　(D)$O(2^n)$。

```
def F(n):
  if n == 0 or n == 1:
      return  1
  else:
      return  F(n - 1) + F(n - 2)
n = int(input("請輸入n值？"))
result = F(n)
print("F(", n, ")=", result)
```

(　　) 13. 如果一個演算法計算次數爲 2^n+3，n 爲輸入的資料個數，則使用 Big-O 表示複雜度爲何？　(A)O(n)　(B)O(n*log(n))　(C)$O(n^2)$　(D)$O(2^n)$。

(　　) 14. 如果一個程式的計算次數爲 $0.1n^2+10^n+3$，n 爲輸入的資料個數，則使用 Big-O 表示複雜度爲何？　(A)O(n)　(B)O(n*log(n))　(C)$O(n^2)$　(D)$O(2^n)$。

(　　) 15. 如果一個程式的時間複雜度爲 $O(n^3)$，n 爲輸入的資料個數，則當資料量爲原來的 10 倍時，計算所需時間爲原來的幾倍？

(A) 10　(B) 100　(C) 1000　(D) 10000。

Python

CHAPTER 02

Python 的資料儲存容器

使用 Python 實作資料結構程式，需要將資料儲存在 Python 所提供的資料儲存容器內才能進行運算。Python 的資料儲存容器可以分爲 tuple、串列 (list)、字典 (dict) 與集合 (set) 四種，每一種結構都有其適合使用的情況與使用限制。tuple 可以依照順序儲存資料與取出資料，但不能更改，是不可變的物件；串列 (list) 也是用於依序儲存資料與取出資料，但可以更改。字典 (dict) 儲存的資料爲「鍵 (key)」與「值 (value)」對應的資料，使用「鍵」查詢「值」，字典也可視爲關聯性陣列 (Associative Array)。Python 3.5 以前，字典儲存資料是沒有順序性的；但 Python 3.6 以後，字典儲存資料是有順序性的。集合 (set) 儲存沒有順序性的資料，要找出資料是否存在，需要進行集合運算 (交集、聯集與差集等) 時，儲存不需要鍵與值對應的資料，就很適合使用集合。

2-1 tuple

ch2\2-1-tuple1.py

使用「**( )**」建立 tuple，tuple 在 Python 中表示將多個元素串接在一起，且 tuple 是不可以更改的。

(1) 使用「**( )**」建立 tuple。

程式碼	執行結果
t1 = ()	
print(t1)	()

(2) 也可以使用「**,**」串接資料形成 tuple。

程式碼	執行結果
t2 = 1, 2, 3	
print(t2)	(1, 2, 3)

在上例中，只使用「**,**」串接資料形成 tuple，但這樣不是很明確，一般而言會在變數值中再加上 () 表示是 tuple。

程式碼	執行結果
t3 = (1, 2, 3)	
print(t3)	(1, 2, 3)

(3) 可以在 tuple 使用「[ ]」取出個別元素（[ ] 中的數字為索引值）。

程式碼	執行結果
t3 = (1, 2, 3)	
print(t3[0])	1

(4) 我們可以使用變數取出 tuple 中的元素，稱作 unpacking(開箱)。

程式碼	執行結果
t3 = (1, 2, 3)	
a, b, c = t3	
print('a=', a, ',b=', b, ',c=', c)	a= 1 ,b= 2 ,c= 3

(5) 可以使用 tuple 交換兩數。

程式碼	執行結果
a = 10	
b = 20	
print(' 交換前 ','a=', a, ',b=', b)	交換前 a= 10 ,b= 20
a, b = b, a	
print(' 交換後 ','a=', a, ',b=', b)	交換後 a= 20 ,b= 10

(6) 可以使用函式 tuple 將串列轉換成 tuple，串列將於下一個單元介紹。

程式碼	執行結果
list1=[1,2,3,4]	
t4 = tuple(list1)	
print(t4)	(1, 2, 3, 4)

(7) tuple 中的元素可以是 tuple，內部的 tuple 會被視爲一個元素，存取內部 tuple 需要使用兩層中括號 [ ] 進行存取。

程式碼	執行結果
t4 = (1,2,3,4)	
t5 = (t4,5,6)	
print(t5)	((1, 2, 3, 4), 5, 6)
print(len(t5))	3
print(t5[0][0])	1

(8) 若只有一個元素的 tuple 需在元素後面加上逗點「,」，沒有加上逗點「,」就不是 tuple。

程式碼	執行結果
t6 = ('z',)	
print(t6)	('z',)

2-2 串列 (list)

串列爲可修改的序列資料，可以修改元素的內容，新增、刪除、插入與取出元素。使用 list 函式可以將資料轉換成串列，並可以使用 [::] 取出串列的一部分。

2-2-1 新增與修改串列

ch2\2-2-1-list1.py

(1) 使用「**[ ]**」建立新的串列。

程式碼	執行結果
shoplist = ['牛奶', '蛋', '咖啡豆', '西瓜', '鳳梨']	
print('購物清單 shoplist 爲')	購物清單 shoplist 爲
print(shoplist)	['牛奶', '蛋', '咖啡豆', '西瓜', '鳳梨']

(2) 使用「**[索引值]**」讀取個別元素。

程式碼	執行結果
shoplist = ['牛奶', '蛋', '咖啡豆', '西瓜', '鳳梨'] print('顯示 shoplist[0] 爲 ', shoplist[0])	顯示 shoplist[0] 爲 牛奶

(3) 使用「**len** 函式」讀取串列長度。

程式碼	執行結果
shoplist = ['牛奶', '蛋', '咖啡豆', '西瓜', '鳳梨'] print('購物清單 shoplist 的長度爲', len(shoplist))	購物清單 shoplist 的長度爲 5

(4) 使用「串列 **[** 索引值 **]=** 元素值」修改個別元素。

程式碼	執行結果
shoplist = ['牛奶', '蛋', '咖啡豆', '西瓜', '鳳梨'] shoplist[1] = '皮蛋' print("執行 shoplist[1] = '皮蛋' 後") print(shoplist)	執行 shoplist[1] = '皮蛋' 後 ['牛奶', '皮蛋', '咖啡豆', '西瓜', '鳳梨']

(5) 使用「函式 **index**」取出指定元素的索引值。

程式碼	執行結果
shoplist = ['牛奶', '蛋', '咖啡豆', '西瓜', '鳳梨'] index=shoplist.index('咖啡豆') print("執行 index=shoplist.index('咖啡豆') 後") print('index=', index)	執行 index=shoplist.index('咖啡豆') 後 index= 2

(6) 使用「函式 **append**」將元素增加到串列的最後。

程式碼	執行結果
shoplist = ['牛奶', '蛋', '咖啡豆', '西瓜', '鳳梨'] shoplist.append('麵包') print("執行 shoplist.append('麵包')後") print(shoplist)	執行 shoplist.append('麵包')後 ['牛奶', '蛋', '咖啡豆', '西瓜', '鳳梨', '麵包']

(7) 使用「函式 **insert**」將元素插入到串列的指定位置。

程式碼	執行結果
shoplist = ['牛奶', '蛋', '咖啡豆', '西瓜', '鳳梨'] shoplist.insert(4, '蘋果') print("執行 shoplist.insert(4, '蘋果') 後") print(shoplist)	執行 shoplist.insert(4, '蘋果') 後 ['牛奶', '蛋', '咖啡豆', '西瓜', '蘋果', '鳳梨']

(8) 使用「函式 **remove**」將指定的元素從串列中移除。

程式碼	執行結果
shoplist = ['牛奶', '蛋', '咖啡豆', '西瓜', '鳳梨'] shoplist.remove('蛋') print("執行 shoplist.remove('蛋') 後") print(shoplist)	執行 shoplist.remove('蛋') 後 ['牛奶', '咖啡豆', '西瓜', '鳳梨']

(9) 使用「函式 **del**」將串列中第幾個元素刪除。

程式碼	執行結果
shoplist = ['牛奶', '蛋', '咖啡豆', '西瓜', '鳳梨']	
del shoplist[0]	
print("執行 del shoplist[0] 後")	執行 del shoplist[0] 後
print(shoplist)	['蛋', '咖啡豆', '西瓜', '鳳梨']

(10) 使用「函式 **pop**」將串列中第幾個元素刪除，若不指定元素則刪除最後一個元素。

程式碼	執行結果
shoplist = ['牛奶', '蛋', '咖啡豆', '西瓜', '鳳梨']	
shoplist.pop(0)	
print("執行 shoplist.pop(0) 後")	執行 shoplist.pop(0) 後
print(shoplist)	['蛋', '咖啡豆', '西瓜', '鳳梨']
shoplist.pop()	
print("執行 shoplist.pop() 後")	執行 shoplist.pop() 後
print(shoplist)	['蛋', '咖啡豆', '西瓜']
shoplist.pop(-1)	
print("執行 shoplist.pop(-1) 後")	執行 shoplist.pop(-1) 後
print(shoplist)	['蛋', '咖啡豆']

(11) 使用「函式 **sort**」排序串列元素。

程式碼	執行結果
shoplist = ['milk', 'egg', 'coffee', 'watermelon']	
shoplist.sort()	
print("執行 shoplist.sort() 後")	執行 shoplist.sort() 後
print(shoplist)	['coffee', 'egg', 'milk', 'watermelon']

(12) 串列可以包含各種資料型別的元素。

程式碼	執行結果
list = [1,2.0,3,'Python']	
print(" 串列可以包含各種資料型別的元素 ")	串列可以包含各種資料型別的元素
print(list)	[1, 2.0, 3, 'Python']

(13) 使用「for 變數 in 串列」可以讀取串列所有元素到「變數」。

程式碼	執行結果
shoplist = ['milk', 'egg', 'coffee', 'watermelon'] for item in shoplist: print(item)	milk egg coffee watermelon

2-2-2 串接兩個串列

ch2\2-2-2-list2.py

使用「+」串接兩個串列。

程式碼	執行結果
shoplist1 = ['牛奶', '蛋', '咖啡豆']	
shoplist2 = ['西瓜', '鳳梨']	
shoplist_all = shoplist1 + shoplist2	
print(shoplist_all)	['牛奶', '蛋', '咖啡豆', '西瓜', '鳳梨']

2-2-3 產生串列

ch2\2-2-3-list3.py

(1) 使用「函式 **list**」產生串列，函式 list 可以輸入字串或 tuple。

程式碼	執行結果
`list1 = list('python')`	
`print(list1)`	`['p', 'y', 't', 'h', 'o', 'n']`
`tuple2 = ('a', 'b', 1, 2)`	
`list2 = list(tuple2)`	
`print(list2)`	`['a', 'b', 1, 2]`

(2) 使用「函式 **split**」也會回傳串列。

程式碼	執行結果
`list3 = "2016/1/1".split('/')`	
`print(list3)`	`['2016', '1', '1']`

2-2-4 使用「[開始 : 結束 : 間隔]」存取串列

ch2\2-2-4-list4.py

使用「[開始 : 結束 : 間隔]」切割字串，從「開始」到「結束」(不包含結束的字元) 每隔「間隔」個字元取一個字元出來。

(1) **list[:]** 表示取串列 list 的每一個元素。若沒有指定結束元素，預設使用最後一個元素結束，若沒有指定開始元素，預設使用第一個元素開始。

程式碼	執行結果
`a = list('abcdefghijk')`	
`print('a[:] 爲 ', a[:])`	`a[:] 爲 ['a', 'b', 'c', 'd', 'e', 'f', 'g', 'h', 'i', 'j', 'k']`

(2) **list[開始 :]** 表示取串列 list[開始] 到串列 list 結束的所有元素，若沒有指定結束元素，預設使用串列 list 最後一個元素結束，包含最後一個元素。

(3) **list[: 結束]** 表示取串列 list 第一個元素到串列 list[結束] 所指定元素的前 1 個元素爲止的所有元素，若沒有指定開始元素，預設使用串列 list 第一個元素開始。

程式碼	執行結果
a = list('abcdefghijk')	
print('a[:5] 爲 ', a[:5])	a[:5] 爲 ['a', 'b', 'c', 'd', 'e']
print('a[5:] 爲 ', a[5:])	a[5:] 爲 ['f', 'g', 'h', 'i', 'j', 'k']
print('a[:-5] 爲 ', a[:-5])	a[:-5] 爲 ['a', 'b', 'c', 'd', 'e', 'f']
print('a[-5:] 爲 ', a[-5:])	a[-5:] 爲 ['g', 'h', 'i', 'j', 'k']

(4) **list[開始 : 結束]** 表示取串列 list[開始] 元素到串列 list[結束] 所指定元素的前 1 個元素爲止的所有元素。

程式碼	執行結果
a = list('abcdefghijk')	
print('a[0:4] 爲 ', a[0:4])	a[0:4] 爲 ['a', 'b', 'c', 'd']
print('a[-5:-3] 爲 ', a[-5:-3])	a[-5:-3] 爲 ['g', 'h']

(5) **list[開始 : 結束 : 間隔]** 表示取串列 list [開始] 元素到串列 list[結束] 所指定元素的前 1 個元素爲止的所有元素，每隔「間隔」個元素取一個元素。

程式碼	執行結果
a = list('abcdefghijk')	
print('a[1:10:3] 爲 ', a[1:10:3])	a[1:10:3] 爲 ['b', 'e', 'h']
print('a[-1:-4:-1] 爲 ', a[-1:-4:-1])	a[-1:-4:-1] 爲 ['k', 'j', 'i']

(6) **list[::-1]** 表示反轉串列 list，反轉串列爲串列中第 1 個元素與最後 1 個元素互換，第 2 個元素與倒數第 2 個元素互換，第 3 個元素與倒數第 3 個元素互換，一直到只剩下一個元素或沒有元素可以互換爲止。

程式碼	執行結果
a = list('abcdefghijk')	
print('a[::-1] 爲 ', a[::-1])	a[::-1] 爲 ['k', 'j', 'i', 'h', 'g', 'f', 'e', 'd', 'c', 'b', 'a']

綜合上述，若「開始」沒有指定數值，以串列最開始的元素開始，也就是預設使用 0；若「結束」沒有指定數值，以串列最右邊的元素結束 (包含該元素)。若「間隔」大於 0，表示由左到右取出元素；若「間隔」小於 0，表示由右到左取出元素。

2-2-5 拷貝串列

ch2\2-2-5-list5.py

使用 [:] 與函式 copy 拷貝串列，會將原串列複製一份，但是「複本」與原來串列不同，是兩個不同的物件，占有不同的記憶體空間。使用等號 = 只是貼上變數名稱的標籤，例如：「list2 = list1」，表示 list1 與 list2 指向相同的物件，以下程式介紹兩者的差異。

(1) 使用等號 =，例如「list2 = list1」，表示 list1 與 list2 指向相同的物件，當串列 list1 或串列 list2 中元素有修改，list1 與 list2 都會改變。

程式碼	執行結果
list1 = [1, 2, 3, 4]	
list2 = list1	
print('list1=', list1)	list1= [1, 2, 3, 4]
print('list2=', list2)	list2= [1, 2, 3, 4]
list1[2]=19	
print('list1=', list1)	list1= [1, 2, 19, 4]
print('list2=', list2)	list2= [1, 2, 19, 4]
list2[2]=18	
print('list1=', list1)	list1= [1, 2, 18, 4]
print('list2=', list2)	list2= [1, 2, 18, 4]

(2) 使用 [:] 與函式 copy 拷貝串列，會將串列複製一份，但是兩個串列是不同的物件，占有不同的記憶體空間，修改時兩者不會互相影響。

程式碼	執行結果
list1 = [1, 2, 3, 4]	
list3 = list1[:]	
list3[2] = 19	
print('list1=', list1)	list1= [1, 2, 3, 4]
print('list3=', list3)	list3= [1, 2, 19, 4]
list4 = list1.copy()	
list4[2] = 19	
print('list1=', list1)	list1= [1, 2, 3, 4]
print('list4=', list4)	list4= [1, 2, 19, 4]

字典 (dict)

字典 (dict) 儲存的資料為鍵 (key) 與值 (value) 對應的資料，使用「鍵」可以搜尋對應的「值」。字典中的「鍵」需使用不可以變的元素，例如：數字、字串與 tuple。字典可以新增、刪除、更新與合併兩個字典。

2-3-1 新增與修改字典

ch2\2-3-1-dict1.py

(1) 使用 {} 建立新的字典，字典以鍵 (key): 值 (value) 表示一個元素，在「鍵」與「值」的中間使用一個冒號「:」。

程式碼	執行結果
dict1={}	
print(dict1)	{}
lang={'早安':'Good Morning', '你好':'Hello' }	
print(lang)	{'早安': 'Good Morning', '你好': 'Hello'}

(2) 使用字典 [鍵] 讀取鍵 (key) 所對應的值 (value)。

程式碼	執行結果
lang={'早安':'Good Morning', '你好':'Hello'} print('「你好」的英文爲 ',lang['你好'])	「你好」的英文爲 Hello

若字典 [鍵] 所讀取的鍵不存在字典內，會發出 KeyError 的例外 (exception)，程式無法執行完畢，所以此行以「#」進行註解，程式才能正確執行。若要執行此行則要將「#」去除，程式就會發出 KeyError 的例外。

程式碼	執行結果

lang={'早安':'Good Morning', '你好':'Hello'}
print('「你好嗎」的英文爲 ',lang['你好嗎'])
	Traceback (most recent call last):
	  File "G:\ch3\3-3-1-dict1.py", line 6, in <module>
	    print('「你好嗎」的英文爲 ',lang['你好嗎'])
	KeyError: '你好嗎'

(3) 使用函式 get 讀取「鍵」所對應的「值」，若「鍵」不存在字典內，則回傳 None，程式會繼續執行。在 get 函式增加第二個參數，若「鍵」不存在字典內，則回傳第二個參數所輸入的資料。

程式碼	執行結果
lang={'早安':'Good Morning', '你好':'Hello'} print('「你好」的英文爲 ',lang.get('你好')) print('「你好嗎」的英文爲 ',lang.get('你好嗎')) print('「你好嗎」的英文爲 ',lang.get('你好嗎','不在字典內'))	「你好」的英文爲 Hello 「你好嗎」的英文爲 None 「你好嗎」的英文爲 不在字典內

(4) 使用字典 [鍵]= 值修改個別元素與新增元素，若「鍵」存在字典內，則修改該鍵所對應的值；若「鍵」不存在字典內，則新增該鍵與值的對應。

程式碼	執行結果
lang={'早安':'Good Morning', '你好':'Hello'}	
lang['你好']='Hi'	
print(lang)	{'早安': 'Good Morning', '你好': 'Hi'}
lang['學生']='Student'	
print(lang)	{'早安': 'Good Morning', '你好': 'Hi', '學生': 'Student'}

(5) 使用 del 字典 ['鍵'] 會將字典中指定的「鍵」刪除，所對應的「值」也會刪除。

程式碼	執行結果
lang={'早安':'Good Morning', '你好':'Hello'}	
del lang['早安']	
print(lang)	{'你好': 'Hello'}

(6) 使用函式 clear 清空整個字典。

程式碼	執行結果
lang={'早安':'Good Morning', '你好':'Hello'}	
lang.clear()	
print(lang)	{}

2-3-2 將 tuple 或串列轉換成字典

ch2\2-3-2-dict2.py

使用**函式 dict** 將 tuple 或串列轉換成字典，可以在串列中包含串列、串列中包含 tuple、tuple 中包含串列、tuple 中包含 tuple，內層的串列或 tuple 使用兩個元素對應，前者會轉換成「鍵」，而後者轉換成「值」。

程式碼	執行結果
a=[['早安','Good Morning'],['你好','Hello']]	
dict1=dict(a)	
print(dict1)	{'早安': 'Good Morning', '你好': 'Hello'}
b=[('早安','Good Morning'),('你好','Hello')]	
dict2=dict(b)	
print(dict2)	{'早安': 'Good Morning', '你好': 'Hello'}
c=(['早安','Good Morning'],['你好','Hello'])	
dict3=dict(c)	
print(dict3)	{'早安': 'Good Morning', '你好': 'Hello'}
d=(('早安','Good Morning'),('你好','Hello'))	
dict4=dict(d)	
print(dict4)	{'早安': 'Good Morning', '你好': 'Hello'}

2-3-3 使用「函式 update」合併兩個字典

ch2\2-3-3-dict3.py

使用**函式 update** 將兩個字典合併成一個字典，例如：dict1.update(dict2)，若有重複的「鍵」，會將 dict2 的「鍵」與「值」取代 dict1 的「鍵」與「值」。

程式碼	執行結果
lang1={'你好':'Hello'} lang2={'學生':'Student'} lang1.update(lang2) print(lang1)	{'你好': 'Hello','學生': 'Student' }
lang1={'早安':'Good Morning','你好':'Hello'} lang2={'你好':'Hi'} lang1.update(lang2) print(lang1)	{'早安': 'Good Morning', '你好': 'Hi'}

2-3-4 使用「函式 copy」複製字典

ch2\2-3-4-dict4.py

使用函式 copy 複製字典，例如：dict2=dict1.copy()，會複製 dict1 到 dict2，dict1 與 dict2 指向不同的字典物件，若更改字典 dict1 的元素，並不會修改字典 dict2；若使用「dict2=dict1」，則 dict1 與 dict2 指向同一個字典物件，修改字典 dict1 的元素，字典 dict2 也會更改。

程式碼	執行結果
lang1={'早安':'Good Morning','你好':'Hello'}	
lang2 = lang1	
lang2['你好']='Hi'	
print('lang1為', lang1)	lang1 為 {'早安': 'Good Morning','你好': 'Hi' }
print('lang2為', lang2)	lang2 為 {'早安': 'Good Morning','你好': 'Hi' }
lang1={'早安':'Good Morning','你好':'Hello'}	
lang3 = lang1.copy()	
lang3['你好']='Hi'	
print('lang1為', lang1)	lang1 為 {'早安': 'Good Morning','你好': 'Hello' }
print('lang3為', lang3)	lang3 為 {'早安': 'Good Morning','你好': 'Hi' }

2-3-5 使用「for」讀取字典每個元素

ch2\2-3-5-dict5.py

使用「**for**」讀取字典每個元素，配合字典的「函式 **items**」會回傳「鍵」與「值」兩個元素，配合字典的「函式 **keys**」會回傳「鍵」，而配合字典的「函式 **values**」會回傳「值」。

程式碼	執行結果
lang={'早安':'Good Morning','你好':'Hello'}	
for ch, en in lang.items():	
print('中文爲', ch, '英文爲', en)	中文爲 你好 英文爲 Hello 中文爲 早安 英文爲 Good Morning
for ch in lang.keys():	
print(ch,lang[ch])	你好 Hello 早安 Good Morning
for en in lang.values():	
print(en)	Hello Good Morning

集合 (set)

集合 (set) 儲存沒有順序性的資料，集合內元素不能重複，集合會自動刪除重複的元素。

2-4-1 新增與修改集合

ch2\2-4-1-set1.py

使用 set() 或 {} 建立新的集合，集合會自動刪除重複的元素，set() 只能使用一個參數，參數字串、tuple、串列或字典都可以建立集合。

程式碼	執行結果
`s = {1,2,3,4}`	
`print(s)`	`{1, 2, 3, 4}`
`s = set(('a',1,'b',2))`	
`print(s)`	`{1, 2, 'b', 'a'}`
`s = set(['apple', 'banana', 'apple'])`	
`print(s)`	`{'apple', 'banana'}`
`s = set({'早安':'Good Morning', '你好':'Hello'})`	
`print(s)`	`{'早安', '你好'}`
`s = set('racecar')`	
`print(s)`	`{'r', 'e', 'c', 'a'}`

使用函式 add 新增集合元素，使用函式 remove 刪除集合元素。

程式碼	執行結果
`s = set('tiger')`	
`print(s)`	`{'g', 't', 'i', 'e', 'r'}`
`s.add('z')`	
`print(s)`	`{'g', 'i', 'z', 'e', 'r', 't'}`
`s.remove('t')`	
`print(s)`	`{'g', 'i', 'z', 'e', 'r'}`

2-4-2 集合的運算

ch2\2-4-2-set2.py

可以將任兩個集合進行聯集 (|)、交集 (&)、差集 (-) 與互斥或 (^) 運算，下表介紹這四種運算。

<table>
<tr><th>集合運算</th><th>說明</th><th>範例</th><th>結果</th></tr>
<tr><td>聯集 (|)</td><td>A|B
元素存在集合 A 或存在集合 B。</td><td>a = set('tiger')
b = set('bear')
print(a)
print(b)

a = set('tiger')
b = set('bear')
print(a | b)</td><td>{'r', 'i', 'g', 'e', 't'}
{'r', 'a', 'e', 'b'}

{'a', 'g', 'r', 'i', 'b', 'e', 't'}</td></tr>
<tr><td>交集 (&)</td><td>A&B
元素存在集合 A 且存在集合 B。</td><td>a = set('tiger')
b = set('bear')
print(a & b)</td><td>{'r', 'e'}</td></tr>
<tr><td>差集 (-)</td><td>A-B
元素存在集合 A，但不存在集合 B。</td><td>a = set('tiger')
b = set('bear')
print(a - b)</td><td>{'t', 'i', 'g'}</td></tr>
<tr><td>互斥或 (^)</td><td>元素存在集合 A，但不存在集合 B，或元素存在集合 B，但不存在集合 A。</td><td>a = set('tiger')
b = set('bear')
print(a ^ b)</td><td>{'i', 'a', 'b', 't', 'g'}</td></tr>
</table>

2-4-3 集合的比較

ch2\2-4-3-set3.py

可以將任兩個集合進行子集合 (<=)、眞子集合 (<)、超集合 (>=) 與眞超集合 (>) 等四個比較運算，下表介紹這四種比較運算。

集合運算	說明	範例	結果
子集合 (<=) issubset()	A<=B 相等於 A.issubset(B) 存在集合 A 的每個元素，也一定存在於集合 B，則回傳 True，否則回傳 False。	a = set('tiger') b = set('tigers') print(a<=b)	True
眞子集合 (<)	A<B 存在集合 A 的每個元素，也一定存在於集合 B，且集合 B 至少有一個元素不存在於集合 A，則回傳 True，否則回傳 False。	a = set('tiger') b = set('tigers') print(a<b)	True

超集合 (>=) issuperset()	A>=B 相等於 A.issuperset(B) 存在集合 B 的每個元素，也一定存在於集合 A，則回傳 True，否則回傳 False。	a = set('tiger') b = set('tigers') print(a>=b)	False
真超集合 (>)	A>B 存在集合 B 的每個元素，也一定存在於集合 A，且集合 A 至少有一個元素不存在於集合 B，則回傳 True，否則回傳 False。	a = set('tiger') b = set('tigers') print(a>b)	False

2-5 範例練習

2-5-1 待辦事項

ch2\2-5-1- 待辦事項 .py

請設計一個程式將輸入的五項工作加入串列中，取出最先加入的兩項工作，顯示取出的工作與剩餘的工作，接著取出最後加入的一項工作，顯示取出的工作與剩餘的工作。

(1)　解題想法

利用串列記錄待辦事項，使用函式 append 將工作加入待辦事項，函式 pop 取出待辦事項，使用函式 print 顯示待辦事項。

(2)　程式碼與解說

行號	程式碼	執行結果
1	待辦事項 = []	
2	工作 = input('請輸入待辦事項？')	請輸入待辦事項？打球
3	待辦事項 .append(工作)	
4	工作 = input('請輸入待辦事項？')	請輸入待辦事項？閱讀
5	待辦事項 .append(工作)	
6	工作 = input('請輸入待辦事項？')	請輸入待辦事項？吃飯
7	待辦事項 .append(工作)	
8	工作 = input('請輸入待辦事項？')	請輸入待辦事項？借書
9	待辦事項 .append(工作)	
10	工作 = input('請輸入待辦事項？')	請輸入待辦事項？寫程式
11	待辦事項 .append(工作)	

<table>
<tr><td>12

13</td><td>print(待 辦 事 項 .pop(0), 待 辦 事 項 .pop(0), 待辦事項)
print(待辦事項 .pop(), 待辦事項)</td><td>打球 閱讀 ['吃飯', '借書', '寫程式']
寫程式 ['吃飯', '借書']</td></tr>
<tr><td>解說</td><td colspan="2">第 1 行：設定待辦事項爲空串列。
第 2 行：顯示「請輸入待辦事項？」在螢幕上，經由 input 函式允許輸入字串，變數「工作」參考到此輸入字串。
第 3 行：使用函式 append 將變數「工作」加入到串列「待辦事項」。
第 4 行：顯示「請輸入待辦事項？」在螢幕上，經由 input 函式允許輸入字串，變數「工作」參考到此輸入字串。
第 5 行：使用函式 append 將變數「工作」加入到串列「待辦事項」。
第 6 行：顯示「請輸入待辦事項？」在螢幕上，經由 input 函式允許輸入字串，變數「工作」參考到此輸入字串。
第 7 行：使用函式 append 將變數「工作」加入到串列「待辦事項」。
第 8 行：顯示「請輸入待辦事項？」在螢幕上，經由 input 函式允許輸入字串，變數「工作」參考到此輸入字串。
第 9 行：使用函式 append 將變數「工作」加入到串列「待辦事項」。
第 10 行：顯示「請輸入待辦事項？」在螢幕上，經由 input 函式允許輸入字串，變數「工作」參考到此輸入字串。
第 11 行：使用函式 append 將變數「工作」加入到串列「待辦事項」。
第 12 行：使用串列「待辦事項」的函式 pop，輸入數值 0，表示取出串列中最先加入的工作，使用函式 print 顯示到螢幕上，接著再次使用串列「待辦事項」的函式 pop，輸入數值 0，表示取出串列中最先加入的工作，使用函式 print 顯示到螢幕上，最後顯示整個剩餘在串列「待辦事項」中的元素到螢幕上。
第 13 行：使用串列「待辦事項」的函式 pop，不輸入任何值，表示取出最後加入的工作，使用函式 print 顯示到螢幕上，最後顯示整個串列「待辦事項」到螢幕上。</td></tr>
</table>

2-5-2 製作英翻中字典

ch2\2-5-2- 製作英翻中字典 .py

請設計一個程式，將英文單字翻譯成中文，輸入英文可以查詢到對應的中文，顯示字典中的英文單字有哪些，並顯示整個字典。

(1) 解題想法

英文與中文對應的關係儲存到字典 (dict) 結構內，使用字典的功能完成程式。

(2)　程式碼與解說

行號	程式碼	執行結果
1	字典 = {'dog':'狗', 'fish':'魚', 'cat':'貓', 'pig':'豬'}	第一次執行輸入「dog」，結果如下。
2	print(字典.keys())	dict_keys(['dog', 'fish', 'cat', 'pig'])
3	print(字典)	{'dog': '狗', 'fish': '魚', 'cat': '貓', 'pig': '豬'}
4	英文 = input('請輸入一個英文單字？')	請輸入一個英文單字？dog
5	print(字典.get(英文,'字典找不到該單字'))	狗
		第二次執行輸入「turtle」，結果如下。
	執行程式第 2 行	dict_keys(['dog', 'fish', 'cat', 'pig'])
	執行程式第 3 行	{'dog': '狗', 'fish': '魚', 'cat': '貓', 'pig': '豬'}
	執行程式第 4 行	請輸入一個英文單字？turtle
	執行程式第 5 行	字典找不到該單字
解說	第 1 行：建立四個單字的字典，指定給變數「字典」。 第 2 行：使用函式 print 顯示變數「字典」的函式 keys 的結果到螢幕上。 第 3 行：使用函式 print 顯示變數「字典」到螢幕上。 第 4 行：顯示「請輸入一個英文單字？」在螢幕上，經由 input 函式允許輸入字串，變數「英文」參考到此字串。 第 5 行：使用變數「字典」的函式「get」，若找出變數「英文」對應的中文，使用函式 print 顯示查詢的結果到螢幕上；若沒有找到，則函式 get 回傳「字典找不到該單字」，最後使用函式 print 顯示結果到螢幕上。	

2-5-3 找出一首詩的所有字

ch2\2-5-3- 找出一首詩的所有字 .py

請設計一個程式找出一首詩的所有字，本範例使用唐詩「春曉」，作者「孟浩然」，重複的字只顯示一個就可以。

(1) 解題想法

將詩儲存到集合 (set) 結構內，使用集合的功能完成程式。

(2) 程式碼與解說

行號	程式碼	執行結果
1 2 3 4 5	詩 = '春眠不覺曉，處處聞啼鳥。夜來風雨聲，花落知多少。' 字 = set(詩) 字.remove('，') 字.remove('。') print(字)	{'聲', '聞', '夜', '來', '不', '風', '知', '多', '少', '鳥', '眠', '落', '曉', '啼', '雨', '花', '春', '處', '覺'}
解說	第 1 行：將字串「春眠不覺曉，處處聞啼鳥。夜來風雨聲，花落知多少。」，指定給變數「詩」。 第 2 行：使用函式 set，以變數「詩」為輸入，產生字的集合，指定給變數「字」。 第 3 行：使用變數「字」的函式 remove，刪除變數「字」中的逗點「，」。 第 4 行：使用變數「字」的函式 remove，刪除變數「字」中的句點「。」。 第 5 行：使用函式 print 顯示變數「字」到螢幕上。	

2-5-4 複雜的結構

ch2\2-5-4- 複雜的結構 .py

tuple、串列、字典與集合都可以互相包含組成更大的結構，假設有以下兩個串列。

```
星期 = ['Sunday', 'Monday', 'Tuesday', 'Wednesday', 'Thursday',
'Friday', 'Saturday']
月份 = ['January', 'February', 'March', 'April', 'May', 'June',
'July', 'August', 'September', 'October', 'November', 'December']
```

使用字串「week」對應到串列「星期」，使用字串「month」對應到串列「月份」，製作字典 dic，產生字典 dic 的程式，如下。

```
dic = {'week':星期, 'month':月份}
```

請寫出一個程式，從字典 dic 取出串列「月份」，從字典 dic 取出串列「月份」的「August」。

(1)　解題想法

綜合字典與串列的概念解題。

(2)　程式碼與解說

<table>
<tr><th>行號</th><th>程式碼</th><th>執行結果</th></tr>
<tr><td>1

2

3

4
5
6</td><td>

```
星 期 = ['Sunday', 'Monday',
'Tuesday', 'Wednesday', 'Thursday',
'Friday', 'Saturday']
月 份 = ['January', 'February',
'March', 'April', 'May', 'June', \
      'July', 'August', 'September',
'October', 'November', 'December']
dic = {'week':星期, 'month':月份}
print(dic['month'])
print(dic['month'][7])
```

</td><td>

```
['January',
'February',
'March', 'April',
'May', 'June',
'July', 'August',
'September',
'October',
'November',
'December']
August
```

</td></tr>
<tr><td>解說</td><td colspan="2">第 1 行：產生串列「'Sunday', 'Monday', 'Tuesday', 'Wednesday', 'Thursday', 'Friday', 'Saturday'」，變數「星期」參考到此串列。
第 2 到 3 行：產生串列「'January', 'February', 'March', 'April', 'May', 'June', 'July', 'August', 'September', 'October', 'November', 'December'」，變數「月份」參考到此串列。
第 4 行：使用「week」對應到串列「星期」，使用「month」對應到串列「月份」，製作字典 dic。
第 5 行：取字典「dic」中鍵為「month」對應值，使用函式 print 顯示在螢幕上。
第 6 行：取字典「dic」中鍵為「month」對應值的第 8 個元素，使用函式 print 顯示在螢幕上。</td></tr>
</table>

(　　) 1. 以下程式碼輸出結果為何？　(A)1　(B)2　(C)3　(D)4。

```
t = (1, 2, 3, 4)
print(t[3])
```

(　　) 2. 以下程式碼輸出結果為何？　(A)2　(B)4　(C)8　(D)16。

```
t = (2, 4, 8, 16, 32)
a, b, c, d, e= t
print(b)
```

(　　) 3. 以下程式碼輸出結果為何？　(A)10　(B)20　(C)30　(D)0。

```
a = 10
b = 20
c = 30
a, b = b, a
a, c = c, a
print(a)
```

(　　) 4. 以下程式碼輸出結果為何？　(A)2　(B)3　(C)5　(D)6。

```
t1 = (1, 2, 3, 4)
t2 = (t1, 5, 6, t1)
print(t2[0][2])
```

(　) 5. 只有一個元素的 tuple 應該要如何宣告？　(A) (2)　(B) [2]　(C) {2}　(D) (2,)。

(　) 6. 以下程式碼輸出結果爲何？　(A) 籃球　(B) 足球　(C) 桌球　(D) 曲棍球。

```
sportlist = ['棒球', '籃球', '足球', '桌球', '曲棍球']
print(sportlist[3])
```

(　) 7. 以下程式碼輸出結果爲何？

(A) ['棒球','壘球','足球','桌球','曲棍球']

(B) ['棒球','籃球','壘球','桌球','曲棍球']

(C) ['棒球','籃球','足球','壘球','曲棍球']

(D) ['棒球','籃球','足球','桌球','壘球']']。

```
sportlist = ['棒球', '籃球', '足球', '桌球', '曲棍球']
sportlist[2] = '壘球'
print(sportlist)
```

(　) 8. 以下程式碼輸出結果爲何？　(A) 籃球　(B) 足球　(C) 桌球　(D) 壘球。

```
sportlist = ['棒球', '籃球', '足球', '桌球', '曲棍球']
sportlist.insert(3, '壘球')
print(sportlist[3])
```

(　) 9. 以下程式碼輸出結果爲何？

(A) ['棒球','籃球','足球','壘球']

(B) ['棒球','籃球','壘球']

(C) ['壘球','棒球','籃球','足球']

(D) ['籃球','足球','壘球']。

本章習題

```
sportlist = ['棒球', '籃球', '足球']
sportlist.append('壘球')
print(sportlist)
```

(　) 10. 以下程式碼輸出結果為何？

(A) ['棒球','籃球','足球','桌球','曲棍球']

(B) ['棒球','籃球','足球','曲棍球']

(C) ['棒球','籃球','足球','桌球']

(D) ['棒球','籃球','足球']。

```
sportlist = ['棒球', '籃球', '足球', '桌球', '曲棍球']
sportlist.remove('曲棍球')
print(sportlist)
```

(　) 11. 以下程式碼輸出結果為何？

(A) ['棒球','籃球','足球','桌球']

(B) ['籃球','足球','桌球','曲棍球']

(C) ['','籃球','足球','桌球','曲棍球']

(D) ['棒球','籃球','足球','桌球','']

```
sportlist = ['棒球', '籃球', '足球', '桌球', '曲棍球']
sportlist.pop(-1)
print(sportlist)
```

(　) 12. 以下程式碼輸出結果為何？　(A)2　(B)3　(C)4　(D) 足球。

```
sportlist = ['棒球', '籃球', '足球', '桌球', '曲棍球']
i = sportlist.index('足球')
print(i)
```

(　) 13. 以下程式碼輸出結果為何？　(A) ['a', 'b', 'c']　(B) ['a', 'b', 'c', 'd']　(C) ['a', 'b', 'c', 'd', 'e']　(D) ['a', 'b', 'c', 'd', 'e', 'f']。

```
a = list('abcdefghijk')
print(a[:6])
```

(　) 14. 以下程式碼輸出結果為何？　(A) ['h', 'i', 'j', 'k']　(B) ['a', 'b', 'c', 'd', 'e', 'f', 'g']　(C) ['g', 'h', 'i', 'j', 'k']　(D) ['i', 'j', 'k']。

```
a = list('abcdefghijk')
print(a[6:])
```

(　) 15. 以下程式碼輸出結果為何？　(A) ['a', 'b', 'c']　(B) ['a', 'b', 'c', 'd']　(C) ['a', 'b', 'c', 'd', 'e']　(D) ['a', 'b', 'c', 'd', 'e', 'f']。

```
a = list('abcdefghijk')
print(a[:-7])
```

(　) 16. 以下程式碼輸出結果為何？　(A) ['h', 'i', 'j', 'k']　(B) ['a', 'b', 'c', 'd', 'e', 'f', 'g']　(C) ['g', 'h', 'i', 'j', 'k']　(D) ['i', 'j', 'k']。

```
a = list('abcdefghijk')
print(a[-3:])
```

(　) 17. 以下程式碼輸出結果為何？　(A) ['c', 'f', 'i']　(B) ['c', 'g', 'k']　(C) ['c', 'g']　(D) ['b', 'f']。

```
a = list('abcdefghijk')
print(a[2:10:3])
```

( ) 18. 以下程式碼輸出結果爲何？ (A) ['h', 'i', 'j'] (B) ['j', 'i', 'h'] (C) ['i', 'g'] (D) ['j', 'h']。

```
a = list('abcdefghijk')
print(a[-3:-6:-2])
```

( ) 19. 以下程式碼輸出結果爲何？ (A) ['a', 'b', 'c'] (B) ['a', 'b', 'c', 'd'] (C) ['d', 'c', 'b', 'a'] (D) ['c', 'b', 'a']。

```
a = list('abcd')
print(a[::-1])
```

( ) 20. 以下程式碼輸出結果爲何？ (A)1 (B)3 (C)6 (D)10。

```
a = [1, 2, 3, 4]
sum = 0
for item in a:
    sum = sum + item
print(sum)
```

( ) 21. 以下程式碼輸出結果爲何？ (A)8 (B)3 (C)5 (D)10。

```
a = [1, 2, 3, 4]
sum = 0
del a[1]
for item in a:
    sum = sum + item
print(sum)
```

本章習題

(　) 22. 以下程式碼輸出結果爲何？　(A)bus　(B)train　(C)car　(D)bicycle。

```
d={'公車':'bus', '火車':'train', '汽車':'car', '腳踏車
':'bicycle'}
print(d['汽車'])
```

(　) 23. 以下程式碼輸出結果爲何？　(A)bus　(B) 發出 KeyError 的錯誤訊息　(C) train　(D)car。

```
d={'公車':'bus', '火車':'train', '汽車':'car', '腳踏車
':'bicycle'}
print(d['機車'])
```

(　) 24. 以下程式碼輸出結果爲何？　(A)train　(B)car　(C) 不在字典內　(D) 發出 KeyError 的錯誤訊息。

```
d={'公車':'bus', '火車':'train', '汽車':'car', '腳踏車
':'bicycle'}
print(d.get('機車','不在字典內'))
```

(　) 25. 以下程式碼輸出結果爲何？　(A)bus　(B)airplane　(C) 不在字典內　(D) 發出 KeyError 的錯誤訊息。

```
d={'公車':'bus', '火車':'train', '汽車':'car', '腳踏車
':'bicycle'}
d['飛機']='airplane'
print(d['飛機'])
```

(　) 26. 以下程式碼輸出結果爲何？ (A)bus (B) 發出 KeyError 的錯誤訊息 (C) train (D)car。

```
d={'公車':'bus', '火車':'train', '汽車':'car', '腳踏車
':'bicycle'}
del d['火車']
print(d['火車'])
```

(　) 27. 以下程式碼輸出結果爲何？ (A)plane (B) 發出 KeyError 的錯誤訊息 (C) airplane (D)car。

```
d1={'公車':'bus', '火車':'train', '飛機':'plane'}
d2={'汽車':'car', '飛機':'airplane'}
d1.update(d2)
print(d1['飛機'])
```

(　) 28. 以下程式碼輸出結果爲何？ (A)40 (B)100 (C)140 (D)940。

```
d={'公車':40, '火車':100, '飛機':800}
sum = 0
for v in d.values():
    sum = sum + v
print(sum)
```

(　　) 29. 以下程式碼輸出結果爲何？　(A){1, 3, 'a'}　(B) {1, 3, 'a', 'a'}　(C) {'a', 'a'}　(D) {1, 3}。

```
s = set([1, 3, 'a', 'a'])
print(s)
```

(　　) 30. 以下程式碼輸出結果爲何？　(A) {'a', 'c', 't', 'r', 'e'}　(B) {'t', 'r', 'e'}　(C) {'r', 'e'}　(D) {'c', 'a', 'e', 'r'}

```
a = set('tree')
b = set('care')
print(a | b)
```

(　　) 31. 以下程式碼輸出結果爲何？　(A) {'a', 'c', 't', 'r', 'e'}　(B) {'t', 'r', 'e'}　(C) {'r', 'e'}　(D) {'c', 'a', 'e', 'r'}。

```
a = set('tree')
b = set('care')
print(a & b)
```

(　　) 32. 以下程式碼輸出結果爲何？　(A) {'t', 'e'}　(B) {'t'}　(C) {'r', 'e'}　(D) {'a', 'c', 't', 'r', 'c'}。

```
a = set('tree')
b = set('care')
print(a - b)
```

(　) 33. 以下程式碼輸出結果為何？ (A) {'t', 'c', 'a'} (B) {'t'} (C) {'r', 'e'} (D) {'a', 'c', 't', 'r', 'e'}。

```
a = set('tree')
b = set('care')
print(a ^ b)
```

Python

CHAPTER 03

陣列

程式內若需要宣告多個變數，且需要依序存取每個變數，此時適合使用陣列取代多個變數。使用迴圈可以存取陣列每一個元素，會比存取多個變數的程式碼簡潔。以下介紹一維陣列與二維陣列。

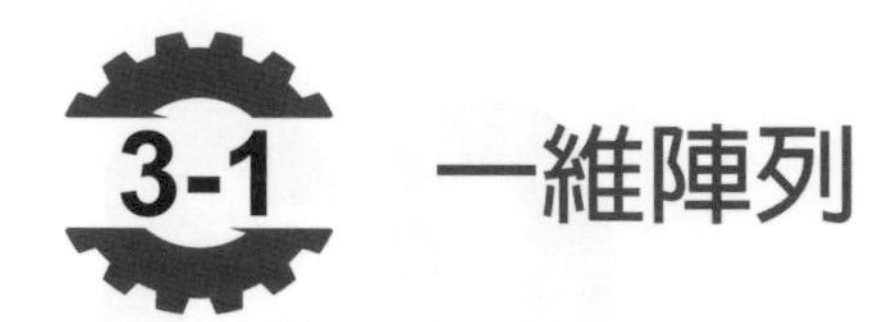

3-1 一維陣列

3-1-1 一維陣列的概念

陣列 (Array) 是將相同資料型別的多個變數結合在一起，每個陣列中的元素皆可視爲變數使用。陣列佔有連續的記憶體空間，提供索引值 (Index) 存取陣列內個別元素。陣列第一個元素其索引值爲 0，第二個元素其索引值爲 1，第三個元素其索引值爲 2，依此類推，n 個元素的陣列，存取陣列最後一個元素其索引值爲 n-1。每個索引值對應唯一一個陣列元素，因此，我們只要指定陣列名稱與索引值，就可以存取陣列中指定的元素。例如：存取成績陣列索引值爲 0 的元素，就可以存取成績陣列的第一個元素。

以下範例說明不使用陣列與使用陣列的差異。若程式中要計算全班 30 位同學的資訊科成績的總分，不使用陣列時，需宣告 30 個變數（例如：score1、score2、…、score30）儲存 30 個資訊科成績，使用「sum=score1+score2+…+score30」加總，獲得資訊科全班總分。若使用陣列，則可以使用迴圈控制陣列索引值存取與累加陣列內每一個元素，達成加總的功能。尤其在樣本空間放大時，兩種方式之間的差異會更明顯，如果要計算全年級國文科總分，全年級有 500 位同學，使用宣告 500 個變數（例如：score1、score2、…、score500）的方式，就加總而言需寫成「sum=score1+score2+…+score500」，這樣的程式非常不易閱讀與撰寫，所以才有陣列概念的形成，善用陣列與迴圈可以簡化程式碼。

使用一維陣列取代多個變數，並利用迴圈控制陣列索引值，進而可以存取一維陣列的所有元素。存取到陣列內所有元素就可以進行加總、搜尋與計數等運算。例如：使用一維陣列 info 儲存全班資訊科期末考成績，再利用迴圈與陣列索引值概念可以存取陣列中所有元素，計算出資訊科成績的全班總分。如下圖所示，座號 2 號學生的資訊科成績爲 88 分，儲存在一維陣列的第 2 個元素。

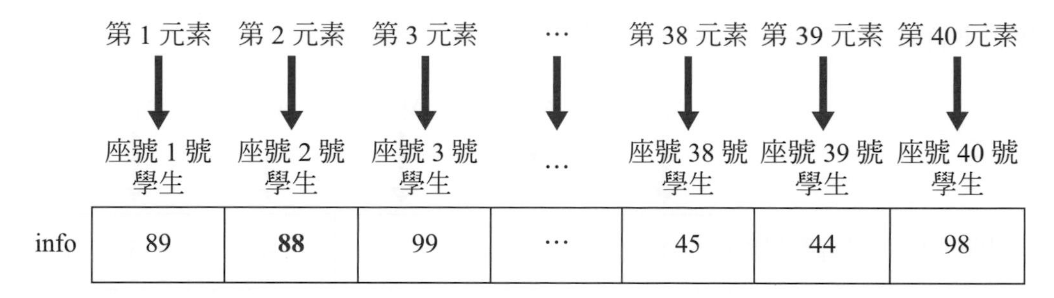

利用迴圈變數結合陣列索引值，經由控制陣列索引值可以存取陣列中所有元素。使用一維陣列儲存資訊科成績所撰寫程式碼較簡潔，不需要每一個同學宣告一個變數儲存成績，且新增學生時只需要增加陣列的元素個數與修改迴圈變數的數值範圍。

3-1-2 一維陣列的操作

ch3\3-1-2 一維陣列的操作 .py

一、宣告與初始化

程式中使用陣列需先宣告，宣告爲指定陣列名稱與陣列的元素個數。初始化意指設定陣列每個元素的值，在程式中指定陣列元素的值。使用 A[0]=1 就可以將陣列 A 的第一個元素設定爲 1，也是將數值 1 寫入陣列 A 的第一個元素，以下就介紹宣告與初始化的語法。

陣列宣告語法（一）	程式範例
以宣告 k 個元素的陣列爲例。 陣列名稱 =[0]*k 陣列名稱 [0]= 陣列第一個元素的值 陣列名稱 [1]= 陣列第二個元素的值 陣列名稱 [2]= 陣列第三個元素的值 … 陣列名稱 [k-1]= 陣列第 k 個元素的值	以宣告 5 個元素的陣列 A 爲例。 A=[0]*5 A[0] = 1 A[1] = 2 A[2] = 3 A[3] = 4 A[4] = 5 以上程式碼宣告了陣列 A，有五個元素，並初始化第一個元素爲 1，第二個元素爲 2，第三個元素爲 3，第四個元素爲 4，第五個元素爲 5。

我們來看看上述程式範例陣列 A 的記憶體狀態，如下圖。

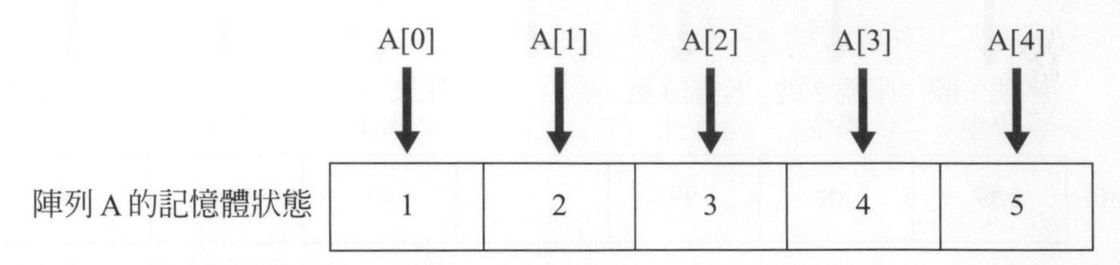

除了可以在宣告陣列程式中初始化，也可以於宣告時同時初始化，如下表。

陣列宣告語法（二）	程式範例
陣列名稱 = [陣列第一個元素的值 , 陣列第二個元素的值 , 陣列第三個元素的值 , … , 陣列第 k 個元素的值]	`A = [1, 2, 3, 4, 5]` 以上程式碼宣告了陣列 A，有五個元素，並初始化第一個元素爲 1，第二個元素爲 2，第三個元素爲 3，第四個元素爲 4，第五個元素爲 5。

二、讀取一維陣列

以下介紹讀取一維陣列，可以使用 A[0] 讀取陣列 A 的第一個元素，A[1] 讀取陣列 A 的第二個元素，以此類推。利用迴圈變數與陣列索引值結合，經由控制陣列索引值可以存取陣列中所有元素，陣列元素 A[i] 的 i 值就是陣列索引值。當 i 等於 0，就指向陣列 A 的第一個元素，其值爲 1；當 i 等於 1，就指向陣列 A 的第二個元素，其值爲 2，依此類推。下表爲迴圈變數與陣列索引值結合範例。

程式範例	程式執行結果	說明	

`A=[1,2,3,4,5]`
`for i in range(5):`
`  print(A[i])`
	1
	2
	3
	4
	5
		i=0	A[i] 此時值爲 1

		i=1	A[i] 此時值爲 2
		i=2	A[i] 此時值爲 3
		i=3	A[i] 此時值爲 4
		i=4	A[i] 此時值爲 5

以上爲印出陣列所有元素的演算法，每一個元素都需要讀取與顯示在螢幕上，演算法效率爲 O(n)，n 爲陣列的元素個數。

三、插入元素到一維陣列

假設陣列 C 有 5 個元素，分別是 1, 2, 3, 4, 5，如下圖。

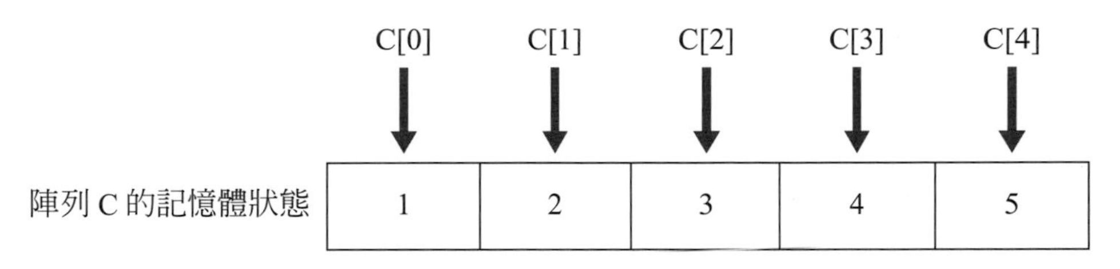

當要插入元素 6 到陣列 C 的第 3 個元素，則陣列 C 需要增加一個元素，變成 6 個元素，如下圖，使用 C.append(0)，新增數值 0 到陣列 C 的最後。

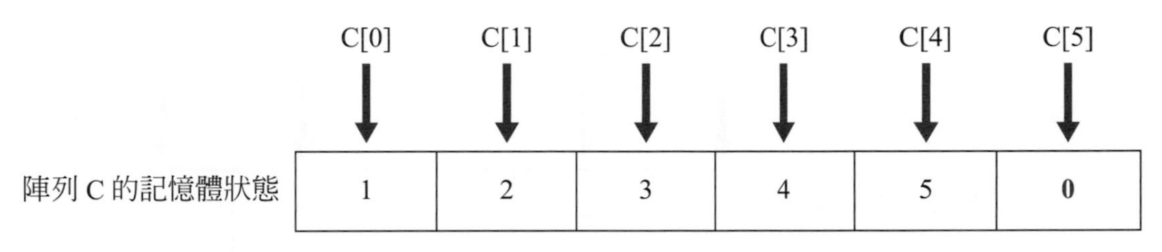

接著使用迴圈 for 與 C[i] = C[i-1] 每個元素向右移一格，迴圈變數 i 由 5 到 3，每次遞減 1，如下圖。

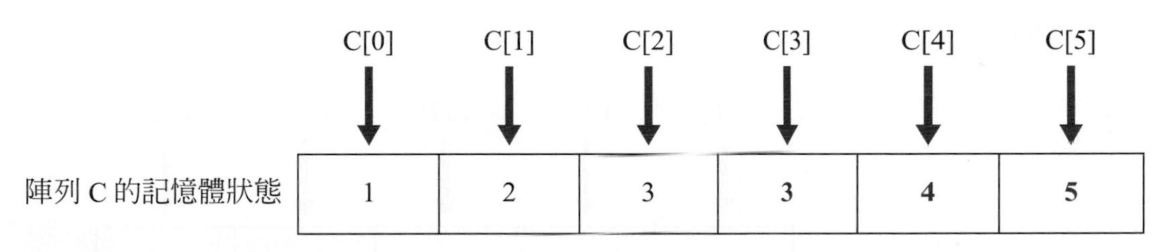

接著使用 C[2] = 6 設定陣列 C 第 3 個元素爲 6，如下圖。

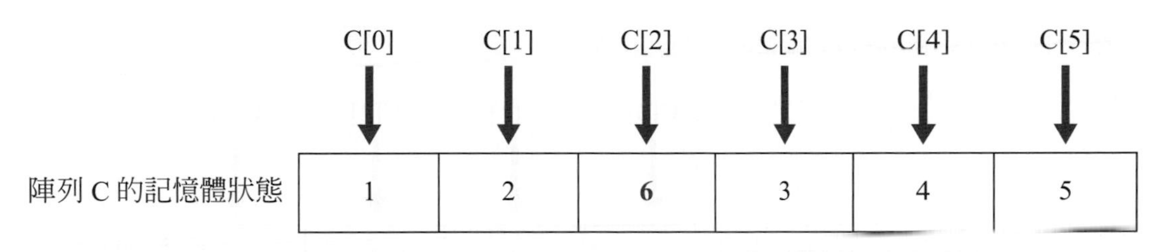

到此完成插入一個元素到陣列 C 的第 3 個元素，此爲陣列的插入演算法，演算法最花時間在每個陣列元素右移一格時，平均需要花 O(n)，n 爲陣列的元素個數。陣列插入元素的完整程式如下。

```
C = [1, 2, 3, 4, 5]
C.append(0)
for i in range(len(C)-1, 2, -1):
    C[i] = C[i-1]
C[2] = 6
print(C)
```

四、從一維陣列刪除元素

假設陣列 C 有 5 個元素，分別是 1, 2, 3, 4, 5，如下圖。

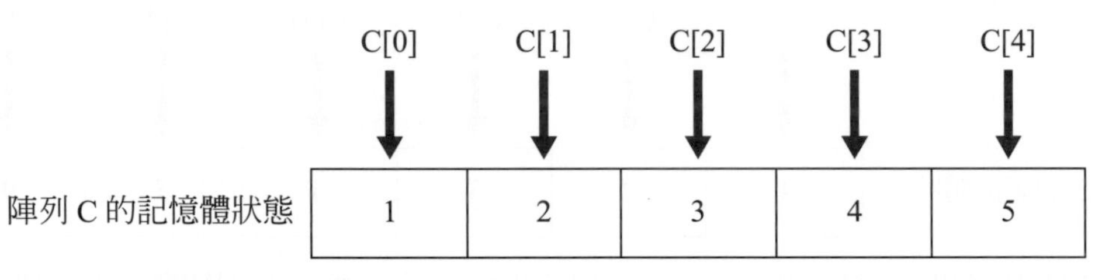

當要刪除陣列 C 的第 2 個元素，則將第 3 個元素移動到第 2 個元素，第 4 個元素移動到第 3 個元素，使用 for 迴圈與 C[i] = C[i+1] 每個元素向左移一格，迴圈變數 i 由 1 到 3，每次遞增 1，如下圖。

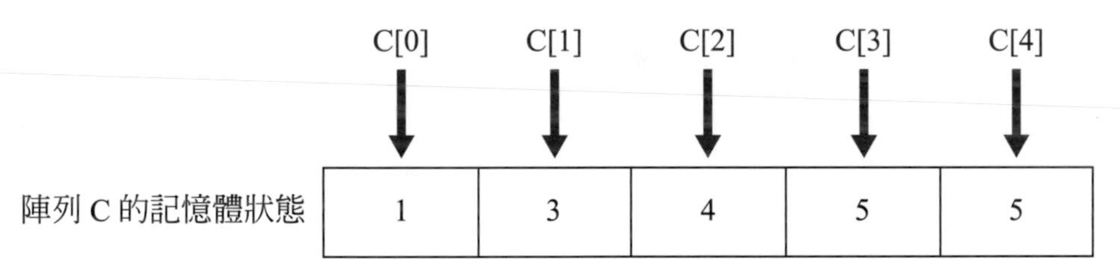

接著使用「C.pop(-1)」刪除陣列 C 最後一個元素，如下圖。

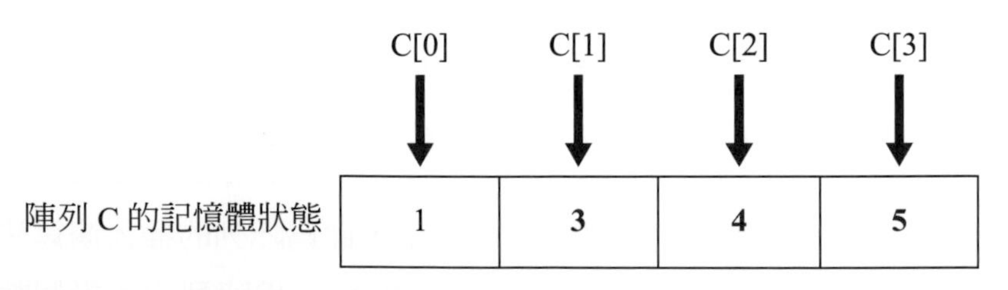

到此完成從陣列 C 刪除第 2 個元素，此為陣列刪除演算法，演算法最花時間在每個陣列元素左移一格時，平均需要花 O(n)，n 為陣列的元素個數。陣列刪除元素的完整程式如下。

```
C = [1, 2, 3, 4, 5]
for i in range(1, 4):
    C[i] = C[i+1]
C.pop(-1)
print(C)
```

五、複製一維陣列

假設陣列 C 有 5 個元素，分別是 1, 2, 3, 4, 5，如下圖。

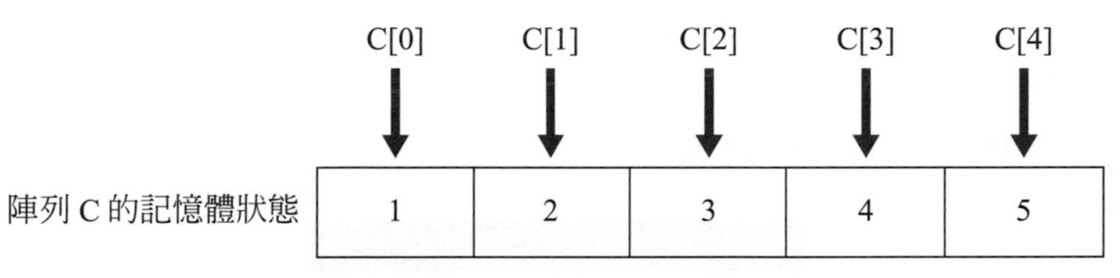

當要複製陣列 C 的每一個元素到陣列 D，使用 for 迴圈與 D[i] = C[i]，迴圈變數 i 由 0 到 4，每次遞增 1，取出陣列 C 的每一個元素複製到陣列 D。

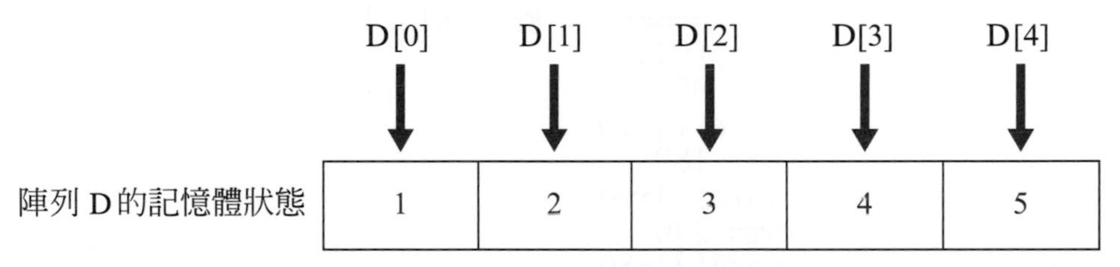

到此完成從陣列 C 複製每一個元素到陣列 D，此為陣列複製演算法，演算法最花時間是在陣列內每一個元素複製到另一個陣列時，平均需要花 O(n)，n 為陣列的元素個數。陣列複製元素的完整程式如下。

```
C = [1, 2, 3, 4, 5]
D = [0]*5
for i in range(len(C)):
    D[i] = C[i]
print(D)
```

陣列各種操作的演算法效率，n 為陣列中的元素個數。

	讀取所有元素	插入元素	刪除元素	複製陣列
演算法效率	O(n)	O(n)	O(n)	O(n)

3-2 一維陣列的程式實作

3-2-1 計算成績陣列的總分

ch3\3-2-1 計算成績陣列的總分 .py

題目：取出成績陣列的每一個元素進行加總，計算出成績陣列的總分。

想一想：如何取出成績陣列的每一個元素？

解題想法：將成績資料置於陣列中，再利用迴圈存取陣列中每一個元素進行加總，當每個元素都存取到時，就可以得到成績的加總。

(1) 程式結果預覽

執行結果顯示在螢幕上，如下圖。

```
*Python 3.7.3 Shell*
File Edit Shell Debug Options Window Help
Python 3.7.3 (v3.7.3:ef4ec
Type "help", "copyright", 
>>>
============= RESTART: J:\r
score[0]=90
sum= 90
score[1]=90
sum= 180
score[2]=90
sum= 270
score[3]=80
sum= 350
score[4]=80
sum= 430
score[5]=80
sum= 510
```

(2) 程式碼與解說

行數	程式碼
1	`sum = 0`
2	`score = [90, 90, 90, 80, 80, 80]`
3	`for i in range(0, 6):`
4	`    sum = sum + score[i]`
5	`    print("score[", i, "]=", score[i], sep="")`
6	`    print("sum=", sum)`

解說	第 1 行：變數 sum 初始化爲 0。 第 2 行：宣告 score 爲整數陣列，且初始化 score 陣列的第 1 個元素爲 90、第 2 個元素爲 90、第 3 個元素爲 90、第 4 個元素爲 80、第 5 個元素爲 80、第 6 個元素爲 80。 第 3 到 6 行：使用 for 迴圈計算成績陣列 score 加總值。計算過程中使用變數 sum 暫存成績加總結果 (第 4 行)。印出陣列 score 的每個值到螢幕上，設定 sep 爲空字串，表示輸出的字串與變數之間不會有空白鍵 (第 5 行)。印出每加一個成績後，變數 sum 的值到螢幕上 (第 6 行)。

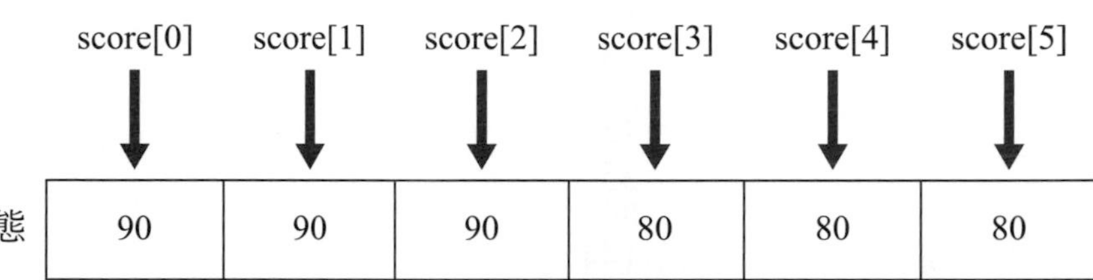

score[i] 的 i 值可由迴圈控制。當 i=0，score[i] 相當於爲 score[0]，指向 score 陣列的第一個元素；當 i=1，score[i] 相當於 score[1]，指向 score 陣列的第二個元素，依此類推。

3-2-2 費氏數列

ch3\3-2-2 費氏數列 .py

題目：費氏數列有一特性是第 3 項爲第 1 項與第 2 項相加；第 4 項爲第 2 項與第 3 項相加，依此類推。初始化費氏數列的第 1 項爲 1，且第 2 項爲 1，求費氏數列前 16 項。

想一想：陣列使用什麼技術，可以存取陣列內任一個元素？請寫出「將陣列 F 的第 n-1 項加上陣列 F 的第 n-2 項的結果存入陣列 F 的第 n 項」的公式爲何？

上述問題的參考想法如下。

解題想法：陣列可以儲存資料與索引值存取的特性，非常適合計算出費氏數列。使用陣列 F，且初始化 F[0]=1，F[1]=1，當 n 大於等於 2 時，使用 F[n]=F[n-1]+F[n-2]，也就是將陣列 F 的第 n-1 項加上陣列 F 的第 n-2 項的結果存入陣列 F 的第 n 項。

(1) 程式結果預覽

執行結果顯示在螢幕上，如下圖。

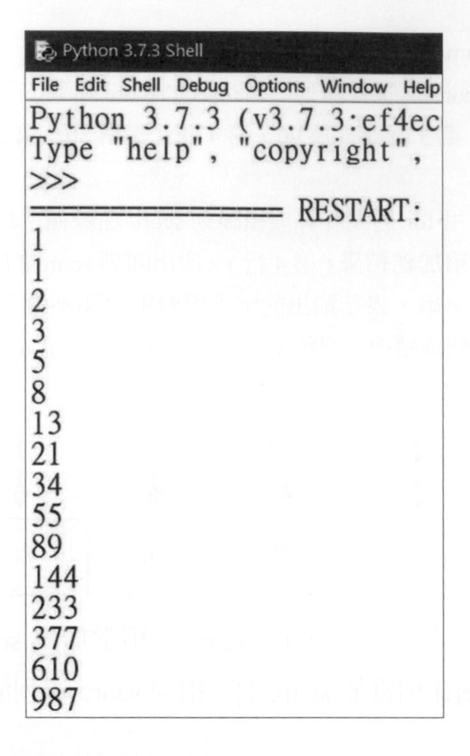

(2) 程式碼與解說

行數	程式碼
1	`F = [0]*16`
2	`F[0] = 1`
3	`F[1] = 1`
4	`for i in range(2, 16):`
5	`    F[i] = F[i-1] + F[i-2]`
6	`for i in range(0, 16):`
7	`    print(F[i])`
解說	第 1 行：宣告一個陣列 F 有 16 個元素，每個元素值都是 0。 第 2 到 3 行：設定陣列 F 第一個元素爲 1 且陣列 F 第二個元素爲 1。 第 4 到 5 行：變數 i 爲迴圈變數，其值由 2 到 15，每個元素由前兩個元素相加獲得，例如：F[2]=F[1]+F[0]。 第 6 到 7 行：變數 i 爲迴圈變數，其值由 0 到 15，印出陣列 F 中每個元素值到螢幕上。

3-3 二維陣列

3-3-1 二維陣列的概念

使用一維陣列儲存全班第一次期中考國文科成績，再利用迴圈與陣列索引概念可以存取陣列中所有元素，計算出國文科成績的總分與平均。有時一維陣列不夠用，例如：計算全班國文、英文、數學、社會與自然等五科成績的總分與平均。可以將國文、英文、數學、社會與自然五科使用五個一維陣列儲存，也可以使用二維陣列儲存。二維陣列每個元素可以使用列與行表示，如下圖，座號 3 號學生的英文成績為 73 分，儲存在第 2 列第 3 行。使用五個一維陣列需宣告五個不同陣列名稱，每個陣列分開計算加總而獲得各科總分。使用二維陣列可以使用五列，每一列元素代表一個科目的成績，利用巢狀迴圈存取二維陣列的每一個元素，計算每一科的總分。使用二維陣列儲存各科成績所撰寫程式碼較簡潔，且新增科目時只需要增加陣列列數與修改迴圈變數範圍。若計算 3 個年級五科成績需要 15 個科目時，使用二維陣列的好處就更為明顯，不需要宣告 15 個一維陣列，只要宣告一個 15 列的二維陣列即可。

	第 1 行 ↓ 座號 1 號學生	第 2 行 ↓ 座號 2 號學生	第 3 行 ↓ 座號 3 號學生	…… ↓ ……	第 38 行 ↓ 座號 38 號學生	第 39 行 ↓ 座號 39 號學生	第 40 行 ↓ 座號 40 號學生
第 1 列 → 國文	89	78	99	……	45	44	98
第 2 列 → 英文	88	95	**73**	……	44	77	67
第 3 列 → 數學	67	37	77	……	67	88	82
第 4 列 → 社會	77	67	66	……	99	99	92
第 5 列 → 自然	98	73	82	……	33	76	62

3-3-2 二維陣列的操作

所謂二維陣列的宣告是用於定義二維陣列的名稱與陣列中元素的個數，而初始化是指定陣列中元素的值。例如：score = [[0]*40 for i in range(5)]，就是宣告一個整數的二維陣列，名稱爲 score，其列索引值由 0 到 4，共 5 列，其行索引值 0 到 39，共 40 行。將其使用表格呈現，如下表。程式中使用 score[1][2] 可以存取陣列 score 的第 2 列第 3 行元素。

	第 1 行	第 2 行	第 3 行	……	第 38 行	第 39 行	第 40 行
第 1 列 →	score[0][0]	score[0][1]	score[0][2]	……	score[0][37]	score[0][38]	score[0][39]
第 2 列 →	score[1][0]	score[1][1]	score[1][2]	……	score[1][37]	score[1][38]	score[1][39]
第 3 列 →	score[2][0]	score[2][1]	score[2][2]	……	score[2][37]	score[2][38]	score[2][39]
第 4 列 →	score[3][0]	score[3][1]	score[3][2]	……	score[3][37]	score[3][38]	score[3][39]
第 5 列 →	score[4][0]	score[4][1]	score[4][2]	……	score[4][37]	score[4][38]	score[4][39]

陣列初始化的方法

行數	初始化方式一
1	`score = [[0]*40 for i in range(5)]`
2	`score[0][0] = 90`
3	`score[0][1] = 56`
4	`score[0][2] = 98`
⋮	⋮
199	`score[4][37] = 93`
200	`score[4][38] = 47`
201	`score[4][39] = 88`

說明	第 1 行：宣告二維陣列名稱爲 score 有 5 列 40 行。 第 2 行：初始化陣列 score 第 1 列第 1 行值爲 90。 第 3 行：初始化陣列 score 第 1 列第 2 行值爲 56。 第 4 行：初始化陣列 score 第 1 列第 3 行值爲 98。 ⋮ 第 199 行：初始化陣列 score 第 5 列第 38 行值爲 93。 第 200 行：初始化陣列 score 第 5 列第 39 行值爲 47。 第 201 行：初始化陣列 score 第 5 列第 40 行值爲 88。

行數	初始化方式二
1	`A=[[1,2,3],[5,6,7]]`
說明	第 1 行：宣告二維陣列名稱爲 A，有 2 列 3 行。初始化陣列 A 第 1 列第 1 行值爲 1；初始化陣列 A 第 1 列第 2 行值爲 2；初始化陣列 A 第 1 列第 3 行值爲 3；初始化陣列 A 第 2 列第 1 行值爲 5；初始化陣列 A 第 2 列第 2 行值爲 6；初始化陣列 A 第 2 列第 3 行值爲 7。

存取二維陣列

程式中使用陣列的優點爲可以使用陣列索引值存取陣列元素。例如：score[1][2] 的括號內 1 與 2 分別表示爲列索引值爲 1，行索引值爲 2，表示爲陣列 score 的第 2 列第 3 行元素。將索引值改成變數 i 與變數 j，當 i 等於 1 且 j 等於 2，則 score[i][j] 相當於 score[1][2]，score[i][j] 也是表示陣列 score 的第 2 列第 3 行元素。使用迴圈控制變數 i 與變數 j，當變數 i 與變數 j 變化時，score[i][j] 所對應的元素也會跟著改變。使用索引值存取陣列的概念可以存取陣列中所有元素。

	第 1 行	第 2 行	第 3 行	……	第 38 行	第 39 行	第 40 行
第 1 列	score[0][0]	score[0][1]	score[0][2]	……	score[0][37]	score[0][38]	score[0][39]
第 2 列	score[1][0]	score[1][1]	score[1][2]	……	score[1][37]	score[1][38]	score[1][39]
第 3 列	score[2][0]	score[2][1]	score[2][2]	……	score[2][37]	score[2][38]	score[2][39]
第 4 列	score[3][0]	score[3][1]	score[3][2]	……	score[3][37]	score[3][38]	score[3][39]
第 5 列	score[4][0]	score[4][1]	score[4][2]	……	score[4][37]	score[4][38]	score[4][39]

迴圈與陣列索引值存取陣列中元素的範例。

行數	陣列的使用範例

1
2
3
4
5
	`import random`
	`score=[[0]*40 for i in range(5)]`
	`for i in range(5):`
	`  for j in range(40):`
	`    score[i][j]=random.randint(40,100)`

說明	第 1 行：匯入 random 函式庫。 第 2 行：宣告二維陣列名稱爲 score 有 5 列 40 行。 第 3 到 5 行：使用巢狀迴圈，迴圈變數 i 控制列，變數 j 控制行。程式「random.randint(40,100)」隨機產生介於 40 到 100 的數值。當 i=0，j=0，score[i][j] 指向二維陣列 score 的第 1 列第 1 行，並將隨機產生的數值儲存入 score[0][0]；當 i=0，j=1，score[i][j] 指向二維陣列 score 的第 1 列第 2 行，並將隨機產生的數值儲存入 score[0][1]；當 i=0，j=2，score[i][j] 指向二維陣列 score 的第 1 列第 3 行，並將隨機產生的數值儲存入 score[0][2]，依此方式，依序產生 40 個隨機值，填入陣列中第一列。接著產生 40 個隨機值填入第二列，直到填滿五列。

二維陣列的程式實作

3-4-1 計算各科總分

ch3\3-4-1 計算各科總分 .py

題目：隨機產生二維 (5×40) 成績陣列 (score) 每一個陣列元素的數值。假設一列表示一個科目的成績，則此成績陣列可以儲存 5 科成績。使用程式計算出各科的總分。

想一想：如何使用巢狀迴圈存取二維陣列？

以下爲上述問題的參考想法如下。

解題想法：使用巢狀迴圈存取二維陣列的每一個元素。外層迴圈控制列，假設變數 i 爲外層迴圈變數，內層迴圈控制行，假設變數 j 爲內層迴圈變數。初始化變數 total 爲 0，用於暫存每一個陣列元素的累加值。當 i 值等於 0，j 值變化由 0 到 39，可以存取第一列每一個元素，利用 total = total + score[i][j] 計算總分，最後變數 total 即爲第 1 科成績的總分。外層迴圈變數 i 加 1，則 i 值等於 1，初始化變數 total 爲 0，j 值變化一樣由 0 到 39，可以存取第二列每一個元素，利用 total = total + score[i][j] 計算總分，最後變數 total 即爲第 2 科成績的總分。以此方式即可獲得各科總分。

(1) 程式結果預覽

執行結果顯示在螢幕上，如下圖。

```
Python 3.7.3 Shell
File Edit Shell Debug Options Window Help
Python 3.7.3 (v3.7.3:ef4ec6ed12, Mar 25 2019, 21:26:53) [MSC v.1916 32 bit (Intel)] on win3
2
Type "help", "copyright", "credits" or "license()" for more information.
>>>
=============== RESTART: J:\mybook\資料結構-使用Python\ch3\計算各科總分.py ===============
82,87,17,52,50,63,78,93,4,16,92,10,15,44,90,61,29,37,21,6,11,66,34,82,43,45,6,14,67,37,88,3
9,69,28,79,80,9,47,78,79,總分為 1948
68,51,8,5,99,31,98,63,20,15,26,95,36,97,20,20,34,73,59,94,80,7,79,12,83,14,1,64,63,87,4,86,
60,75,60,51,89,15,34,9,總分為 1985
89,61,17,21,41,39,88,18,19,77,10,79,51,80,20,71,14,16,9,45,64,75,60,15,79,82,7,13,17,29,28,
44,66,68,78,12,21,11,97,71,總分為 1802
69,38,32,60,75,74,65,60,75,2,24,41,65,84,82,35,82,42,72,30,15,51,41,71,53,18,30,41,4,75,67,
65,94,30,24,98,91,49,59,96,總分為 2179
79,53,91,46,21,67,7,61,35,37,87,15,80,60,35,88,29,36,59,62,93,57,70,34,15,40,14,22,100,53,3
7,60,32,0,7,41,97,82,41,43,總分為 1986
```

(2) 程式碼與解說

<table>
<tr><th>行數</th><th>程式碼</th></tr>
<tr><td>1
2
3
4
5
6
7
8
9
10
11</td><td><pre>
import random
score = [[0]*40 for i in range(5)]
for i in range(5):
    for j in range(40):
        score[i][j]=random.randint(0,100)
for i in range(5):
    total = 0
    for j in range(40):
        total = total + score[i][j]
        print(score[i][j],",", sep="", end="")
    print(" 總分爲 ", total)
</pre></td></tr>
<tr><td>解說</td><td>第 1 行：匯入 random 函式庫。
第 2 行：宣告二維陣列名稱爲 score，有 5 列 40 行。
第 3 到 5 行：使用巢狀迴圈，迴圈變數 i 控制列，變數 j 控制行，程式「random.randint(0, 100)」隨機產生介於 0 到 100 的數值，儲存入二維陣列 score[i][j]。
第 6 到 11 行：使用巢狀迴圈計算各科總分。
第 7 行：先設定總分變數 total 爲 0。
第 8 到 10 行：內層變數 j 變化由 0 到 39，存取同一列所有元素值，並使用變數 total 累計總分 (第 9 行)。顯示每個隨機分數到螢幕上，分數之後串接逗號「,」，設定間隔符號 sep 爲空字串與換行符號 end 爲空字串 (第 10 行)。
第 11 行：外層迴圈內的最後一行，其作用爲顯示總分。</td></tr>
</table>

3-4-2 矩陣相加

ch3\3-4-2 矩陣相加 .py

題目：設計一個程式計算矩陣相加的結果。矩陣相加概念舉例如下：假設有兩個 2x3 矩陣 A 與 B 相加，得另一個 2×3 矩陣 C。矩陣 C 的第 1 列第 1 行元素等於矩陣 A 第 1 列第 1 行元素的值，加上矩陣 B 第 1 列第 1 行元素的值；矩陣 C 的第 1 列第 2 行元素等於矩陣 A 第 1 列第 2 行元素的值，加上矩陣 B 第 1 列第 2 行元素的值，依此類推，完成矩陣 A 與 B 相加獲得矩陣 C。

$$A=\begin{bmatrix}1 & 2 & 3\\4 & 5 & 6\end{bmatrix}$$

$$B=\begin{bmatrix}1 & 1 & 1\\2 & 2 & 2\end{bmatrix}$$

$$C=A+B=\begin{bmatrix}1 & 2 & 3\\4 & 5 & 6\end{bmatrix}+\begin{bmatrix}1 & 1 & 1\\2 & 2 & 2\end{bmatrix}=\begin{bmatrix}2 & 3 & 4\\6 & 7 & 8\end{bmatrix}$$

想一想：如何使用巢狀迴圈存取二維陣列？如果要將「陣列 A 第 i 列第 j 行的元素，加上陣列 B 第 i 列第 j 行的元素，儲存到陣列 C 第 i 列第 j 行的元素」，請問此程式碼該如何撰寫？

以下為上述問題的參考想法如下。

解題想法： 使用巢狀迴圈存取兩個二維 2×3 陣列 A 與陣列 B 的每一個元素，外層迴圈控制列，假設外層迴圈的迴圈變數為 i；內層迴圈控制行，假設內層迴圈的迴圈變數為 j。當 i 值等於 0，j 值由 0 到 2，可以存取陣列 A 與陣列 B 第一列每一個元素，利用公式 C[i][j] = A[i][j]+ B[i][j]，求出陣列 C 為陣列 A 與陣列 B 相加。外層迴圈變數 i 參考到數列的下一個元素，造成 i 值增加 1，則 i 值等於 1，j 值一樣由 0 到 2，可以存取第二列每一個元素，利用公式 C[i][j] = A[i][j]+ B[i][j]，求出陣列 C 為陣列 A 與陣列 B 相加，陣列 C 即為陣列 A 與陣列 B 矩陣相加的結果。

(1) 程式結果預覽

執行結果顯示在螢幕上，如下圖。

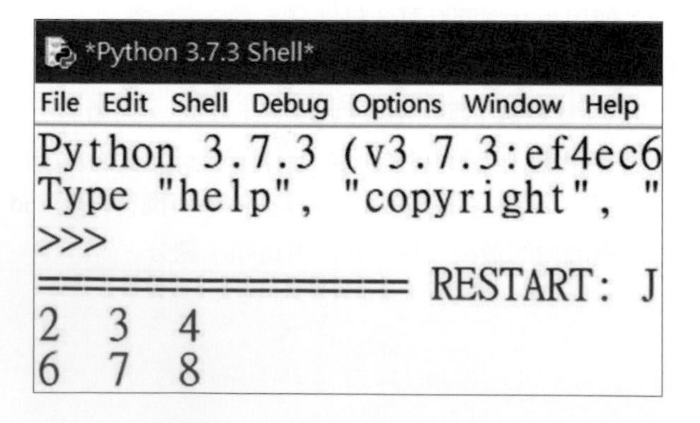

(2) 程式碼與解說

行數	程式碼
1	`A = [[1, 2, 3], [4, 5, 6]]`
2	`B = [[1, 1, 1], [2, 2, 2]]`
3	`C = [[0]*3 for i in range(2)]`
4	`for i in range(2):`
5	`    for j in range(3):`
6	`        C[i][j] = A[i][j] + B[i][j]`
7	`        print(C[i][j], " ", end="")`
8	`    print()`
解說	第 1 行：產生 2 列 3 行的二維陣列，變數 A 參考到此二維陣列。 第 2 行：產生 2 列 3 行的二維陣列，變數 B 參考到此二維陣列。 第 3 行：產生 2 列 3 行的二維陣列，且每一個元素為 0，變數 C 參考到此二維陣列。 第 4 到 8 行：使用巢狀迴圈計算矩陣相加。 第 6 行：矩陣 C 為矩陣 A 與矩陣 B 相加。 第 7 行：顯示矩陣 C 的每個元素值，串接一個空白字元，設定換行符號 end 為空字串。 第 8 行：顯示換行符號。

一、選擇題

( ) 1. 程式碼 myArray=[0]*8 所宣告 myArray 陣列有幾個元素？ (A)6 (B)7 (C)8 (D)9。

( ) 2. 求 fib[5] 其值爲？ (A)5 (B)8 (C)13 (D)21。

```
fib = [0]*10
fib[0] = 1
fib[1] = 2
for i in range(2,10):
    fib[i] = fib[i-1] + fib[i-2]
```

( ) 3. 存取陣列的第一個元素時，其索引值爲？ (A)0 (B)1 (C)2 (D)3。

( ) 4. 存取陣列中每一個元素，需用到以下哪一個結構？ (A)if (B)switch (C)for (D)else。

( ) 5. 程式碼如下，請問 myArray[8] 表示是陣列 myArray 的第幾個元素？(A)7 (B)8 (C)9 (D)10。

```
myArray = [0] * 10
myArray[8] = 1
```

( ) 6. 以下程式執行結束後，B 等於？ (A)6 (B)8 (C)9 (D)10。

```
A = [2,3,4,5,6]
B = A[1]+A[3]
```

(　) 7. 以下程式執行結束後，B 等於？　(A)16　(B)19　(C)22　(D)25。

```
A = [0]*8
for i in range(8):
    A[i] = 3*i + 2
B = A[3] + A[4]
```

(　) 8. 以下宣告二維陣列 myArray 共有幾個元素？　(A)20　(B)24　(C)25　(D)30。

```
myArray = [[0]*4 for i in range(5)]
```

(　) 9. 存取二維陣列中每一個元素，需用到以下哪一個結構？　(A) 單層選擇結構　(B) 巢狀選擇結構　(C) 巢狀迴圈結構　(D) 迴圈結構。

(　) 10. 程式碼如下，請問 myArray[2][3] 表示是陣列 myArray 的第 ____ 列第 ____ 行的元素？　(A)2,3　(B)3,3　(C)2,4　(D)3,4。

```
myArray = [[0]*4 for i in range(5)]
myArray[2][3] = 1
```

(　) 11. 程式碼如下，請問執行完後 B 等於？　(A)5　(B)7　(C)1　(D)13。

```
A = [[2, 3, 4], [5, 6, 7]]
B = A[1][1]+A[1][2]
```

學習筆記

Python

CHAPTER 04

鏈結串列

鏈結串列 (Linked List) 是使用 Pointer(指標) 串接資料，使用鏈結串列的好處是找到指定位置後，可以有效率地插入或刪除元素，陣列不適合在中間位置插入或刪除元素，因為需要花較多時間搬移元素，適合在兩端插入或刪除元素。鏈結串列不能隨機讀取指定位置的元素，只能從前往後一個一個走到指定的位置才能讀取，而陣列可以使用索引值 (隨機) 讀取陣列中指定位置的元素。陣列與鏈結串列各有優缺點，寫程式時需要善加利用每種資料結構的優點，避開或減少使用其缺點。

4-1 鏈結串列

ch4\4-1- 鏈結串列 .py

以下為一個簡單的鏈結串列 (Linked List) ，指標 head 指向鏈結串列的第一個元素 5，元素 5 的指標指向下一個元素 3，元素 3 的指標指向下一個元素 2，元素 2 的指標指向下一個元素 6，元素 6 的指標沒有下一個元素，使用●表示 None，表示鏈結串列到達終點，如下圖。

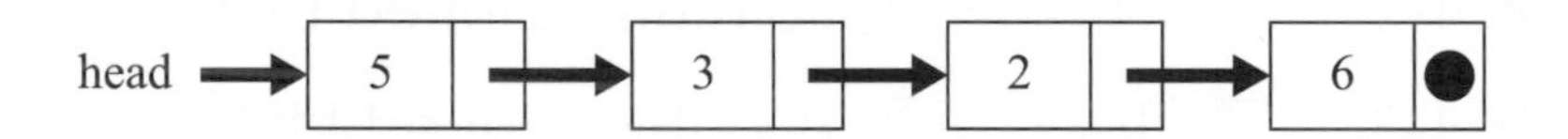

4-1-1 建立鏈結串列

鏈結串列需要一個指標，指向下一個元素。若下一個元素是空的時候設定為 None，None 就是空指標，鏈結串列走訪時遇到 None，就不會再走訪下去。鏈結串列的類別 Node 用於建立節點，類別 LinkedList 用於實作鏈結串列，程式碼如下，以下每一小節程式碼串接起來，就是一個完整的鏈結串列程式。

(1) 程式與解說

行數	程式碼
1	class Node:
2	def __init__(self, x):
3	self.data = x
4	self.next = None
5	class LinkedList:
6	def __init__(self):
7	self.head = None

解說	第 1 到 4 行：類別 Node 用於儲存鏈結串列的節點，類別初始化方法 (__init__) 內宣告 data 用於儲存資料，data 初始化為輸入參數 x，指標 next 用於指向下一個元素，初始化為 None。 第 5 到 7 行：類別 LinkedList 用於實作鏈結串列，類別初始化方法 (__init__) 內宣告 head 指向鏈結串列的第一個元素，初始化為 None。

4-1-2 插入元素

類別 LinkedList 內，使用方法 insertHead 建立鏈結串列的第一個節點，且 head 指向第一個節點。使用方法 insert(self, y, x) 將節點 x 插入到節點 y 的後面，示意圖如下。假設鏈結串列為「5、3、6」，使用 insert(3, 2) 在節點 3 後面插入節點 2，首先使用 Node(2) 新增節點 2，設定給變數 nodex，變數 tmp 從 head 往後找到節點 3，如下圖。

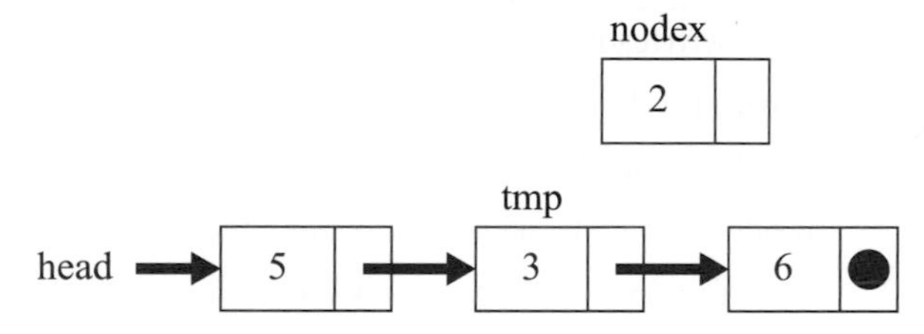

使用 nodex.next = tmp.next 將 nodex 的指標 next 指向 tmp 的指標 next，如下圖。

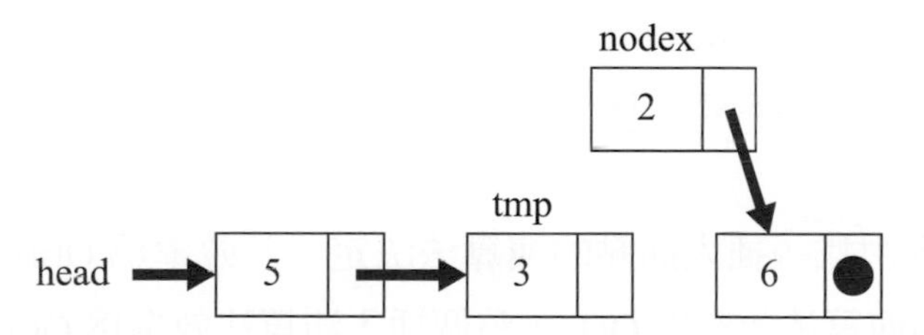

使用 tmp.next = nodex 將 tmp 的指標 next 指向 nodex，如下圖，就完成鏈結串列的插入。

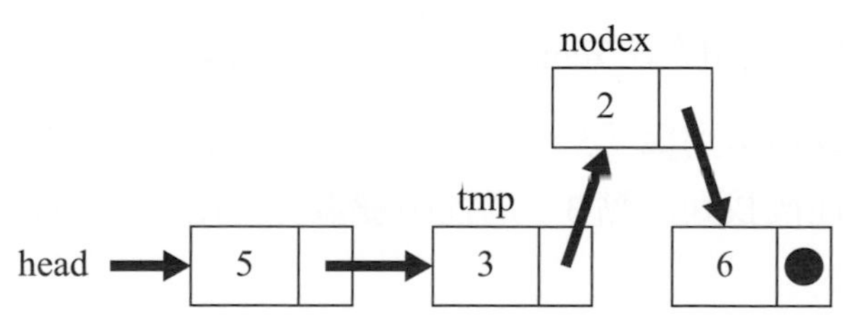

插入元素程式碼如下。

<table>
<tr><th>行數</th><th>程式碼</th></tr>
<tr><td>8
9
10
11
12
13
14
15
16
17
18</td><td><pre>   def insertHead(self, x):
        self.head = Node(x)
    def insert(self, y, x):
        tmp = self.head
        nodex = Node(x)
        while tmp != None:
            if tmp.data == y:
                break
            tmp = tmp.next
        nodex.next = tmp.next
        tmp.next = nodex</pre></td></tr>
<tr><td>解說</td><td>第 8 到 9 行：方法 insertHead(self, x)，head 指向鏈結串列的第一個元素 x，x 為方法 insertHead 的輸入值。
第 10 到 18 行：方法 insert(self, y, x)，在節點 y 後面插入節點 x，設定變數 tmp 為 head(第 11 行)，設定變數 nodex 為類別 Node 建立新節點 x(第 12 行)。當變數 tmp 不等於 None，如果變數 tmp 的 data 等於 y，則使用 break 中斷迴圈。設定變數 tmp 為 tmp.next，指向下一個元素(第 13 到 16 行)。設定 nodex.next 為 tmp.next，更新節點 nodex 的 next 為變數 tmp 的 next(第 17 行)。設定 tmp.next 為 nodex，設定變數 tmp 的 next 為 nodex(第 18 行)，請參考上方圖說。</td></tr>
</table>

(2) 程式效率分析

插入演算法效率由找尋插入節點的演算法決定，其效率為 O(n)，n 為鏈結串列的節點個數，插入動作的演算法效率為 O(1)，整個插入演算法效率為 O(n)。

4-1-3 刪除元素

類別 LinkedList 內，使用方法 remove(self, x) 刪除節點 x，示意圖如下。

STEP 01 假設鏈結串列為「5、3、6」，使用 remove(3) 刪除節點 3，變數 tmp 從 head 往後找到節點 3，過程中變數 before 指向 tmp 的前一個元素，如下圖。

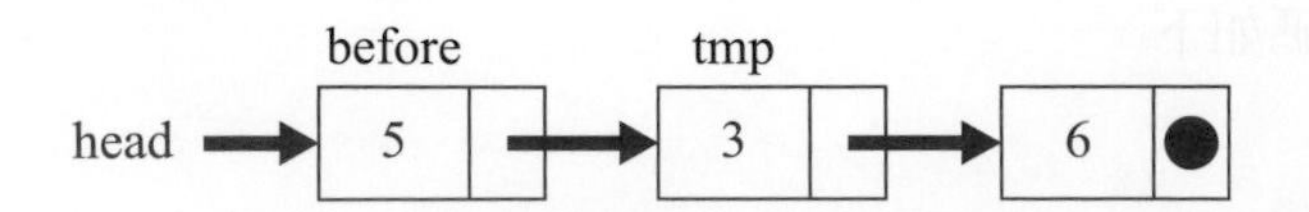

STEP 02 此時 tmp 不等於 self.head，執行 before.next = tmp.next，就可以把變數 tmp 所指向的節點 3 從鏈結串列中刪除，如下圖。

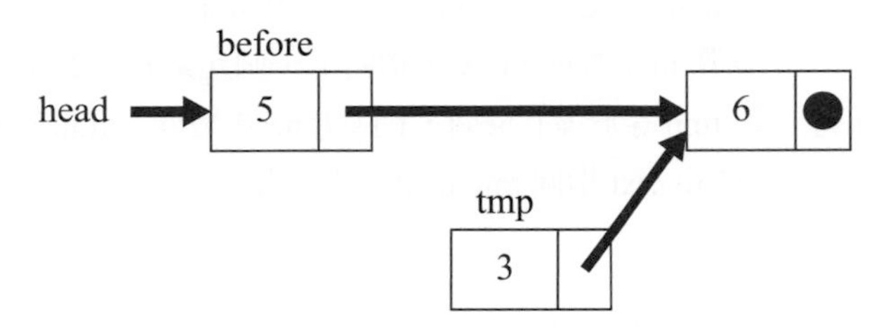

STEP 03 接著執行 remove(5) 刪除節點 5，此時 tmp 等於 self.head。

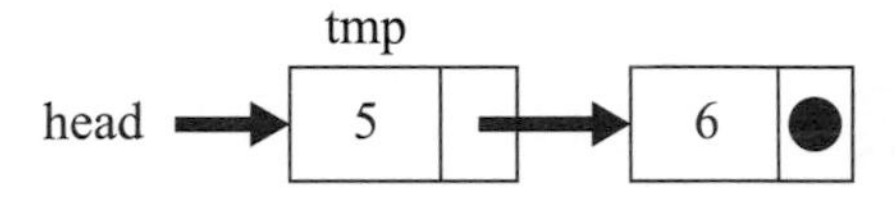

此時 tmp 等於 self.head，執行 self.head = self.head.next，就可以把 self.head 指向的節點 6，節點 5 從鏈結串列中刪除，如下圖。

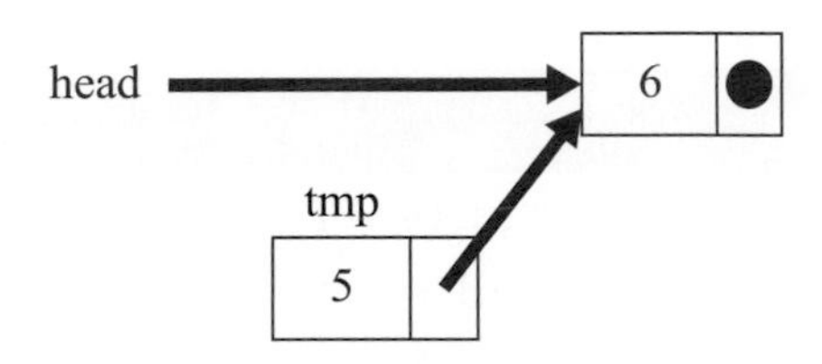

(1) 程式與解說

行數	程式碼
19	`    def remove(self, x):`
20	`        tmp =self.head`
21	`        while tmp != None:`
22	`            if tmp.data == x:`
23	`                break`
24	`            before = tmp`
25	`            tmp = tmp.next`
26	`        if tmp == self.head:   # 刪除第一個元素`
27	`            self.head = self.head.next`
28	`        else:`
29	`            before.next = tmp.next`

解說	第 19 到 29 行：方法 remove(self, x)，刪除節點 x，設定變數 tmp 爲 self.head (第 20 行)，當變數 tmp 不等於 None 時，若 tmp.data 等於 x，則使用 break 中斷迴圈。設定變數 before 爲變數 tmp，暫存上一個節點到變數 before，變數 tmp 爲 tmp.next，指向下一個元素 (第 21 到 25 行)。 第 26 到 29 行：若 tmp 等於 self.head，則 self.head 指向 self.head 的下一個元素，否則 before.next 指向 tmp.next，請參考上方圖說。

(2) 程式效率分析

刪除演算法效率由找尋刪除節點的演算法決定，其效率爲 O(n)，n 爲鏈結串列的節點個數，刪除動作的演算法效率爲 O(1)，整個刪除演算法效率爲 O(n)。

4-1-4 印出每個元素

類別 LinkedList 內，使用方法 printLinkedList (self) 從 self.head 開始，印出鏈結串列的每一個元素，程式碼如下。

(1) 程式與解說

行數	程式碼
30	`    def printLinkedList(self):`
31	`        tmp = self.head`
32	`        while tmp != None:`
33	`            print(tmp.data, end = "")`
34	`            tmp = tmp.next`
35	`        print()`
說明	第 30 到 35 行：方法 printLinkedList (self)，設定變數 tmp 爲 self.head (第 31 行)，當變數 tmp 不等於 None 時，使用函式 print 印出 tmp.data 的值到螢幕上，設定 end 爲空字串，表示不換行，變數 tmp 爲 tmp.next，指向下一個元素 (第 32 到 34 行)，使用函式 print 進行換行 (第 35 行)。

(2) 程式效率分析

印出每個元素演算法效率爲 O(n)，因爲每一個節點都要印出到螢幕上，n 爲鏈結串列的節點個數。

4-1-5 執行鏈結串列程式

建立好鏈結串列類別 LinkedList 後，首先需要新增類別 LinkedList 的物件，接著使用方法 insertHead 建立鏈結串列的第一個元素，再使用方法 insert 插入第 2 個以後的元素，使用方法 remove 刪除元素，過程中印出鏈結串列的每一個元素，程式碼如下。

(1) 程式與解說

行數	程式碼
36	`li = LinkedList()`
37	`li.insertHead(5)`
38	`li.insert(5,3)`
39	`li.printLinkedList()`
40	`li.insert(3,6)`
41	`li.printLinkedList()`
42	`li.insert(3,2)`
43	`li.printLinkedList()`
44	`li.remove(3)`
45	`li.printLinkedList()`
46	`li.remove(5)`
47	`li.printLinkedList()`
48	`li.remove(2)`
49	`li.printLinkedList()`
50	`li.remove(6)`
51	`li.printLinkedList()`
說明	第 36 行：設定物件 li 為類別 LinkedList 的物件。 第 37 行：插入元素 5 到鏈結串列物件 li 的第一個元素。 第 38 行：鏈結串列物件 li 內，插入元素 3 到元素 5 的後面。 第 39 行：使用方法 printLinkedList 印出鏈結串列物件 li 的每一個元素。 第 40 行：鏈結串列物件 li 內，插入元素 6 到元素 3 的後面。 第 41 行：使用方法 printLinkedList 印出鏈結串列物件 li 的每一個元素。 第 42 行：鏈結串列物件 li 內，插入元素 2 到元素 3 的後面。 第 43 行：使用方法 printLinkedList 印出鏈結串列物件 li 的每一個元素。 第 44 行：鏈結串列物件 li 內，刪除元素 3。 第 45 行：使用方法 printLinkedList 印出鏈結串列物件 li 的每一個元素。 第 46 行：鏈結串列物件 li 內，刪除元素 5。 第 47 行：使用方法 printLinkedList 印出鏈結串列物件 li 的每一個元素。 第 48 行：鏈結串列物件 li 內，刪除元素 2。 第 49 行：使用方法 printLinkedList 印出鏈結串列物件 li 的每一個元素。 第 50 行：鏈結串列物件 li 內，刪除元素 6。 第 51 行：使用方法 printLinkedList 印出鏈結串列物件 li 的每一個元素。

(2) 程式執行結果

4-2 環狀鏈結串列

ch4\4-2- 環狀鏈結串列 .py

環狀鏈結串列 (Circular Linked List) 是使用 Pointer(指標) 串接資料，且最後一個元素可以連結到第一個元素。使用環狀鏈結串列的好處是找到指定位置後，可以在很短時間內插入或刪除元素；陣列不適合在中間位置插入或刪除元素，因爲需要花較多時間搬移元素，適合在兩端插入或刪除元素。環狀鏈結串列不能隨機讀取指定位置的元素，只能從前往後一個一個走到指定的位置才能讀取；而陣列可以使用索引值 (隨機) 讀取陣列中指定位置的元素。陣列與環狀鏈結串列都有其優缺點，寫程式時需要善加利用每種資料結構的優點，避開或減少使用其缺點。以下爲一個簡單的環狀鏈結串列，指標 head 指向鏈結串列的第一個元素 5，元素 5 的指標指向下一個元素 3，元素 3 的指標指向下一個元素 2，元素 2 的指標指向下一個元素 6，元素 6 的指標指向第一個元素 5。

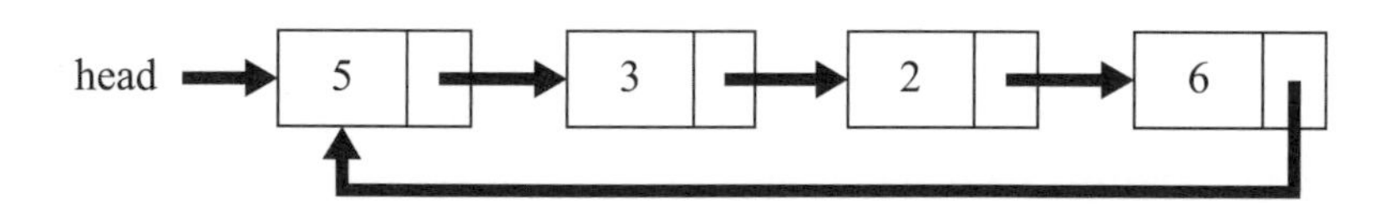

4-2-1 建立環狀鏈結串列

環狀鏈結串列需要一個指標，指向下一個元素，若下一個元素是空的時候設定爲 None，None 就是空指標，環狀鏈結串列的類別 Node 用於建立節點，類別 CirLinkedList 用於實作環狀鏈結串列，程式碼如下，以下每一小節程式碼串接起來就是一個完整的環狀鏈結串列程式。

<table>
<tr><th>行數</th><th>程式碼</th></tr>
<tr><td>1
2
3
4
5
6
7</td><td><pre>class Node:
    def __init__(self, x):
        self.data = x
        self.next = None
class CirLinkedList:
    def __init__(self):
        self.head = None</pre></td></tr>
<tr><td>說明</td><td>第 1 到 4 行：類別 Node 用於儲存鏈結串列的節點，類別初始化方法 (__init__) 內宣告 data 用於儲存資料，data 初始化為輸入參數 x，指標 next 用於指向下一個元素，初始化為 None。
第 5 到 7 行：類別 CirLinkedList 用於實作環狀鏈結串列，類別初始化方法 (__init__) 內宣告 head 指向環狀鏈結串列的第一個元素，初始化為 None。</td></tr>
</table>

4-2-2 插入元素

類別 CirLinkedList 內，使用方法 insertHead 建立環狀鏈結串列的第一個節點，且 head 指向第一個節點，且 head.next 指向自己，如下圖，形成一個元素的環狀鏈結串列。

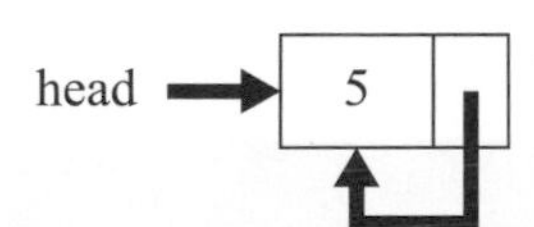

使用方法 insert(self, y, x) 將節點 x 插入到節點 y 的後面，示意圖如下。

STEP 01 假設環狀鏈結串列為「5、3、6」，使用 insert(3, 2) 在節點 3 後面插入節點 2，首先使用 Node(2) 新增節點 2，設定給變數 nodex，變數 tmp 從 head 往後找到節點 3，如下圖。

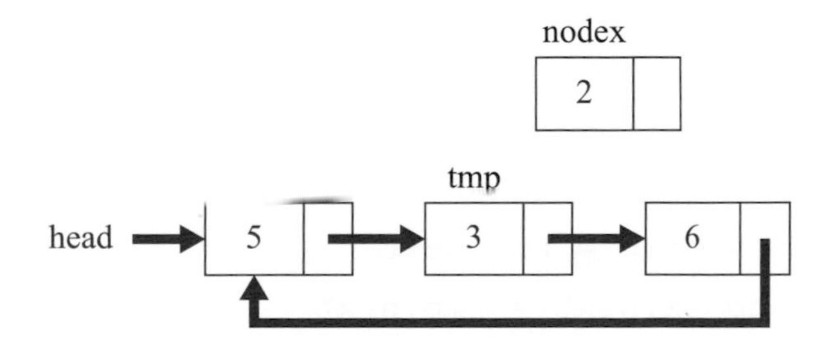

STEP 02 使用 nodex.next = tmp.next 將 nodex 的指標 next 指向 tmp 的指標 next，如下圖。

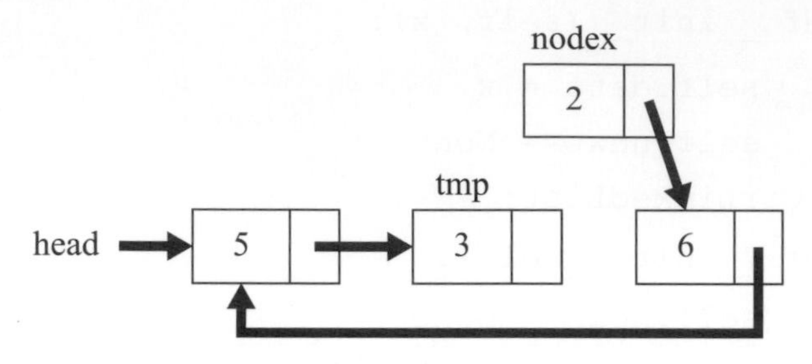

STEP 03 使用 tmp.next = nodex 將 tmp 的指標 next 指向 nodex，如下圖，就完成環狀鏈結串列的插入。

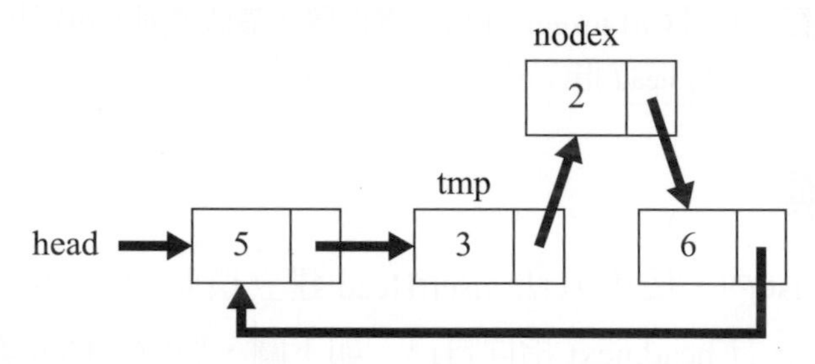

插入元素程式碼如下。

(1) 程式與解說

行數	程式碼
8	`    def insertHead(self, x):`
9	`        self.head = Node(x)`
10	`        self.head.next = self.head`
11	`    def insert(self, y, x):`
12	`        tmp = self.head`
13	`        nodex = Node(x)`
14	`        while True:`
15	`            if tmp.data == y:`
16	`                break`
17	`            tmp = tmp.next`
18	`        nodex.next = tmp.next`
19	`        tmp.next = nodex`
說明	第 8 到 10 行：方法 insertHead (self, x)，head 指向鏈結串列的第一個元素 x，x 為方法 insertHead 的輸入值 (第 9 行)，self.head.next 指向自己 (第 10 行)。

說明	第 11 到 19 行：方法 insert (self, y, x)，在節點 y 後面插入節點 x，設定變數 tmp 爲 head (第 12 行)，設定變數 nodex 爲類別 Node 建立新節點 x (第 13 行)。使用無窮迴圈，如果變數 tmp 的 data 等於 y，則使用 break 中斷迴圈。設定變數 tmp 爲 tmp.next，指向下一個元素 (第 14 到 17 行)。設定 nodex.next 爲 tmp.next，更新節點 nodex 的 next 爲變數 tmp 的 next (第 18 行)，設定 tmp.next 爲 nodex，設定變數 tmp 的 next 爲 nodex (第 19 行)，請參考上方圖說。

(2) 程式效率分析

插入演算法效率由找尋插入節點的演算法決定，其效率爲 O(n)，n 爲環狀鏈結串列的節點個數，插入動作的演算法效率爲 O(1)，整個插入演算法效率爲 O(n)。

4-2-3 刪除元素

類別 CirLinkedList 內，使用方法 remove(self, x) 刪除節點 x，示意圖如下。

一、刪除節點 3

STEP 01 假設環狀鏈結串列爲「5、3、6」，使用 remove(3) 刪除節點 3，變數 tmp 從 head 往後找到節點 3，過程中變數 before 指向 tmp 的前一個元素，如下圖。

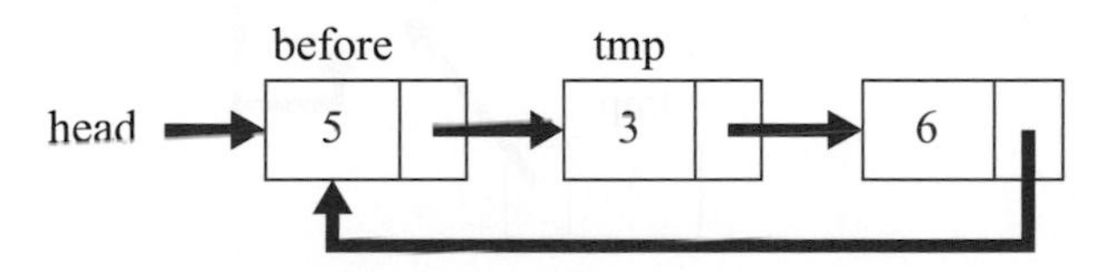

STEP 02 此時 tmp 不等於 self.head，執行 before.next = tmp.next，就可以把變數 tmp 所指向的節點 3 從環狀鏈結串列中刪除，如下圖。

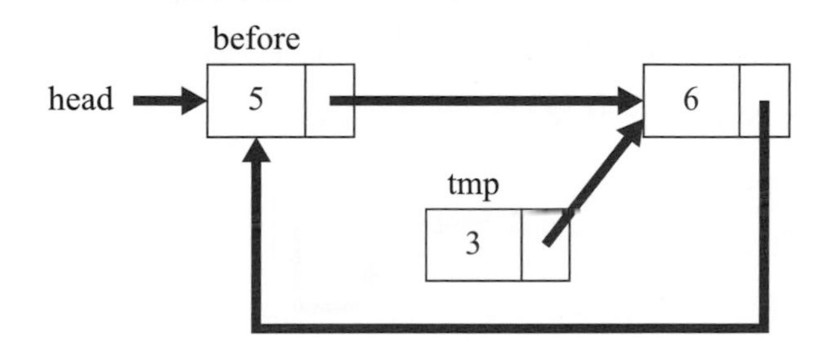

二、刪除節點 5

STEP 03 接著執行 remove(5) 刪除節點 5，此時 tmp 等於 self.head，但 self.head.next 不等於 self.head，表示環狀鏈結串列目前有兩個以上的元素，before 指向節點 5 的前一個元素節點 6。

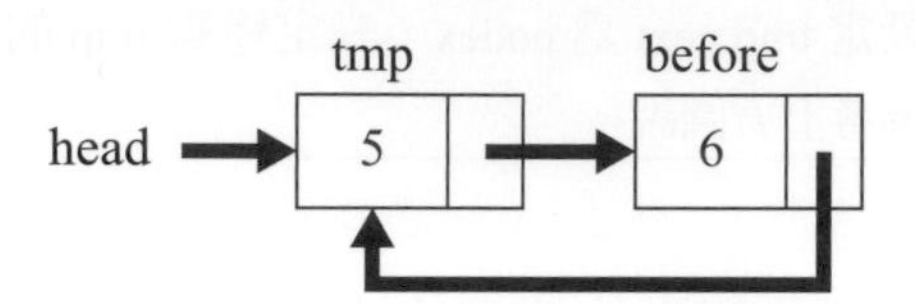

執行 self.head = self.head.next，就可以把 self.head 指向節點 6，如下圖。

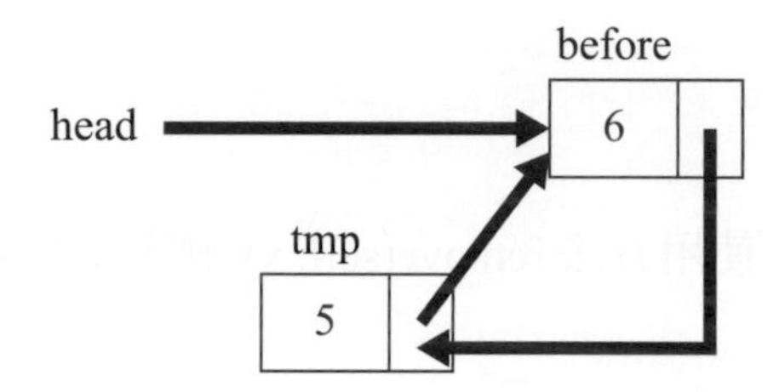

STEP 04 執行 before.next = self.head，就可以把 before.next 所指向 self.head，如下圖。

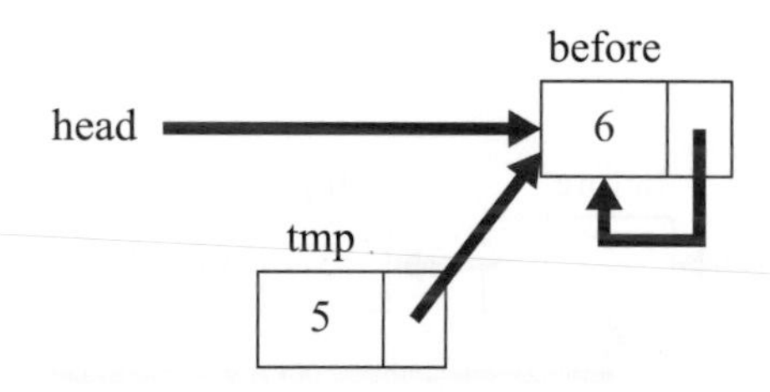

三、刪除節點 6

STEP 05 接著執行 remove(6) 刪除節點 6，此時 tmp 等於 self.head，且 self.head.next 等於 self.head，表示環狀鏈結串列目前只有一個元素，執行 self.head = None，環狀鏈結串列就被清空。

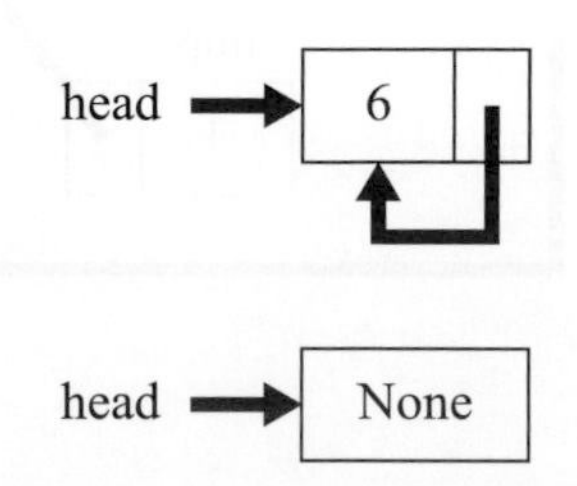

行數	程式碼
20	`    def remove(self, x):`
21	`        before = self.head`
22	`        tmp =self.head.next`
23	`        while True:`
24	`            if tmp.data == x:`
25	`                break`
26	`            before = tmp`
27	`            tmp = tmp.next`
28	`        if tmp == self.head and self.head.next == self.head:`
29	`            self.head = None`
30	`        elif tmp == self.head:`
31	`            self.head = self.head.next`
32	`            before.next = self.head`
33	`        else:`
34	`            before.next = tmp.next`
說明	第 20 到 34 行：方法 remove (self, x)，刪除節點 x，設定變數 before 為 self.head (第 21 行)，設定變數 tmp 為 self.head.next (第 22 行)，使用無窮迴圈，若 tmp.data 等於 x，則使用 break 中斷迴圈。設定變數 before 為變數 tmp，暫存上一個節點到變數 before，變數 tmp 為 tmp.next，指向下一個元素 (第 23 到 27 行)。 第 28 到 34 行：若 tmp 等於 self.head，且 self.head.next 等於 self.head，表示環狀鏈結串列只剩一個元素，則設定 self.head 為 None (第 28 到 29 行)，否則若 tmp 等於 self.head，要刪除 self.head，但環狀鏈結串列還有兩個以上的元素，則設定 self.head 指向 self.head.next，設定 before.next 指向 self.head (第 30 到 32 行)，否則 before.next 指向 tmp.next (第 33 到 34 行)，請參考上方圖說。

(2) 程式效率分析

刪除演算法效率由找尋刪除節點的演算法決定，其效率為 O(n)，n 為環狀鏈結串列的節點個數，刪除動作的演算法效率為 O(1)，整個刪除演算法效率為 O(n)。

4-2-4 計算長度

類別 CirLinkedList 內，使用方法 len 計算環狀鏈結串列的長度，示意圖如下。

STEP 01 執行 tmp = self.head.next，tmp 指向 head 的下一個元素。

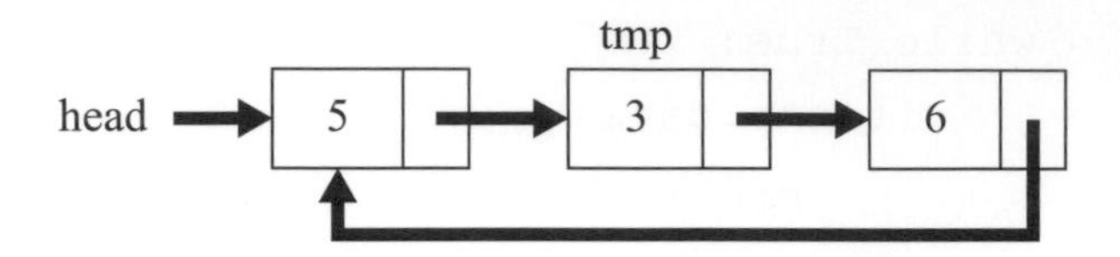

STEP 02 此時 tmp 不等於 self.head，執行 count = count + 1，變數 count 遞增 1，執行 tmp = tmp.next，就可以把變數 tmp 所指向的節點指向 tmp 的下一個元素，如下圖。

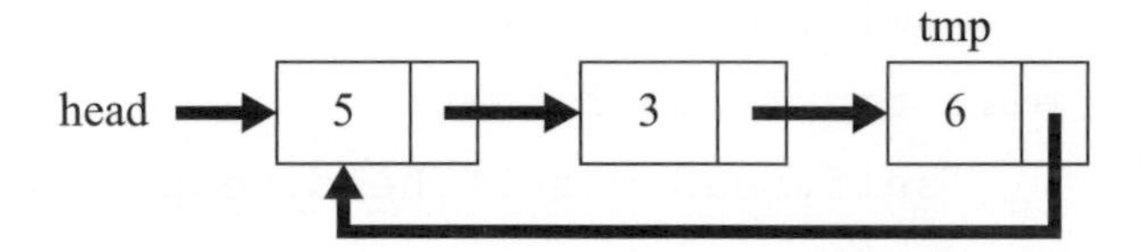

STEP 03 直到 tmp 等於 head 跳出迴圈，就可以計算出環狀鏈結串列的長度。

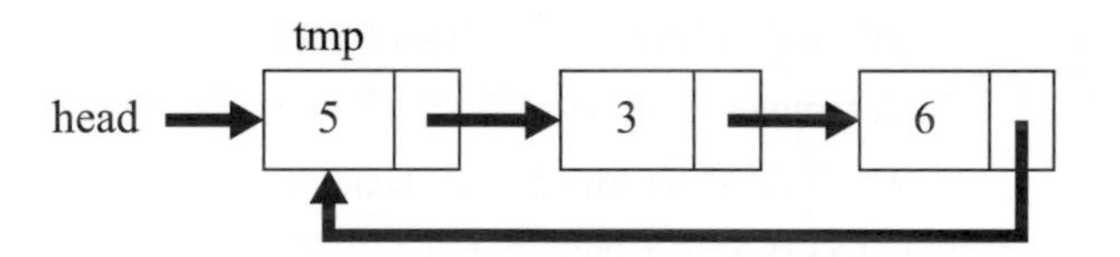

(1) 程式與解說

行數	程式碼
35	`    def len(self):`
36	`        count = 0`
37	`        if self.head == None:`
38	`            return 0`
39	`        else:`
40	`            tmp = self.head.next`
41	`            while tmp != self.head:`
42	`                count = count + 1`
43	`                tmp = tmp.next`
44	`            return count + 1`

說明	第 35 到 44 行：方法 len (self) 計算環狀鏈結串列的長度，設定變數 count 爲 0 (第 36 行)，若 self.head 爲 None，表示環狀鏈結串列是空的，回傳 0 (第 37 到 38 行)，否則設定變數 tmp 爲 self.head.next，當變數 tmp 不等於 self.head 時，變數 count 遞增 1，設定變數 tmp 爲 tmp.next，最後回傳 count+1 (第 39 到 44 行)，請參考上方圖說。

(2) 程式效率分析

演算法效率爲 O(n)，每一個元素都要走到，n 爲環狀鏈結串列的節點個數。

4-2-5 印出每個元素

類別 CirLinkedList 內，使用方法 printLinkedList (self) 從 self.head 印出環狀鏈結串列的每一個元素，程式碼如下。

(1) 程式與解說

行數	程式碼
45	`    def printLinkedList(self):`
46	`        length = self.len()`
47	`        tmp = self.head`
48	`        for i in range(length):`
49	`            print(tmp.data, " ", end="")`
50	`            tmp = tmp.next`
51	`        print()`
說明	第 45 到 51 行：方法 printLinkedList (self)，設定變數 length 爲方法 len 的回傳值，也就是環狀鏈結串列的長度 (第 46 行)，設定變數 tmp 爲 self.head (第 47 行)。迴圈執行 length 次，使用函式 print 印出 tmp.data 的值與一個空白鍵到螢幕上，設定 end 爲空字串，表示不換行，變數 tmp 爲 tmp.next，指向下一個元素 (第 48 到 50 行)，使用函式 print 進行換行 (第 51 行)。

(2) 程式效率分析

印出每個元素演算法效率爲 O(n)，因爲每一個節點都要印出到螢幕上，n 爲環狀鏈結串列的節點個數。

4-2-6 執行環狀鏈結串列程式

建立好環狀鏈結串列類別 CirLinkedList 後，首先需要新增類別 CirLinkedList 的物件。使用方法 insertHead 建立環狀鏈結串列的第一個元素 5，接著使用方法 insert 插入第 2 個以後的元素 (6、7、8、9)，使用方法 remove 刪除元素，過程中印出環狀鏈結串列的每一個元素，程式碼如下。

(1) 程式與解說

行數	程式碼
52	`li = CirLinkedList()`
53	`li.insertHead(5)`
54	`for i in range(6, 10):`
55	`    li.insert(i-1,i)`
56	`    li.printLinkedList()`
57	`for i in range(5, 10):`
58	`    li.remove(i)`
59	`    li.printLinkedList()`
說明	第 52 行：設定物件 li 為類別 CirLinkedList 的物件。 第 53 行：插入元素 5 到環狀鏈結串列物件 li 的第一個元素。 第 54 到 56 行：使用迴圈依序插入元素到物件 li ，6 插入到 5 的後面，7 插入到 6 的後面，8 插入到 7 的後面，9 插入到 8 的後面，每插入一個元素就使用方法 printLinkedList 印出物件 li 的每一個元素。 第 57 到 59 行：使用迴圈依序刪除物件 li 內的元素 5 到 9，每刪除一個元素就使用方法 printLinkedList 印出物件 li 的每一個元素。

(2) 程式執行結果

4-3 雙向鏈結串列

ch4\4-3- 雙向鏈結串列 .py

雙向鏈結串列 (Double Linked List) 是使用 Pointer(指標) 串接資料。使用雙向鏈結串列的好處是找到指定位置後，可以很有效率地插入或刪除元素，且很容易找到節點的前一個元素與下一個元素；陣列不適合在中間位置插入或刪除元素，因為需要花較多時間搬移元素，適合在兩端插入或刪除元素。雙向鏈結串列不能隨機讀取指定位置的元素，只能從前往後或從後往前一個一個走到指定的位置才能讀取；而陣列可以使用索引值讀取陣列中指定位置的元素。陣列與雙向鏈結串列都有其優缺點，寫程式時需要善加利用每種資料結構的優點，避開或減少使用其缺點。

以下為一個簡單的雙向鏈結串列，指標 head 指向雙向鏈結串列的第一個元素 5，每一個元素都指向前一個與下一個元素。元素 5 的指標 next 指向下一個元素 3，元素 5 的指標 pre 指向前一個元素 6；元素 3 的指標 next 指向下一個元素 2，元素 3 的指標 pre 指向上一個元素 5；元素 2 的指標 next 指向下一個元素 6，元素 2 的指標 pre 指向前一個元素 3；元素 6 的指標 next 指向下一個元素 5，元素 6 的指標 pre 指向前一個元素 2，如下圖。

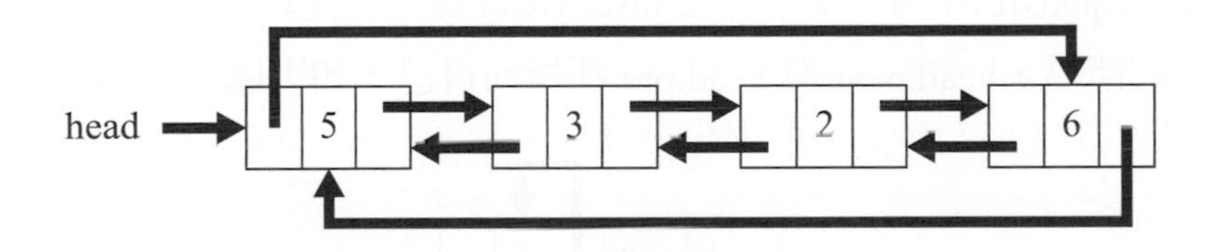

4-3-1 建立雙向鏈結串列

雙向鏈結串列的每個節點需要兩個指標，分別指向上一個與下一個元素，Node 用於建立節點，類別 DoubleLinkedList 用於實作雙向鏈結串列，程式碼如下，以下每一小節程式碼串接起來就是一個完整的雙向鏈結串列程式。

(1) 程式與解說

行數	程式碼
1	`class Node:`
2	`    def __init__(self, x):`
3	`        self.data = x`
4	`        self.next = None`
5	`        self.pre = None`
6	`class DoubleLinkedList:`
7	`    def __init__(self):`
8	`        self.head = None`
說明	第 1 到 5 行：類別 Node 用於儲存雙向鏈結串列的節點，類別初始化方法 (__init__) 內宣告 data 用於儲存資料，data 初始化為輸入參數 x，指標 next 用於指向下一個元素，初始化為 None，指標 pre 用於指向上一個元素，初始化為 None。 第 6 到 8 行：類別 DoubleLinkedList 用於實作雙向鏈結串列，類別初始化方法 (__init__) 內宣告 head 指向雙向鏈結串列的第一個元素，初始化為 None。

4-3-2 插入元素

類別 DoubleLinkedList 內，使用方法 insertHead 建立雙向鏈結串列的第一個節點，且 head 指向第一個節點，head.next 與 head.pre 都指向自己，如下圖，形成一個元素的雙向鏈結串列。

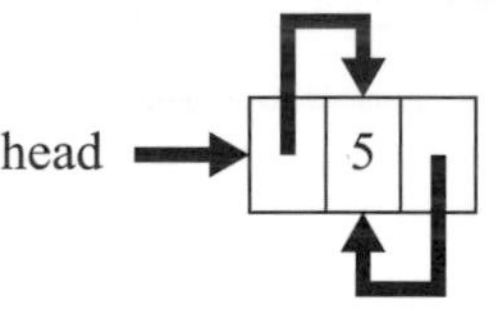

使用方法 insert(self, y, x) 將節點 x 插入到節點 y 的後面，示意圖如下：

STEP 01 假設存在一個雙向鏈結串列，其資料依序為「5、3、6」，使用方法 insert(3, 2) 在節點 3 後面插入節點 2，首先使用 Node(2) 新增節點 2，設定給變數 nodex，變數 tmp 從 head 往後找到節點 3，如下圖。

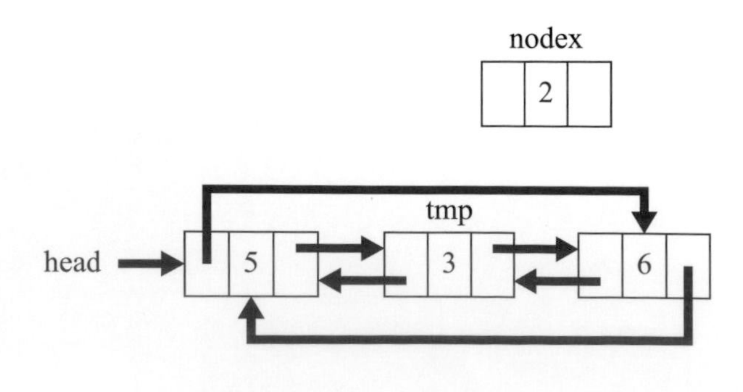

STEP 02 使用 nodex.next = tmp.next 將 nodex 的指標 next 指向 tmp 的指標 next，如下圖。

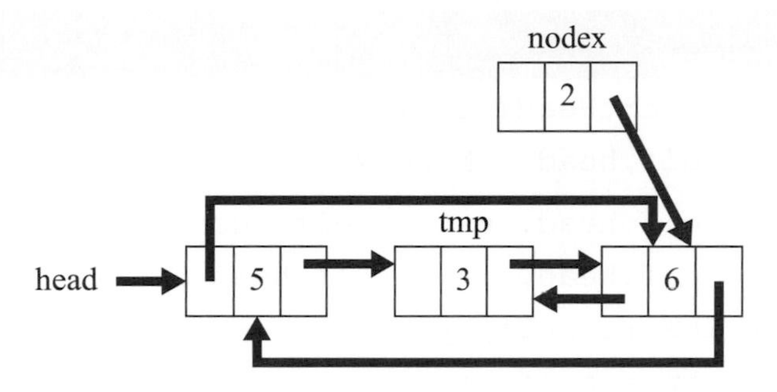

STEP 03 使用 nodex.pre = tmp 將 nodex 的指標 pre 指向 tmp，如下圖。

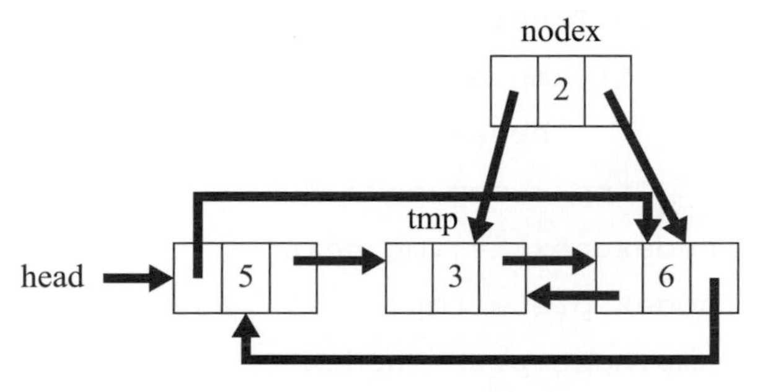

STEP 04 使用 tmp.next.pre = nodex 將 tmp 的指標 next 的指標 pre 指向 nodex，如下圖。

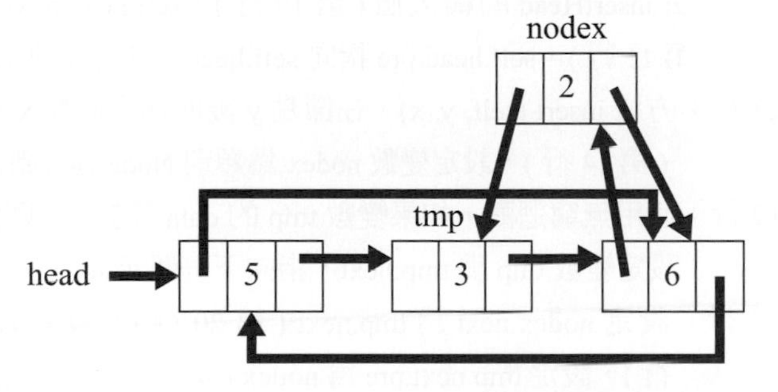

STEP 05 使用 tmp.next = nodex 將 tmp 的指標 next 指向 nodex，如下圖，就完成雙向鏈結串列的插入。

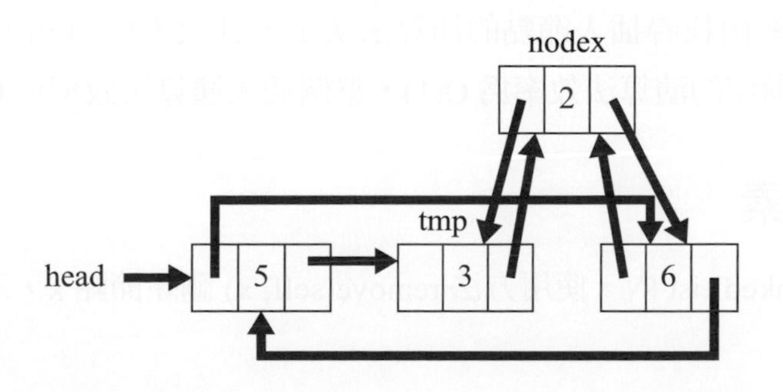

插入元素程式碼如下。

(1) 程式與解說

行數	程式碼
9	`    def insertHead(self, x):`
10	`        self.head = Node(x)`
11	`        self.head.next = self.head`
12	`        self.head.pre = self.head`
13	`    def insert(self, y, x):`
14	`        tmp = self.head`
15	`        nodex = Node(x)`
16	`        while True:`
17	`            if tmp.data == y:`
18	`                break`
19	`            tmp = tmp.next`
20	`        nodex.next = tmp.next`
21	`        nodex.pre = tmp`
22	`        tmp.next.pre = nodex`
23	`        tmp.next = nodex`
說明	第 9 到 12 行：方法 insertHead (self, x)，head 指向雙向鏈結串列的第一個元素 x，x 爲方法 insertHead 的輸入值 (第 10 行)，self.head.next 指向 self.head (自己) 第 11 行)，self.head.pre 指向 self.head (自己)(第 12 行)。 第 13 到 23 行：方法 insert (self, y, x)，在節點 y 後面插入節點 x，設定變數 tmp 爲 head (第 14 行)，設定變數 nodex 爲類別 Node 建立新節點 x (第 15 行)。 第 16 到 19 行：使用無窮迴圈，如果變數 tmp 的 data 等於 y，則使用 break 中斷迴圈。設定變數 tmp 爲 tmp.next，指向下一個元素。 第 20 到 23 行：設定 nodex.next 爲 tmp.next (第 20 行)，設定 nodex.pre 爲 tmp (第 21 行)，設定 tmp.next.pre 爲 nodex (第 22 行)，設定 tmp.next 爲 nodex (第 23 行)，請參考上方圖說。

(2) 程式效率分析

插入演算法效率由找尋插入節點的演算法決定，其效率爲 O(n)，n 爲雙向鏈結串列的節點個數，插入動作的演算法效率爲 O(1)，整個插入演算法效率爲 O(n)。

4-3-3 刪除元素

類別 DoubleLinkedList 內，使用方法 remove(self, x) 刪除節點 x，示意圖如下。

一、刪除節點 3

STEP01 假設雙向鏈結串列為「5、3、6」，使用 remove(3) 刪除節點 3，變數 tmp 從 head 往後找到節點 3，變數 tmp 指向要刪除的節點 3，如下圖。

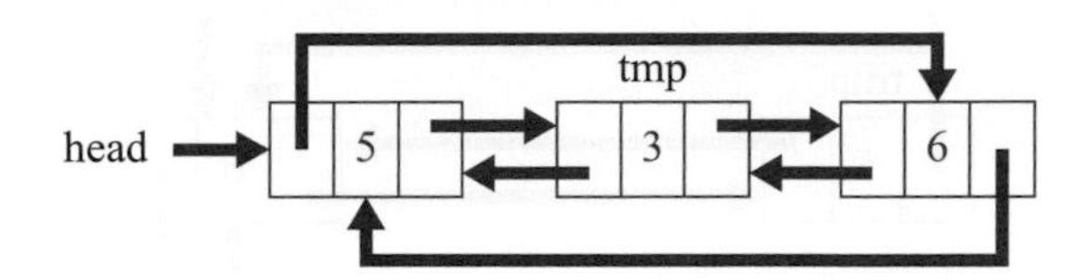

STEP02 此時 tmp 不等於 self.head，執行 tmp.pre.next = tmp.next 後，如下圖。

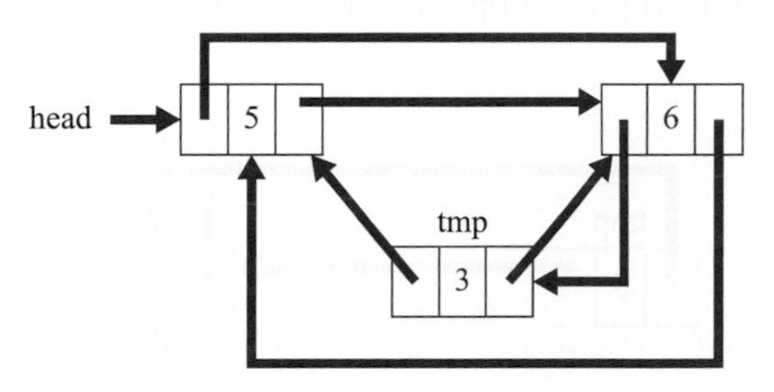

STEP03 接著執行 tmp.next.pre = tmp.pre 後，如下圖。

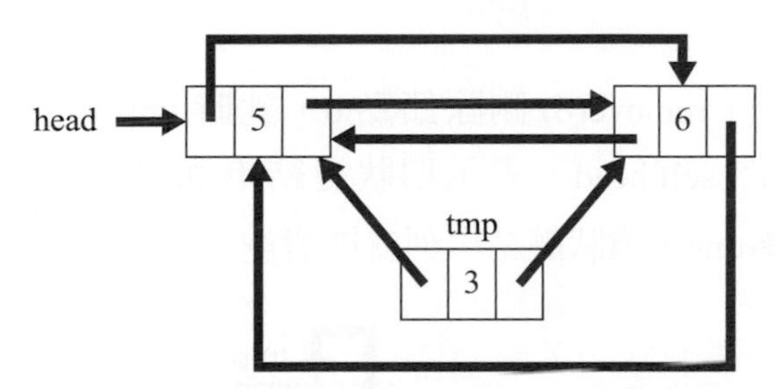

如此就可以把變數 tmp 所指向的節點 3 從雙向鏈結串列中刪除。

二、刪除節點 5

接著執行 remove(5) 刪除節點 5，變數 tmp 指向要刪除的節點 5，此時 tmp 等於 self.head，但 self.head.next 不等於 self.head，表示雙向鏈結串列目前有兩個以上的元素。

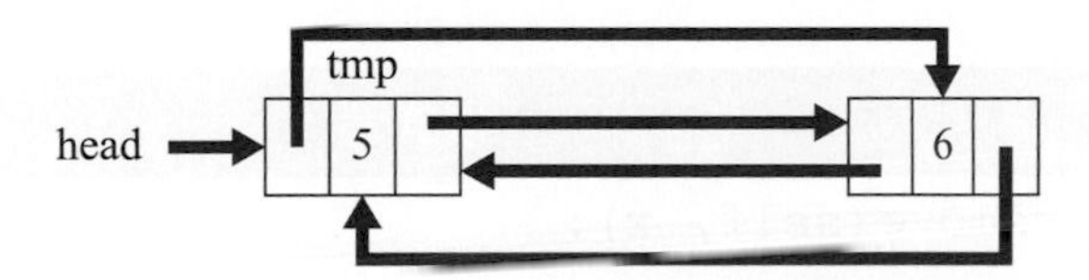

STEP04 執行 self.head = tmp.next，就可以把 self.head 指向節點 6，如下圖。

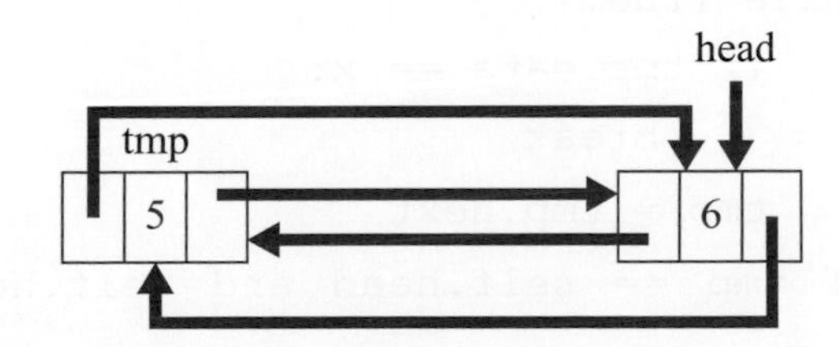

STEP 05 接著執行 tmp.pre.next = tmp.next，就可以把 tmp.pre.next 指向 tmp.next，如下圖。

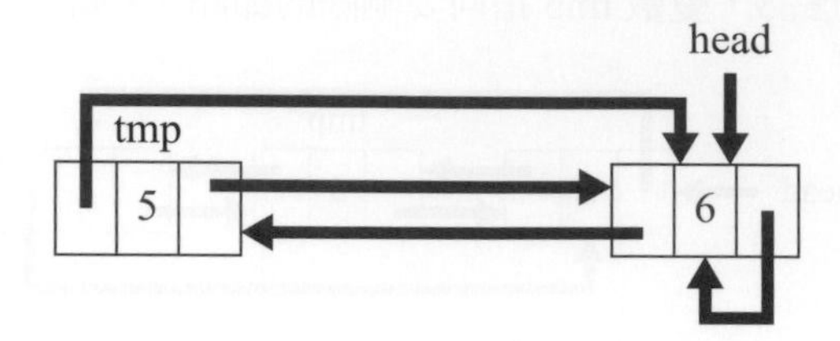

STEP 06 執行 tmp.next.pre = tmp.pre，就可以把 tmp.next.pre 指向 tmp.pre，如下圖。

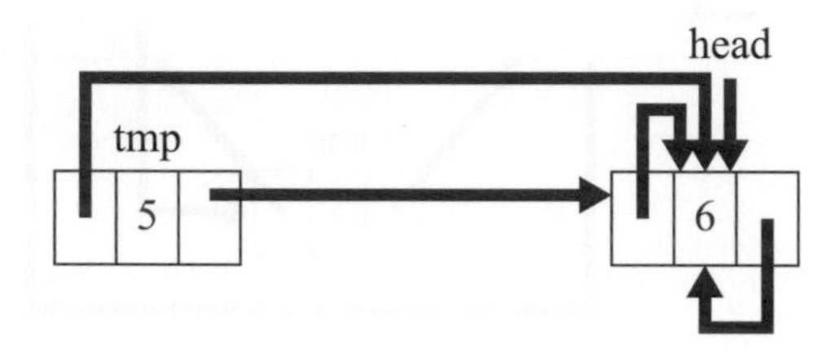

三、刪除節點 6

STEP 07 接著執行 remove(6) 刪除節點 6，此時 tmp 等於 self.head，且 self.head.next 等於 self.head，表示環狀鏈結串列目前只有一個元素，執行 self.head = None，環狀鏈結串列就被清空。

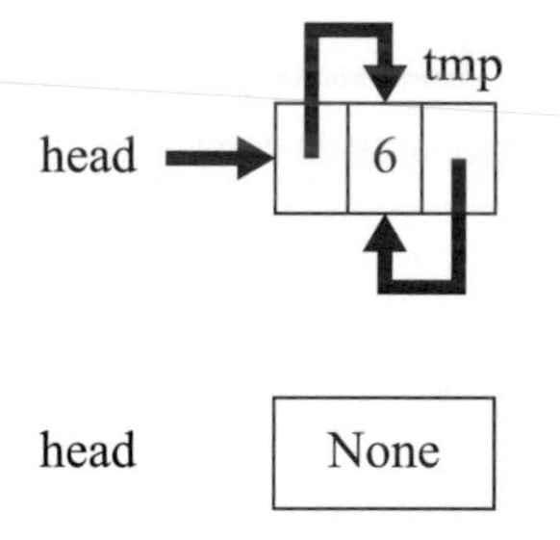

head None

(1) 程式與解說

行數	程式碼
24	`    def remove(self, x):`
25	`        tmp = self.head`
26	`        while True:`
27	`            if tmp.data == x:`
28	`                break`
29	`            tmp = tmp.next`
30	`        if tmp == self.head and self.head.next == self.head:`

31	`            self.head = None`
32	`        elif tmp == self.head:  # 刪除 self.head`
33	`            self.head = tmp.next`
34	`        if self.head != None:`
35	`            tmp.pre.next = tmp.next`
36	`            tmp.next.pre = tmp.pre`
說明	第 24 到 36 行：方法 remove (self, x)，刪除節點 x，設定變數 tmp 爲 self.head(第 25 行)，使用無窮迴圈，若 tmp.data 等於 x，則使用 break 中斷迴圈。設定變數 tmp 爲 tmp.next，指向下一個元素 (第 26 到 29 行)。 第 30 到 36 行：若 tmp 等於 self.head，且 self.head.next 等於 self.head，表示雙向鏈結串列只剩一個元素，則設定 self.head 爲 None (第 30 到 31 行)，否則若 tmp 等於 self.head，要刪除 self.head，但雙向鏈結串列還有兩個以上的元素，則設定 self.head 指向 tmp.next (第 32 到 33 行)。若 self.head 不等於 None，則設定 tmp.pre.next 爲 tmp.next，設定 tmp.next.pre 爲 tmp.pre (第 34 到 36 行)。請參考上方圖說。

(2) 程式效率分析

刪除演算法效率由找尋刪除節點的演算法決定，其效率爲 O(n)，n 爲雙向鏈結串列的節點個數，刪除動作的演算法效率爲 O(1)，整個刪除演算法效率爲 O(n)。

4-3-4 計算長度

類別 DoubleLinkedList 內，使用方法 len 計算雙向鏈結串列的長度，示意圖如下。

STEP 01 執行 tmp = self.head.next，tmp 指向 head 的下一個元素。

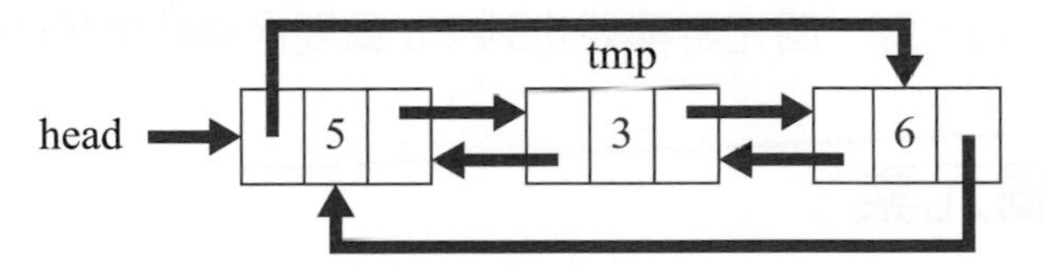

STEP 02 此時 tmp 不等於 self.head，執行 count = count + 1，變數 count 遞增 1，執行 tmp = tmp.next，就可以把變數 tmp 指向 tmp 的下一個元素，如下圖。

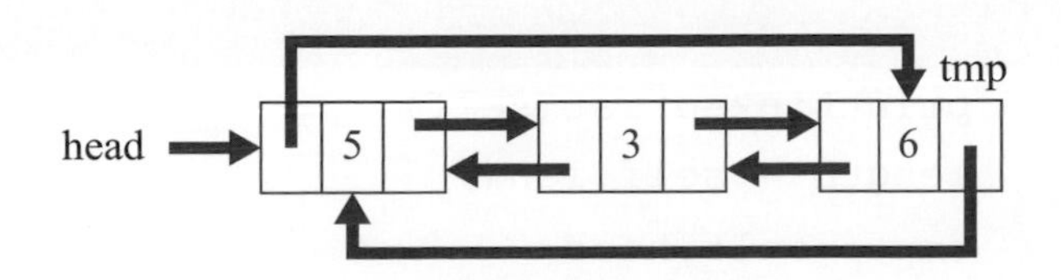

STEP 03 直到 tmp 等於 head 跳出迴圈，就可以計算出雙向鏈結串列的長度。

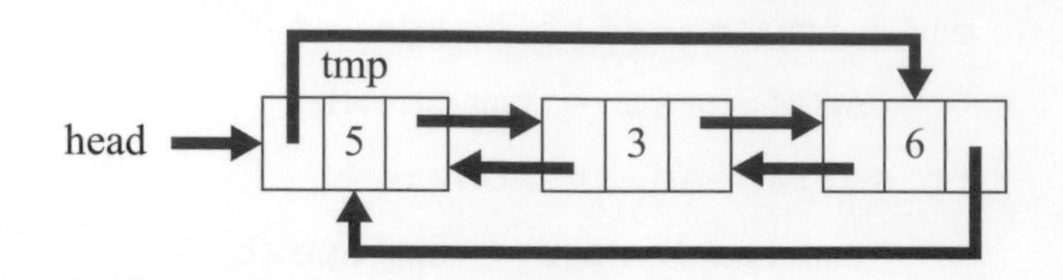

(1) 程式與解說

行數	程式碼
37	`    def len(self):`
38	`        count = 0`
39	`        if self.head == None:`
40	`            return 0`
41	`        else:`
42	`            tmp = self.head.next`
43	`            while tmp != self.head:`
44	`                count = count + 1`
45	`                tmp = tmp.next`
46	`            return count + 1`
說明	第 37 到 46 行：方法 len(self) 計算雙向鏈結串列的長度，設定變數 count 為 0(第 38 行)。若 self.head 為 None，表示雙向鏈結串列是空的，回傳 0(第 39 到 40 行)，否則設定變數 tmp 為 self.head.next，當變數 tmp 不等於 self.head 時，變數 count 遞增 1，設定變數 tmp 為 tmp.next，最後回傳 count+1(第 41 到 46 行)。請參考上方圖說。

(2) 程式效率分析

演算法效率為 O(n)，每一個元素都要走到，n 為雙向鏈結串列的節點個數。

4-3-5 印出每個元素

類別 DoubleLinkedList 內，使用方法 printLinkedList 從 self.head 印出雙向鏈結串列的每一個元素，程式碼如下。

(1) 程式與解說

行數	程式碼
47	`    def printLinkedList(self):`
48	`        length = self.len()`
49	`        tmp = self.head`
50	`        for i in range(length):`

51	`            print(tmp.data, " ", end="")`
52	`            tmp = tmp.next`
53	`        print()`
說明	第 47 到 53 行：方法 printLinkedList (self)，設定變數 length 爲方法 len 的回傳值，也就是雙向鏈結串列的長度 (第 48 行)，設定變數 tmp 爲 self.head (第 49 行)。迴圈執行 length 次，使用函式 print 印出 tmp.data 的值與一個空白鍵到螢幕上，設定 end 爲空字串，表示不換行，變數 tmp 爲 tmp.next，指向下一個元素 (第 50 到 52 行)，使用函式 print 進行換行 (第 53 行)。

(2) 程式效率分析

印出每個元素演算法效率爲 O(n)，因爲每一個節點都要印出到螢幕上，n 爲雙向鏈結串列的節點個數。

4-3-6 執行雙向鏈結串列程式

建立好雙向鏈結串列類別 DoubleLinkedList 後，首先需要新增類別 DoubleLinkedList 的物件，接著使用方法 insertHead 建立雙向鏈結串列的第一個元素 5，接著使用方法 insert 插入第 2 個以後的元素 (6、7、8、9)，使用方法 remove 刪除元素，過程中印出雙向鏈結串列的每一個元素，程式碼如下。

(1) 程式與解說

行數	程式碼
54	`li = DoubleLinkedList()`
55	`li.insertHead(5)`
56	`for i in range(6, 10):`
57	`    li.insert(i-1,i)`
58	`    li.printLinkedList()`
59	`for i in range(5, 10):`
60	`    li.remove(i)`
61	`    li.printLinkedList()`
說明	第 54 行：設定物件 li 爲類別 DoubleLinkedList 的物件。 第 55 行：插入元素 5 到雙向鏈結串列物件 li 的第一個元素。 第 56 到 58 行：使用迴圈依序將元素插入到物件 li ，6 插入到 5 的後面，7 插入到 6 的後面，8 插入到 7 的後面，9 插入到 8 的後面，每插入一個元素就使用方法 printLinkedList 印出物件 li 的每一個元素。 第 59 到 61 行：使用迴圈依序刪除物件 li 內的元素 5 到 9，每刪除一個元素就使用方法 printLinkedList 印出物件 li 的每一個元素。

(2) 程式執行結果

4-4 實作鏈結串列

4-4-1 插隊在任意位置

4-4-1 插隊在任意位置 .py

給定數字由 1 到 n，分別代表 n 個人的編號，請依照編號由小到大，依序將這 n 個人加入排隊隊伍中。接著有 m 個指令，指令「s」服務目前最前面的人，輸出此人的編號，此人被服務完後會排到隊伍的最後，指令「p」表示將指定的人插入到隊伍中指定的位置，例如「p 100 2」，取出編號 100 的人後，插入到隊伍第 2 個位置，輸入的 n 值小於 200 且 m 值小於 100。

輸入說明

輸入一組正整數 n 與 m，表示有 n 個人在排隊，有 m 個指令等待輸入，接下來有 m 行，每一行都是指令，指令「s」表示顯示目前隊伍最前面的編號，並將該編號加入隊伍的最後，指令「p d1 d2」後面會接兩個數字，表示將編號 d1 取出來後，再插入到隊伍中 d2 的位置。

輸出說明

遇到指令 s 時，輸出隊伍中最前面的人的編號。

輸入範例

100 10

s

p 100 2

s

s

p 50 1

s

p 75 1

p 56 1

s

s

輸出範例

1

2

100

50

56

75

(1) 解題想法

本題因爲要從隊伍中間取出元素，並將元素插入到隊伍中任何位置，所以不適合使用陣列 (Array)，最好使用鏈結串列 (Linked List) 插入與刪除元素。

(2) 程式與解說

行數	程式
1	`class Node:`
2	`    def __init__(self, x):`
3	`        self.data = x`
4	`        self.next = None`

```
5    class LinkedList:
6        def __init__(self):
7            self.head = None
8        def insertHead(self, x):
9            self.head = Node(x)
10       def insertAt(self, x, pos): # x插入在pos位置
11           tmp = self.head
12           nodex = Node(x)
13           count = 2
14           if pos == 1: # 插入在第一個位置
15               nodex.next = tmp
16               self.head = nodex
17           else:
18               while count < pos:
19                   tmp = tmp.next
20                   count = count + 1
21               nodex.next = tmp.next
22               tmp.next = nodex
23       def remove(self, x):
24           tmp =self.head
25           while tmp != None:
26               if tmp.data == x:
27                   break
28               before = tmp
29               tmp = tmp.next
30           if tmp == self.head:
31               self.head = self.head.next
32           else:
33               before.next = tmp.next
34       def serve(self):
35           item = self.head
36            self.head = self.head.next
37            return item.data
38    n, m = input().split()
39    n = int(n)
```

40
41
42
43
44
45
46
47
48
49
50
51
52
53
54
55
56
	<pre>m = int(m)
	li = LinkedList()
	li.insertHead(1)
	for i in range(2, n+1):
	    li.insertAt(i, i)
	for i in range(m):
	    cmd = input()
	    if cmd[0] == "s":
	        x = li.serve()
	        li.insertAt(x, n)
	        print(x)
	    else:
	        p, x, pos = cmd.split()
	        x = int(x)
	        li.remove(x)
	        pos = int(pos)
	        li.insertAt(x, pos)</pre>

說明	第 1 到 4 行：類別 Node 用於儲存鏈結串列的節點，類別初始化方法 (__init__) 內宣告 data 用於儲存資料，data 初始化爲輸入參數 x，指標 next 用於指向下一個元素，初始化爲 None。 第 5 到 7 行：類別 LinkedList 用於實作鏈結串列，定義類別初始化方法 (__init__) 內宣告 head 指向鏈結串列的第一個元素，初始化爲 None。 第 8 到 9 行：定義方法 insertHead(self, x)，head 指向鏈結串列的第一個元素 x，x 爲方法 insertHead 的輸入值。 第 10 到 22 行：定義方法 insertAt(self, x, pos)，將節點 x 插入在隊伍 pos 位置上。 第 11 到 13 行：設定變數 tmp 爲 self.head，變數 nodex 爲數值 x 的節點，變數 count 爲 2。 第 14 到 16 行：若變數 pos 等於 1，插入在第一個位置，設定 nodex.next 爲 tmp，設定 self.head 爲 nodex。 第 17 到 22 行：否則當變數 count 小於 pos，表示還沒到達 pos 位置，設定變數 tmp 爲 tmp.next，變數 count 遞增 1。找到位置 pos 後，設定 nodex.next 爲 tmp.next，設定 tmp.next 爲 nodex。 第 23 到 33 行：定義方法 remove(self, x)，刪除節點 x，設定變數 tmp 爲 self.head (第 24 行)。當變數 tmp 不等於 None 時，若 tmp.data 等於 x，則使用 break 中斷迴圈。設定變數 before 爲變數 tmp，暫存上一個節點到變數 before，變數 tmp 爲 tmp.next，指向下一個元素 (第 25 到 29 行)。

說明	第 30 到 33 行：若 tmp 等於 self.head，則 self.head 指向 self.head.next，否則 before.next 指向 tmp.next。 第 34 到 37 行：定義方法 serve，設定 item 為 self.head，設定 self.head 為 self.head.next，回傳 item.data。 第 38 行：輸入 n 與 m。 第 39 與 40 行：變數 n 與 m 轉換成整數。 第 41 行：設定物件 li 為類別 LinkedList 的物件。 第 42 行：插入元素 1 到鏈結串列物件 li 的第一個元素。 第 43 到 44 行：插入 2 到第 2 個位置，插入 3 到第 3 個位置，以此類推，直到插入 2 到 n 的每一個數字到鏈結串列。 第 45 到 56 行：使用迴圈執行 m 次，每次輸入一行到變數 cmd (第 46 行)。若變數的第一個字元等於「s」，則呼叫方法 serve 取出第一個元素到變數 x(第 48 行)，將 x 插入到第 n 個位置 (第 49 行)，顯示 x 到螢幕上 (第 50 行)，否則執行變數 cmd 的方法 split，產生三個值到變數 p、x 與 pos (第 52 行)，將變數 x 的字串轉換成整數 (第 53 行)，從 li 中移除變數 x (第 54 行)，將變數 pos 的字串轉換成整數 (第 55 行)，呼叫方法 insertAt 將變數 x 插入到 pos 位置 (第 56 行)。

(3) 程式效率分析

執行第 45 到 56 行程式碼，是程式執行效率的關鍵，此程式會讀取 m 個指令，每個指令若是「s」需要 O(n)，若是「p」，方法 remove(x) 與方法 insertAt(x, pos) 的演算法效率大約為 O(n)，所以整體演算法效率大約為 O(m*n)，m 為輸入的指令個數，n 為排隊的人數。

(4) 程式結果預覽

執行結果顯示在螢幕如下。

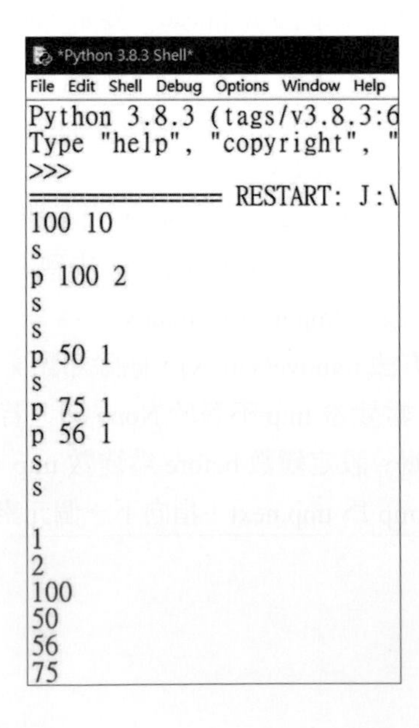

(　　) 1. 下列關於鏈結串列（Linked List）的敘述何者正確？　(A) 比陣列節省記憶體空間　(B) 佔用連續記憶體空間　(C) 適合用於插入與刪除資料　(D) 支援索引值 (Index) 存取。

(　　) 2. 下列關於鏈結串列（Linked List）的敘述何者錯誤？　(A) 比陣列花費更多記憶體空間　(B) 佔用不連續的記憶體空間　(C) 適合用於插入與刪除資料　(D) 支援索引值存取。

(　　) 3. 以下鏈結串列（Linked List），使用以下類別 Node 定義鏈結串列的每一個節點，類別 LinkedList 使用類別 Node 建立鏈結串列。

```
class Node:
    def __init__(self, x):
        self.data = x
        self.next = None
class LinkedList:
    def __init__(self):
        self.head = None
    def printdata(self):
        print(self.head.next.data)
```

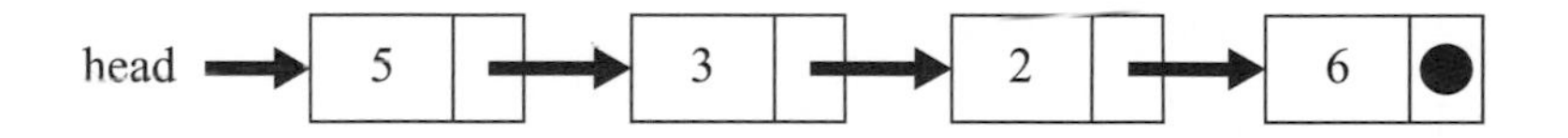

假設執行函式 printdata 後，顯示結果爲何？　(A)5　(B)3　(C)2　(D)6。

(　) 4. 以下鏈結串列（Linked List），使用類別 Node 定義鏈結串列的每一個節點，類別 LinkedList 使用類別 Node 建立鏈結串列。

```
class Node:
    def __init__(self, x):
        self.data = x
        self.next = None
class LinkedList:
    def __init__(self):
        self.head = None
    def printdata(self):
        print(self.head.next.next.data)
```

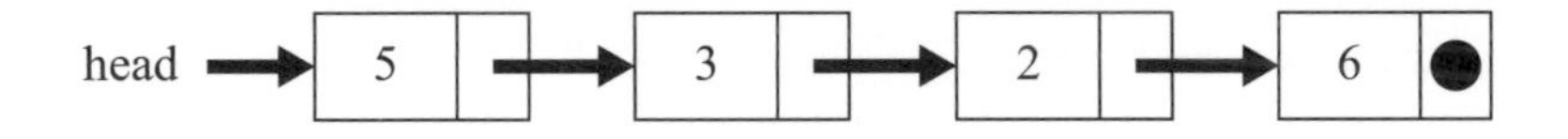

假設執行函式 printdata 後，顯示結果為何？　(A)5　(B)3　(C)2　(D)6。

(　) 5. 以下鏈結串列（Linked List），使用類別 Node 定義鏈結串列的每一個節點，類別 LinkedList 使用類別 Node 建立鏈結串列。

```
class Node:
    def __init__(self, x):
        self.data = x
        self.next = None
class LinkedList:
    def __init__(self):
        self.head = None
    def printdata(self):
        print(self.head.next.next.data)
```

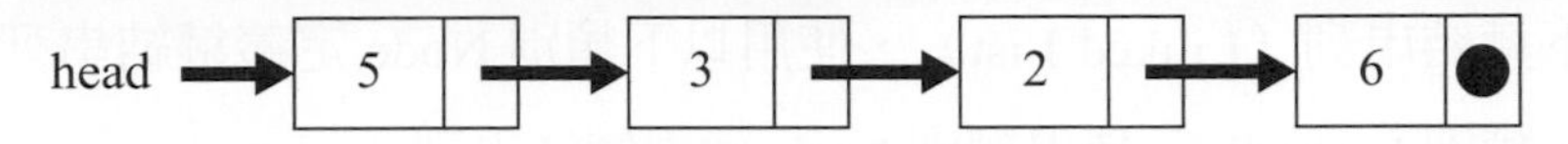

假設執行函式 printdata 後，顯示結果為何？　(A)5　(B)3　(C)2　(D)6。

(　) 6. 以下鏈結串列（Linked List），使用以下類別 Node 定義鏈結串列的每一個節點，類別 LinkedList 使用類別 Node 建立鏈結串列。

```
class Node:
    def __init__(self, x):
        self.data = x
        self.next = None
class LinkedList:
    def __init__(self):
        self.head = None
    def printdata(self):
        tmp = self.head.next
        while tmp != None:
            print(tmp.data, end = "")
            tmp = tmp.next
```

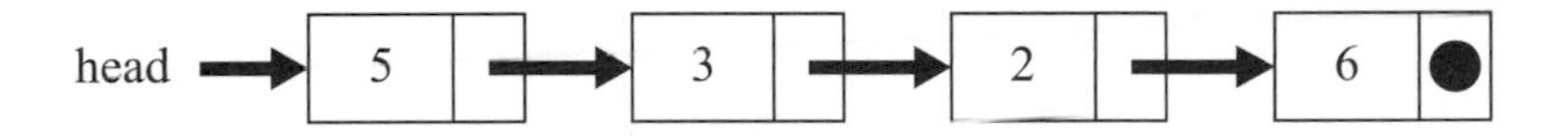

假設執行函式 printdata 後，顯示結果為何？　(A)5326　(B)326　(C)26　(D)5。

本章習題

(　　) 7. 以下鏈結串列（Linked List），使用以下類別 Node 定義鏈結串列的每一個節點，類別 LinkedList 使用類別 Node 建立鏈結串列。

```
class Node:
    def __init__(self, x):
        self.data = x
        self.next = None
class LinkedList:
    def __init__(self):
        self.head = None
    def insert(self, y, x): # 在 y 後面插入 x
        tmp = self.head
        nodex = Node(x)
        while tmp != None:
            if tmp.data == y:
                break
            tmp = tmp.next
        nodex.next = tmp.next
        ___________________
```

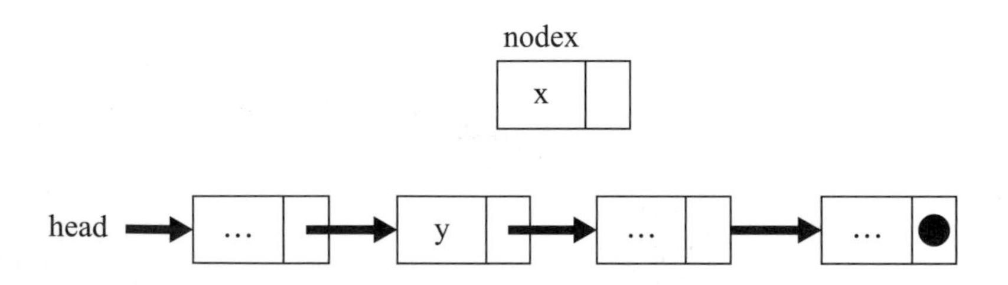

如果要在節點 y 後面插入節點 x，則上方程式碼的底線處應該填入以下哪一個程式碼？ (A)tmp.next = nodex (B) nodex.next=tmp (C)tmp=nodex (D)tmp.next=tmp 。

(　) 8. 以下鏈結串列（Linked List），使用類別 Node 定義鏈結串列的每一個節點，類別 LinkedList 使用類別 Node 建立鏈結串列。

```
class Node:
    def __init__(self, x):
        self.data = x
        self.next = None
class LinkedList:
    def __init__(self):
        self.head = None
    def remove(self, x):
        tmp =self.head
        while tmp != None:
            if tmp.data == x:
                break
            before = tmp
            tmp = tmp.next
        if tmp == self.head:   # 刪除第一個元素
            self.head = self.head.next
        else:
            _____________________
```

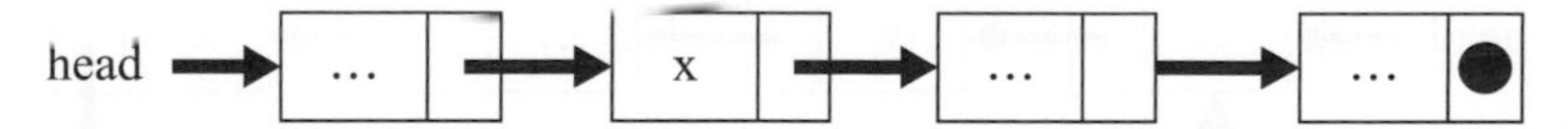

如果要刪除節點 x，則上方程式碼的底線處應該填入以下哪一個程式碼？

(A)tmp.next = tmp　(B) before.next=tmp　(C)before=tmp.next　(D) before.next = tmp.next。

(　) 9. 以下環狀鏈結串列 (Circular Linked List)，使用類別 Node 定義環狀鏈結串列的每一個節點，類別 CirLinkedList 使用類別 Node 建立環狀鏈結串列。

```
class Node:
    def __init__(self, x):
        self.data = x
        self.next = None
class CirLinkedList:
    def __init__(self):
        self.head = None
    def insert(self, y, x):
        tmp = self.head
        nodex = Node(x)
        while True:
            if tmp.data == y:
                break
            tmp = tmp.next
            __________________
        tmp.next = nodex
```

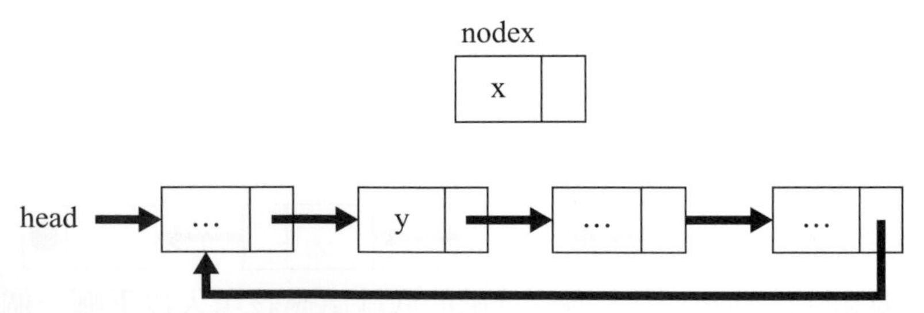

如果要在節點 y 後面插入節點 x，則上方程式碼的底線處應該填入以下哪一個程式碼？ (A)tmp.next = nodex (B) nodex.next=tmp (C)tmp=nodex (D) nodex.next = tmp.next 。

(　) 10. 以下環狀鏈結串列 (Circular Linked List)，使用類別 Node 定義環狀鏈結串列的每一個節點，類別 CirLinkedList 使用類別 Node 建立環狀鏈結串列。

```
class Node:
    def __init__(self, x):
        self.data = x
        self.next = None
class CirLinkedList:
    def __init__(self):
        self.head = None
    def remove(self, x):
        before = self.head
        tmp =self.head.next
        while True:
            if tmp.data == x:
                break
            before = tmp
            tmp = tmp.next
          if tmp == self.head and self.head.next == self.head:
self.head = None
        elif tmp == self.head:
            self.head = self.head.next
            before.next = self.head
        else:
            __________________
```

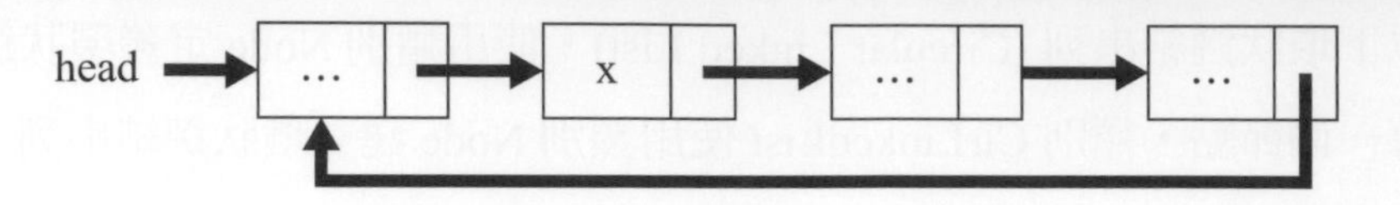

如果要刪除節點 x，則上方程式碼的底線處應該填入以下哪一個程式碼？

(A)tmp.next = tmp (B) before.next=tmp (C)before=tmp.next (D) before.next = tmp.next。

( ) 11. 以下雙向鏈結串列 (Double Linked List)，使用類別 Node 定義雙向鏈結串列的每一個節點，類別 Double LinkedList 使用類別 Node 建立雙向鏈結串列。

```
class Node:
    def __init__(self, x):
        self.data = x
        self.next = None
        self.pre = None
class DoubleLinkedList:
    def __init__(self):
        self.head = None
    def insertHead(self, x):
        self.head = Node(x)
        self.head.next = self.head
        self.head.pre = self.head
    def insert(self, y, x): # 在 y 後面插入 x
        tmp = self.head
        nodex = Node(x)
        while True:
```

```
        if tmp.data == y:
            break
        tmp = tmp.next
    nodex.next = tmp.next
    nodex.pre = tmp
    ____________________
    tmp.next = nodex
```

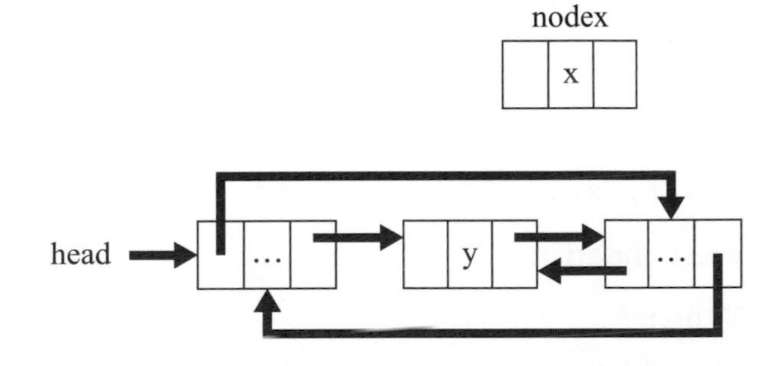

如果要在在節點 y 後面插入節點 x，則上方程式碼的底線處應該填入以下哪一個程式碼？　(A)tmp.next = nodex　(B) tmp.next.pre = nodex　(C)tmp=nodex　(D)nodex.next = tmp.next

(　) 12. 以下雙向鏈結串列 (Double Linked List)，使用類別 Node 定義雙向鏈結串列的每一個節點，類別 Double LinkedList 使用類別 Node 建立雙向鏈結串列。

本章習題

```
class Node:
    def __init__(self, x):
        self.data = x
        self.next = None
        self.pre = None
class DoubleLinkedList:
    def __init__(self):
        self.head = None
    def insertHead(self, x):
        self.head = Node(x)
        self.head.next = self.head
        self.head.pre = self.head
    def remove(self, x):
        tmp = self.head
        while True:
            if tmp.data == x:
                break
            tmp = tmp.next
          if tmp == self.head and self.head.next == self.head:
self.head = None
        elif tmp == self.head:
            self.head = tmp.next
        if self.head != None:
            tmp.pre.next = tmp.next
            ____________________
```

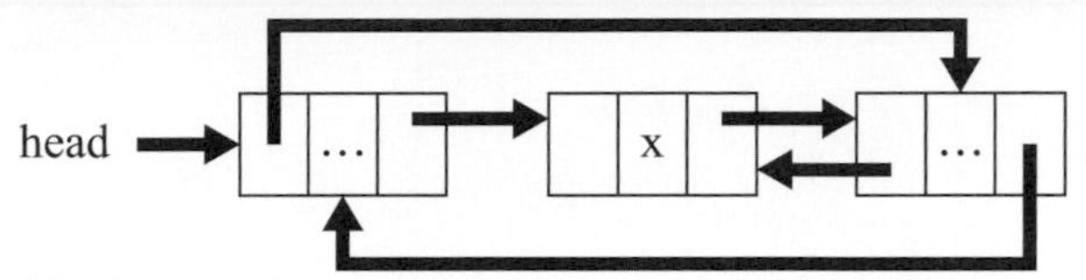

如果要刪除節點 x，則上方程式碼的底線處應該填入以下哪一個程式碼？

(A) tmp.next.pre = tmp.pre　(B) tmp.next.pre = tmp　(C)tmp=tmp.next.pre　(D) tmp.next = tmp.pre 。

學習筆記

Python

CHAPTER 05

佇列與堆疊

資料結構會影響到程式的執行效率，須想清楚需要使用哪一種資料結構，為何使用此資料結構。以下介紹佇列 (Queue) 與堆疊 (Stack)。

5-1 佇列

佇列 (Queue) 是先進來的元素先出去 (First In First Out，縮寫為 FIFO) 的資料結構，通常用於讓程式具有排隊功能，依序執行工作，例如：印表機同時間有多個檔案等待列印，在印表機內會有一個佇列功能，將準備列印的檔案暫存在佇列，等待印表機提供列印服務，先送到印表機的檔案先印出來。實作佇列的部分，可以自行撰寫佇列程式，或透過 Python 所提供的串列 (list) 結構，使用串列結構實作程式不須知道串列結構如何實作，只要知道如何在串列結構中新增與刪除資料。

5-1-1- 自己實作佇列

5-1-1- 自己實作佇列 .py

(1) 範例說明

請實作一個程式，將數字 1 到 4 依序加入佇列，每加入一個數字後，顯示目前佇列所有元素值到螢幕。刪除最前面的元素，接著顯示目前佇列中所有元素值到螢幕，直到佇列內所有元素被刪除。

(2) 預期程式執行結果

```
Python 3.8.3 Shell
File Edit Shell Debug Options Window Help
Python 3.8.3 (tags/v3.8.3:
Type "help", "copyright",
>>>
============= RESTART: J:\
1
12
123
1234
234
34
4
```

(3) 說明與程式

以下顯示從佇列 q 中執行新增與刪除元素時，程式中 front 與 back 的變化，可以了解 front 與 back 的用途，front 用於從佇列 q 取出元素，back 用於加入元素到佇列 q。

STEP 01 開始佇列 q 是空的，設定 front 為 -1，back 也是 -1。

對應程式如下。

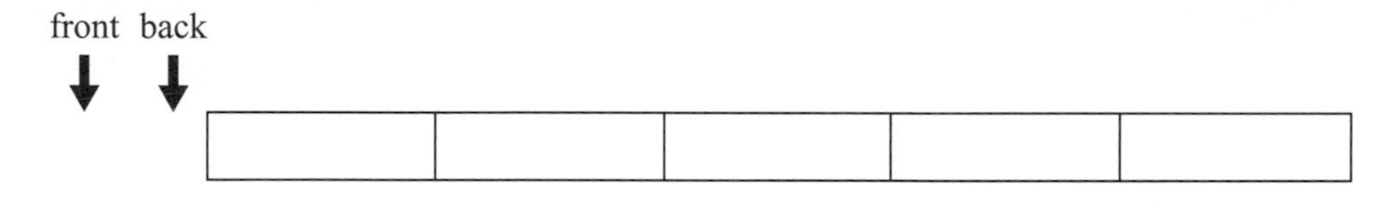


```
    self.front = -1
    self.back = -1
```

STEP 02 佇列 q 插入第一個元素 1，back 遞增 1 變成 0，將元素 1 加入佇列 q 中 back 所指定的位置。

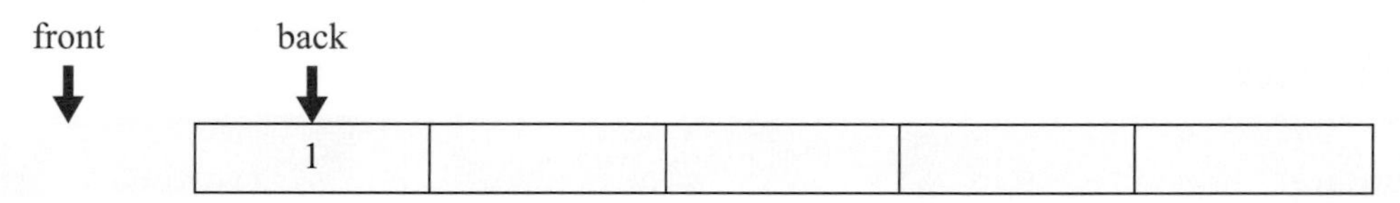

對應程式如下。

```
        self.back = self.back + 1
        self.data[self.back] = 1
```

STEP 03 佇列 q 插入第二個元素 2，back 遞增 1 變成 1，將元素 2 加入佇列 q 中 back 所指定的位置。

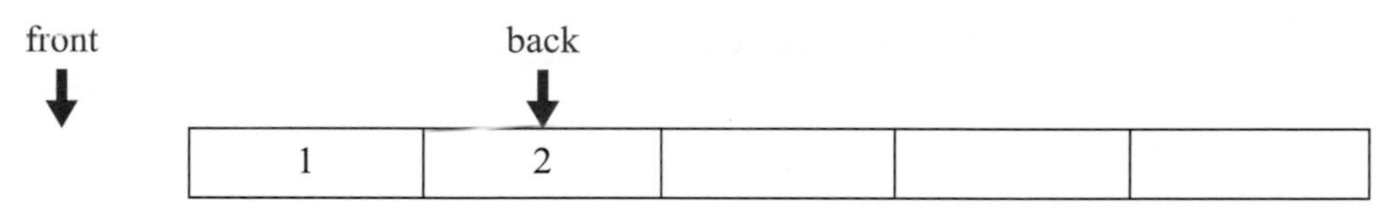

STEP 04 佇列 q 插入第三個元素 3，back 遞增 1 變成 2，將元素 3 加入佇列 q 中 back 所指定的位置。

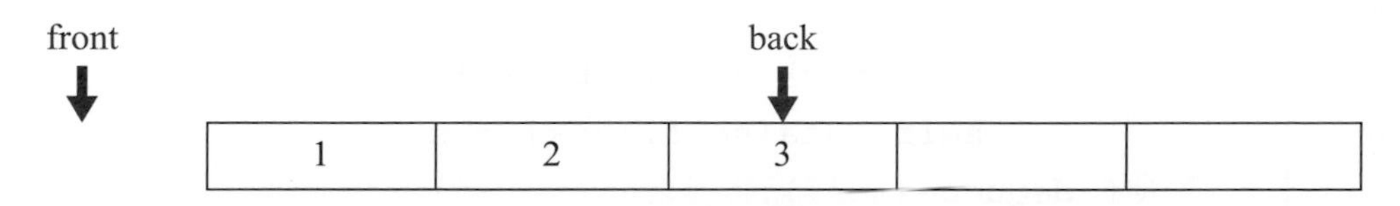

STEP 05 佇列 q 插入第四個元素 4，back 遞增 1 變成 3，將元素 4 加入佇列 q 中 back 所指定的位置。

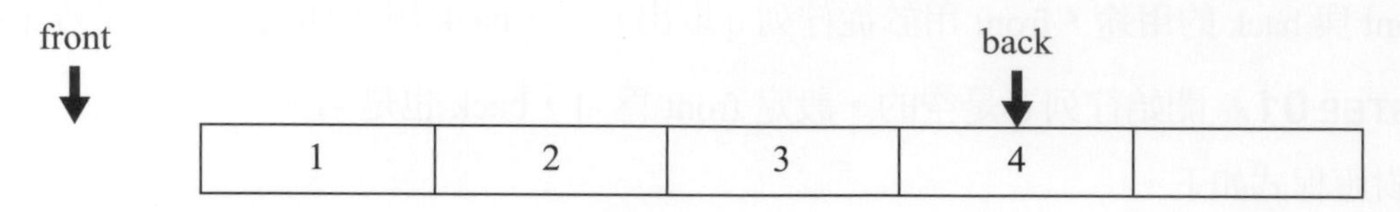

STEP 06 從佇列 q 刪除最前面的元素，front 改為 0，數值 1 還是存在，只是 front 往後移了一格，front 指到的元素表示已經取出該元素且刪除該元素。

front			back	
1	2	3	4	

對應程式如下。

```
        self.front = self.front + 1
        return self.data[self.front]
```

完整程式如下。

```
行號  初始化方式一
1     class Queue:
2         def __init__(self, size):
3             self.size = size
4             self.data = [0]*self.size
5             self.front = -1
6             self.back = -1
7         def isFull(self):
8             return self.back == self.size-1
9         def isEmpty(self):
10            return self.back == self.front
11        def enQueue(self, x):
12            if self.isFull():
13                print(" 佇列已滿 ")
14            else:
15                self.back = self.back + 1
16                self.data[self.back] = x
17        def deQueue(self):
18            if self.isEmpty():
```

19	`            print("佇列是空的")`
20	`        else:`
21	`            self.front = self.front + 1`
22	`            return self.data[self.front]`
23	`    def printQueue(self):`
24	`        for i in range(self.front + 1, self.back + 1):`
25	`            print(self.data[i], end="")`
26	`        print()`
27	`q = Queue(4)`
28	`for i in range(1, 5):`
29	`    q.enQueue(i)`
30	`    q.printQueue()`
31	`for i in range(1, 5):`
32	`    q.deQueue()`
33	`    q.printQueue()`
說明	第 1 到 26 行：定義類別 Queue。 第 2 到 6 行：定義初始化方法 (__init__) 內宣告 size 用於儲存佇列的大小，data 用於儲存佇列內元素，每個元素設定為 0，總共有 size 個，設定 front 為 -1，back 為 -1。 第 7 到 8 行：定義 isFull 方法，檢查佇列是否滿了，回傳 back 是否等於 size-1。 第 9 到 10 行：定義 isEmpty 方法，檢查佇列是否空了，回傳 back 是否等於 front。 第 11 行到第 16 行：定義 enQueue 方法，插入元素 x 到佇列，若方法 isFull 條件成立，則顯示「佇列已滿」(第 12 到 13 行)；否則先將 back 遞增 1，再儲存數字 x 到串列 data 的 back 位置 (第 14 到 16 行)。 第 17 行到第 22 行：定義 deQueue 方法，若方法 isEmpty 條件成立，則顯示「佇列是空的」(第 18 到 19 行)；否則先將 self.front 遞增 1，再回傳串列 data 的 front 位置的數值 (第 20 到 22 行)。 第 23 到 26 行：定義 printQueue 方法，印出佇列內的所有元素。 第 24 到 25 行：使用迴圈顯示 data[front+1] 到 data[back] 的所有元素。 第 26 行：顯示換行。 第 27 行：宣告 q 為 4 個元素的佇列。 第 28 到 30 行：使用迴圈與 enQueue 方法將數字 1 到 4 加入到佇列 q，每加一個元素後就呼叫 printQueue 方法顯示目前佇列內所有元素到螢幕上。 第 31 到 33 行：使用迴圈執行 4 次，呼叫 deQueue 方法每次取出佇列 q 的第一個元素，取出一個元素後就呼叫 printQueue 方法，顯示目前佇列內所有元素到螢幕上。

佇列目前隨著資料的新增與刪除後，已經儲存過的空間就無法使用，所以產生環狀佇列的概念，當環狀佇列到達儲存空間的最後一個位置後，若前方元素已經取出，就可以將資料儲存到第一個位置，繼續往後儲存直到滿了爲止，以下介紹環狀佇列 (Circular Queue)。

5-1-2 環狀佇列

5-1-2- 環狀佇列 .py

(1) 範例說明

實作一個程式，將數字 1 到 4 依序加入環狀佇列，每加入一個數字後，顯示環狀佇列目前所有元素值到螢幕。刪除最前面加入的元素，接著顯示環狀佇列目前所有元素值到螢幕。

(2) 預期程式執行結果

(3) 說明與程式

以下顯示從環狀佇列 q 中執行新增與刪除元素時，程式中 front 與 back 的變化，可以了解 front 與 back 的用途，front 用於從環狀佇列 q 取出元素，back 用於加入元素到環狀佇列 q。

STEP 01 開始環狀佇列 q 是空的，設定 front 為 0，back 也是 0。

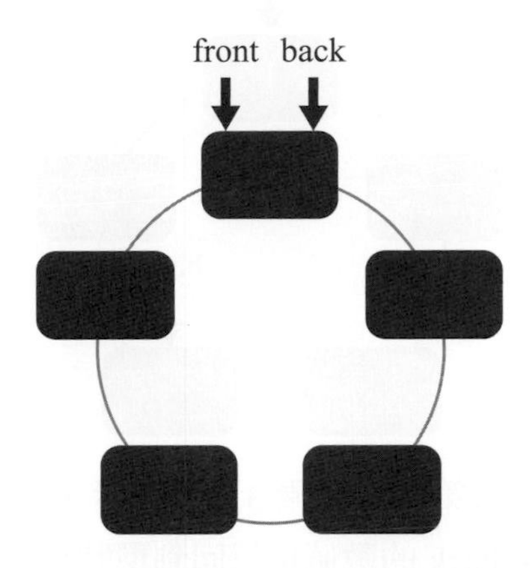

對應程式如下。

```
self.front = 0
self.back = 0
```

STEP 02 環狀佇列 q 插入第一個元素 1，將元素 1 加入環狀佇列中 back 所指定的位置，為了讓 back 的數值可以回到環狀佇列第一個位址，back 遞增 1 後求除以環狀佇列大小的餘數，back 等於 1。

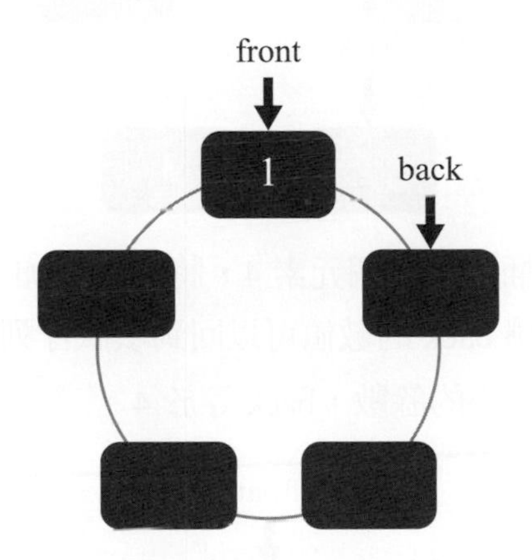

對應程式如下。

```
self.data[self.back] = 1
self.back = (self.back + 1) % self.size
```

STEP 03 環狀佇列 q 插入第二個元素 2，將元素 2 加入環狀佇列中 back 所指定的位置，為了讓 back 的數值可以回到環狀佇列第一個位址，back 遞增 1 後求除以環狀佇列大小的餘數，back 等於 2。

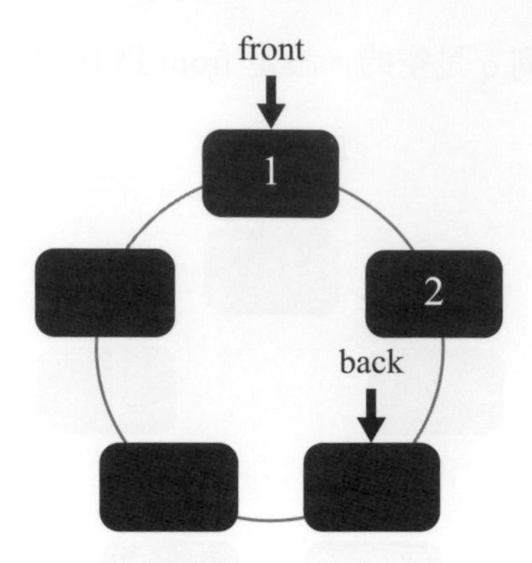

STEP 04 環狀佇列 q 插入第三個元素 3，將元素 3 加入環狀佇列中 back 所指定的位置，爲了讓 back 的數值可以回到環狀佇列第一個位址，back 遞增 1 後求除以環狀佇列大小的餘數，back 等於 3。

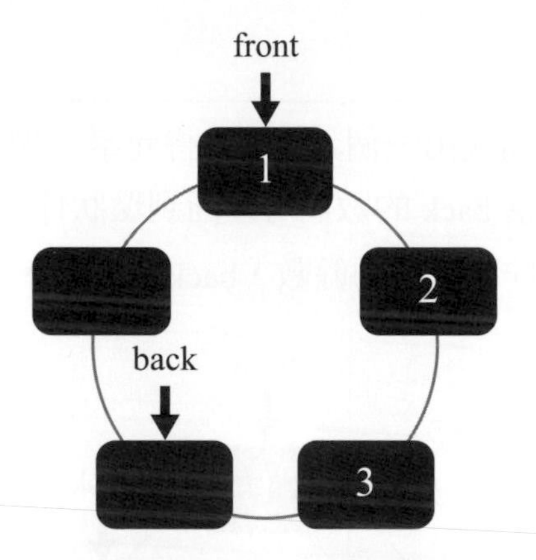

STEP 05 環狀佇列 q 插入第四個元素 4，將元素 4 加入環狀佇列中 back 所指定的位置，爲了讓 back 的數值可以回到環狀佇列第一個位址，back 遞增 1 後求除以佇列大小的餘數，back 等於 4。

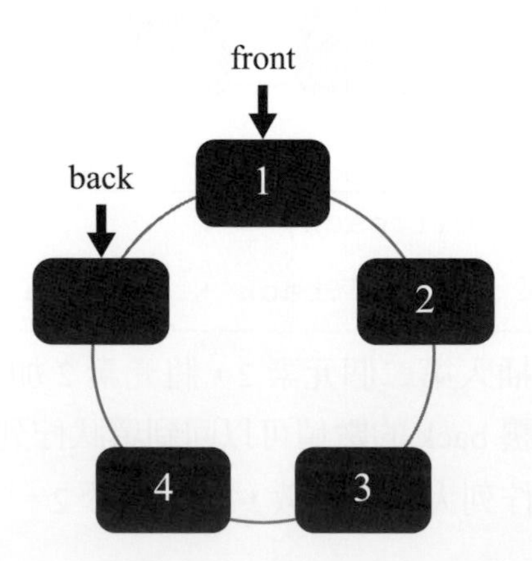

此時若環狀佇列 q 插入第五個元素 5，會產生環狀佇列已滿的訊息，如此環狀佇列的最後一個儲存空間無法使用，不然環狀佇列空的與滿了的檢查條件都是 front 是否等於 back，將無法判斷。

檢查環狀佇列是否為空與是否為滿的程式如下。

```
def isFull(self): # 檢查環狀佇列是否已滿
    return self.front == ((self.back + 1) % self.size)
def isEmpty(self): # 檢查環狀佇列是否為空
    return self.back == self.front
```

STEP 06 從環狀佇列 q 刪除最前面的元素，front 遞增 1，數值 1 還是存在，只是 front 往後移了一格，front 指到的元素為目前存在環狀佇列的元素。為了讓 front 的數值可以回到環狀佇列第一個位址，front 遞增 1 後求除以環狀佇列大小的餘數。

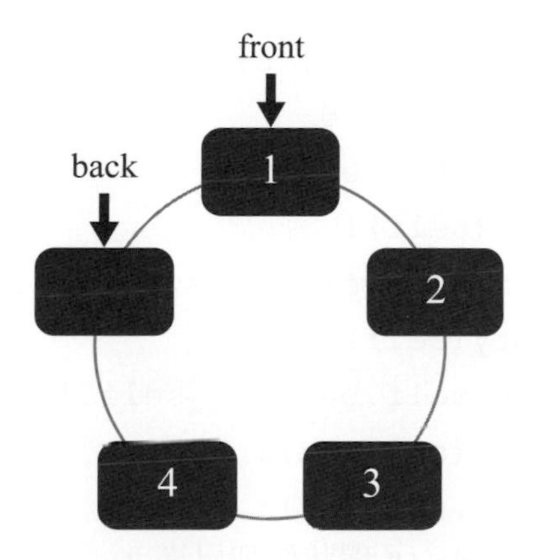

對應程式如下。

```
item = self.data[self.front]
self.front = (self.front + 1) % self.size
return item
```

STEP 07 環狀佇列 q 插入第五個元素 5，將元素 5 加入環狀佇列中 back 所指定的位置，為了讓 back 的數值可以回到環狀佇列第一個位址，back 遞增 1 後求除以佇列大小的餘數，back 等於 0，back 指向環狀佇列的第一個元素。

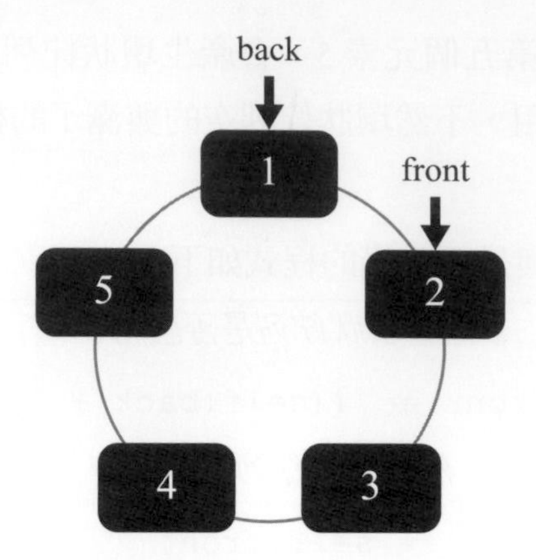

完整程式如下。

行號	程式碼
1	`class CirQueue:`
2	`    def __init__(self, size):`
3	`        self.size = size`
4	`        self.data = [0]*self.size`
5	`        self.front = 0`
6	`        self.back = 0`
7	`    def isFull(self):`
8	`        return self.front == ((self.back + 1) % self.size)`
9	`    def isEmpty(self):`
10	`        return self.back == self.front`
11	`    def enQueue(self, x):`
12	`        if self.isFull():`
13	`            print("環狀佇列已滿")`
14	`        else:`
15	`            self.data[self.back] = x`
16	`            self.back = (self.back + 1) % self.size`
17	`    def deQueue(self):`
18	`        if self.isEmpty():`
19	`            print("環狀佇列是空的")`
20	`        else:`
21	`            item = self.data[self.front]`
22	`            self.front = (self.front + 1) % self.size`
23	`            return item`
24	`    def printQueue(self):`
25	`        if not self.isEmpty():`

26	`        if self.back > self.front:`
27	`            for i in range(self.front, self.back):`
28	`                print(self.data[i] ,end="")`
29	`        else:`
30	`            for i in range(self.front, self.size):`
31	`                print(self.data[i], end="")`
32	`            for i in range(0, self.back):`
33	`                print(self.data[i], end="")`
34	`    print()`
35	`q = CirQueue(5)`
36	`for i in range(1, 5):`
37	`    q.enQueue(i)`
38	`    q.printQueue()`
39	`for i in range(1, 5):`
40	`    q.deQueue()`
41	`    q.printQueue()`
說明	第 1 到 34 行：定義類別 CirQueue。 第 2 到 6 行：定義初始化方法 (__init__) 內宣告 size 用於儲存環狀佇列的大小，data 用於儲存環狀佇列內元素，每個元素設定為 0，總共有 size 個，設定 front 為 0，back 為 0。 第 7 到 8 行：定義 isFull 方法，檢查環狀佇列是否滿了，回傳 front 是否等於 (back+1)%size。 第 9 到 10 行：定義 isEmpty 方法，檢查環狀佇列是否空了，回傳 back 是否等於 front。 第 11 行到第 16 行：定義 enQueue 方法，插入元素 x 到環狀佇列，若方法 isFull 條件成立，則顯示「環狀佇列已滿」(第 12 到 13 行)；否則儲存數字 x 到環狀串列 data 的 back 位置，再將 back 遞增 1，再除以 size 求餘數 (第 14 到 16 行)。 第 17 行到第 23 行：定義 deQueue 方法，若方法 isEmpty 條件成立，則顯示「環狀佇列是空的」(第 18 到 19 行)；否則變數 item 指定到串列 data 的 front 位置的數值，將 self.front 遞增 1，再除以 size 求餘數，回傳變數 item (第 20 到 23 行)。 第 24 到 34 行：定義 printQueue 方法，印出環狀佇列內的所有元素。 第 25 到 34 行：若環狀佇列不是空的，則若 back 大於 front，則印出環狀佇列 front 到 back-1 的所有元素 (第 26 到 28 行)，否則環狀佇列被拆成兩部分，印出 front 到 size-1 的所有元素，接著印出 0 到 back-1 的所有元素 (第 29 到 33 行)，接著顯示換行 (第 34 行)。

說明	第 35 行：宣告 q 爲五個元素的環狀佇列。 第 36 到 38 行：使用迴圈與 enQueue 方法將數字 1 到 4 加入到環狀佇列 q，每加一個元素後就呼叫 printQueue 方法顯示目前環狀佇列內所有元素到螢幕上。 第 39 到 41 行：使用迴圈執行 4 次，呼叫 deQueue 方法每次取出環狀佇列 q 的第一個元素，取出一個元素後就呼叫 printQueue 方法顯示目前環狀佇列內所有元素到螢幕上。

5-1-3 使用串列實作佇列

5-1-3 使用串列實作佇列 .py

(1) 範例說明

實作一個程式，將數字 1 到 4 依序加入佇列，最後不斷刪除最前面的元素，直到佇列爲空的爲止，顯示每個被刪除的元素到螢幕。

(2) 預期程式執行結果

(3) 程式與解說

行號	程式碼
1	`qu = []`
2	`for i in range(1, 5):`
3	`    qu.append(i)`
4	`    print(qu)`
5	`for i in range(1, 5):`
6	`    print(qu.pop(0), qu)`
說明	第 1 行：宣告 qu 爲空串列。 第 2 到 4 行：使用迴圈在佇列 qu 中依序插入 1、2、3 與 4，每插入一個數字，顯示佇列 qu 的每個元素到螢幕上。 第 5 到 6 行：使用 for 迴圈與方法 pop 依序取出第一個元素到螢幕上，並顯示佇列 qu 的剩餘所有元素到螢幕上。

5-1-4 找出最後一個人

5-1-4 找出最後一個人 .py

(1) 範例說明

給定 n 個數字分別代表 n 個人的編號，請依序將這 n 個人的編號加入排隊隊伍中，若每次請最前面兩個人移動到隊伍最後，淘汰目前第一個人，再取出現在最前面兩個人到隊伍後方，接著淘汰目前第一個人，直到剩下一個人爲止，顯示出移動的過程與淘汰的順序，最後顯示剩下一個人的編號，輸入的 n 值小於 1000。

輸入說明

輸入一個正整數 n，表示有 n 個編號準備要輸入，接著下一行輸入 n 個數字。

輸出說明

數字移動的過程、淘汰的順序與顯示剩下一個人的編號。

(2) 預期程式執行結果

(3) 說明與程式

本題從隊伍前方取出兩個編號，再依序加入到隊伍的最後，不會在隊伍中間進行插入，所以適合使用佇列來實作此程式。

行數	程式
1	`qu = []`
2	`n = int(input())`
3	`nums = input().split()`
4	`for i in range(n):`
5	`    qu.append(nums[i])`
6	`while len(qu) > 1:`
7	`    x = qu.pop(0)`
8	`    print("將", x, "加到最後")`
9	`    qu.append(x)`
10	`    x = qu.pop(0)`
11	`    print("將", x, "加到最後")`
12	`    qu.append(x)`
13	`    x = qu.pop(0)`
14	`    print("將", x, "刪除")`
15	`print("剩餘最後一個號碼為", qu[0])`
說明	第 1 行：宣告 qu 為空串列。 第 2 行：使用函式 input 輸入一個整數字串，整數字串經由函式 int 轉成整數，變數 n 參考到此整數。 第 3 行：使用函式 input 輸入 n 個數字，使用方法 split 進行分割，分割成串列，串列 nums 參考到此串列。 第 4 到 5 行：使用迴圈執行 n 次，依序取出串列 nums 的每一個元素加入到串列 qu。 第 6 行到第 14 行：使用 while 迴圈，當串列 qu 的個數大於 1 時，取出 qu 的第一個元素到變數 x(第 7 行)。顯示「將 x 加到最後」(第 8 行)，將 x 加入到 qu 的最後 (第 9 行)。取出 qu 的第一個元素到變數 x (第 10 行)。顯示「將 x 加到最後」(第 11 行)，將 x 加入到 qu 的最後 (第 12 行)。取出 qu 的第一個元素到變數 x (第 13 行)。顯示「將 x 刪除」(第 14 行)。 第 15 行：顯示出最後一個號碼。

(4) 程式效率分析

執行第 6 到 14 行程式碼，是程式執行效率的關鍵，此程式會不斷的從佇列 qu 刪除元素直到剩下一個元素為止，約執行 3n 次後會剩下一個元素，演算法效率大約為 O(n)，n 為輸入的編號個數。

5-2 堆疊 (Stack)

堆疊 (Stack) 是後進來的元素先出去 (Last In First Out，縮寫爲 LIFO) 的資料結構，函式的遞迴呼叫使用系統堆疊進行處理，因爲遞迴的過程中，最後呼叫的函式要優先處理，系統會實作堆疊程式自動處理遞迴呼叫，不須自行撰寫堆疊。特定問題可能需要使用堆疊進行實作，例如：程式的括弧配對檢查，右大括號配對最接近未使用的左大括號，將左大括號加進堆疊中，一遇到右大括號就從堆疊中取出一個左大括號配對。實作堆疊的部分，可以自行撰寫堆疊程式，或使用串列 (list) 實作程式；不須知道內部程式如何實作，只要知道如何在串列中新增與刪除資料。

5-2-1 自己實作堆疊

5-2-1- 自己實作堆疊 .py

(1) 範例說明

實作一個程式，將數字 1 到 4 依序加入堆疊，每加入一個數字後，顯示堆疊目前所有元素到螢幕上。最後刪除最上面的元素，接著顯示堆疊目前所有元素到螢幕上。

(2) 預期程式執行結果

(3) 說明與程式

以下顯示上述程式從堆疊 st 中執行新增與刪除元素時，程式中 top 的變化，可以了解 top 的用途。

STEP 01 開始堆疊 st 是空的，top 為 -1。

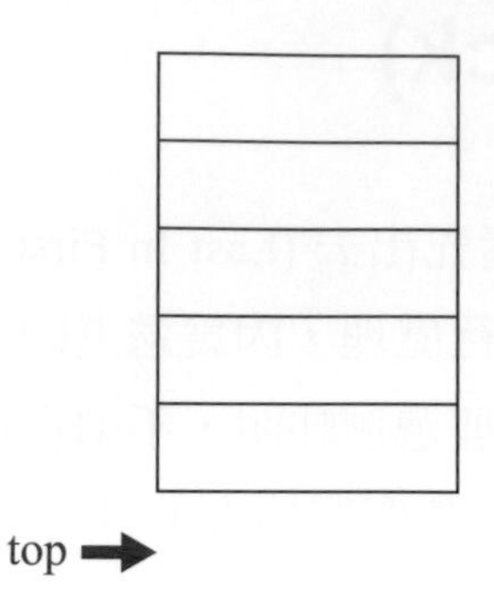

對應程式如下。

```
        self.top = -1
```

STEP 02 堆疊 st 插入一個元素，top 遞增 1 後，top 改成 0，將元素 1 插入堆疊 st 的 top 所指定的位置。

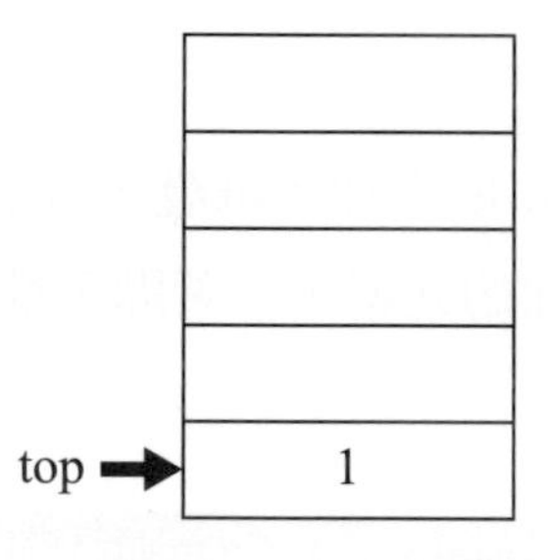

對應程式如下。

```
        self.top = self.top + 1
        self.data[self.top] = x
```

STEP 03 堆疊 st 插入一個元素，top 遞增 1 後，top 改成 1，將元素 2 插入堆疊 st 的 top 所指定的位置。

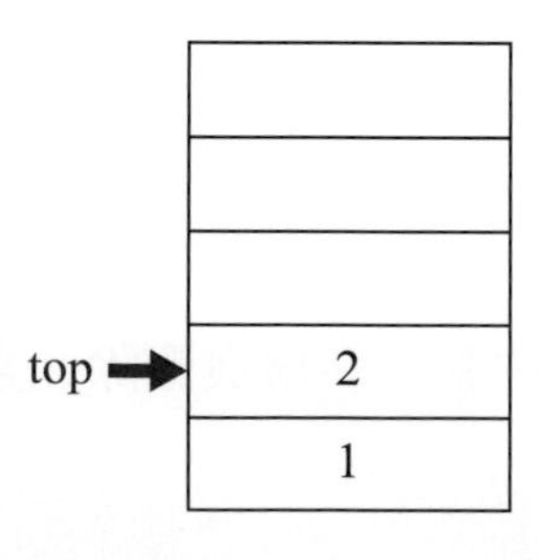

STEP 04 堆疊 st 插入一個元素，top 遞增 1 後，top 改成 2，將元素 3 插入堆疊 st 的 top 所指定的位置。

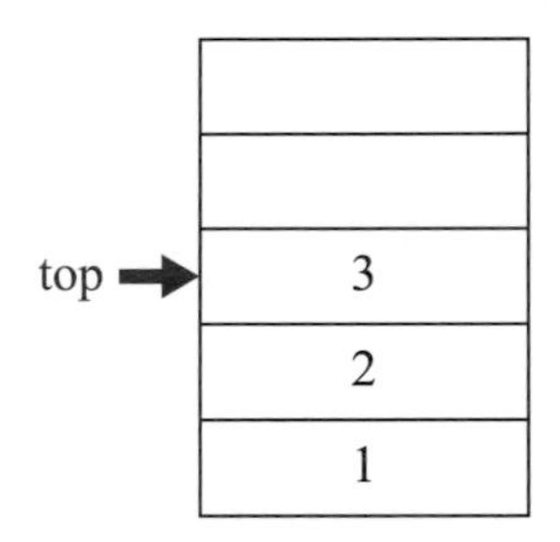

STEP 05 堆疊 st 插入一個元素，top 遞增 1 後，top 改成 3，將元素 4 插入堆疊 st 的 top 所指定的位置。

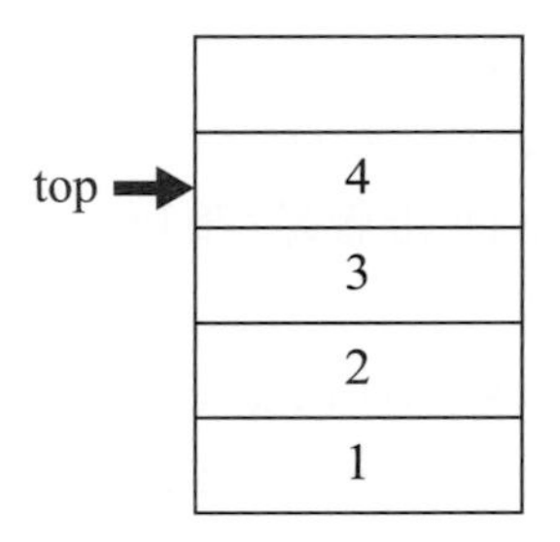

STEP 06 從堆疊 st 刪除最上面的元素，top 遞減 1 後，top 改成 2，數值 4 還是存在，只是 top 往下移了一格。

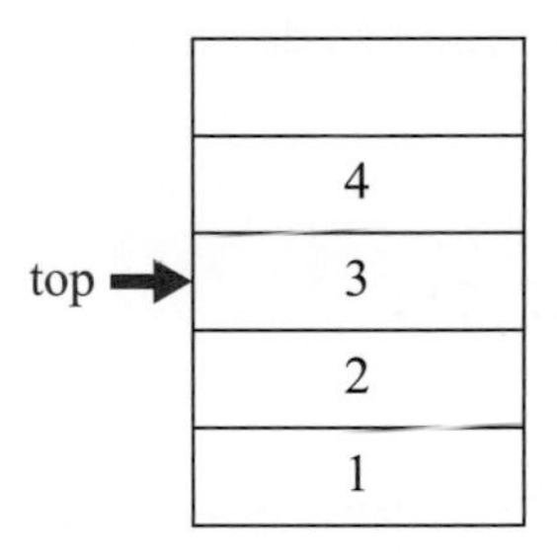

對應程式如下。

```
        item = self.data[self.top]
        self.top = self.top - 1
        return item
```

行號	程式碼
1	`class Stack:`
2	`  def __init__(self, size):`
3	`    self.size = size`

4	`        self.data = [0]*self.size`
5	`        self.top = -1`
6	`    def isFull(self):`
7	`        return self.top == self.size-1`
8	`    def isEmpty(self):`
9	`        return self.top == -1`
10	`    def push(self, x):`
11	`        if self.isFull():`
12	`            print("堆疊已滿")`
13	`        else:`
14	`            self.top = self.top + 1`
15	`            self.data[self.top] = x`
16	`    def pop(self):`
17	`        if self.isEmpty():`
18	`            print("堆疊是空的")`
19	`        else:`
20	`            item = self.data[self.top]`
21	`            self.top = self.top - 1`
22	`            return item`
23	`    def printStack(self):`
24	`        for i in range(0, self.top + 1):`
25	`            print(self.data[i], end="")`
26	`        print()`
27	`st = Stack(4)`
28	`for i in range(1, 5):`
29	`    st.push(i)`
30	`    st.printStack()`
31	`for i in range(1, 5):`
32	`    st.pop()`
33	`    st.printStack()`
說明	第 1 到 26 行：定義類別 Stack。 第 2 到 5 行：定義初始化方法 (__init__) 內宣告 size 用於儲存堆疊的大小，data 用於儲存堆疊內元素，每個元素設定爲 0，總共有 size 個，設定 top 爲 -1。 第 6 到 7 行：定義 isFull 方法，檢查堆疊是否滿了，回傳 top 是否等於 size-1。 第 8 到 9 行：定義 isEmpty 方法，檢查堆疊是否空了，回傳 top 是否等於 -1。 第 10 到 15 行：定義 push 方法，若呼叫方法 isFull 回傳 True，表示堆疊滿了，不能再插入資料，顯示「堆疊已滿」(第 11 到 12 行)；否則先將 top 遞增 1，再儲存數字 x 到串列 data 的 top 位置 (第 13 到 15 行)。

說明	第 16 行到第 22 行：定義 pop 方法，呼叫方法 isEmpty 回傳 True，表示堆疊是空的，顯示「堆疊是空的」(第 17 到 18 行)；否則先回傳陣列 data 索引值為 top 的數值到變數 item，再將 top 遞減 1，最後回傳變數 item (第 19 到 22 行)。 第 23 到 26 行：定義 printStack 函式，印出堆疊內所有元素。 第 27 行：宣告 st 為五個元素的堆疊。 第 28 到 30 行：使用迴圈依序插入 1、2、3 與 4 到堆疊 st，每插入一個數字就顯示目前堆疊 st 所儲存的元素。 第 31 到 33 行：使用迴圈執行五次，刪除目前堆疊 st 最上面的元素 (第 32 行)，刪除第一個元素後，顯示目前堆疊 st 所儲存的元素 (第 33 行)。

5-2-2 使用串列實作堆疊

5-2-2- 使用串列實作堆疊 .py

(1) 範例說明

實作一個程式，將數字 1 到 5 依序加入堆疊，依序取出每一個元素顯示在螢幕上，直到堆疊為空的為止。

(2) 預期程式執行結果

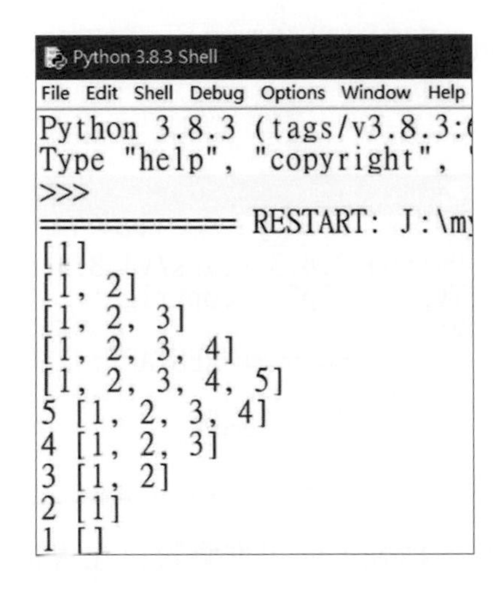

(3) 程式和說明

行號	程式碼
1	`st = []`
2	`for i in range(1, 6):`
3	`    st.append(i)`
4	`    print(st)`
5	`for i in range(1, 6):`
6	`    print(st.pop(), st)`

說明	第 1 行：設定陣列 st 為空串列。 第 2 到 4 行：將 1 到 5 依序加入到陣列 st，每加入一個數字，就呼叫 print 印出串列 st。 第 5 到 6 行：使用迴圈執行 5 次，每次呼叫 pop 取出最後一個元素，接著印出串列 st 的剩餘元素。

5-2-3 括弧的配對

5-2-3- 括弧的配對 .py

(1) 範例說明

給定由左大括弧 { 或右大括弧 } 所組成的字串，將此字串放在一行內，請判斷所有左大括號或右大括號能否配對成功，左大括號配對最接近的右大括號，左大括號在左，右大括號在右，若能全部配對成功，則顯示配對成功的數量，否則顯示「配對失敗」，字串長度小於 1000 個字元。

輸入說明

輸入一行由左大括弧 ({) 或右大括弧 (}) 所組成的字串，字串長度小於 1000 個字元。

輸出說明

若能全部配對成功，則顯示配對成功的數量，否則顯示「配對失敗」。

(2) 預期程式執行結果

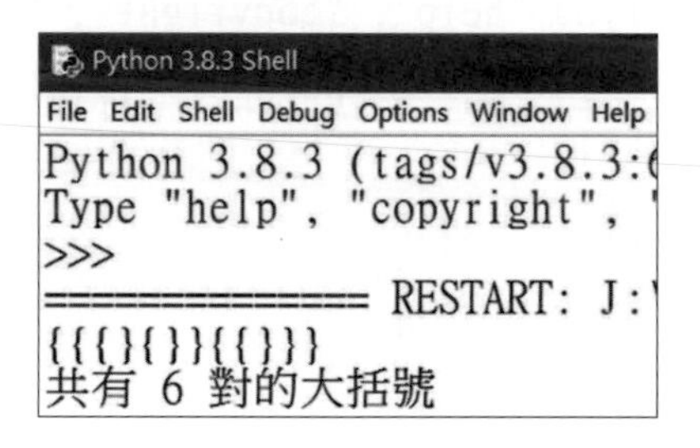

(3) 說明與程式

右大括號須找最接近的左大括號，使用堆疊暫存左大括號，遇到右大括號，就取出堆疊內左大括號，遇到最後一個的右大括號，堆疊中剛好只剩一個左大括號，就配對成功，輸出配對的數量，否則輸出「配對失敗」。

行號	程式
1	`s = input()`
2	`st = []`
3	`pair = 0`
4	`for i in range(len(s)):`

5	`    if s[i] == '{':`
6	`        st.append('{')`
7	`    if s[i] == '}':`
8	`        if len(st) > 0:`
9	`            st.pop(-1)`
10	`            pair = pair + 1`
11	`        else:`
12	`          pair = -1`
13	`          break`
14	`if  len(st) == 0 and pair >= 0:`
15	`    print("共有", pair, "對的大括號")`
16	`else:`
17	`    print("配對失敗")`
說明	第 1 行：使用函式 input 輸入一行字串到變數 s。 第 2 行：宣告 st 為串列。 第 3 行：宣告變數 pair 初始值為 0。 第 4 到 13 行：使用 for 迴圈，迴圈變數 i 由 0 到 len(s) -1，每次遞增 1，取出字串的每個元素。若 s[i] 等於「{」，加入到堆疊 st(第 5 到 6 行)；若 s[i] 等於「}」(第 7 行)，接著判斷堆疊 st 的元素個數是否大於 0，若是則堆疊 st 取出最上面的元素 (一定是最接近的左大括號) 與右大括號配對，變數 pair 遞增 1(第 8 到 10 行)，否則 pair 設定為 -1，表示配對失敗，終止迴圈 (第 11 到 13 行)。 第 14 到 17 行：若堆疊 st 的元素個數等於 0 且 pair 大於等於 0，則顯示「共有」pair「對的大括號」；否則顯示「配對失敗」。

(4) 程式效率分析

執行第 4 到 13 行程式碼，是程式執行效率的關鍵，此程式需掃描所有字元一次，演算法效率大約為 O(n)，n 為輸入的左大括號與右大括號的字元長度。

5-2-4 後序運算

5-2-4- 後序運算 .py

(1) 範例說明

數學運算式為中序運算式，例如：「3+2*5-9」是中序運算式，因為運算子 (+, -, *, /) 介於數字的中間。若轉成後序運算式，則因為先乘除後加減，所以後序運算式為「3 2 5 * + 9 -」，運算子移到數字的後面，將中序運算式轉成後序運算式，就可以使用堆疊進行運算。

運算原理如下：如果遇到數字就加入堆疊，遇到運算子 (+, -, *, /) 就從堆疊中取出兩個數字進行運算，結果回存堆疊，運算到後序運算式全部執行完成後，會剩下一個數字在堆疊內就是答案。

輸入說明

輸入後序運算式。

輸出說明

輸出後續運算的結果。

(2) 預期程式執行結果

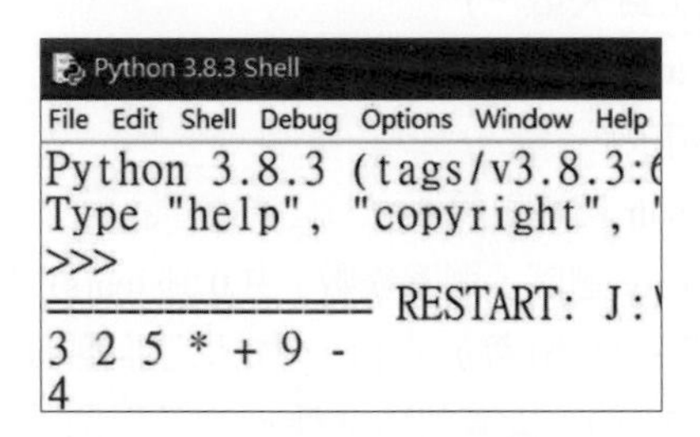

(3) 說明與程式

以「3 2 5 * + 9 -」爲例，進行後序運算式與堆疊的關係，本題使用堆疊實作程式。

STEP 01 依序將數字加入 3、2 與 5 加入堆疊中。

5
2
3

STEP 02 遇到「*」，將堆疊最上面的兩個元素 5 與 2 取出，2 乘以 5 得到 10 後，將 10 加入堆疊中。

10
3

STEP 03 遇到「+」，將堆疊最上面的兩個元素 10 與 3 取出，3 加上 10 得到 13 後，將 13 加入堆疊中。

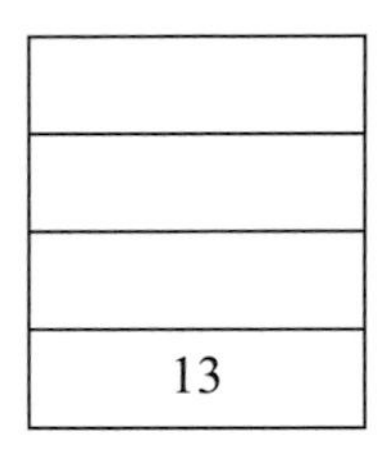

STEP 04 遇到「9」，將 9 加入堆疊中。

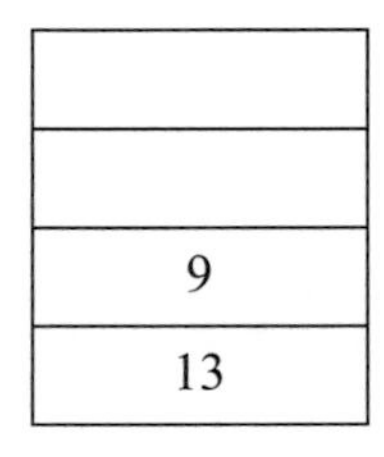

STEP 05 遇到「-」，將堆疊最上面的兩個元素 9 與 13 取出，13 減去 9 得到 4 後，將 4 加入堆疊中。

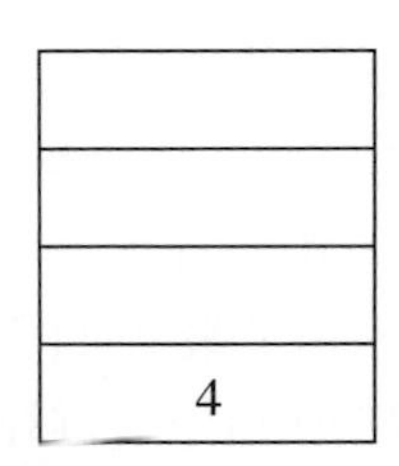

STEP 06 到此已經處理完後序運算式「3 2 5 * + 9 -」，堆疊中只有一個數字 4，4 就是後序運算式「3 2 5 * + 9 -」(轉成中序運算式為「3+2*5-9」) 的答案。

行號	程式
1	`s = input().split()`
2	`st = []`
3	`for i in range(len(s)):`
4	`    if s[i] == '+':`
5	`        x = st.pop(-1)`
6	`        y = st.pop(-1)`
7	`        st.append(y+x)`
8	`    elif s[i] == '-':`
9	`        x = st.pop(-1)`

10	`        y = st.pop(-1)`
11	`        st.append(y-x)`
12	`    elif s[i] == '*':`
13	`        x = st.pop(-1)`
14	`        y = st.pop(-1)`
15	`        st.append(y*x)`
16	`    elif s[i] == '/':`
17	`        x = st.pop(-1)`
18	`        y = st.pop(-1)`
19	`        st.append(y/x)`
20	`    else:`
21	`        st.append(int(s[i]))`
22	`print(st[0])`
說明	第 1 行：使用函式 input 輸入一行字串，並使用函式 split 分割字串，儲存到串列 s。 第 2 行：宣告 st 為串列。 第 3 到 21 行：使用迴圈依序取出串列 s 的每一個元素。 第 4 到 7 行：若 s[i] 等於「+」，從堆疊 st 取出最上面元素到 x (第 5 行)，從堆疊 st 取出最上面元素到 y (第 6 行)，連續取出兩個元素後，將 y 加上 x 的結果儲存到堆疊 st 的最上面 (第 7 行) 。 第 8 到 11 行：否則若 s[i] 等於「-」，從堆疊 st 取出最上面元素到 x (第 9 行)，從堆疊 st 取出最上面元素到 y (第 10 行)，連續取出兩個元素後，將 y 減去 x 的結果儲存到堆疊 st 的最上面 (第 11 行)。 第 12 到 15 行：否則若 s[i] 等於「*」，從堆疊 st 取出最上面元素到 x (第 13 行)，從堆疊 st 取出最上面元素到 y (第 14 行)，連續取出兩個元素後，將 y 乘以 x 的結果儲存到堆疊 st 的最上面 (第 15 行)。 第 16 到 19 行：否則若 s[i] 等於「/」，從堆疊 st 取出最上面元素到 x (第 17 行)，從堆疊 st 取出最上面元素到 y (第 18 行)，連續取出兩個元素後，將 y 除以 x 的結果儲存到堆疊 st 的最上面 (第 19 行)。 第 20 到 21 行：否則就是數字，s[i] 回存到堆疊 st 的最上面 (第 21 行)。 第 22 行：顯示堆疊 st 的最上面元素就是答案。

(4) 程式效率分析

執行第 3 到 21 行程式碼，是程式執行效率的關鍵，此程式會不斷輸入後序運算式到堆疊內，直到後序運算式全部都處理過，演算法效率大約為 O(n)，n 為後序運算式的數字與運算子的總個數。

一、選擇題

(　) 1. 遞迴 (Recursive) 需要使用到以下哪一個資料結構？　(A) 佇列 (Queue)　(B) 二元搜尋樹 (Binary Search Tree)　(C) 堆疊 (Stack)　(D) 堆積 (Heap)。

(　) 2. 將 1、2、3、4、5 依序加入堆疊 (Stack)，則下列哪一個序列「不可能」是離開此堆疊的順序？　(A) 3、4、2、1、5　(B) 3、1、2、4、5　(C) 5、4、3、2、1　(D) 1、2、3、4、5。

(　) 3. 有一個堆疊 (Stack)，經由「push A, push B, push C, pop, push D, pop, push E, pop, pop, pop」輸出結果為以下何者？　(A)A B C D E　(B) B C A D E　(C) E D C B A　(D)C D E B A。

(　) 4. 下列哪一種資料結構適合處理「先進先出」(First-in-First-out) 的資料？　(A) 雜湊 (Hash)　(B) 佇列 (Queue)　(C) 堆疊 (Stack)　(D) 堆積 (Heap)。

(　) 5. 下列哪一種資料結構適合處理「後進先出」(Last-in-First-out) 的資料？　(A) 雜湊 (Hash)　(B) 佇列 (Queue)　(C) 堆疊 (Stack)　(D) 堆積 (Heap)。

(　) 6. 使用佇列 (Queue) 結構，進行下列運算「插入 1、插入 2、插入 3、取出資料、取出資料、插入 2、插入 1、取出資料、插入 4」，則佇列內由前到後的資料為以下何者？　(A) 2 1 4　(B) 1 3 4　(C) 1 2 3　(D) 1 2 4。

(　) 7. 捷運系統旅客依序搭乘手扶梯進出站，屬於以下哪一種資料結構？　(A) 雜湊 (Hash)　(B) 佇列 (Queue)　(C) 堆疊 (Stack)　(D) 堆積 (Heap)。

(　) 8. 以下哪一個資料結構輸入或輸出都只在同一個端點？　(A) 雜湊 (Hash)　(B) 佇列 (Queue)　(C) 堆疊 (Stack)　(D) 堆積 (Heap)。

(　) 9. 以下何者不適合使用堆疊 (Stack) 資料結構？　(A) 遞迴函式　(B) 需要後進先出 (Last-in-First-out) 的功能　(C) 印表機緩衝區　(D) 深度優先搜尋。

( ) 10. 如果有多人同時使用印表機，此時先送出資料的使用者會先印出來，可以猜測印表機的緩衝區使用以下哪一種資料結構？ (A) 雜湊 (Hash) (B) 佇列 (Queue) (C) 堆疊 (Stack) (D) 堆積 (Heap)。

( ) 11. 使用堆疊執行後序運算，請問以下「2 5 6 * + 9 -」計算結果爲何？ (A)23 (B)25 (C)13 (D)34。

二、問答題

1. 有一個堆疊 (Stack)，經由「push X, push Y, pop, push Z, pop, push X, push Z, pop, pop, pop」操作堆疊，在每一個 push 與 pop 指令執行後，顯示堆疊狀態。
2. 有一個佇列 (Queue)，依序執行以下動作，「插入 X、插入 Y、插入 Z、取出資料、取出資料、取出資料、插入 W、插入 K、取出資料、插入 A」，在每一個插入與取出資料指令執行後，顯示佇列狀態。
3. 使用堆疊執行後序運算，請計算以下後序運算式「2 4 6 * + 9 - 11+」，記錄執行的過程。

CHAPTER 06

樹狀結構 (Tree)

樹狀結構是由點與邊所組成，樹狀結構廣泛應用在檔案系統與資料結構。檔案系統內的資料夾下可以有資料夾與檔案，可以不斷的展開資料夾，資料夾下又有資料夾與檔案，這就是樹狀結構的應用。資料結構的 B tree 是一種樹狀結構，將於之後章節介紹，能提供快速新增、刪除與搜尋功能與儲存大量資料，B tree 可用於實作資料庫系統。以下介紹樹狀結構的定義與程式實作。

以下就是檔案系統的樹狀結構，「J 磁碟」下有「資料結構 - 使用 Python」資料夾，假設「資料結構 - 使用 Python」資料夾下又分成「ch1」、「ch2」、「ch3」、…、「ch9」與「ch10」，「ch9」資料夾下又有許多 Python 檔，這就是一種樹狀結構。

> 本機 > USB 磁碟機 (J:) > 資料結構-使用Python > ch9

名稱	修改日期	類型	大小
9-1-1-循序搜尋.py	2020/5/29 下午 09:19	Python File	1 KB
9-1-2-二元搜尋.py	2020/5/14 下午 01:20	Python File	1 KB
9-1-3-內插搜尋.py	2020/5/25 下午 04:01	Python File	1 KB
9-1-4 費氏搜尋.py	2020/5/25 下午 10:53	Python File	1 KB
9-2-3.實作雜湊程式.py	2020/5/24 上午 11:50	Python File	2 KB

可以把這樣的檔案系統表示爲以下樹狀結構，由此可知檔案系統其實就是樹狀結構。

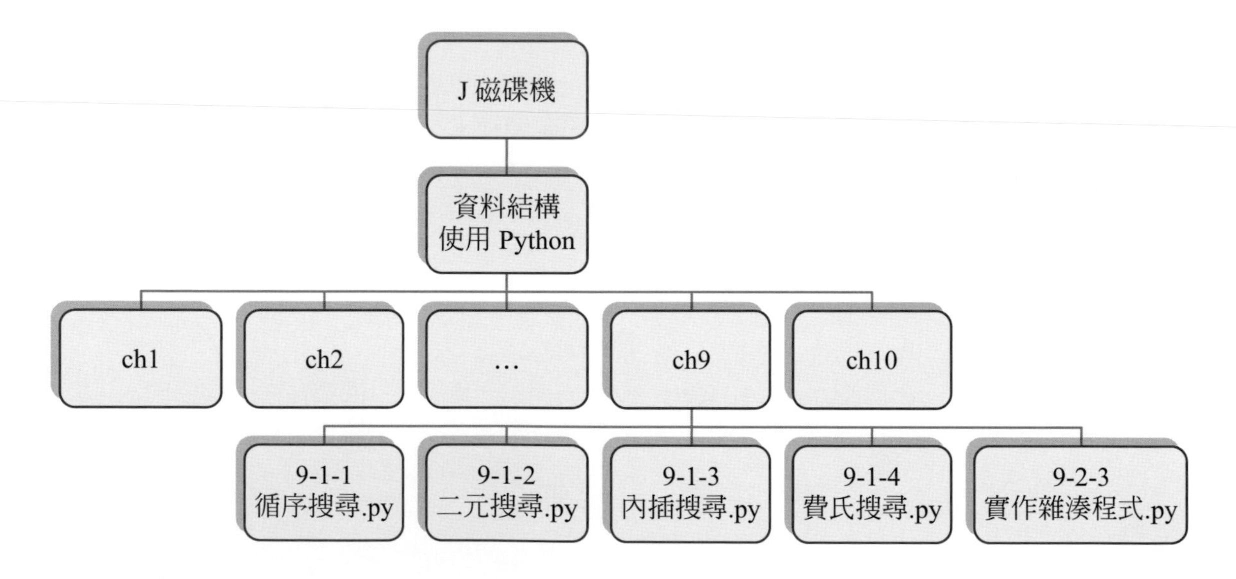

6-1 簡介樹狀結構

6-1-1 什麼是樹狀結構

樹狀結構的定義爲每個節點之間都可以找到路徑連通，但不會形成循環 (cycle)，且設定其中一個點爲 root (根節點)，與 root (根節點) 相連的子樹 (子樹 1、子樹 2、…與子樹 n)，任兩個子樹之間沒有邊相連，若可以連通就會形成循環 (cycle)，且子樹 1、子樹 2、…與子樹 n 也都是樹狀資料結構。

以下是樹狀結構，點 1 到點 9 的每個節點之間都可以找到路徑連通，且沒有形成循環 (cycle)。假設點 1 爲 root (根節點)，其下方有三個子樹，子樹之間沒有邊相連，點 2、點 3 與點 4 也是子樹。

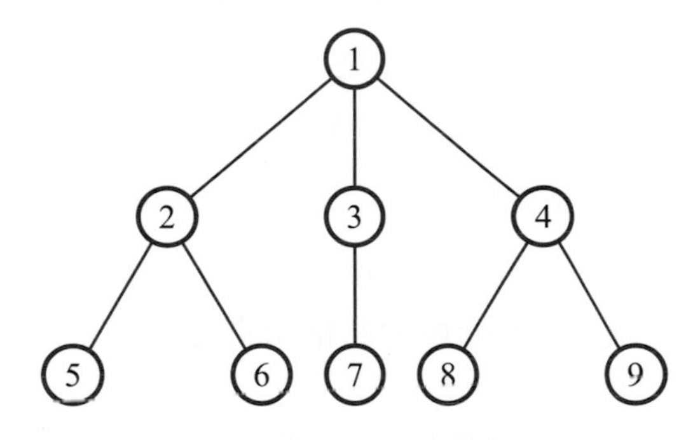

下圖就不是樹狀結構，點 1、點 2 與點 3 形成循環 (cycle)。

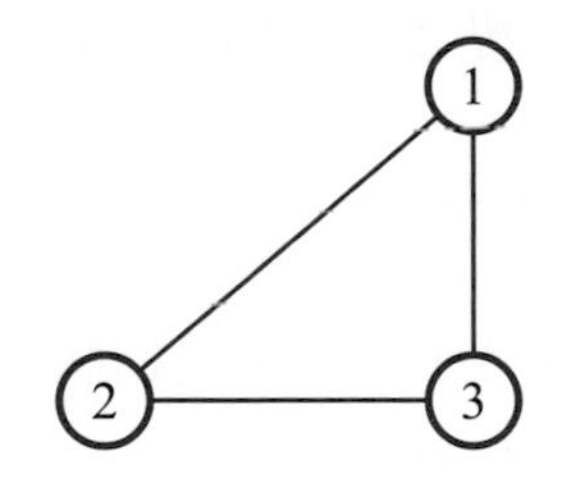

6-1-2 樹狀結構的名詞定義

介紹一些樹狀結構的名詞定義，以下圖為範例進行說明。

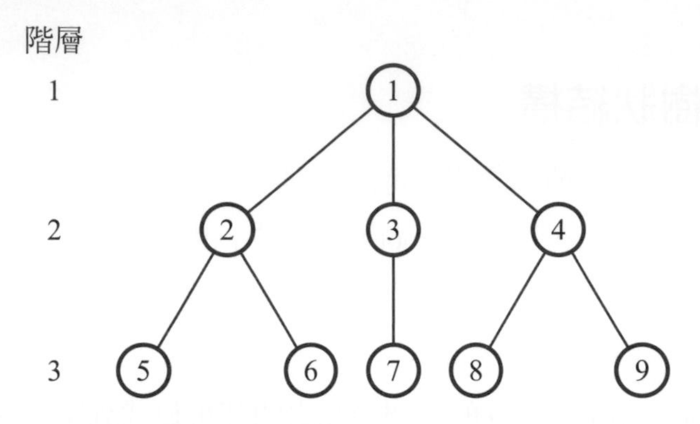

(1) root (根節點)：點 1 就是 root。

(2) edge (邊)：將節點之間連接起來的線就是 edge，上圖樹狀結構有 8 個邊。

(3) node (節點)：點 1 到點 9 都是 node，上圖樹狀結構有 9 個節點。

(4) parent (雙親節點)：點 1 是點 2、點 3 與點 4 的 parent。

(5) children (小孩節點)：點 2、點 3 與點 4 是點 1 的 children。

(6) sibling (手足節點)：點 3 與點 4 是點 2 的 sibling。

(7) leaf node (葉節點) 或 terminal node (終節點)：節點下方沒有其他節點，點 5、點 6、點 7、點 8 與點 9 是上圖樹狀結構的 leaf (葉節點)，也可以稱為 terminal node。

(8) internal node (內部節點) 或 nonterminal node (非終節點)：節點不是 leaf (葉節點) 就是 internal node，點 1、點 2、點 3 與點 4 是本圖的 internal node，也可以稱為 nonterminal node。

(9) external node (外部節點)：與 leaf (葉節點) 定義相同，節點下方沒有其他節點，點 5、點 6、點 7、點 8 與點 9 是此範例樹狀結構的 external node。

(10) degree (分支度)：節點下有幾個分支，點 1 的 degree 為 3，點 2 的 degree 為 2，點 7 的 degree 為 0。

(11) level (階層)：若定義 root 所在 level 為 1，則點 1 的 level 為 1，點 2 的 level 為 2，點 7 的 level 為 3。

(12) height (高度) 或 depth (深度)：樹狀結構的所有節點的最大 level (階層) 稱作 height 或 depth，此範例樹狀結構的 height 為 3，也可以稱其 depth 為 3。

6-1-3 樹狀結構的邊與點個數

簡單圖 (Simple Graph) 爲不包含重邊 (Multiple Edges)、自環 (Loop) 的圖。

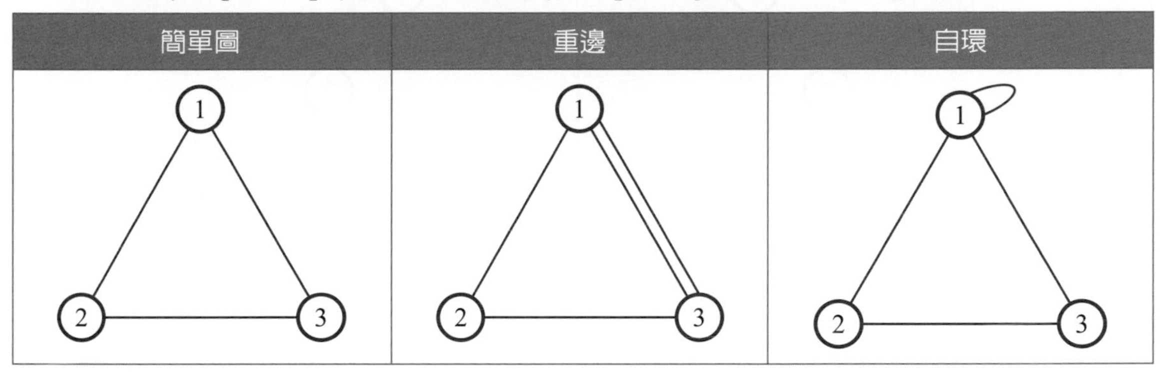

所有節點都可以與其他節點相連的簡單圖，若邊的個數是節點的個數少一個，則該圖形一定是樹狀結構，樹狀結構多一個邊會形成循環，少一個邊會無法連通。樹狀結構滿足以下特性，V 表示節點的個數，E 表示邊的個數。

```
E = V - 1
```

二元樹

最簡單的樹狀結構就是二元樹 (Binary Tree)，實作二元樹的程式碼讓讀者可以更加瞭解樹狀結構。本節並介紹二元樹的走訪，如何利用程式走過每個節點。二元樹須符合樹狀結構的定義，且二元樹中每個節點的最大分支度 (degree) 爲 2，左邊的分支樹稱作 left subtree (左子樹)，右邊的分支樹稱作 right subtree (右子樹)。二元樹有分成歪斜二元樹 (Skewed Binary Tree)、完整二元樹 (Complete Binary Tree) 與滿二元樹 (Full Binary Tree)。

一、歪斜二元樹

如果樹的每層節點只有左子樹或樹的每層節點只有右子樹，就是歪斜二元樹 (Skewed Binary Tree)，如下圖。

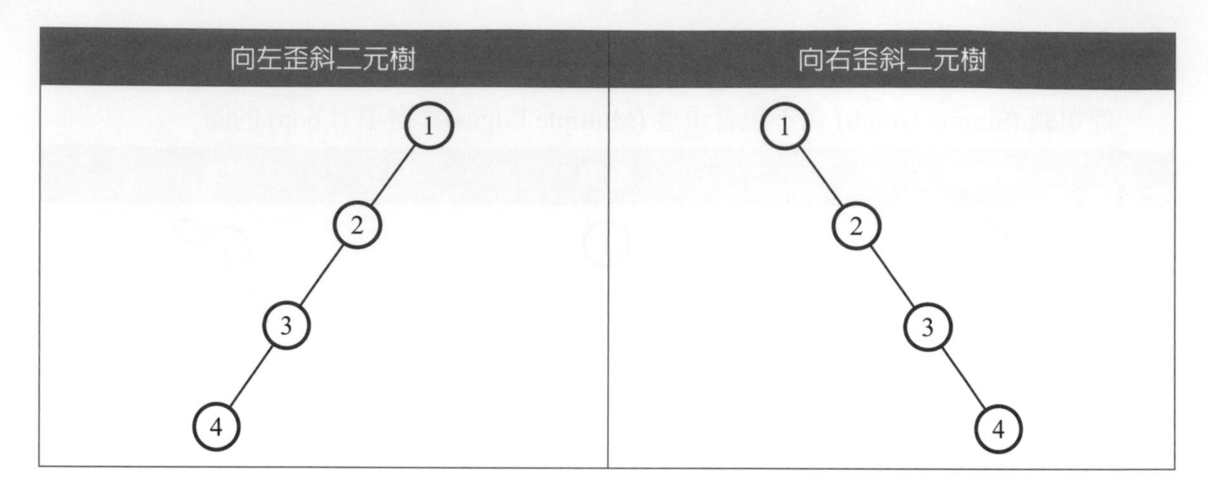

二、完整二元樹

二元樹除了最下層未全滿外，且最下層的元素從最左邊到最右邊依序擺放，其餘階層都要全滿，稱作完整二元樹 (Complete Binary Tree)。

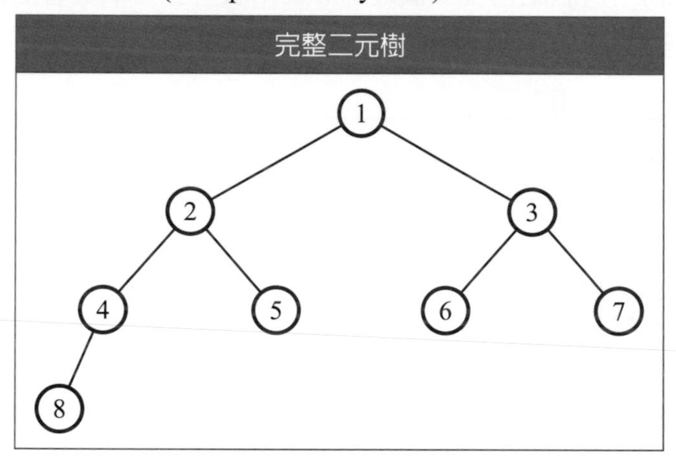

三、滿二元樹 (Full Binary Tree)

二元樹每一層都全滿，稱作滿二元樹 (Full Binary Tree)。

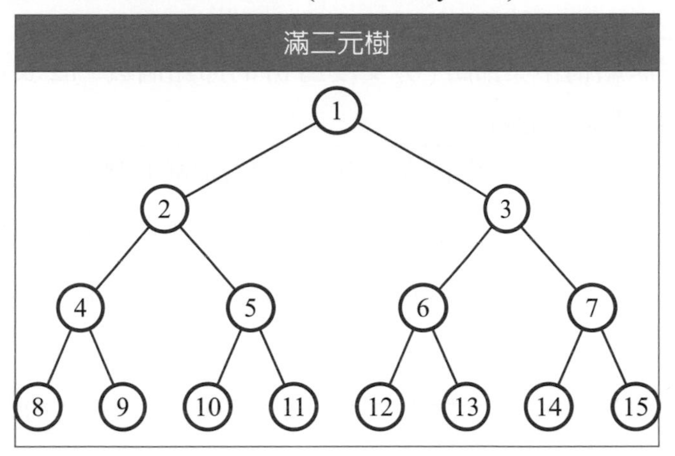

6-2-1 二元樹的性質

以下為二元樹的性質。

(1) 高度為 h 的二元樹最少節點個數為「h」，歪斜二元樹 (Skewed Binary Tree) 是高度 h 的最少節點二元樹，歪斜二元樹有 h 個節點。

(2) 二元樹第 i 層的節點個數最多為「2^{i-1}」，假設根節點 (root) 為第 1 層，滿二元樹每一層的元素個數最多，可以發現每一層都是上一層節點個數的兩倍，第 1 層節點為 2^0 個，第 2 層節點為 2^1 個，第 3 層節點為 2^2 個，第 4 層節點為 2^3 個，…，第 i 層節點為 2^{i-1} 個。

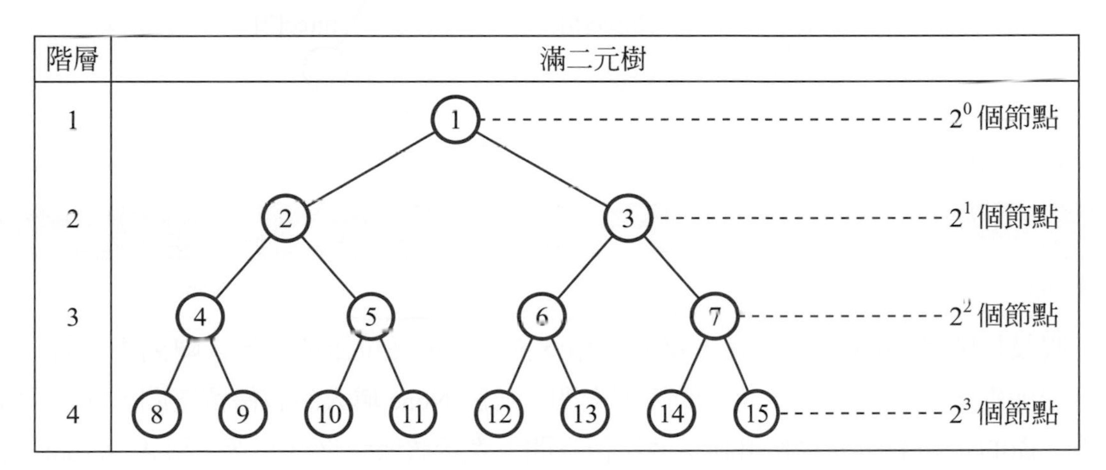

(3) 高度爲 h 的滿二元樹，其總節點個數爲「2^h-1」，假設根節點的高度爲 1，高度爲 h 的滿二元樹的每一層節點相加可以獲得總節點數，公式如下。

$$2^0+2^1+2^2+2^3+\cdots+2^{h-2}+2^{h-1}=2^h-1$$

(4) n0 表示樹狀結構中葉節點 (分支度爲 0) 的節點個數，n2 表示分支度爲 2 的節點個數，則「n0 = n2+1」。

```
E = N - 1 ----------(1)  樹狀結構邊的個數爲節點的個數少 1
N = n0 + n1 + n2 ---(2)  節點總數爲分支度爲 0 到 2 的節點數加總
E = n1 + 2*n2 ------(3)  邊的總數爲分支度 1 的節點數加上 2 倍分支度 2 節點數

將 (2) 與 (3) 代入 (1)，n1 + 2*n2 = n0 + n1 + n2 - 1，消去 n1 與移項後，獲得 n0 = n2 + 1
```

6-2-2 使用陣列建立二元樹

6-2-2 使用陣列建立二元樹 .py

可以使用陣列建立二元樹，如下二元樹範例，本範例二元樹有 6 個節點。

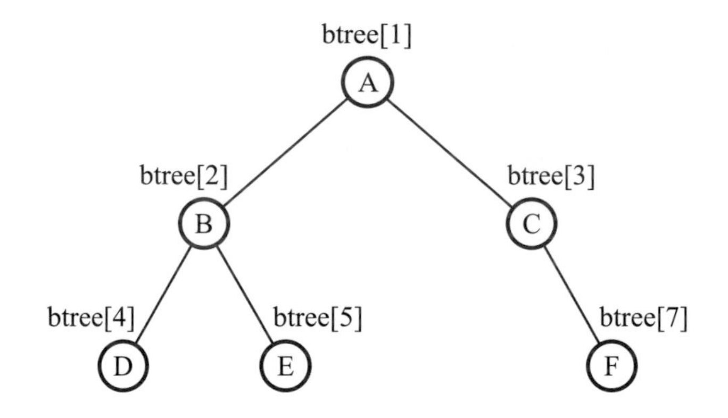

陣列 btree

btree[0]	btree[1]	btree[2]	btree[3]	btree[4]	btree[5]	btree[6]	btree[7]
None	A	B	C	D	E	None	F

假設以陣列 btree 進行儲存，每個節點就依照點所在位置依序放入陣列中，若二元樹有空節點，也必須保留該元素的陣列空間，並將 None 填入到該保留空間，在後面章節中「樹的走訪」單元會使用到這個保留空間，表示該節點沒有元素。點 A 爲 root (根節點)，放置於陣列 btree 中索引值爲 1 的元素內，點 B 爲點 A 的左邊小孩，放置在陣列 btree 中索引值爲 2*(1) 的元素內，點 C 爲點 A 的右邊小孩，放置在陣列 btree 中索引值

爲 2*(1)+1 的元素內。點 D 爲點 B 的左邊小孩，所以放置在陣列 btree 中索引值爲 2*(2) 的元素內，點 E 爲點 B 的右邊小孩，所以放置在陣列 btree 中索引值爲 2*(2)+1 的元素內，依此類推。

可以獲得節點與索引值編號的規則如下：點 X 放置在陣列 btree 中索引值爲 n 的元素內，點 Y 爲點 X 的左邊小孩，就放置在陣列 btree 中索引值爲 2*(n) 的元素內，點 Z 爲點 X 的右邊小孩，就放置在陣列 btree 中索引值爲 2*(n)+1 的元素內，有了此規則性才能使用程式存取二元樹的節點。使用陣列建立二元樹，程式碼如下。

(1) 程式與解說

行號	程式碼
1	btree=[None]*1024
2	btree[1]='A'
3	btree[2]='B'
4	btree[3]='C'
5	btree[4]='D'
6	btree[5]='E'
7	btree[7]='F'
說明	第 1 行：宣告陣列 btree 爲字元陣列，有 1024 個元素，每個元素都是 None。 第 2 行：設定陣列 btree 的第 2 個元素爲字元「A」。 第 3 行：設定陣列 btree 的第 3 個元素爲字元「B」。 第 4 行：設定陣列 btree 的第 4 個元素爲字元「C」。 第 5 行：設定陣列 btree 的第 5 個元素爲字元「D」。 第 6 行：設定陣列 btree 的第 6 個元素爲字元「E」。 第 7 行：設定陣列 btree 的第 8 個元素爲字元「F」。

想一想

二元樹使用陣列表示有什麼優缺點？使用陣列表示二元樹的優點是程式撰寫容易。那什麼情況下適合使用陣列表示二元樹？

假設二元樹如下，二元樹只有 3 個節點，節點都在右子樹，是向右歪斜二元樹。

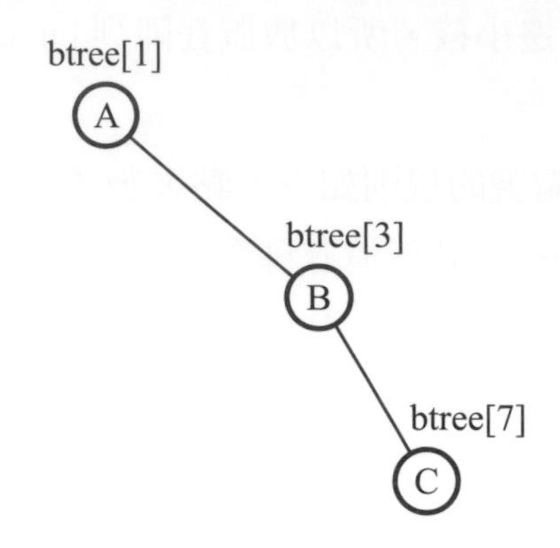

以陣列表示二元樹，陣列狀態如下。

陣列 btree

btree[0]	btree[1]	btree[2]	btree[3]	btree[4]	btree[5]	btree[6]	btree[7]
None	A	None	B	None	None	None	C

發現出現許多空間的浪費，若圖形深度越深，二元樹都只用一個子樹情形下，空間的浪費就更加嚴重。若二元樹所有節點幾乎都可以填滿，就可以使用陣列進行二元樹的建立，不會浪費太多空間；若二元樹不一定能填滿，使用陣列就會造成空間浪費，可以使用指標方式建立二元樹，不會造成浪費太多空間，只需多增加指標空間而已，但程式會稍微複雜一點。

6-2-3 使用指標建立二元樹

6-2-3 使用指標建立二元樹 .py

二元樹需要兩個指標，一個指向左子樹，另一個指向右子樹，若子樹是空的時候設定爲 None，None 就是空指標，在二元樹走訪時遇到 None，就不能再走訪下去，必須倒退回去。二元樹的類別 BinaryTree 宣告如下，類別 BinaryTree 中 val 用於儲存資料，left 與 right 指標用於指向左子樹與右子樹，方法 setLeft 設定左子樹，方法 setRight 設定右子樹。

```
class BinaryTree:
    def __init__(self, value):
        self.val = value
        self.left = None
        self.right = None
    def setLeft(self, left):
        self.left = left
    def setRight(self, right):
        self.right = right
```

如果要將下圖的二元樹使用指標方式建立二元樹，程式碼如下。

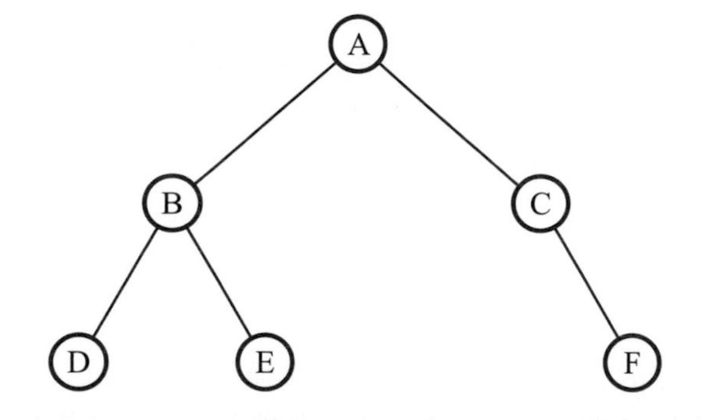

(1) 程式與解說

行號	程式碼
1	`class BinaryTree:`
2	`    def __init__(self, value):`
3	`        self.val = value`
4	`        self.left = None`
5	`        self.right = None`
6	`    def setLeft(self, left):`
7	`        self.left = left`
8	`    def setRight(self, right):`
9	`        self.right = right`
10	`p1 = BinaryTree('A')`
11	`root = p1`
12	`p2 = BinaryTree('B')`
13	`p3 = BinaryTree('C')`

<table>
<tr><td>14</td><td><code>p4 = BinaryTree('D')</code></td></tr>
<tr><td>15</td><td><code>p5 = BinaryTree('E')</code></td></tr>
<tr><td>16</td><td><code>p7 = BinaryTree('F')</code></td></tr>
<tr><td>17</td><td><code>p1.setLeft(p2)</code></td></tr>
<tr><td>18</td><td><code>p1.setRight(p3)</code></td></tr>
<tr><td>19</td><td><code>p2.setLeft(p4)</code></td></tr>
<tr><td>20</td><td><code>p2.setRight(p5)</code></td></tr>
<tr><td>21</td><td><code>p3.setRight(p7)</code></td></tr>
<tr><td>說明</td><td>第 1 到 9 行：定義類別 BinaryTree。
第 2 到 5 行：定義初始化方法 (__init__)，宣告 val 用於儲存節點的值，設定 left 爲 None，right 爲 None。
第 6 到 7 行：宣告 setLeft 方法，設定 left 爲輸入參數 left。
第 8 到 9 行：宣告 setRight 方法，設定 right 爲輸入參數 right。
第 10 行：設定 p1 指向 BinaryTree 物件，其值設定爲「A」。
第 11 行：設定 root 爲 p1，表示 root 與 p1 指向同一個 BinaryTree 物件。
第 12 行：設定 p2 指向 BinaryTree 物件，其值設定爲「B」。
第 13 行：設定 p3 指向 BinaryTree 物件，其值設定爲「C」。
第 14 行：設定 p4 指向 BinaryTree 物件，其值設定爲「D」。
第 15 行：設定 p5 指向 BinaryTree 物件，其值設定爲「E」。
第 16 行：設定 p7 指向 BinaryTree 物件，其值設定爲「F」。
第 17 行：呼叫 p1 的 setLeft 方法，以 p2 爲輸入，設定 p1 的左子樹爲 p2。
第 18 行：呼叫 p1 的 setRight 方法，以 p3 爲輸入，設定 p1 的右子樹爲 p3。
第 19 行：呼叫 p2 的 setLeft 方法，以 p4 爲輸入，設定 p2 的左子樹爲 p4。
第 20 行：呼叫 p2 的 setRight 方法，以 p5 爲輸入，設定 p2 的右子樹爲 p5。
第 21 行：呼叫 p3 的 setRight 方法，以 p7 爲輸入，設定 p3 的右子樹爲 p7。</td></tr>
</table>

6-2-4 二元樹的走訪

二元樹如何走訪每一個點，每一個點都需要走過？使用遞迴呼叫走訪二元樹的程式碼最簡單，遞迴呼叫走訪左子樹，接著遞迴呼叫走訪右子樹就可以走訪所有的節點，配合顯示節點的資料就可以輸出所有節點的值，這是一種暴力演算法。「走訪左子樹」、「走訪右子樹」與「顯示節點的資料」三種操作，排列的可能性有 6 種可能結果，若「走訪左子樹」永遠比「走訪右子樹」優先，則只剩下 3 種可能結果，分別敘述如下。

(1) preorder (前序走訪)

先「顯示節點的資料」，再「走訪左子樹」，最後「走訪右子樹」。

(2)　inorder (中序走訪)

先「走訪左子樹」，再「顯示節點的資料」，最後「走訪右子樹」。

(3)　postorder (後序走訪)

先「走訪左子樹」，再「走訪右子樹」，最後「顯示節點的資料」。

這 3 種走訪都是深度優先走訪。會造成顯示節點資料的順序不相同。之後章節會介紹圖形走訪，也會提到深度優先走訪，樹狀結構是圖形結構的特例，樹狀結構所介紹的概念也可以應用到圖形結構，為圖形結構先打好基礎。

還有另一種走訪，同一個階層的節點優先走訪，不使用遞迴呼叫進行走訪，而是使用佇列進行走訪，屬於寬度優先走訪，圖形結構也可以進行寬度優先走訪，樹狀結構的這種走訪方式，稱作階層走訪 (level order)。

以下使用陣列與指標實作二元樹，並使用前序走訪、中序走訪、後序走訪與階層走訪進行走訪，顯示節點的數值到螢幕。

一、二元樹走訪 -- 使用陣列

6-2-4-1 二元樹走訪 -- 使用陣列 .py

(1)　範例說明

實作一個程式，將以下二元樹以陣列進行實作，並使用前序走訪、中序走訪、後序走訪進行走訪，走訪過程中印出節點的資料。

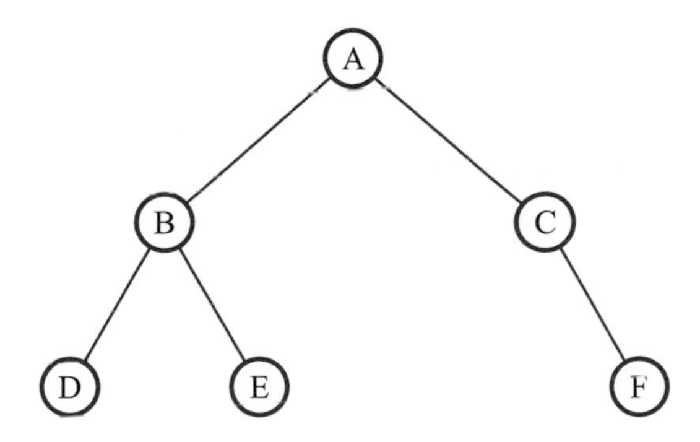

(2)　預期程式執行結果

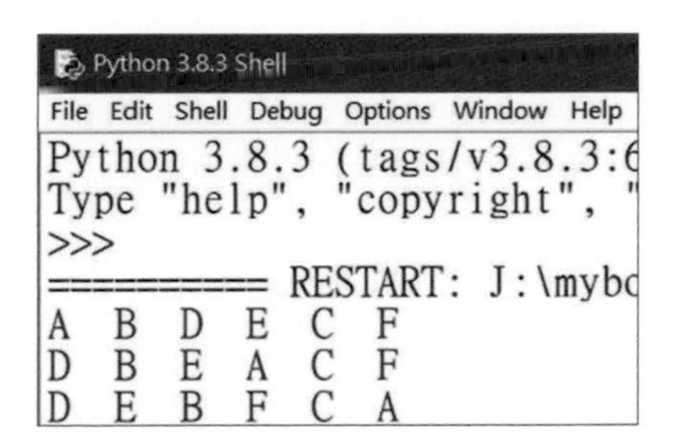

(3) 程式與解說

行號	程式碼
1	`btree=[None]*1024`
2	`btree[1]='A'`
3	`btree[2]='B'`
4	`btree[3]='C'`
5	`btree[4]='D'`
6	`btree[5]='E'`
7	`btree[7]='F'`
8	`def preorder(p):`
9	`    if btree[p]:`
10	`        print(btree[p], ' ', end='')`
11	`        preorder(2*p)`
12	`        preorder(2*p+1)`
13	`def inorder(p):`
14	`    if btree[p]:`
15	`        inorder(2*p);`
16	`        print(btree[p], ' ', end='')`
17	`        inorder(2*p+1)`
18	`def postorder(p):`
19	`    if btree[p]:`
20	`        postorder(2*p)`
21	`        postorder(2*p+1)`
22	`        print(btree[p], ' ', end='')`
23	`preorder(1)`
24	`print()`
25	`inorder(1)`
26	`print()`
27	`postorder(1)`

<table>
<tr><td>說明</td><td>第 1 行：宣告陣列 btree 爲字元陣列，有 1024 個元素，每個元素都是 None。
第 2 行：設定陣列 btree 的第 2 個元素爲字元「A」。
第 3 行：設定陣列 btree 的第 3 個元素爲字元「B」。
第 4 行：設定陣列 btree 的第 4 個元素爲字元「C」。
第 5 行：設定陣列 btree 的第 5 個元素爲字元「D」。
第 6 行：設定陣列 btree 的第 6 個元素爲字元「E」。
第 7 行：設定陣列 btree 的第 8 個元素爲字元「F」。
第 8 到 12 行：定義 preorder 函式，輸入整數 p，若 btree[p] 不是 None，則顯示 btree[p] 到螢幕上 (第 10 行)，遞迴呼叫 preorder 函式，以 2 乘以 p 當參數傳入，進行左子樹走訪 (第 11 行)，最後遞迴呼叫 preorder 函式，以 2 乘以 p 加上 1 當參數傳入，進行右子樹走訪 (第 12 行)。
第 13 到 17 行：定義 inorder 函式，輸入整數 p，若 btree[p] 不是 None，則遞迴呼叫 inorder 函式，以 2 乘以 p 當參數傳入，進行左子樹走訪 (第 15 行)，顯示 btree[p] 到螢幕上 (第 16 行)，最後遞迴呼叫 inorder 函式，以 2 乘以 p 加上 1 當參數傳入，進行右子樹走訪 (第 17 行)。
第 18 到 22 行：定義 postorder 函式，輸入整數 p，若 btree[p] 不是 None，則遞迴呼叫 postorder 函式，以 2 乘以 p 當參數傳入，進行左子樹走訪 (第 20 行)，遞迴呼叫 postorder 函式，以 2 乘以 p 加上 1 當參數傳入，進行右子樹走訪 (第 21 行)，最後顯示 btree[p] 到螢幕上 (第 22 行) 。
第 23 行：呼叫 preorder 函式，傳入數值 1，表示從 btree[1] 以前序方式走訪二元樹。
第 24 行：輸出換行。
第 25 行：呼叫 inorder 函式，傳入數值 1，表示從 btree[1] 以中序方式走訪二元樹。
第 26 行：輸出換行。
第 27 行：呼叫 postorder 函式，傳入數值 1，表示從 btree[1] 以後序方式走訪二元樹。</td></tr>
</table>

以下爲前序走訪 (preorder) 的遞迴呼叫過程。

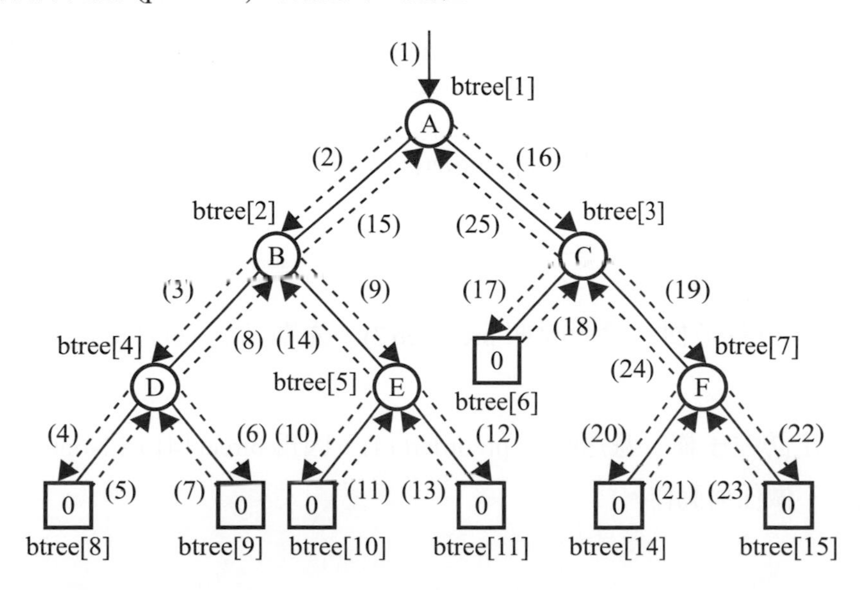

以下為前序走訪 (preorder) 遞迴呼叫過程的說明：

(1) 呼叫 preorder(1)，先顯示 btree[1] 節點資料「A」到螢幕。

(2) 接著走訪左子樹，遞迴呼叫 preorder(2)，先顯示 btree[2] 節點資料「B」到螢幕。

(3) 接著走訪左子樹，遞迴呼叫 preorder(4)，先顯示 btree[4] 節點資料「D」到螢幕。

(4) 接著走訪左子樹，遞迴呼叫 preorder(8)，因為 btree[8] 為 None，表示沒有節點，不做任何動作。

(5) 倒退回 btree[4]。

(6) 接著走訪右子樹，遞迴呼叫 preorder(9)，因為 btree[9] 為 None，表示沒有節點，不做任何動作。

(7) 倒退回 btree[4]，此時左右子樹皆已經拜訪過。

(8) 倒退回 btree[2]。

(9) 接著走訪右子樹，遞迴呼叫 preorder(5)，先顯示 btree[5] 節點資料「E」到螢幕。

(10) 接著走訪左子樹，遞迴呼叫 preorder(10)，因為 btree[10] 為 None，表示沒有節點，不做任何動作。

(11) 倒退回 btree[5]。

(12) 接著走訪右子樹，遞迴呼叫 preorder(11)，因為 btree[11] 為 None，表示沒有節點，不做任何動作。

(13) 倒退回 btree[5]，此時左右子樹皆已經拜訪過。

(14) 倒退回 btree[2]，此時左右子樹皆已經拜訪過。

(15) 倒退回 btree[1]。

(16) 接著走訪右子樹，遞迴呼叫 preorder(3)，先顯示 btree[3] 節點資料「C」到螢幕。

(17) 接著走訪左子樹，遞迴呼叫 preorder(6)，因為 btree[6] 為 None，表示沒有節點，不做任何動作。

(18) 倒退回 btree[3]。

(19) 接著走訪右子樹，遞迴呼叫 preorder(7)，先顯示 btree[7] 節點資料「F」到螢幕。

(20) 接著走訪左子樹，遞迴呼叫 preorder(14)，因為 btree[14] 為 None，表示沒有節點，不做任何動作。

(21) 倒退回 btree[7]。

(22) 接著走訪右子樹，遞迴呼叫 preorder(15)，因為 btree[15] 為 None，表示沒有節點，不做任何動作。

(23) 倒退回 btree[7]，此時左右子樹皆已經拜訪過。

(24) 倒退回 btree[3]，此時左右子樹皆已經拜訪過。

(25) 倒退回 btree[1]，preorder(1) 到此執行結束。

所以前序走訪後，會顯示「A B D E C F」在螢幕上。

中序走訪與後序走訪概念與前序走訪類似，因為版面關係，請讀者自行演練。

二、二元樹走訪 -- 使用指標

6-2-4-2 二元樹走訪 -- 使用指標 .py

(1) 範例說明

請實作一個程式將以下二元樹，以指標方式建立二元樹，並以前序走訪、中序走訪、後序走訪進行走訪，走訪過程中印出節點的資料。

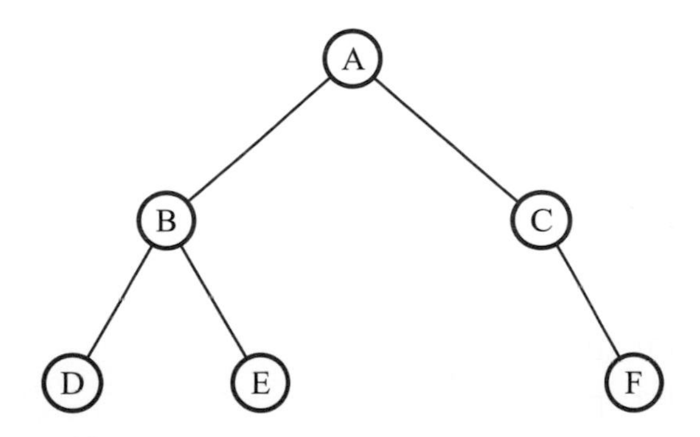

(2) 預期程式執行結果

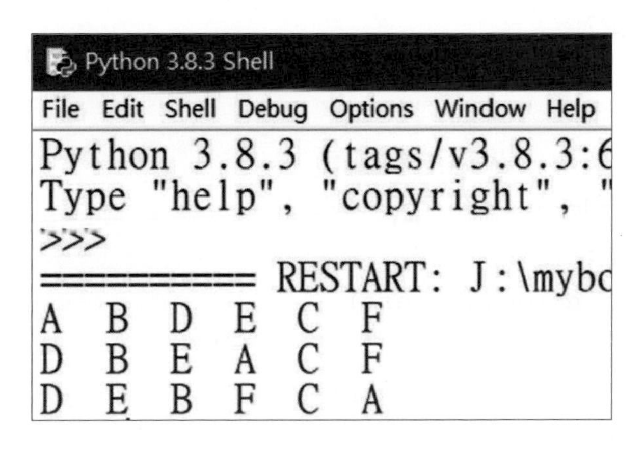

(3) 程式與說明

行號	程式碼
1	`class BinaryTree:`
2	`    def __init__(self, value):`
3	`        self.val = value`
4	`        self.left = None`
5	`        self.right = None`
6	`    def setLeft(self, left):`
7	`        self.left = left`
8	`    def setRight(self, right):`
9	`        self.right = right`
10	`p1 = BinaryTree('A')`
11	`root = p1`
12	`p2 = BinaryTree('B')`
13	`p3 = BinaryTree('C')`
14	`p4 = BinaryTree('D')`
15	`p5 = BinaryTree('E')`
16	`p7 = BinaryTree('F')`
17	`p1.setLeft(p2)`
18	`p1.setRight(p3)`
19	`p2.setLeft(p4)`
20	`p2.setRight(p5)`
21	`p3.setRight(p7)`
22	`def preorder(p):`
23	`    if p:`
24	`        print(p.val, ' ', end='')`
25	`        preorder(p.left)`
26	`        preorder(p.right)`
27	`def inorder(p):`
28	`    if p:`
29	`        inorder(p.left)`
30	`        print(p.val, ' ', end='')`
31	`        inorder(p.right)`
32	`def postorder(p):`
33	`    if p:`

34	`        postorder(p.left)`
35	`        postorder(p.right)`
36	`        print(p.val, ' ', end='')`
37	`preorder(root)`
38	`print()`
39	`inorder(root)`
40	`print()`
41	`postorder(root)`
說明	第 1 到 9 行：定義類別 BinaryTree。 第 2 到 5 行：定義初始化方法 (__init__)，宣告 val 用於儲存節點的值，設定 left 爲 None，right 爲 None。 第 6 到 7 行：宣告 setLeft 方法，設定 left 爲輸入參數 left。 第 8 到 9 行：宣告 setRight 方法，設定 right 爲輸入參數 right。 第 10 行：設定 p1 指向 BinaryTree 物件，其值設定爲「A」。 第 11 行：設定 root 爲 p1，表示 root 與 p1 指向同一個 BinaryTree 物件。 第 12 行：設定 p2 指向 BinaryTree 物件，其值設定爲「B」。 第 13 行：設定 p3 指向 BinaryTree 物件，其值設定爲「C」。 第 14 行：設定 p4 指向 BinaryTree 物件，其值設定爲「D」。 第 15 行：設定 p5 指向 BinaryTree 物件，其值設定爲「E」。 第 16 行：設定 p7 指向 BinaryTree 物件，其值設定爲「F」。 第 17 行：呼叫 p1 的 setLeft 方法，設定 p1 的左子樹爲 p2。 第 18 行：呼叫 p1 的 setRight 方法，設定 p1 的右子樹爲 p3。 第 19 行：呼叫 p2 的 setLeft 方法，設定 p2 的左子樹爲 p4。 第 20 行：呼叫 p2 的 setRight 方法，設定 p2 的右子樹爲 p5。 第 21 行：呼叫 p3 的 setRight 方法，設定 p3 的右子樹爲 p7。 第 22 到 26 行：定義 preorder 函式，輸入物件 p，若物件 p 不是 None，則顯示物件 p 的變數 val 到螢幕上 (第 24 行)。遞迴呼叫 preorder 函式，以物件 p 的 left 爲輸入，走訪左子樹 (第 25 行)，最後遞迴呼叫 preorder 函式，以物件 p 的 right 爲輸入，走訪右子樹 (第 26 行)。 第 27 到 31 行：定義 inorder 函式，輸入物件 p，若物件 p 不是 None，則遞迴呼叫 inorder 函式，以物件 p 的 left 爲輸入，走訪左子樹 (第 29 行)。顯示物件 p 的變數 val 到螢幕上 (第 30 行)。最後遞迴呼叫 inorder 函式，以物件 p 的 right 爲輸入，走訪右子樹 (第 31 行)。

說明	第 32 到 36 行：定義 postorder 函式，輸入物件 p，若物件 p 不是 None，則遞迴呼叫 postorder 函式，以物件 p 的 left 為輸入，走訪左子樹 (第 34 行)。遞迴呼叫 postorder 函式，以物件 p 的 right 為輸入，走訪右子樹 (第 35 行)。顯示物件 p 的變數 val 到螢幕上 (第 36 行)。 第 37 行：呼叫 preorder 函式，傳入 root，表示從 root 以前序方式走訪二元樹。 第 38 行：輸出換行。 第 39 行：呼叫 inorder 函式，傳入 root，表示從 root 以中序方式走訪二元樹。 第 40 行：輸出換行。 第 41 行：呼叫 postorder 函式，傳入 root，表示從 root 以後序方式走訪二元樹。

觀察前兩個範例，使用陣列或指標所建立二元樹的前序走訪、中序走訪與後序走訪結果，得知使用陣列或指標所建立的二元樹，並不會影響走訪結果。

三、二元樹階層走訪 -- 使用指標

6-2-4-3 二元樹階層走訪 -- 使用指標 .py

(1) 範例說明

請實作一個程式將以下二元樹，以指標進行二元樹的建立，並使用 level order (階層走訪) 進行走訪，走訪過程中印出節點的資料。

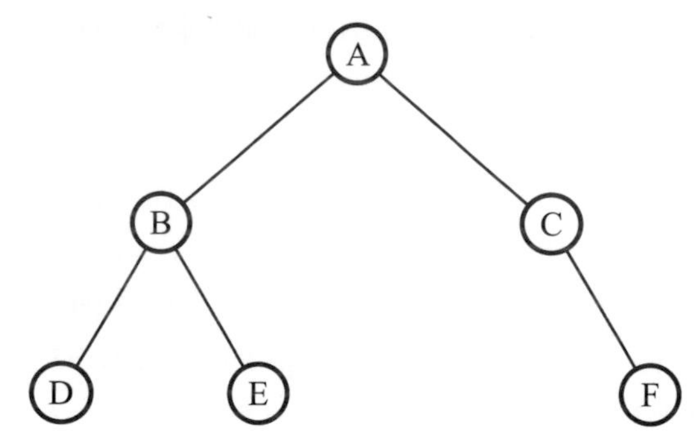

(2) 預期程式執行結果

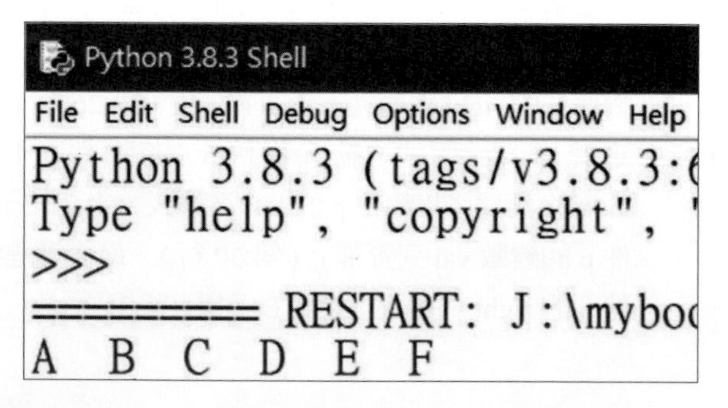

(3) 圖解階層走訪過程

階層走訪二元樹過程中，佇列 qu 的新增與刪除元素過程。

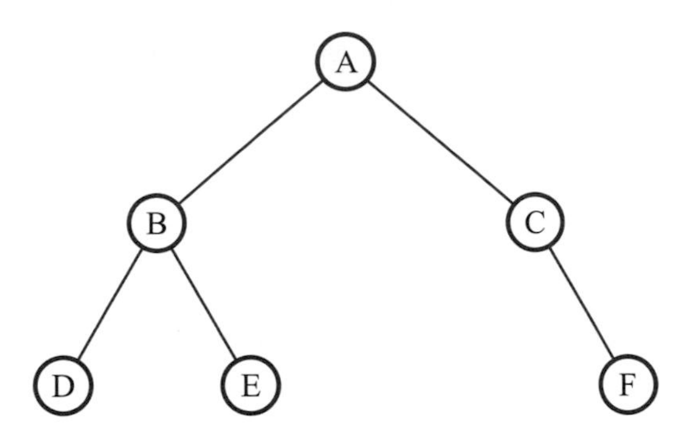

STEP 01 發現點 A，將 A 加入到佇列 qu。

qu

A				

STEP 02 從佇列讀取第一個元素 A，輸出 A 到螢幕上，將點 A 左子樹的點 B 與右子樹的點 C 加入到佇列 qu，最後刪除第一個元素 A。

qu

B	C			

STEP 03 從佇列讀取第一個元素 B，輸出 B 到螢幕上，將點 B 左子樹的點 D 與右子樹的點 E 加入到佇列 qu，最後刪除第一個元素 B。

qu

C	D	E		

STEP 04 從佇列讀取第一個元素 C，輸出 C 到螢幕上，因為點 C 左子樹是 None，不執行任何動作，將右子樹的點 F 加入到佇列 qu，最後刪除第一個元素 C。

qu

D	E	F		

STEP 05 從佇列讀取第一個元素 D，輸出 D 到螢幕上，因為點 D 左子樹與右子樹都是 None，不執行任何動作，最後刪除第一個元素 D。

qu

E	F			

STEP 06 從佇列讀取第一個元素 E，輸出 E 到螢幕上，因爲點 E 左子樹與右子樹都是 None，不執行任何動作，最後刪除第一個元素 E。

qu

F				

STEP 07 從佇列讀取第一個元素 F，輸出 F 到螢幕上，因爲點 F 左子樹與右子樹都是 None，不執行任何動作，最後刪除第一個元素 F，佇列 qu 是空的跳出迴圈。

qu

STEP 08 輸出結果爲「A B C D E F」。

(4) 程式與解說

行號	程式碼
1	`class BinaryTree:`
2	`    def __init__(self, value):`
3	`        self.val = value`
4	`        self.left = None`
5	`        self.right = None`
6	`    def setLeft(self, left):`
7	`        self.left = left`
8	`    def setRight(self, right):`
9	`        self.right = right`
10	`p1 = BinaryTree('A')`
11	`root = p1`
12	`p2 = BinaryTree('B')`
13	`p3 = BinaryTree('C')`
14	`p4 = BinaryTree('D')`
15	`p5 = BinaryTree('E')`
16	`p7 = BinaryTree('F')`
17	`p1.setLeft(p2)`
18	`p1.setRight(p3)`
19	`p2.setLeft(p4)`
20	`p2.setRight(p5)`
21	`p3.setRight(p7)`

22	`qu = []`
23	`def levelorder(now):`
24	`    qu.append(now)`
25	`    while (len(qu)>0):`
26	`        print(qu[0].val, ' ', end = '')`
27	`        if qu[0].left != None:`
28	`            qu.append(qu[0].left)`
29	`        if qu[0].right != None:`
30	`            qu.append(qu[0].right)`
31	`        del qu[0]`
32	`levelorder(root)`
說明	第 1 到 9 行：定義類別 BinaryTree。 第 2 到 5 行：定義初始化方法 (__init__)，宣告 val 用於儲存節點的值，設定 left 爲 None，right 爲 None。 第 6 到 7 行：宣告 setLeft 方法，設定 left 爲輸入參數 left。 第 8 到 9 行：宣告 setRight 方法，設定 right 爲輸入參數 right。 第 10 行：設定 p1 指向 BinaryTree 物件，其值設定爲「A」。 第 11 行：設定 root 爲 p1，表示 root 與 p1 指向同一個 BinaryTree 物件。 第 12 行：設定 p2 指向 BinaryTree 物件，其值設定爲「B」。 第 13 行：設定 p3 指向 BinaryTree 物件，其值設定爲「C」。 第 14 行：設定 p4 指向 BinaryTree 物件，其值設定爲「D」。 第 15 行：設定 p5 指向 BinaryTree 物件，其值設定爲「E」。 第 16 行：設定 p7 指向 BinaryTree 物件，其值設定爲「F」。 第 17 行：呼叫 p1 的 setLeft 方法，設定 p1 的左子樹爲 p2。 第 18 行：呼叫 p1 的 setRight 方法，設定 p1 的右子樹爲 p3。 第 19 行：呼叫 p2 的 setLeft 方法，設定 p2 的左子樹爲 p4。 第 20 行：呼叫 p2 的 setRight 方法，設定 p2 的右子樹爲 p5。 第 21 行：呼叫 p3 的 setRight 方法，設定 p3 的右子樹爲 p7。 第 22 行：宣告 qu 爲空串列。 第 23 到 31 行：定義 levelorder 函式，輸入 now，將 now 加入到佇列 qu 內 (第 24 行)。 第 25 到 31 行：當佇列 qu 的長度大於 0 時，不斷執行第 26 到 31 行，顯示佇列 qu 的第一個元素的變數 val 到螢幕上，顯示一個空白，但不換行 (第 26 行)。 第 27 到 28 行：若佇列 qu 的第一個元素的 left 不等於 None，則將佇列 qu 的第一個元素的 left 加入佇列 qu 內。 第 29 到 30 行：若佇列 qu 的第一個元素的 right 不等於 None，則將佇列 qu 的第一個元素的 right 加入佇列 qu 內。

說明	第 31 行：刪除佇列 qu 的第一個元素。 第 32 行：呼叫 levelorder 函式，傳入 root，表示從 root 為出發節點，以階層方式走訪二元樹。

6-3 二元搜尋樹

符合以下定義，稱為二元搜尋樹 (Binary Search Tree)，在平均情況下可以加速搜尋的速度，但在最差情況下與循序搜尋效率相同。

(1) 如果左子樹不是空的，左子樹的所有點的鍵值小於根節點的鍵值。

(2) 如果右子樹不是空的，右子樹的所有點的鍵值大於根節點的鍵值。

(3) 左子樹與右子樹也是二元搜尋樹。

(4) 二元搜尋樹內所有鍵值都不相同。

以下為二元搜尋樹範例。

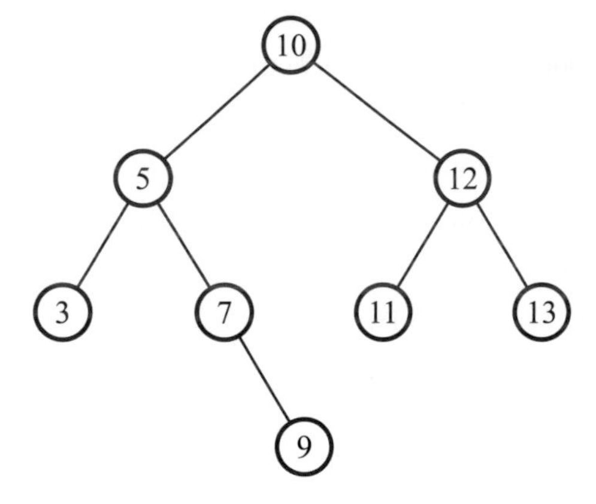

二元搜尋樹的每一個節點需要兩個指標，一個指向左子樹，另一個指向右子樹，若子樹是空的時候設定為 None，None 就是空指標，在二元樹走訪時遇到 None，就不能再走訪下去，必須倒退回去。二元樹的節點類別 Node 宣告如下：類別 Node 中 val 用於儲存資料，left 與 right 指標用於指向左子樹與右子樹。類別 BinarySearchTree 用於建立二元搜尋樹，利用類別 Node 建立節點。

(1) 程式與解說

行號	程式
01	`class Node:`
02	`    def __init__(self, val):`
03	`        self.val = val`
04	`        self.left = None`
05	`        self.right = None`
06	`class BinarySearchTree:`
07	`    def __init__(self, x):`
08	`        self.root = Node(x)`
說明	第 1 到 5 行：定義類別 Node。 第 2 到 5 行：定義初始化方法 (__init__)，宣告 val 用於儲存節點的值，設定 left 爲 None，right 爲 None。 第 6 到 8 行：定義類別 BinarySearchTree，定義初始化方法 (__init__)，設定 root 爲 Node 物件，將 x 設定給 val。

6-3-1 插入節點

(1) 範例說明

以下二元搜尋樹插入節點 6，爲了滿足二元搜尋樹，先比較根節點，發現節點 6 比根節點 (10) 小，往左邊走；接著比較左子樹的根節點 5，發現節點 6 比較大，往右邊走；比較右子樹的根節點 7，發現節點 6 比較小，往左邊走；發現左子樹是 None，所以新增一個節點 6，在節點 7 的左子樹。

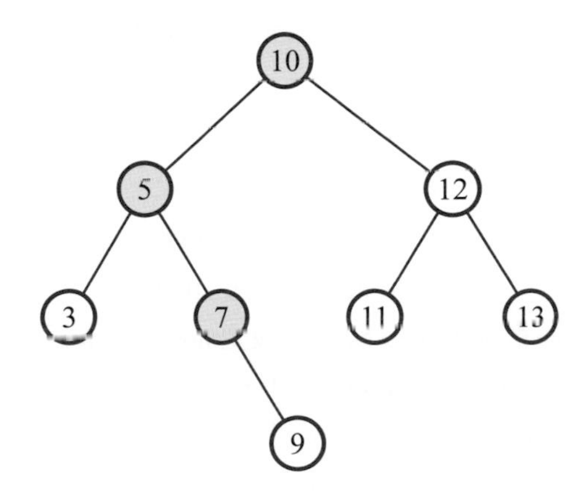

新增節點 6，二元搜尋樹如下。

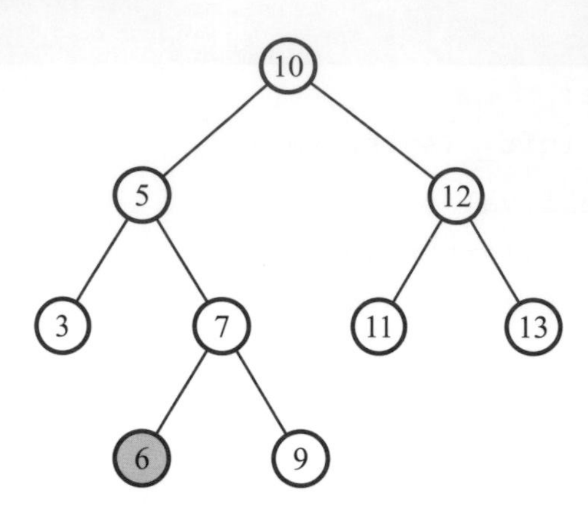

插入節點的程式如下。

(1) 程式與解說

行號	程式
09	`    def insert(self, now, x):`
10	`        if now == None:`
11	`            now = Node(x)`
12	`        elif now.val > x:`
13	`            if now.left == None:`
14	`                now.left = Node(x)`
15	`            else:`
16	`                self.insert(now.left, x)`
17	`        else:`
18	`            if now.right == None:`
19	`                now.right = Node(x)`
20	`            else:`
21	`                self.insert(now.right, x)`
說明	第 9 到 21 行：定義 insert 方法，以 now 與 x 為輸入，若 now 等於 None，設定 now 為以 x 為輸入值的 Node 物件 (第 10 到 11 行)；否則若 now 的 val 大於 x，若 now 的 left 等於 None，設定 now 的 left 為以 x 為輸入值的 Node 物件；否則遞迴呼叫 insert 方法，以 now 的 left 與 x 為輸入 (第 12 到 16 行)；否則，若 now 的 right 等於 None，設定 now 的 right 為以 x 為輸入值的 Node 物件；否則遞迴呼叫 insert 方法，以 now 的 right 與 x 為輸入 (第 17 到 21 行)。

6-3-2 搜尋節點

(1) 範例說明

如果要搜尋節點 9 是否在以下二元搜尋樹中，先比較根節點 10，發現 9 比 10 小，根據二元搜尋樹的定義，比根節點 10 小的數值會在左子樹，所以往左邊搜尋；比較左子樹的根節點 5，發現 9 比 5 大，所以往右邊搜尋；比較右子樹的根節點 7，發現 9 比 7 大，所以往右邊搜尋；比較右子樹的根節點 9，發現找到節點 9。

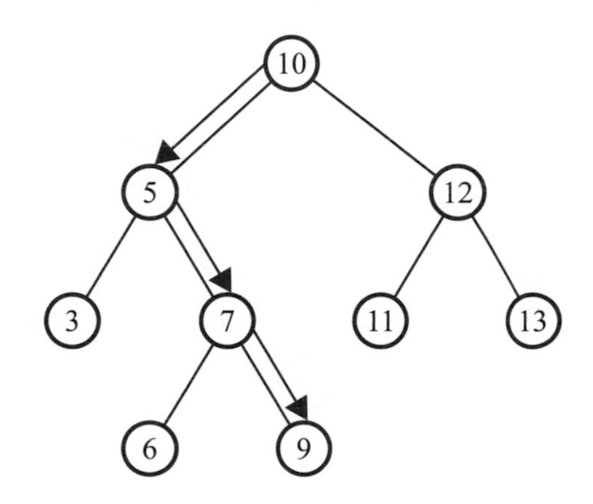

搜尋節點程式如下。

(2) 程式與解說

行號	程式
22	`    def search(self, now, x):`
23	`        if now == None:`
24	`            return False`
25	`        if now.val == x:`
26	`            return True`
27	`        elif now.val > x:`
28	`            return self.search(now.left, x)`
29	`        else:`
30	`            return self.search(now.right, x)`
說明	第 22 到 30 行：定義 search 方法，以 now 與 x 為輸入。若 now 等於 None，則回傳 False (第 23 到 24 行)。若 now 的 val 等於 x，則回傳 True (第 25 到 26 行)，否則若 now 的 val 大於 x，則遞迴呼叫 search，以 now 的 left 與 x 為輸入 (第 27 到 28 行)；否則遞迴呼叫 search，以 now 的 right 與 x 為輸入 (第 29 到 30 行)。

6-3-3 刪除節點

(1) 範例說明

刪除節點時，如果左右子樹都有元素，則使用右子樹的最小元素 (右子樹往左走到底) 取代刪除節點，例如：刪除以下二元搜尋樹的元素 5，左右子樹都有元素，取右子樹的最小元素，走到右子樹的根節點 7，往左走到底遇到節點 6，節點 6 取代節點 5。

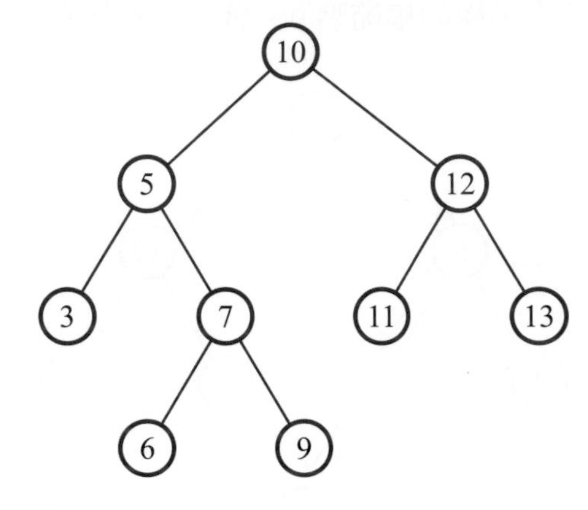

刪除節點 5 後，如下圖。

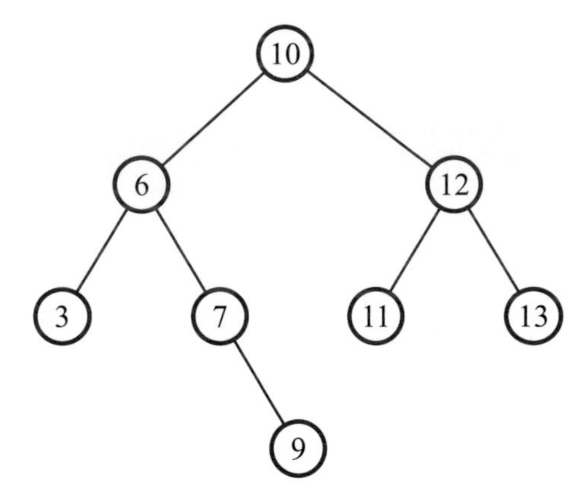

刪除節點 7，因為節點 7 只有一個子樹，刪除節點 7，將子樹取代節點 7。

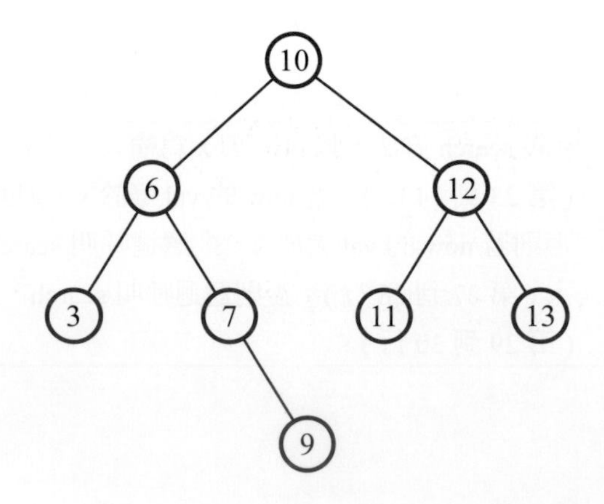

刪除節點 7 後，如下圖。

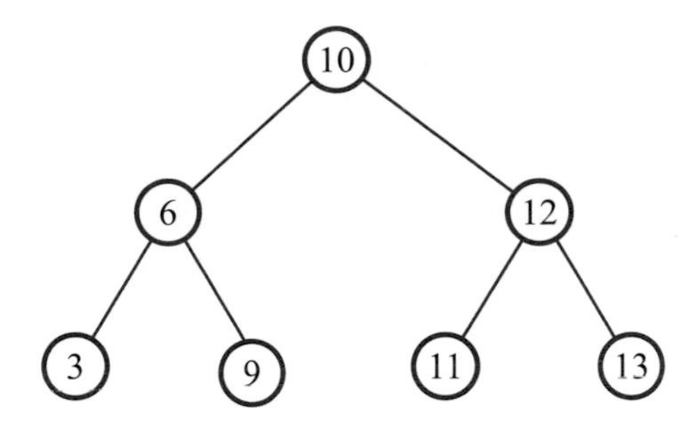

刪除節點 11，因為節點 11 沒有子樹，直接刪除節點 11。

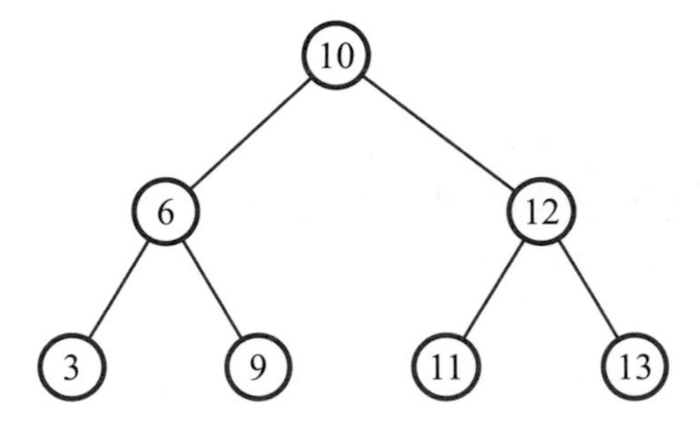

刪除節點 11，如下圖。

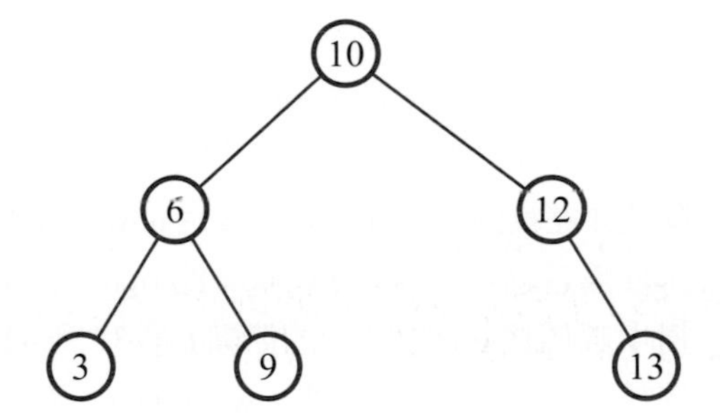

刪除節點程式如下。

(2) 程式與解說

行號	程式
31	`def delete(self, now, x):`
32	`    if now.val > x:`
33	`        now.left = self.delete(now.left, x)`
34	`    elif now.val < x:`
35	`        now.right = self.delete(now.right, x)`
36	`    else:`

37	`            if now.left != None and now.right != None:`
38	`                tmp = now.right`
39	`                while tmp.left != None:`
40	`                    tmp = tmp.left`
41	`                now.val = tmp.val`
42	`                now.right = self.delete(now.right, now.val)`
43	`            else:`
44	`                if now.left == None:`
45	`                    now = now.right`
46	`                else:`
47	`                    now = now.left`
48	`        return now`
49	`    def search_and_delete(self, now, x):`
50	`        if self.search(self.root, x):`
51	`            self.root = self.delete(self.root, x)`
說明	第 31 到 51 行：定義 delete 方法，以 now 與 x 爲輸入。若 now 的 val 大於 x，則設定 now 的 left 爲遞迴呼叫 delete，以 now 的 left 與 x 爲輸入的回傳值 (第 32 到 33 行)；否則若 now 的 val 小於 x，則設定 now 的 right 爲遞迴呼叫 delete 以 now 的 right 與 x 爲輸入的回傳值 (第 34 到 35 行)；否則，若 now 的 left 不等於 None 且 now 的 right 不等於 None，則設定 tmp 爲 now 的 right，當 tmp 的 left 不等於 None，則設定 tmp 爲 tmp 的 left，不斷地往左找到葉節點爲止。設定 now 的 val 爲 tmp 的 val。設定 now 的 right 爲遞迴呼叫 delete 以 now 的 right 與 now 的 val 爲輸入，刪除右子樹中數值爲 now 的 val 的節點 (第 37 到 42 行)；否則，若 now 的 left 等於 None，設定 now 爲 now 的 right；否則設定 now 爲 now 的 left(第 43 到 47 行)。回傳 now(第 48 行)。 第 49 到 51 行：定義 search_and_delete 方法以 now 與 x 爲輸入，若呼叫 search 以 root 與 x 爲輸入的回傳值等於 True，設定 root 爲呼叫 delete 方法以 root 與 x 爲輸入的回傳值。

6-3-4 中序走訪二元搜尋樹

中序走訪二元搜尋樹會輸出已排序的所有鍵值，使用方法 insert 插入數值到二元搜尋樹，使用方法 search_and_delete 刪除數值。

程式如下。

(1) 程式與解說

行號	程式
52	`def inorder(p):`
53	`    if p != None:`
54	`        inorder(p.left)`
55	`        print(p.val, ' ', end='')`
56	`        inorder(p.right)`
57	`bst = BinarySearchTree(10)`
58	`bst.insert(bst.root, 5)`
59	`bst.insert(bst.root, 3)`
60	`bst.insert(bst.root, 7)`
61	`bst.insert(bst.root, 12)`
62	`bst.insert(bst.root, 11)`
63	`bst.insert(bst.root, 13)`
64	`inorder(bst.root)`
65	`print()`
66	`bst.search_and_delete(bst.root, 5)`
67	`inorder(bst.root)`
68	`print()`
69	`bst.search_and_delete(bst.root, 10)`
70	`inorder(bst.root)`
71	`print()`
72	`bst.search_and_delete(bst.root, 11)`
73	`inorder(bst.root)`
74	`print()`
75	`bst.search_and_delete(bst.root, 13)`
76	`inorder(bst.root)`
77	`print()`
78	`bst.search_and_delete(bst.root, 12)`
79	`inorder(bst.root)`
80	`print()`
81	`bst.search_and_delete(bst.root, 7)`
82	`inorder(bst.root)`
83	`print()`
84	`bst.search_and_delete(bst.root, 3)`
85	`inorder(bst.root)`

<table>
<tr><td>說明</td><td>第 52 到 56 行：定義 inorder 函式，若 p 不等於 None，則遞迴呼叫 inorder 方法，以 p 的 left 爲輸入。印出 p 的 val，串接一個空白字元，不換行。遞迴呼叫 inorder 方法，以 p 的 right 爲輸入 (第 53 到 56 行)。
第 57 行：新增一個 BinarySearchTree(二元搜尋樹) 物件 bst，初始化根節點數值爲 10。
第 58 行：物件 bst 插入數值 5。
第 59 行：物件 bst 插入數值 3。
第 60 行：物件 bst 插入數值 7。
第 61 行：物件 bst 插入數值 12。
第 62 行：物件 bst 插入數值 11。
第 63 行：物件 bst 插入數值 13。
第 64 行：呼叫 indorder 函式使用中序走訪物件 bst 的 root。
第 65 行：呼叫函式 print 換行。
第 66 行：呼叫 search_and_delete 方法從物件 bst 刪除數值 5。
第 67 行：呼叫 indorder 函式使用中序走訪物件 bst 的 root。
第 68 行：呼叫函式 print 換行。
第 69 行：呼叫 search_and_delete 方法從物件 bst 刪除數值 10。
第 70 行：呼叫 indorder 函式使用中序走訪物件 bst 的 root。
第 71 行：呼叫函式 print 換行。
第 72 行：呼叫 search_and_delete 方法從物件 bst 刪除數值 11。
第 73 行：呼叫 indorder 函式使用中序走訪物件 bst 的 root。
第 74 行：呼叫函式 print 換行。
第 75 行：呼叫 search_and_delete 方法從物件 bst 刪除數值 13。
第 76 行：呼叫 indorder 函式使用中序走訪物件 bst 的 root。
第 77 行：呼叫函式 print 換行。
第 78 行：呼叫 search_and_delete 方法從物件 bst 刪除數值 12。
第 79 行：呼叫 indorder 函式使用中序走訪物件 bst 的 root。
第 80 行：呼叫函式 print 換行。
第 81 行：呼叫 search_and_delete 方法從物件 bst 刪除數值 7。
第 82 行：呼叫 indorder 函式使用中序走訪物件 bst 的 root。
第 83 行：呼叫函式 print 換行。
第 84 行：呼叫 search_and_delete 方法從物件 bst 刪除數值 3。
第 85 行：呼叫 indorder 函式使用中序走訪物件 bst 的 root。</td></tr>
</table>

程式執行結果

```
Python 3.8.3 Shell
File  Edit  Shell  Debug  Options  Window  H
Python 3.8.3 (tags/v3.8.
Type "help", "copyright"
>>>
=============== RESTART:
3  5  7  10  11  12  13
3  7  10  11  12  13
3  7  11  12  13
3  7  12  13
3  7  12
3  7
3
```

程式執行效率

在平均情況下，樹的每一階層元素分布都很均勻時，二元搜尋樹的插入、刪除與搜尋演算法效率為 O(log(n))；最差情況下，每一層都只有一個節點的傾斜樹，如下圖，插入、刪除與搜尋演算法效率為 O(n)，與循序搜尋效率相同。

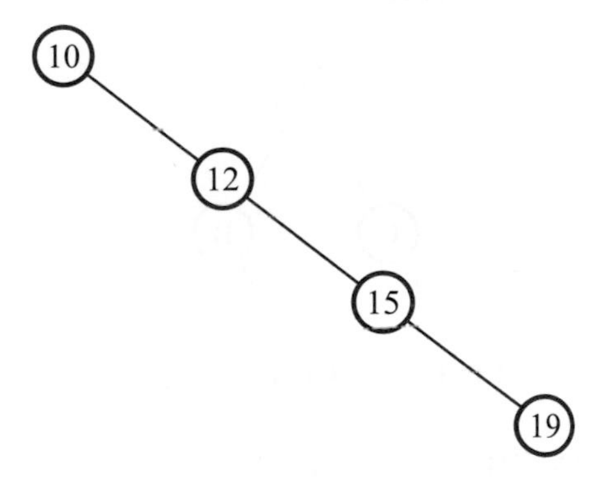

為了避免產生傾斜樹，而有了 AVL 樹與 B 樹的概念，將在之後章節介紹，可以保證樹中每一階層的元素個數足夠多，讓插入與搜尋更有效率。

一、選擇題

(　) 1. 檔案系統內的資料夾下可以有資料夾與檔案，與以下何種資料結構最爲接近？ (A) 佇列 (Queue)　(B) 樹狀結構 (Tree)　(C) 堆疊 (Stack)　(D) 堆積 (Heap)。

(　) 2. 假設二元樹的節點都只可存放一筆資料，根 (Root) 節點爲第一層，根節點的子節點爲第二層，以此類推，此樹最少需幾層才能存放 100 筆資料？　(A)5　(B)7　(C)9　(D)11。

(　) 3. 高度爲 4 的二元樹最多可包含多少個節點？(假設根節點的高度爲 1)　(A)7　(B) 15　(C) 16　(D) 31。

(　) 4. 二元樹中有 4 個分支度 (degree) 爲 2 的節點，則此二元樹有幾個葉節點　(A)8　(B)7　(C)6　(D)5。

(　) 5. 二元樹有 13 個葉節點 (leaf node)，則會有幾個分支度爲 2 的節點？　(A)12　(B)13　(C)14　(D)26。

(　) 6. 對以下樹狀結構進行前序 (PreOrder) 走訪的顯示結果爲何？

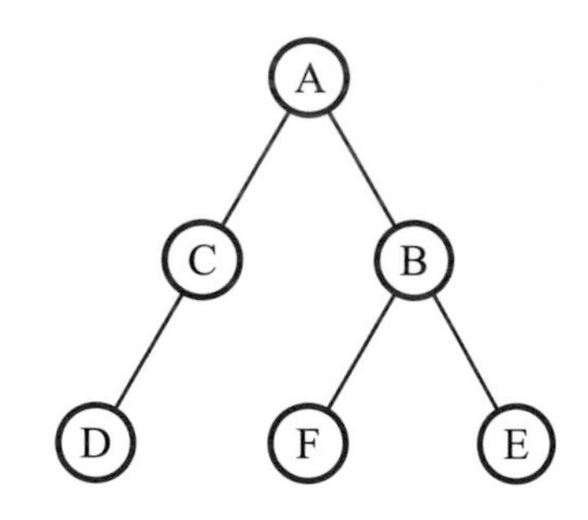

(A) ABCDEF　(B)ACBDFE　(C)ACDBFE　(D)ABCDFE。

(　　) 7. 對以下樹狀結構進行中序 (InOrder) 走訪的顯示結果為何？

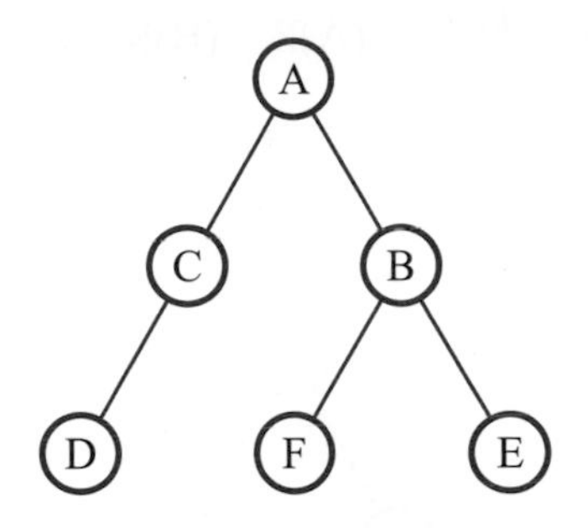

(A) ABCDEF　(B)DCAFBE (C)DCABFE (D)ABCDFE。

(　　)8. 對以下樹狀結構進行後序 (PostOrder) 走訪的顯示結果為何？

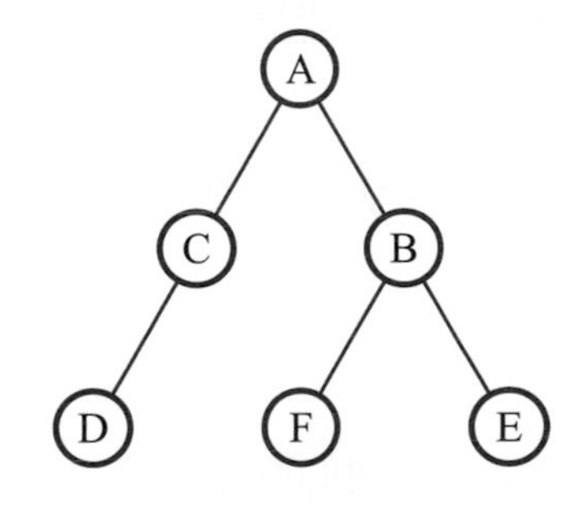

(A)DCFEBA (B)DCAFBE　(C)DCABFE　(D)DCABEF。

(　　) 9. 二元樹內每一個節點都存放一個英文字母，前序 (PreOrder) 走訪顯示結果為 ACBEDF，中序 (InOrder) 走訪顯示結果為 BCEAFD，則其後序 (PostOrder) 走訪顯示結果為以下何者？　(A)BECDFA　(B)BECFDA　(C)ABCDEF　(D) BCEFDA。

(　　) 10. 二元樹內每一個節點都存放一個英文字母，後序 (PostOrder) 走訪顯示結果為 BECFDA，中序 (InOrder) 走訪顯示結果為 BCEAFD，則其前序 (PreOrder) 走訪顯示結果為以下何者？　(A)BECDFA　(B)BCEFDA　(C)ABCDEF　(D) ACBEDF。

(　　) 11. 二元樹內每一個節點都存放一個英文字母，該二元樹後序走訪顯示結果為 BACKZ，請問其樹根為何？　(A)Z　(B)K　(C)A　(D)B。

本章習題

(　　) 12. 二元樹內每一個節點都存放一個英文字母，該二元樹前序走訪顯示結果為 BACKZ，請問其樹根為何？ (A)Z (B)K (C)A (D)B。

(　　) 13. 以下二元搜尋樹 (Binary Search Tree)，若要找到數值 83 的節點，請問搜尋的過程會經過的節點為何？

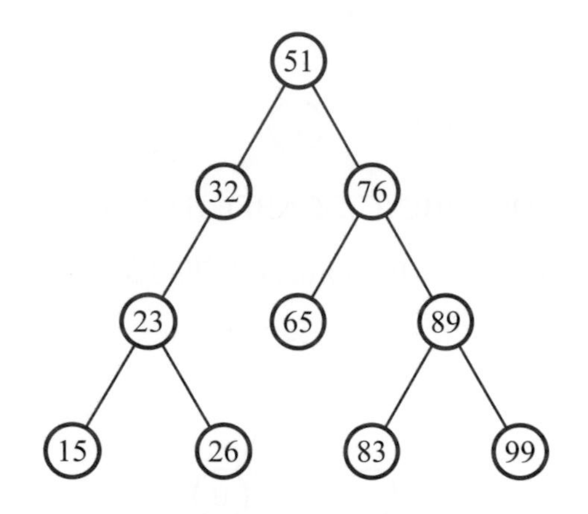

(A)51 , 32 , 76 , 65 , 89 , 83 (B)51 , 76 , 65 , 89 , 83 (C)51 , 76 , 89 , 83 (D)51 , 76 , 89 , 65 , 83。

(　　) 14. 以下數列建立二元搜尋樹，其樹的高度較小？ (A)1 , 6 , 9 , 13 , 7 , 16 (B)1 , 6 , 7 , 9 , 13 , 16 (C)16, 13, 9, 7, 6, 1 (D)7 ,9 , 6 , 1 , 13, 16。

(　　) 15. 將運算式「A * B – C /D + E」使用二元樹表示如下，接著使用後序走訪此二元樹結果顯示結果為何？

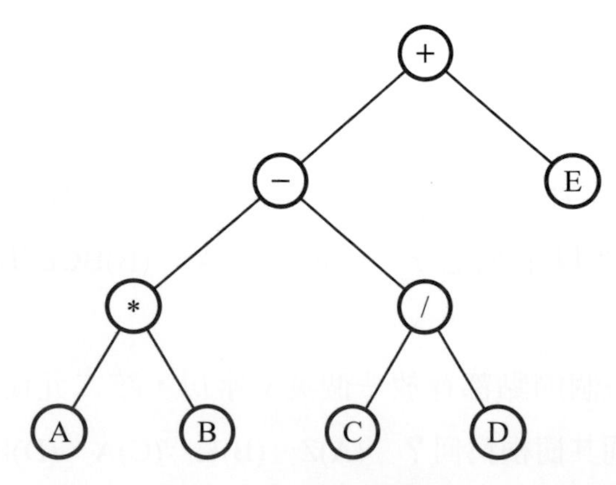

(A) AB*CD/+E- (B) AB*CD/-E+ (C) AB/CD*-E+ (D) AB/CD*-E+。

(　) 16. 下列何者不是樹狀結構的特性？
(A) 邊的個數比節點的個數少 1　(B) 沒有循環 (Cycle)　(C) 所有節點可以連通　(D) 邊的個數比節點的個數多 1。

(　) 17. 高度爲 h 的二元樹最多可包含多少個節點？(假設根節點的高度爲 1)　(A) h-1　(B) h　(C) 2^h-1　(D) $^{2h-1}$-1。

(　) 18. 高度爲 h 的二元樹的最少節點個數？(假設根節點的高度爲 1)　(A) h-1 (B) h (C) 2^h-1 (D) 2^{h-1}-1。

二、問答題

1. 以下二元樹，請輸出以下走訪的顯示結果。

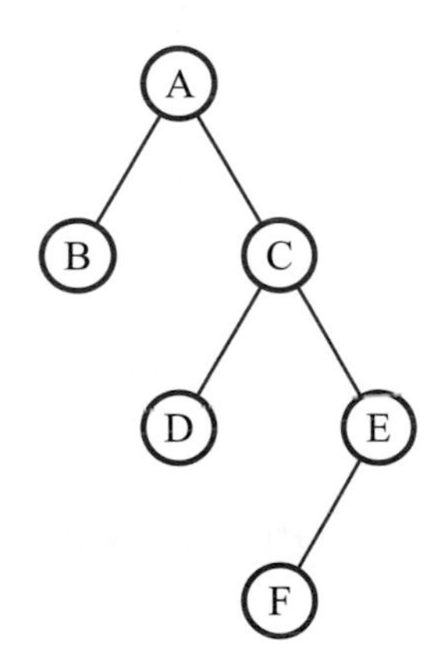

(a) 前序走訪的顯示結果

(b) 中序走訪的顯示結果

(c) 後序走訪的顯示結果

2. 給定一個數列「36, 24, 35, 47, 20,56, 10」，將此數列的每個數字依序加入二元搜尋樹。

(a) 顯示每一個數字加入後的二元搜尋樹

(b) 刪除節點 24

(c) 刪除節點 36

3. 給定一個數列「36, 24, 35, 47, 20,56, 10」，將此數列的每個數字依序加入二元搜尋樹。

 (a) 前序走訪的顯示結果

 (b) 中序走訪的顯示結果

 (c) 後序走訪的顯示結果

4. 二元樹內每一個節點都存放一個英文字母，前序 (PreOrder) 走訪顯示結果為 BADGEICFH，中序 (InOrder) 走訪顯示結果為 GDAEIBCHF。

 (a) 畫出此二元樹

 (b) 使用後序 (PostOrder) 走訪此二元樹，顯示輸出的結果。

5. 二元樹內每一個節點都存放一個英文字母，後序 (PostOrder) 走訪顯示結果為 EFALJQDZ，中序 (InOrder) 走訪顯示結果為 EAFZQLJD。

 (a) 畫出此二元樹

 (b) 使用前序 (PreOrder) 走訪此二元樹，顯示輸出的結果。

Python

CHAPTER 07

進階樹狀結構

本章內容爲霍夫曼 (Huffman) 編碼與 AVL 樹。霍夫曼編碼使用樹狀結構找出編碼長度最短的編碼；而 AVL 樹爲平衡的二元搜尋樹，比起二元搜尋樹有較好的執行效率。

7-1 霍夫曼 (Huffman) 編碼

霍夫曼 (Huffman) 編碼需要瞭解外部路徑長 (External Path Length) 與加權外部路徑長 (Weighted External Path Length) 的概念。外部路徑長爲從根節點到外部節點的路徑長度總和，如下圖，節點 a、b、c、d、e 爲外部節點，所以此圖的外部路徑長爲 2 (節點 a) +3 (節點 b) +3 (節點 c) +2 (節點 d) +2 (節點 e) = 12。

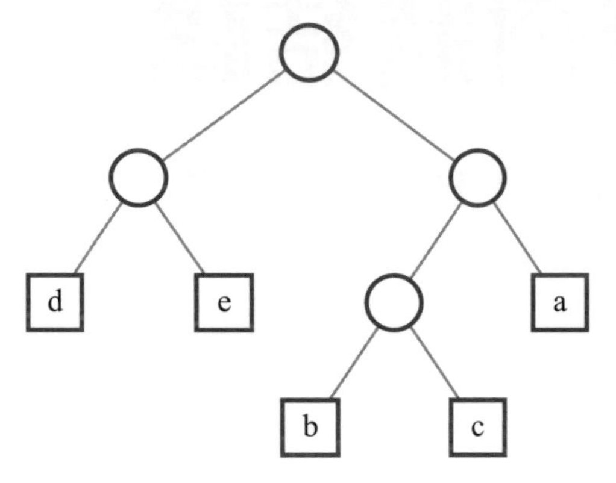

加權外部路徑長爲從根節點到外部節點的路徑長度乘以權重的總和，如下圖，節點 a (權重爲 4)、b (權重爲 3)、c (權重爲 7)、d (權重爲 7)、e (權重爲 2) 爲外部節點，所以此圖的加權外部路徑長爲 4*2 (節點 a) +3*3 (節點 b) +7*3 (節點 c) +2*2 (節點 d) +7*2 (節點 e) = 56，霍夫曼 (Huffman) 編碼用於找出最小加權外部路徑長。

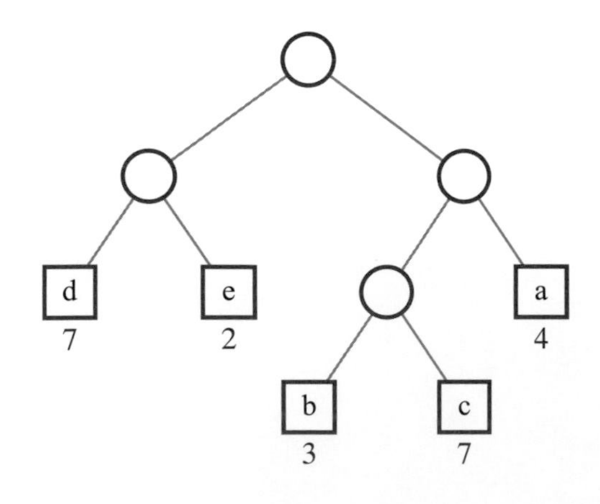

霍夫曼編碼的概念

貪婪準則是先將所有字元依照出現頻率由小到大進行排序，優先考慮出現頻率最低的兩個字元，組合成新的節點，此節點的頻率爲兩個目前最小字元頻率的加總，將此節點重新加入所有字元的排序，再取出出現頻率最小的兩個字元或節點，組合成新的節點，此節點的頻率爲兩個目前最小字元頻率的加總，將此節點重新加入所有字元的排序，如此不斷重複，直到最後剩下一個節點。編碼爲最上層的左邊編碼 0 而右邊編碼 1，從上到下重複左邊編碼 0 而右邊編碼 1，直到無法下去爲止，越下面字元編碼越長。

假設有五個英文字母 (變數爲 ch) 分別是 a、b、c、d 與 e，出現頻率 (變數爲 w) 分別爲 10、4、5、7 與 8，進行霍夫曼編碼解說，將這些資料輸入到陣列 hf，示意圖如下。

輸入後的陣列 hf

	hf[0]	hf[1]	hf [2]	hf [3]	hf [4]
ch	a	b	c	d	e
w	10	4	5	7	8

STEP 01　依照出現頻率由小到大進行排序，排序後的陣列 hf 如下。

	hf[0]	hf[1]	hf [2]	hf [3]	hf [4]
ch	b	c	d	e	a
w	4	5	7	8	10

將陣列 hf 所有元素依序加入串列中，串列命名爲 tmp。

	tmp[0]	tmp[1]	tmp[2]	tmp[3]	tmp[4]
ch	b	c	d	e	a
w	4	5	7	8	10

STEP 02　取出 tmp 中 w 值最小的兩個元素，分別是字元 b 與 c，結合成一個新的節點，新節點的 w 等於節點 b 的 w 值加上節點 c 的 w 值等於 9，加入到 tmp 的最後。

	tmp[0]	tmp[1]	tmp[2]	tmp[3]
ch	d	e	a	b 與 c
w	7	8	10	9

將 tmp 依照出現頻率由小到大進行排序。

	tmp[0]	tmp[1]	tmp[2]	tmp[3]
ch	d	e	b 與 c	a
w	7	8	9	10

目前建立的霍夫曼樹。

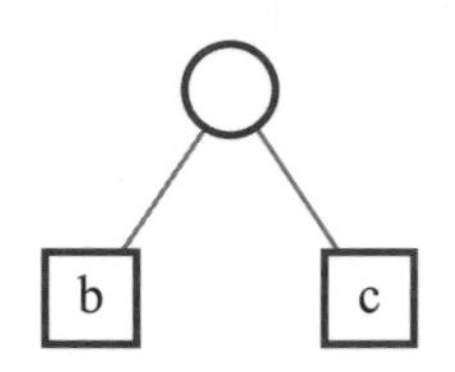

STEP 03 取出 tmp 中 w 值最小的兩個元素，分別是字元 d 與 e，結合成一個新的節點，新節點的 w 等於節點 d 的 w 值加上節點 e 的 w 值等於 15，加入到 tmp 的最後。

	tmp[0]	tmp[1]	tmp[2]
ch	b 與 c	a	d 與 e
w	9	10	15

將 tmp 依照出現頻率的由小到大進行排序。

	tmp[0]	tmp[1]	tmp[2]
ch	b 與 c	a	d 與 e
w	9	10	15

目前建立的霍夫曼樹。

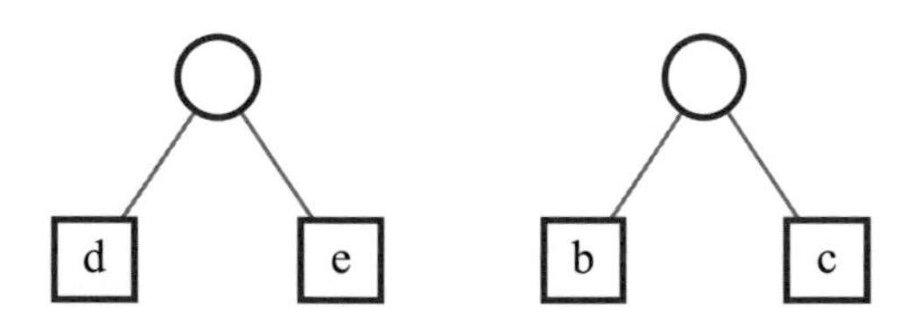

STEP 04 取出 tmp 中 w 值最小的兩個元素，分別是字元「b 與 c」與 a，結合成一個新的節點，新節點的 w 等於節點「b 與 c」的 w 值加上節點 a 的 w 值等於 19，加入到 tmp 的最後。

	tmp[0]	tmp[1]
ch	d 與 e	b、c 與 a
w	15	19

將 tmp 依照出現頻率由小到大進行排序。

	tmp[0]	tmp[1]
ch	d 與 e	b、c 與 a
w	15	19

目前建立的霍夫曼樹。

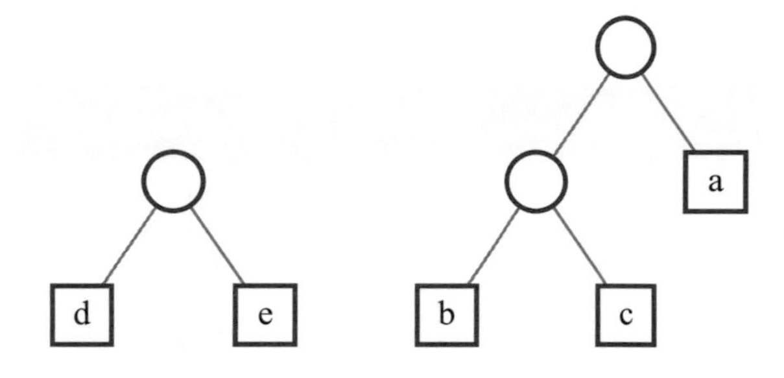

STEP 05 取出 tmp 中 w 值最小的兩個元素，分別是字元「d 與 e」與「b、c 與 a」，結合成一個新的節點，新節點的 w 等於節點「d 與 e」的 w 值加上節點「b、c 與 a」的 w 值等於 34，加入到 tmp 的最後。

	tmp[0]
ch	d、e、b、c 與 a
w	34

將 tmp 依照出現頻率由小到大進行排序。

	tmp[0]
ch	d、e、b、c 與 a
w	34

完成建立的霍夫曼樹，左邊是 0，右邊是 1，編碼所有字元。

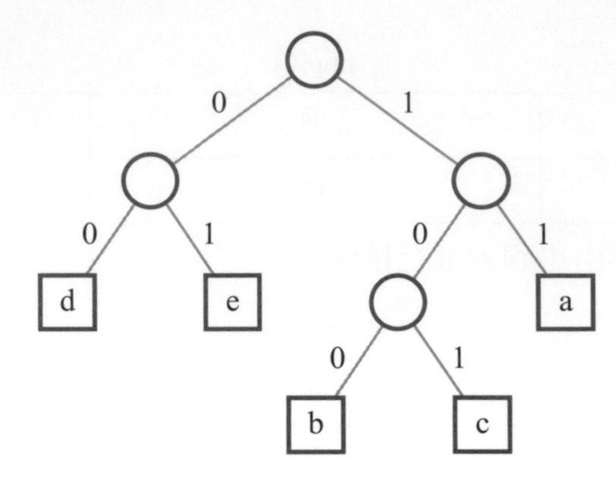

編碼結果為下表，每個字元的編碼長度不固定，字元出現頻率較高者編碼長度較短，若一篇文章字母出現頻率符合事先設定的字母出現頻率，則經由霍夫曼編碼的編碼長度最短。

字元	霍夫曼編碼
d	00
e	01
b	100
c	101
a	11

霍夫曼解碼的過程

假設編碼字串「abcde」，經由查詢編碼對照表，如下表，會編碼成「111001010001」。

字元	霍夫曼編碼
d	00
e	01
b	100
c	101
a	11

編碼後的字串「111001010001」，解碼過程如下，由左到右讀取到可以辨認出的字母為止。

STEP 01 讀取最左邊的「1」，發現可能會是 a、b 或 c，再讀取第 2 個字元「1」時，就可以確認是「a」。

STEP 02 接著讀取第 3 個字元「1」，發現可能會是 a、b 或 c，再讀取第 4 個字元「0」時，可以確認是「b 或 c」，再讀取第 5 個字元「0」時，可以確認是「b」。

STEP 03 接著讀取第 6 個字元「1」，發現可能會是 a、b 或 c，再讀取第 7 個字元「0」時，可以確認是「b 或 c」，再讀取第 8 個字元「1」時，可以確認是「c」。

STEP 04 接著讀取第 9 個字元「0」，發現可能會是 d 或 e，再讀取第 10 個字元「0」時，可以確認是「d」。

STEP 05 接著讀取第 11 個字元「0」，發現可能會是 d 或 e，再讀取第 12 個字元「1」時，可以確認是「e」。

如此就可以將編碼「111001010001」唯一還原成「abcde」，保證不會有兩個以上的解碼結果。

如果不使用霍夫曼編碼，使用固定長度的編碼，則五個字母需要三個位元進行編碼，結果如下。

字元	霍夫曼編碼	長度固定的編碼	出現頻率
a	11	000	10
b	100	001	4
c	101	010	5
d	00	011	7
e	01	101	8

依照出現頻率產生字串「aaaaaaaaaabbbbcccccdddddddeeeeeeee」，利用霍夫曼編碼長度為 10*2 (a) +4*3 (b) +5*3 (c) +7*2 (d) +8*2 (e) = 77；利用長度固定的編碼，每一個字母需要 3 個位元，編碼長度為 10*3 (a) +4*3 (b) +5*3 (c) +7*3 (d) +8*3 (e) = 102。由此可以推估，若一篇文章字母出現頻率符合編碼前所設定的每種字母出現頻率，則霍夫曼編碼可以獲得較短的編碼長度。

7-1-1 實作霍夫曼編碼 -- 使用 Sort

7-1-1- 霍夫曼編碼 - 使用 Sort.py

這是貪婪演算法的經典問題，已知每個字元的出現頻率，經由霍夫曼編碼可以求得最短的編碼結果，霍夫曼編碼使用可以變動長度的 0 與 1 數字進行編碼。本題融合樹狀結構與深度優先搜尋的概念。

輸入說明

每次輸入數字 n，n 表示字元個數，輸入 n 小於 26，之後有 n 行分別是每一行爲一個小寫英文字母與一個整數組成，小寫英文字母表示被編碼的字元，而整數表示出現的頻率，數值越大表示頻率越高。

輸出說明

輸出每個小寫英文字母的編碼。

輸入範例

5

a 10

b 4

c 5

d 7

e 8

輸出範例

d 00

e 01

b 100

c 101

a 11

(1) 程式碼與解說

行數	程式碼
1	`class node:`
2	`    def __init__(self, id, ch, w, t, le, ri):`
3	`        self.id = id`
4	`        self.ch = ch`
5	`        self.w = w`
6	`        self.t = t`

```
7           self.le = le
8           self.ri = ri
9   hf = [0]*101
10  code = [0]*10
11  def dfs(id, level):
12      if hf[id].t == False:
13          code[level] = '0'
14          dfs(hf[id].le,level+1)
15          code[level] = '1'
16          dfs(hf[id].ri,level+1)
17      else:
18          print(hf[id].ch, " ", end='')
19          for i in range(level):
20              print(code[i], end='')
21          print()
22  c = ['a', 'b', 'c', 'd', 'e']
23  w = [10, 4, 5, 7, 8]
24  tmp = []
25  num = len(c)
26  for i in range(len(c)):
27      hf[i] = node(i, c[i], w[i], True, 0, 0)
28      tmp.append(hf[i])
29  tmp = sorted(tmp, key=lambda x: x.w)
30  while(len(tmp) > 1):
31      a= tmp[0]
32      del tmp[0]
33      b = tmp[0]
34      del tmp[0]
35      n = node(num, None, a.w+b.w, 0, a.id, b.id)
36      hf[num] = n
37      tmp.append(n)
38      tmp = sorted(tmp, key=lambda x: x.w)
39      num = num + 1
40  dfs(tmp[0].id, 0)
```

說明	第 1 到 8 行：宣告結構 node，有六個元素分別是 id、ch、w、t、le 與 ri。id 表示節點的編號，建立霍夫曼樹時使用。ch 表示節點所代表的字元。w 表示該字元的出現頻率。t 表示是否爲字元節點，t 爲 true 表示爲字元節點。le 表示建立霍夫曼樹時的左邊節點編號，ri 表示建立霍夫曼樹時的右邊節點編號。 第 9 行：宣告陣列 hf 爲串列，有 101 個元素，每個元素都是 0。 第 10 行：宣告陣列 code 爲串列，有 10 個元素，每個元素都是 0。 第 11 到 21 行：定義 dfs 函式，印出字元與霍夫曼編碼的對應。 第 12 到 16 行：若不是字元節點，往左邊走，字元陣列 code[level] 爲字元 0 (第 13 行)，呼叫 dfs 進行遞迴，將節點 hf[id] 的 le (左邊節點編號) 與變數 level 加 1 爲輸入參數 (第 14 行)。往右邊走，字元陣列 code[level] 爲字元 1 (第 15 行)，呼叫 dfs 進行遞迴，將節點 hf[id] 的 ri (右邊節點編號) 與變數 level 加 1 爲輸入參數 (第 16 行)。 第 17 到 21 行：否則就是字元節點，印出 hf[id] 的字元 ch (第 18 行)，與使用迴圈印出該字元經過的編碼陣列 code 的每個元素到螢幕 (第 19 到 20 行)，最後輸出換行 (第 21 行)。 第 22 行：宣告 c 爲字元串列，初始化爲「'a', 'b', 'c', 'd', 'e']」。 第 23 行：宣告 w 爲頻率串列，初始化爲「10, 4, 5, 7, 8」。 第 24 行：宣告 tmp 爲空串列。 第 25 行：初始化變數 num 爲串列 c 的長度。 第 26 到 28 行：使用迴圈輸入五個字元與對應的使用頻率，node 的 id 初始化爲迴圈變數 i，node 的字元 ch 初始化爲 c[i]，node 的頻率 w 初始化爲 w[i]，node 的是否爲字元節點的 t 設定爲 True，node 的左子樹 le 設定爲 0，node 的右子樹 ri 設定爲 0，最後 hf[i] 參考到此 node (第 27 行)，將 hf[i] 加入到串列 tmp (第 28 行)。 第 29 行：將 tmp 所有元素以字元頻率 w 由小到大進行排序。 第 30 到 39 行：當 tmp 元素個數大於 1 時，繼續執行 while 迴圈，表示還有節點要合併。 第 31 行：取出 tmp 中頻率最小的元素到 a。 第 32 行：刪除 tmp 中頻率最小的元素。 第 33 行：取出 tmp 中頻率最小的元素到 b。 第 34 行：刪除 tmp 中頻率最小的元素。 第 35 行：設定節點 n 的 id 爲 num，表示新產生節點的編號。設定節點 n 的 ch 爲 None，表示該節點沒有字元。設定節點 n 的 w 爲 a.w+b.w，表示權重爲兩個節點的權重相加。設定節點 n 的 t 爲 0，表示不是字元節點，是由字元節點組合起來。設定節點 n 的 le 爲節點 a 的編號 (id)，設定節點 n 的 ri 爲節點 b 的編號 (id)。

說明	第 36 行：將節點 n 儲存到 hf[num]。 第 37 行：將節點 n 加到 tmp 的最後。 第 38 行：將 tmp 所有元素以字元頻率 w 由小到大進行排序。 第 39 行：變數 num 遞增 1。 第 40 行：使用 dfs 產生所有字元的霍夫曼編碼。

(2) 程式執行結果

```
d  00
e  01
b  100
c  101
a  11
```

(3) 程式效率分析

第 26 到 39 行建立霍夫曼編碼樹，取出兩個節點計算後產生一個節點，然後執行排序，排序所需時間複雜度為 O(n*log(n))，n 為字母個數，總共執行約 n/2 次，所以演算法效率為 $O(n^2*log(n))$，排序花了比較多的時間。霍夫曼編碼適合使用堆積 (Heap) 將最小的元素放在最上面，不需要全部排序，取出最小的元素與插入元素的演算法效率只要 O(log(n))，n 為字母個數，總共執行約 n/2 次，所以演算法效率為 O(n*log(n))，程式碼改寫如下。

(4) 改寫後的程式碼與解說　　7-1-1- 霍夫曼編碼 - 使用 Heap.py

行數	程式碼
1	`from heapq import *`
2	`hf = [0]*101`
3	`code = [0]*10`
4	`def dfs(id, level):`
5	`    if hf[id][3] == False:`
6	`        code[level] = '0'`
7	`        dfs(hf[id][4],level+1)`
8	`        code[level] = '1'`
9	`        dfs(hf[id][5],level+1)`
10	`    else:`
11	`        print(hf[id][2], " ", end='')`

12	`        for i in range(level):`
13	`            print(code[i], end='')`
14	`        print()`
15	`c = ['a', 'b', 'c', 'd', 'e']`
16	`w = [10, 4, 5, 7, 8]`
17	`pq = []`
18	`for i in range(len(c)):`
19	`    node = (w[i], i, c[i], True, 0, 0)`
20	`    hf[i] = node`
21	`    heappush(pq, node)`
22	`num = len(c)`
23	`while(len(pq) > 1):`
24	`    a = heappop(pq)`
25	`    b = heappop(pq)`
26	`    node = (a[0]+b[0], num, None, False, a[1], b[1])`
27	`    hf[num] = node`
28	`    heappush(pq, node)`
29	`    num = num + 1`
30	`dfs(pq[0][1], 0)`
解說	第 1 行：匯入 heapq 函式庫。 第 2 行：宣告陣列 hf 爲串列，有 101 個元素，每個元素都是 0。 第 3 行：宣告陣列 code 爲串列，有 10 個元素，每個元素都是 0。 第 4 到 14 行：定義 dfs 函式，印出字元與霍夫曼編碼的對應。 第 5 到 9 行：若不是字元節點，往左邊走，字元陣列 code[level] 爲字元 0 (第 6 行)，呼叫 dfs 進行遞迴，將節點 hf[id][4](左邊節點編號) 與變數 level 加 1 爲輸入參數 (第 7 行)。往右邊走，字元陣列 code[level] 爲字元 1(第 8 行)，呼叫 dfs 進行遞迴，將節點 hf[id][5](右邊節點編號) 與變數 level 加 1 爲輸入參數 (第 9 行)。

解說	第 10 到 14 行：否則就是字元節點，印出字元 hf[id][2](第 11 行)，與使用迴圈印出該字元經過的編碼陣列 code 的每個元素到螢幕(第 12 到 13 行)，最後輸出換行(第 14 行)。 第 15 行：宣告 c 爲字元串列，初始化爲「'a', 'b', 'c', 'd', 'e'」。 第 16 行：宣告 w 爲頻率串列，初始化爲「10, 4, 5, 7, 8」。 第 17 行：宣告 pq 爲空串列。 第 18 到 21 行：使用迴圈輸入五個字元與對應的使用頻率加入到一個堆積 (Heap) 內。建立一個 tuple，第一個元素爲 w[i] 表示頻率，第二個元素爲 i，表示節點編號，第三個元素爲 c[i]，表示字元，第四個元素爲 True，表示此節點「是」字元節點，第五個元素爲 0，表示沒有左子樹，第六個元素爲 0，表示沒有右子樹，最後 node 參考到此節點(第 19 行)。設定 hf[i] 爲 node(第 20 行)，使用函式 heappush，將 node 加入 pq，pq 爲 Heap 結構的串列，pq 的最上層爲頻率最小的元素(第 21 行)。 第 22 行：初始化變數 num 爲串列 c 的長度。 第 23 到 29 行：當串列 pq 元素個數大於 1 時，繼續執行 while 迴圈，表示還有節點要合併。 第 24 行：使用函式 heappop 取出 pq 中頻率最小的元素到 a。 第 25 行：使用函式 heappop 取出 pq 中頻率最小的元素到 b。 第 26 行：建立一個 tuple，第一個元素爲 a[0]+b[0] 表示將頻率相加，第二個元素爲 num，表示節點編號，第三個元素爲 None，表示該節點沒有字元，第四個元素爲 False，表示不是字元節點，第五個元素爲 a[1]，表示左子樹，第六個元素爲 b[1]，表示右子樹，最後 node 參考到此節點。 第 27 行：設定 hf[num] 爲 node。 第 28 行：使用函式 heappush，將 node 加入 pq，pq 爲 Heap 結構的串列，pq 的最上層爲頻率最小的元素 第 29 行：變數 num 遞增 1。 第 30 行：使用 dfs 產生所有字元的霍夫曼編碼。

7-2 AVL 樹

AVL 樹改進二元搜尋樹。如果插入已經排序的數列到二元搜尋樹，則會造成傾斜的二元搜尋樹，例如：將 10、21、25 與 34 依序插入二元搜尋樹，如下圖，搜尋元素的效率與循序搜尋相同。

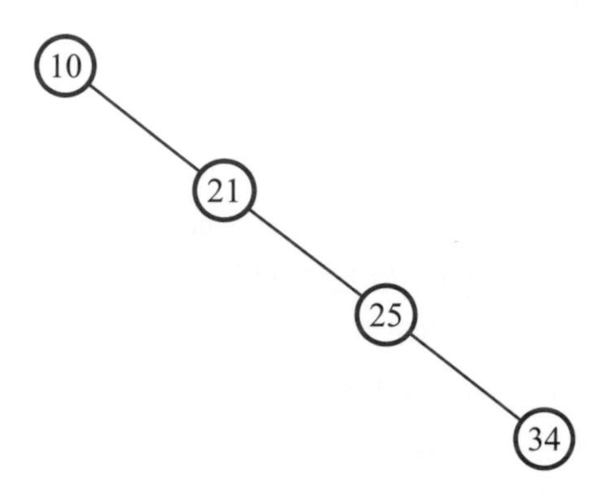

為了保證二元搜尋樹左子樹與右子樹的元素數量差不多，不會傾斜一側，定義了 AVL 樹，如下。

7-2-1 AVL 樹的定義

AVL 樹是一種高度平衡的二元搜尋樹，任何一個節點的左子樹與右子樹的高度相減只允許 1、0 或 -1，高度大於等於 2 或小於等於 -2 就需要調整，符合高度差要在 1、0 或 -1。AVL 樹在平均與最差情況下對於搜尋、新增與刪除元素，都有不錯的效率。以下為 AVL 樹範例，點 10 的左子樹比右子樹的高度多一個階層，標記為 1，點 5 與點 7 的左子樹比右子樹的高度少一個階層，標記為 -1。

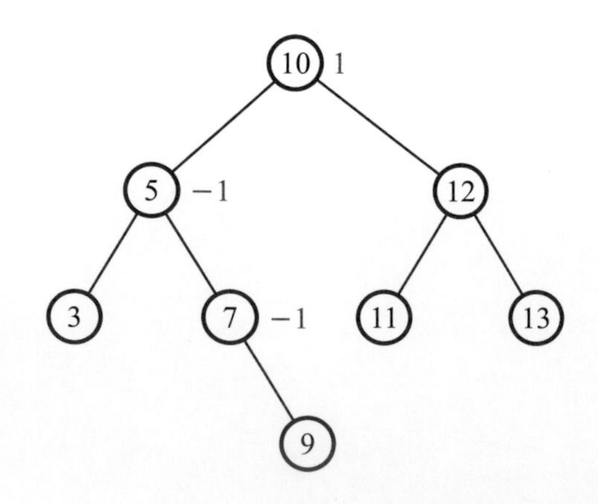

以下不是 AVL 樹，因爲節點 5 的左右子樹高度相減爲 -2，需要重新旋轉，才能滿足 AVL 樹的條件。

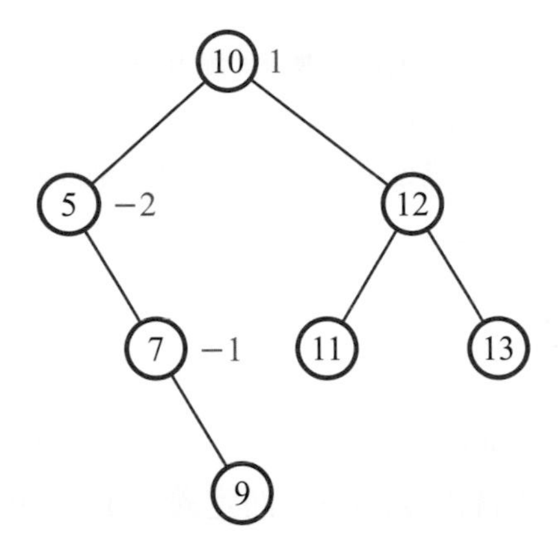

AVL 樹的每一個節點需要兩個指標，一個指向左子樹，另一個指向右子樹，若子樹是空的時候設定爲 None，None 就是空指標，在 AVL 樹走訪時遇到 None，就不能再走訪下去，必須倒退回去。AVL 樹的類別 AVLTree 宣告如下，val 用於儲存資料，left 與 right 指標用於指向左子樹與右子樹，height 儲存節點的高度。

行數	程式碼
01	`class AVLTree:`
02	`    def __init__(self, value):`
03	`        self.val = value`
04	`        self.left = None`
05	`        self.right = None`
06	`        self.height = 1`
07	`    def getHeight(self, node):`
08	`        if node == None:`
09	`            return 0`
10	`        else:`
11	`            return node.height`
12	`    def updateHeight(self, node):`
13	`        if self.getHeight(node.left) > self.` `getHeight(node.right):`
14	`            node.height = self.getHeight(node.left) + 1`
15	`        else:`
16	`            node.height = self.getHeight(node.right) + 1`

解說	第 1 到 6 行：定義類別 AVLTree。 第 2 到 6 行：定義初始化方法 (__init__)，宣告 val 用於儲存節點的值，設定 left 爲 None，right 爲 None，height 爲 1。 第 7 到 11 行：定義方法 getHeight 獲得節點高度，如果節點是 None，則回傳 0，否則回傳 node.height。 第 12 到 16 行：若左子樹高度大於右子樹高度，則節點高度爲左子樹高度加 1，否則節點高度爲右子樹高度加 1。

7-2-2 AVL 樹的旋轉

爲了讓 AVL 樹符合任何一個節點的左子樹與右子樹的高度相減只允許 1、0 或 -1，高度大於等於 2 或小於等於 -2 就需要調整，而定義了 LL、RR、LR 與 RL 旋轉，以下分別介紹。

一、LL 旋轉

以下 AVL 樹插入節點 2，節點 8 的左子樹高度與右子樹高度相減爲 2，不滿足 AVL 樹的定義，需要做 LL 旋轉，節點數較多的 AVL 樹，在圖中 p、q、r 與 s 可能還有其他子樹，在旋轉過程也需要跟著改變位置，LL 旋轉是將節點 5 往上提，左邊是節點 2，右邊是節點 8，節點 8 的左子樹改成 q。

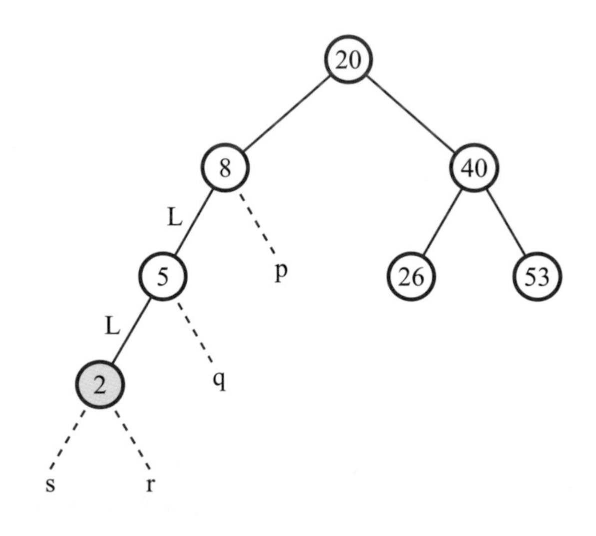

LL 旋轉過後，如下圖，就符合 AVL 樹的定義。

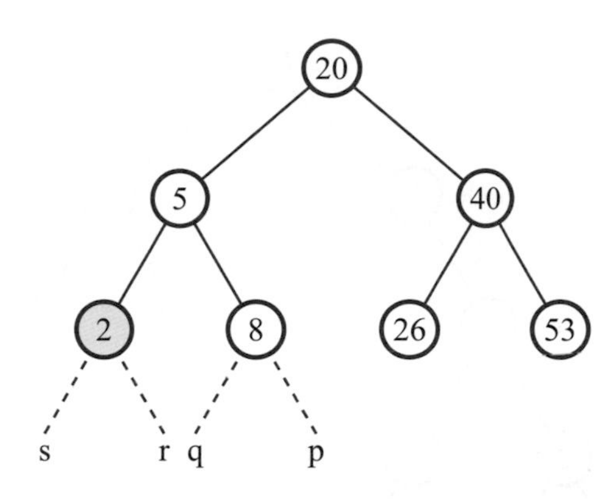

LL 旋轉程式碼如下。

行數	程式碼
17	`def LL(self, node):`
18	`    left = node.left`
19	`    left_right = left.right`
20	`    left.right = node`
21	`    left.right.left = left_right`
22	`    self.updateHeight(left.right)`
23	`    self.updateHeight(left)`
24	`    return left`

LL 旋轉的程式說明如下，node 為節點 8，執行 left = node.left，left 參考到節點 5。執行 left_right = left.right，left_right 參考到子樹 q，如下圖。

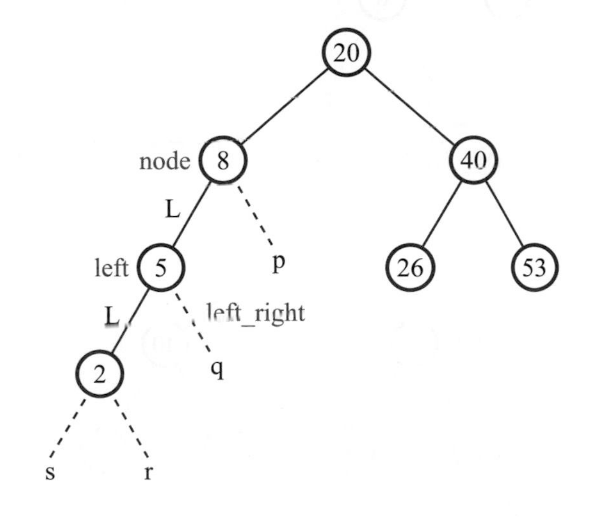

執行 left.right = node，left.right 為節點 5 的右子樹，設定為節點 8，如下圖。

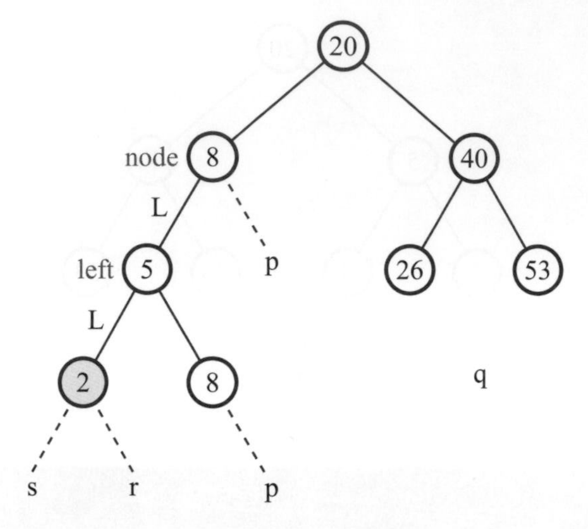

執行 left.right.left = left_right，left.right.left 為節點 8 的左子樹，設定為子樹 q，如下圖。

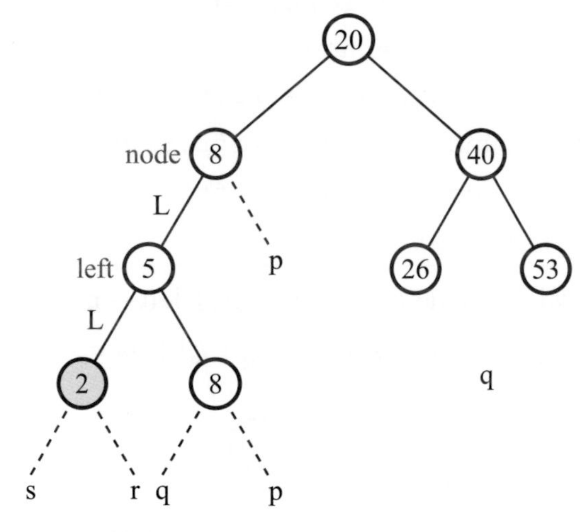

執行 return left，就會使用節點 5 取代節點 8，如下圖，完成 LL 旋轉。

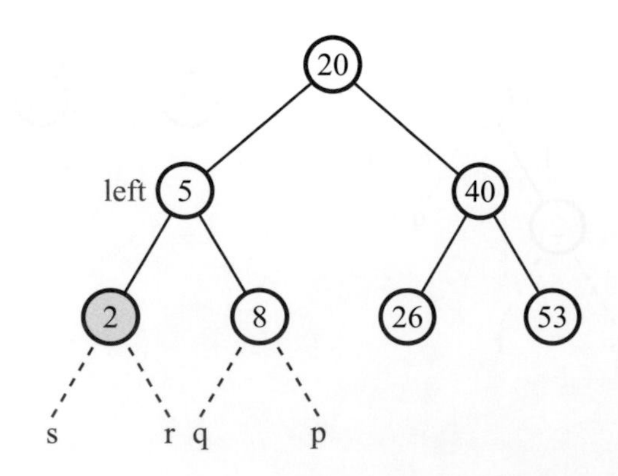

二、RR 旋轉

以下 AVL 樹插入節點 12，節點 8 的左子樹高度與右子樹高度相減爲 -2，不滿足 AVL 樹的定義，需要做 RR 旋轉，節點數較多的 AVL 樹，在圖中 p、q、r 與 s 可能還有其他子樹，在旋轉過程也需要跟著改變位置，RR 旋轉是將節點 9 往上提，左邊是節點 8，右邊是節點 12，節點 8 的右子樹改成 q。

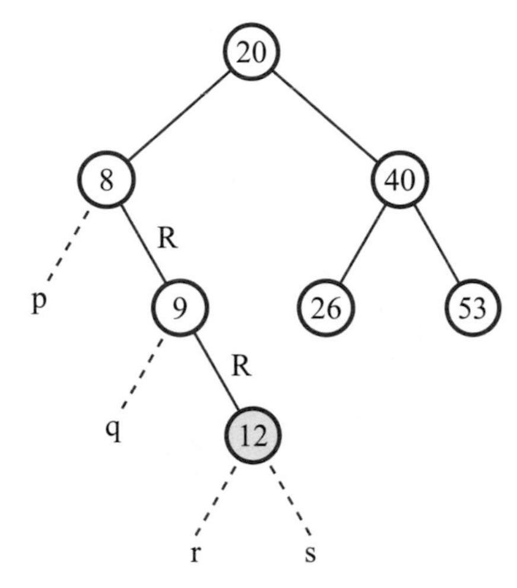

RR 旋轉過後，如下圖，就符合 AVL 樹的定義。

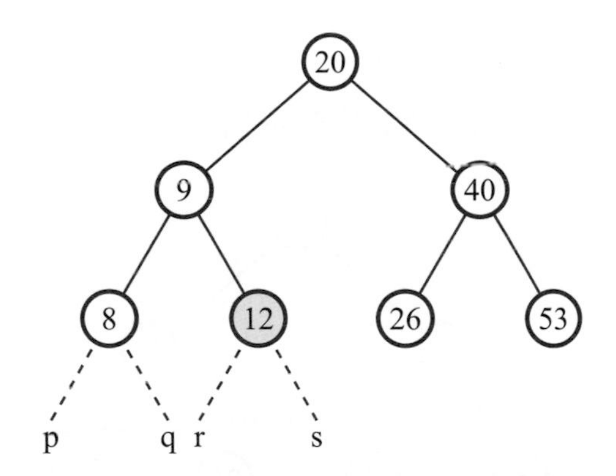

RR 旋轉程式碼如下，原理與 LL 旋轉類似，請參考 LL 旋轉。

行數	程式
25	`def RR(self, node):`
26	`    right = node.right`
27	`    right_left = right.left`
28	`    right.left = node`
29	`    right.left.right = right_left`
30	`    self.updateHeight(right.left)`

31	`        self.updateHeight(right)`
32	`        return right`

三、LR 旋轉

以下 AVL 樹插入節點 7，節點 8 的左子樹高度與右子樹高度相減爲 2，不滿足 AVL 樹的定義，需要做 LR 旋轉，節點數較多的 AVL 樹，在圖中 p、q、r 與 s 可能還有其他子樹，在旋轉過程也需要跟著改變位置，LR 旋轉是將節點 7 往上提，左邊是節點 5，右邊是節點 8，節點 8 的左子樹改成 q，節點 5 的右子樹改成 r。

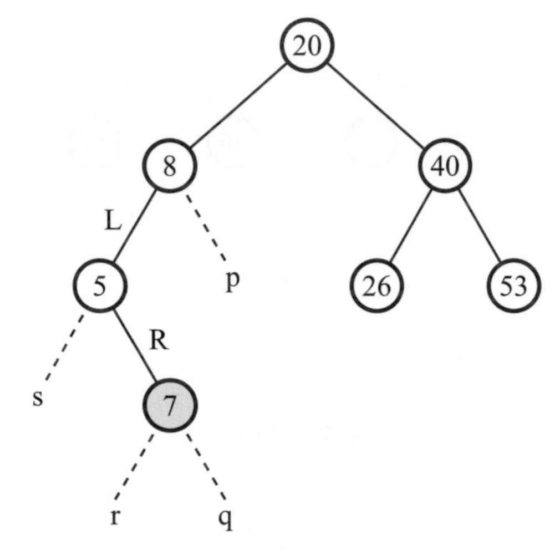

LR 旋轉過後，如下圖，就符合 AVL 樹的定義。

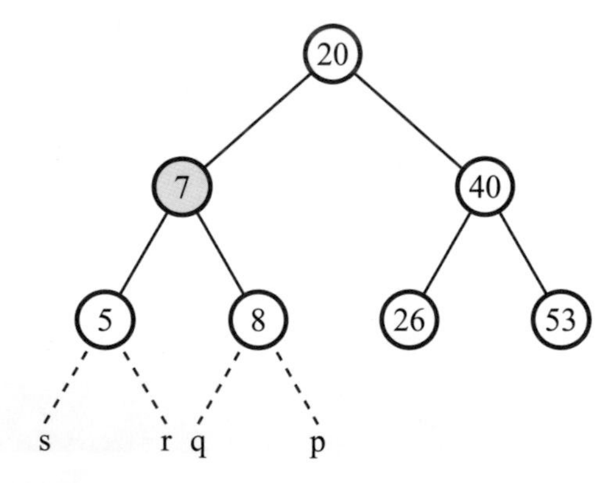

LR 旋轉程式碼如下。

行數	程式
33	`    def LR(self, node):`
34	`        left = node.left`
35	`        left_right = left.right`

```
36            left_right_left = left_right.left
37            left_right_right = left_right.right
38            left_right.left = left
39            left_right.right = node
40            left_right.left.right = left_right_left
41            left_right.right.left = left_right_right
42            self.updateHeight(left_right.left)
43            self.updateHeight(left_right.right)
44            self.updateHeight(left_right)
45            return left_right
```

LR 旋轉的程式說明如下，node 為節點 8，執行 left = node.left，left 參考到節點 5。執行 left_right = left.right，left_right 指向節點 7，如下圖。

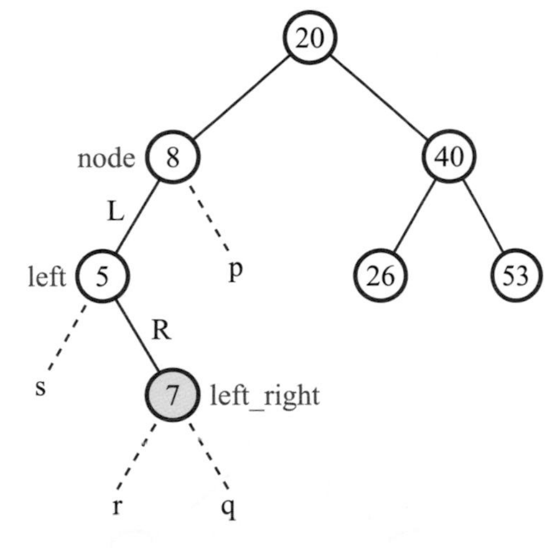

執行 left_right_left = left_right.left，設定 left_right_left 為節點 7 的左子樹 r，執行 left_right_right = left_right.right，設定 left_right_right 為節點 7 的右子樹 q，如下圖。

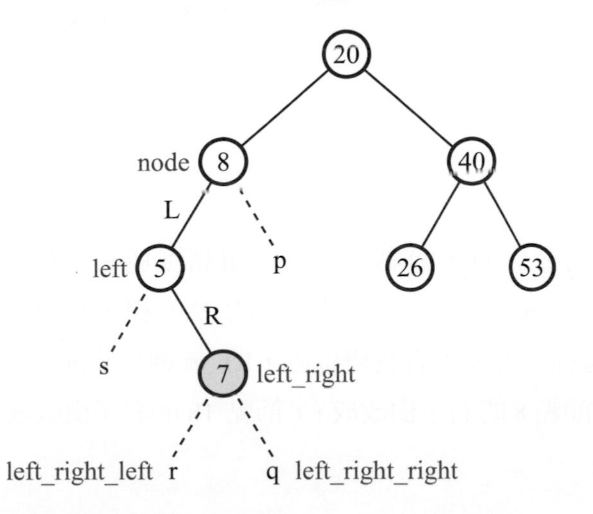

執行 left_right.left = left，設定 left_right (節點 7) 的左子樹爲 left。執行 left_right.right = node，設定 left_right (節點 7) 的右子樹爲 node，如下圖。執行 left_right.left.right = left_right_left，設定 left_right.left.right 爲 left_right_left (子樹 r)。執行 left_right.right.left = left_right_right，設定 left_right.right.left 爲 left_right_right (子樹 q)，如下圖。

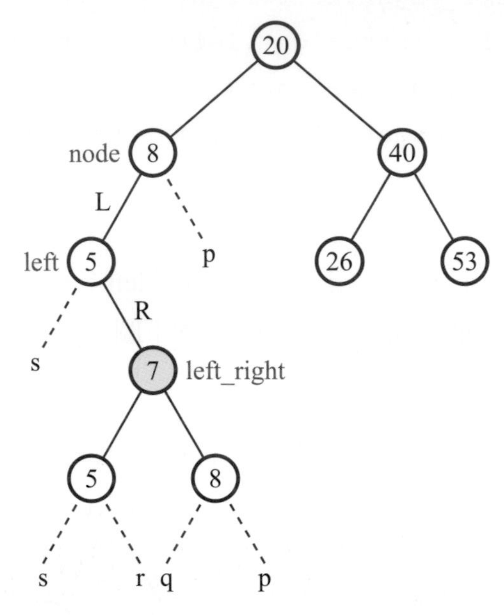

執行 updateHeight 更新節點高度。最後執行 return left_right，就會使用節點 7 取代節點 8，如下圖，完成 LR 旋轉。

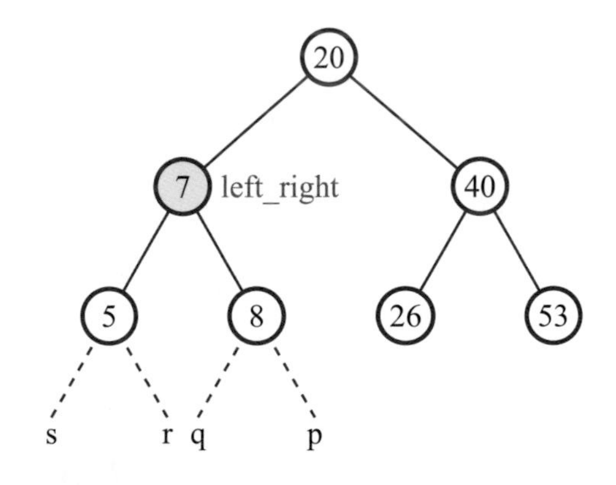

四、RL 旋轉

以下 AVL 樹插入節點 11，節點 8 的左子樹高度與右子樹高度相減爲 -2，不滿足 AVL 樹的定義，需要做 RL 旋轉，節點數較多的 AVL 樹，在圖中 p、q、r 與 s 可能還有其他子樹，在旋轉過程也需要跟著改變位置，RL 旋轉是將節點 11 往上提，左邊是節點 8，右邊是節點 18，節點 8 的右子樹改成 r，節點 18 的左子樹改成 q。

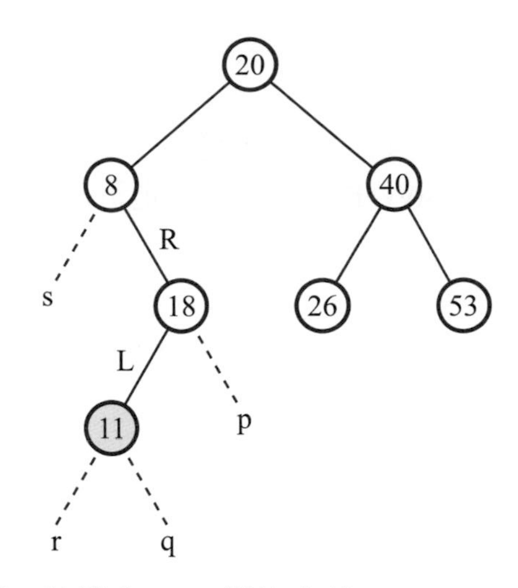

RL 旋轉過後，如下圖，就符合 AVL 樹的定義。

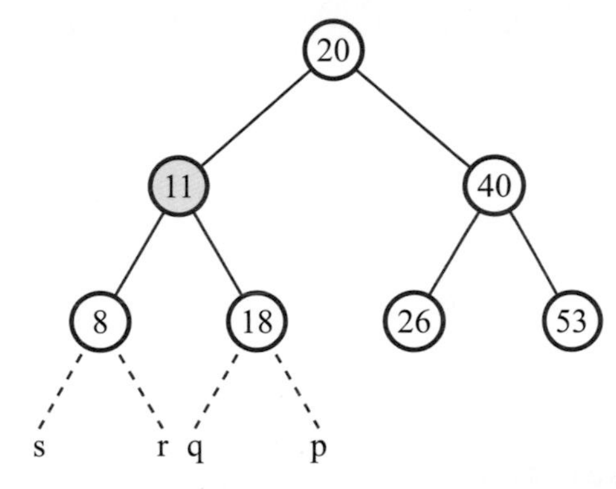

RL 旋轉程式碼如下，原理與 LR 旋轉類似，請參考 LR 旋轉。

行數	程式碼
46	`    def RL(self, node):`
47	`        right = node.right`
48	`        right_left = right.left`
49	`        right_left_left = right_left.left`
50	`        right_left_right = right_left.right`
51	`        right_left.left = node`
52	`        right_left.right = right`
53	`        node.right = right_left_left`
54	`        right.left = right_left_right`
55	`        self.updateHeight(right_left.left)`
56	`        self.updateHeight(right_left.right)`
57	`        self.updateHeight(right_left)`
58	`            return right_left`

7-2-3 AVL 樹

7-2-3-AVL 樹 .py

實作一個 AVL 樹，可以新增元素，並且每新增一個元素就使用中序走訪，印出 AVL 樹每一個節點的數值。如果符合 AVL 樹，使用中序走訪就會由小到大排序。

輸入說明

不須由外部輸入數值，讀取程式內串列的數值，依序輸入這些數值到 AVL 樹。

輸出說明

輸出每插入一個元素後的中序走訪結果。

(1) 程式碼與解說

行數	程式碼
1	`class AVLTree:`
2	`    def __init__(self, value):`
⋮	`        ⋮`
58	`        return right_left`
59	`    def leftBalance(self, node, x):`
60	`        if x < node.left.val: #LL`
61	`            node = self.LL(node)`
62	`        else: #LR`
63	`            node = self.LR(node)`
64	`        return node`
65	`    def rightBalance(self, node, x):`
66	`        if x < node.right.val: #RL`
67	`            node = self.RL(node)`
68	`        else: #RR`
69	`            node = self.RR(node)`
70	`        return node`
71	`    def insertNode(self, node, x):`
72	`        if node != None:`
73	`            if node.val > x:`
74	`                node.left = self.insertNode(node.left, x)`

```
75                  if abs(self.getHeight(node.left) - self.
          getHeight(node.right)) == 2:
76                      node = self.leftBalance(node, x)
77              else:
78                  node.right = self.insertNode(node.right,x)
79                  if abs(self.getHeight(node.left) - self.
          getHeight(node.right)) == 2:
80                      node = self.rightBalance(node, x)
81          else:
82              node = AVLTree(x)
83          self.updateHeight(node)
84          return node
85      def inorder(self, node):
86          if node != None:
87              self.inorder(node.left)
88              print(node.val, " ", sep=" ", end="")
89              self.inorder(node.right)
90      def search(self, node, x):
91          if node == None:
92              return False
93          if node.val == x:
94              return True
95          elif node.val > x:
96              return self.search(node.left, x)
97          else:
98              return self.search(node.right, x)
99  root = AVLTree(7)
100 data = [3, 10, 8, 13, 9]
101 for i in range(len(data)):
102     root = root.insertNode(root, data[i])
103     root.inorder(root)
104     print()
105 print(root.search(root, 13))
```

說明	第 1 到 58 行：在前一節已經說明。 第 59 到 64 行：定義 leftBalance 方法，以 node 與 x 爲輸入參數，若 x 小於 node.left.val，則呼叫方法 LL 進行旋轉，回傳值更新變數 node；否則呼叫 LR 進行旋轉，回傳值更新變數 node，最後回傳 node。 第 65 到 70 行：定義 rightBalance 方法，以 node 與 x 爲輸入參數，若 x 小於 node.right.val，則呼叫方法 RL 進行旋轉，回傳值更新變數 node；否則呼叫 RR 進行旋轉，回傳值更新變數 node，最後回傳 node。 第 71 到 84 行：定義 insertNode 方法，以 node 與 x 爲輸入參數，若 node 不等於 None (第 72 行)，若 node.val 大於 x (第 73 行)，遞迴呼叫函式 insertNode 在 node.left 插入 x，回傳值更新 node.left (第 74 行)。若左子樹 (node.left) 的高度與右子樹 (node.right) 的高度相減的絕對值等於 2，則呼叫函式 leftBalance，結果更新 node (第 75 到 76 行)；否則遞迴呼叫函式 insertNode 在 node.right 插入 x，回傳值更新 node.right (第 78 行)。若左子樹 (node.left) 的高度與右子樹 (node.right) 的高度相減的絕對值等於 2，則呼叫函式 rightBalance，結果更新 node (第 79 到 80 行)。否則 node 等於 None，插入節點 x 到葉節點 (第 82 行)。更新 node 的高度 (第 83 行)，最後回傳 node (第 84 行)。 第 85 到 89 行：使用中序走訪，走訪 AVL 樹。 第 90 到 98 行：定義 search 方法，以 node 與 x 爲輸入。若 node 等於 None，則回傳 False (第 91 到 92 行)。若 node 的 val 等於 x，則回傳 True (第 93 到 94 行)，否則若 node 的 val 大於 x，則遞迴呼叫 search，以 node 的 left 與 x 爲輸入 (第 95 到 96 行)；否則遞迴呼叫 search，以 node 的 right 與 x 爲輸入 (第 97 到 98 行)。 第 99 行：新增一個 AVLTree 物件，初始化數值爲 7，變數 root 指向此 AVLTree 物件。 第 100 行：新增一個一維陣列，有五個元素。 第 101 到 104 行：依序將串列 data 的每個元素使用函式 insertNode 插入到 AVL 樹 (第 102 行)，回傳值更新 root，使用方法 inorder 進行中序走訪 (第 103 行)。輸出換行 (第 104 行)。 第 105 行：呼叫方法 search，找尋 13 是否在 AVL 樹內。

(2) 程式執行結果

```
3 7
3 7 10
3 7 8 10
3 7 8 10 13
3 7 8 9 10 13
True
```

(3) 程式效率分析

方法 insertNode (插入節點) 的演算法效率是 O(log(n))，方法 search (搜尋節點) 的演算法效率也是 O(log(n))。

本章習題

一、選擇題

(　) 1. 字串中每個字母的出現頻率爲 A 出現 5 次，B 出現 12 次，C 出現 7 次，D 出現 3 次。使用 Huffman 編碼找出字母 A 編碼長度爲？ (A)1 (B)2 (C)3 (D)4 位元。

(　) 2. 字串中每個字母的出現頻率爲 A 出現 5 次，B 出現 12 次，C 出現 7 次，D 出現 3 次。使用 Huffman 編碼找出字母 B 編碼長度爲？ (A)35 (B)39 (C)41 (D)45 位元。

(　) 3. 字串中每個字母的出現次數，表示該字母的出現頻率。使用 Huffman 編碼找出以下字串之字母 B 的編碼長度爲？

```
AAABBCCCCDDDEEEEEE
```

(A)1 (B)2 (C)3 (D)4 位元。

(　) 4. 字串中每個字母的出現次數，表示該字母的出現頻率。使用 Huffman 編碼找出以下字串之字母 E 的編碼長度爲？

```
AAABBCCCCDDDEEEEEE
```

(A)1 (B)2 (C)3 D)4 位元。

(　) 5. 字串中每個字母的出現次數，表示該字母的出現頻率。使用 Huffman 編碼找出以下字串之編碼長度爲？

```
AAABBCCCCDDDEEEEEE
```

(A)39 (B)42 (C)46 (D)48 位元。

(　) 6. 已知 Huffman 編碼將 A 編碼爲 000，B 編碼爲 1，C 編碼爲 001，D 編碼爲 01，若收到訊息「1010001001011」，請問還原出的字串爲以下何者？ (A)BDACDBB (B)BDBACDB (C)BDABCDB (D)ABDCDBC。

(　) 7. 以下哪一個不是 AVL 樹？

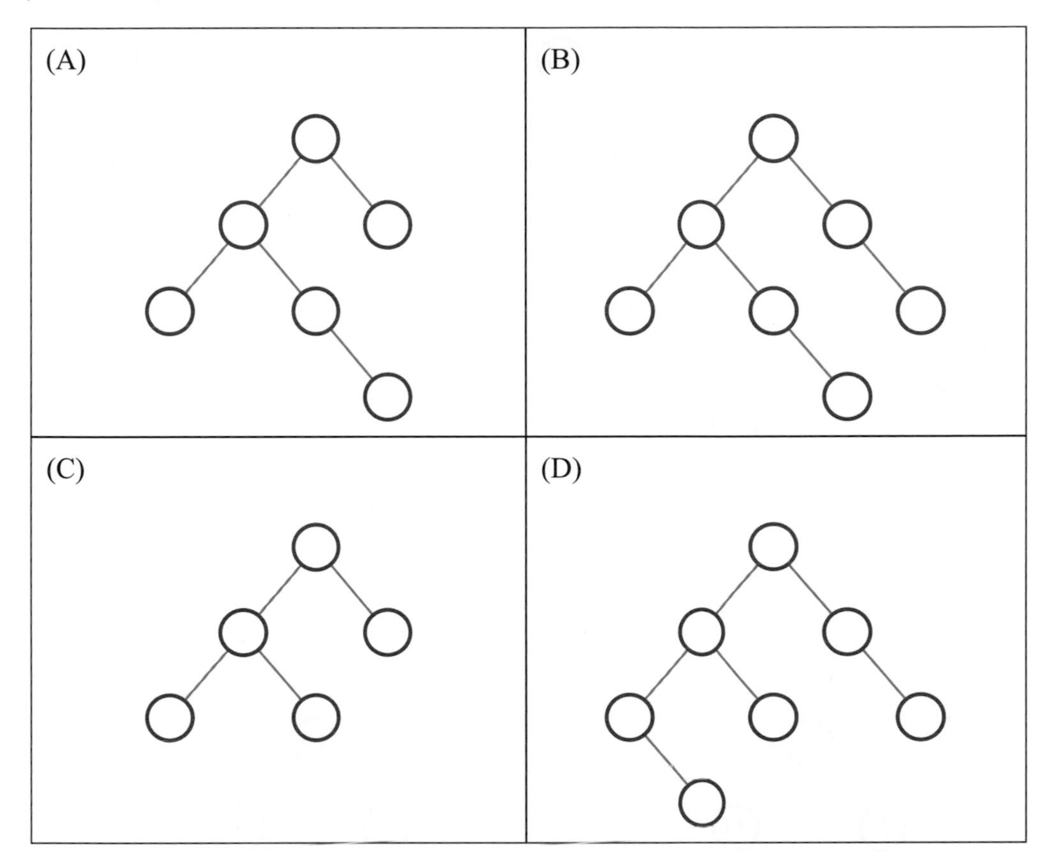

(　) 8. 以下 AVL 樹，當插入數字 33，則 AVL 樹調整後為以下何者？

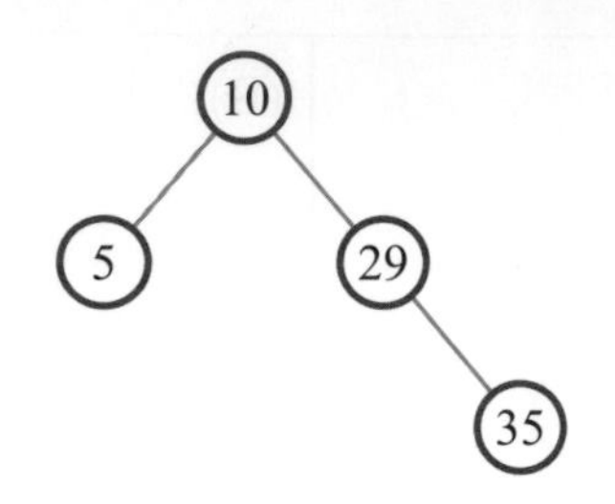

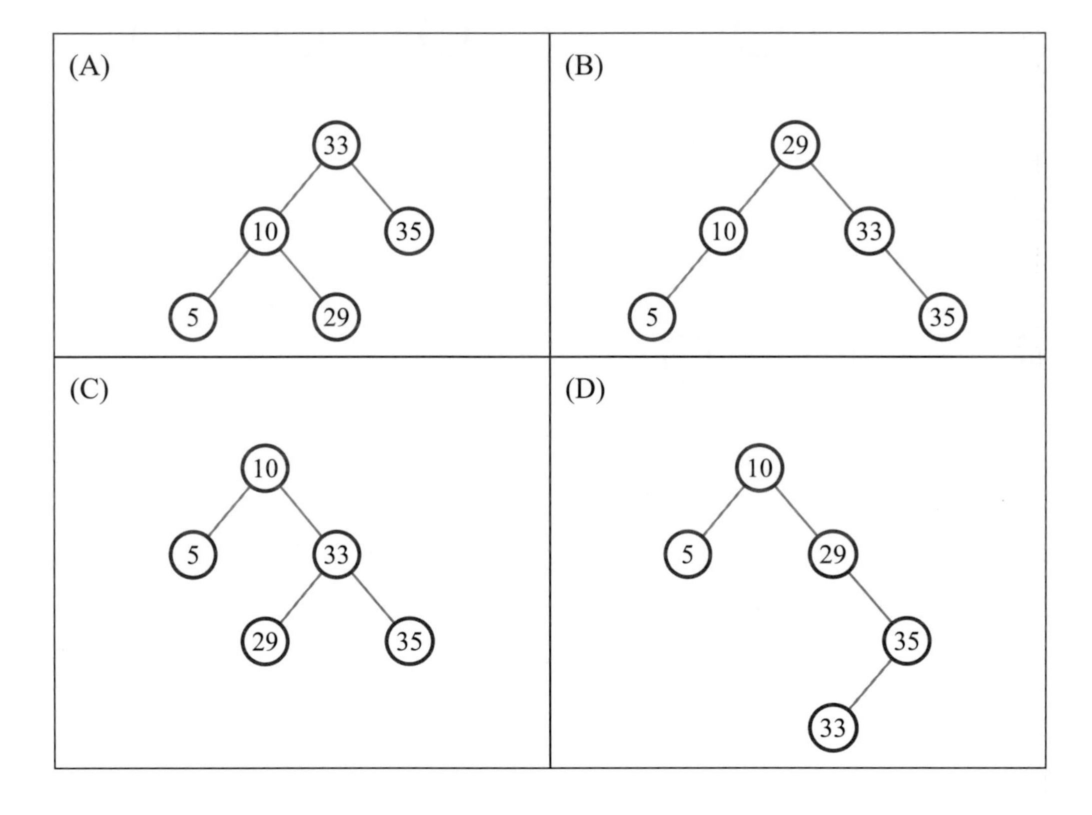

(　　) 9. 以下 AVL 樹，當插入數字 38，則 AVL 樹調整後為以下何者？

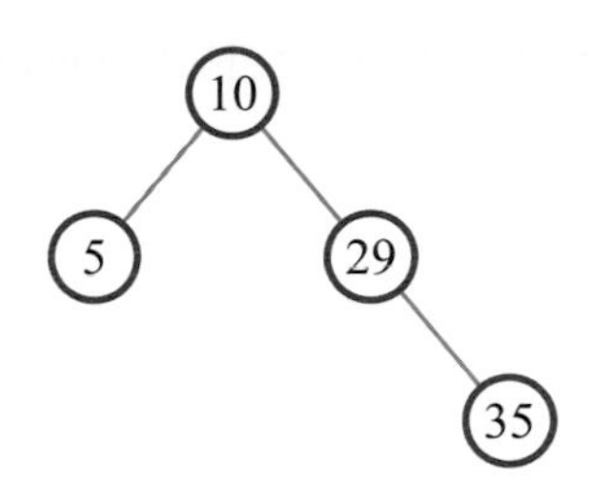

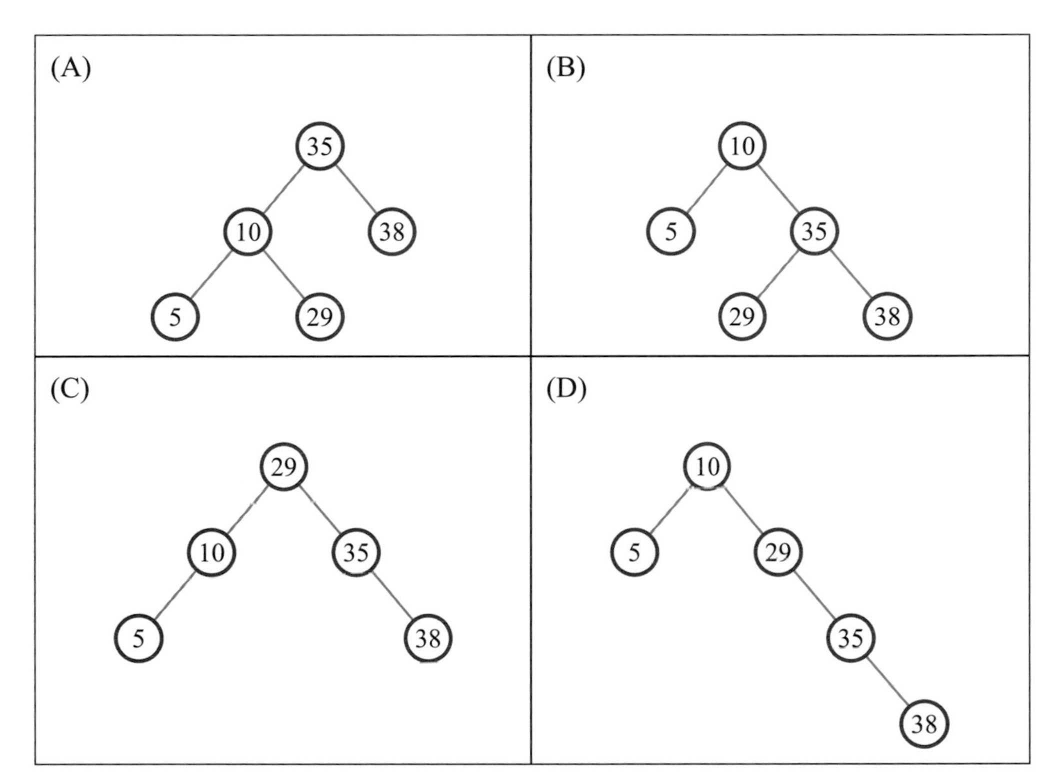

二、問答題

1. 假設事先分析一篇文章，該文章由 A 到 H 的字母組成，字母出現頻率分別為 A:29、B:12、C:16、D:5、E:10、F:9、G:6、H:13，A:29 表示 A 在每 100 個字母出現 29 次，其餘依此類推。

(a) 使用霍夫曼 (Huffman) 進行編碼，請列出計算過程與每個字母的編碼。

(b) 假設此篇文章有 100 字，使用霍夫曼 (Huffman) 編碼總共需要多少位元？

(c) 假設此篇文章有 100 字，使用固定長度位元進行編碼總共需要多少位元？

2. 給定一個數列「36, 24, 35, 47, 20,56, 10」，將此數列的每個數字依序加入 AVL 樹，顯示每一個數字加入後的 AVL 樹，如果需要旋轉，則畫出 AVL 樹調整前與調整後的狀態。

Python

CHAPTER 08

排序

日常生活中許多活動都跟排序有關，例如：成績由最高分到最低分排序、手機內通訊錄依照字母順序或筆畫順序排序、樸克牌依照花色或點數排序等，有利於搜尋與找出所需資訊。排序過程中需要確定排序的鍵值 (key)，成績排序以分數為鍵值，通訊錄排序以姓名為鍵值，樸克牌以花色或點數為鍵值，排序的鍵值可以是整數、浮點數與字串等。

排序就是將資料依照鍵值由小到大或由大到小排列。常見排序演算法有氣泡排序 (Bubble Sort)、選擇排序 (Selection Sort)、插入排序 (Insertion Sort)、合併排序 (Merge Sort)、快速排序 (Quick Sort)、堆積排序 (Heap Sort) 與基數排序 (Radix Sort) 等，其中以合併排序、快速排序、堆積排序與基數排序的演算法效率比較好，但程式也較複雜。

排序演算法的相關名詞

穩定排序

排序相同數值時，仍然維持原來的順序，不會讓相同數值的兩數交換，例如：數列「3, 6 , 7, 6', 5, 4」進行排序，6 與 6' 都表示 6，如果排序後獲得「3, 4, 5, 6, 6', 7」，6 仍然在 6' 前面，則此排序演算法為穩定的 (Stable) 排序演算法。

in-place

演算法執行過程中，不需要太多額外的記憶體空間，但可以使用少數的額外記憶體空間，跟輸入的資料量相比，這些額外空間可以忽略，稱作 in-place。

比較與交換

排序演算法的比較與交換次數，影響排序演算法的效率，比較是比較兩數的大小關係，交換是交換兩個數字所在位置，比較與交換次數取多者就是排序演算法的效率。

Python 的串列 (list) 提供內建函式 sort 來排序串列，測試函式 sort 排序 1000000 個隨機數值所需時間。使用模組 random 的函式 uniform (1,10) 隨機產生浮點數，大於等於 1 且小於 10。使用模組 time 的函式 time 計算排序所需時間，也可以改寫此程式測試自己撰寫的排序演算法所需執行時間，完整程式如下。

計算函式 sort 排序所需時間

8- 計算函式 sort 排序所需時間 .py

(1) 程式與解說

行數	程式碼
1	`import random`
2	`import time`
3	`nums = []`
4	`for i in range(1000000):`
5	`    nums.append(random.uniform(1,10))`
6	`start = time.time()`
7	`nums.sort()`
8	`end = time.time()`
9	`print(" 排序花費 ",end-start," 秒 ")`
解說	第 1 行：匯入模組 random。 第 2 行：匯入模組 time。 第 3 行：變數 nums 參考到一個空串列。 第 4 到 5 行：使用迴圈執行以下動作 1000000 次，模組 random 的函式 uniform(1,10) 隨機產生大於等於 1，但小於 10 的浮點數。 第 6 行：變數 start 參考到模組 time 的函式 time 的回傳值，該值爲從西元 1970 年 1 月 1 日 00:00:00 到目前時間的偏移量，以秒爲單位。 第 7 行：串列 nums 呼叫函式 sort 進行排序。 第 8 行：變數 end 參考到模組 time 的函式 time 的回傳值，該值爲從西元 1970 年 1 月 1 日 00:00:00 到目前時間的偏移量，以秒爲單位。 第 9 行：計算排序所花時間，並顯示在螢幕上。

(2) 預覽程式執行結果

```
排序花費 0.46101903915405273 秒
```

8-1 氣泡排序 (Bubble Sort)

將一個有五個元素的陣列，使用氣泡排序演算法將這五個元素由小到大排序。

氣泡排序舉例說明

新增一個五個元素的陣列，如下圖。

60	90	44	82	50

(1) 比較第一個元素 (60) 與第二個 (90) 元素，若第一個元素比第二個元素大，則第一個元素與第二個元素交換。

60	90	44	82	50

(2) 再比較第二個元素 (90) 與第三個元素 (44)，若第二個元素比第三個元素大，則第二個元素與第三個元素交換，目前第三個元素 (90) 為前三個元素中最大的。

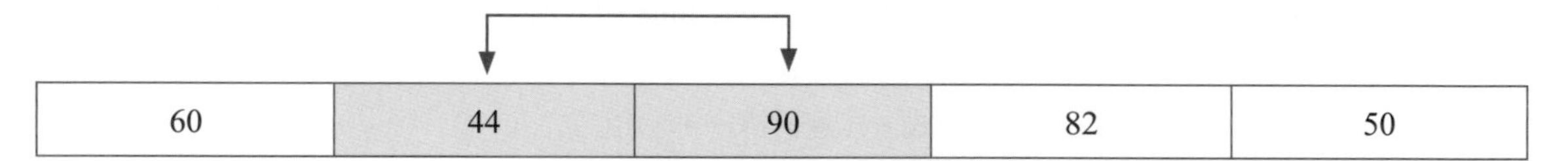

60	44	90	82	50

(3) 再比較第三個元素 (90) 與第四個元素 (82)，若第三個元素比第四個元素大，則第三個元素與第四個元素交換，目前第四個元素 (90) 為前四個元素中最大的。

60	44	82	90	50

(4) 再比較第四個元素 (90) 與第五個元素 (50)，若第四個元素比第五個元素大，則第四個元素與第五個元素交換，目前第五個元素 (90) 為五個元素中最大的，如此我們已經將最大元素放到陣列最後一個元素。

60	44	82	50	90

(5) 依此類推，將範圍改成第一到第四個元素，比較第一個元素 (60) 與第二個 (44) 元素，若第一個元素比第二個元素大，則第一個元素與第二個元素交換。

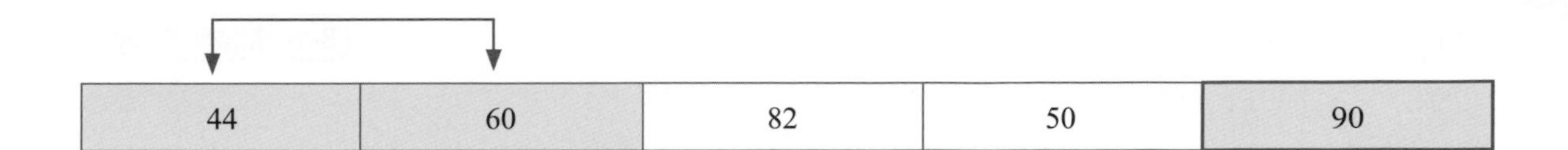

(6) 比較第二個元素 (60) 與第三個 (82) 元素，若第二個元素比第三個元素大，則第二個元素與第三個元素交換。

44	60	82	50	90

(7) 比較第三個元素 (82) 與第四個 (50) 元素，若第三個元素比第四個元素大，則第三個元素與第四個元素交換，照上述方式可以將前四個中最大元素放到陣列第四個元素。

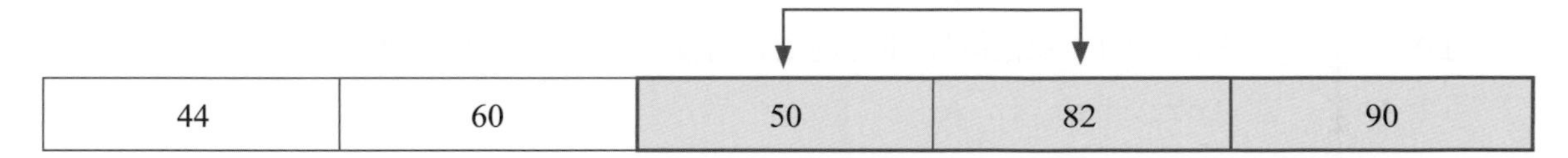

(8) 依此類推，將範圍改成第一到第三個元素，比較第一個元素 (44) 與第二個 (60) 元素，若第一個元素比第二個元素大，則第一個元素與第二個元素交換。

44	60	50	82	90

(9) 比較第二個元素 (60) 與第三個 (50) 元素，若第二個元素比第三個元素大，則第二個元素與第三個元素交換，照上述方式可以將前三個中最大元素放到陣列第三個元素。

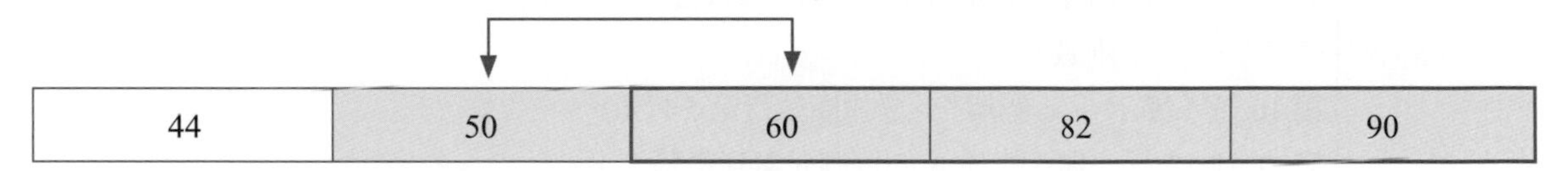

(10) 依此類推，將範圍改成第一到第二個元素，比較第一個元素 (44) 與第二個 (50) 元素，若第一個元素比第二個元素大，則第一個元素與第二個元素交換，照上述方式可以將兩個中最大元素放到陣列第二個元素，範圍內只有一個元素就不用排序了，到此已完成氣泡排序。

44	50	60	82	90

(1) 程式與解說

8-1- 氣泡排序 .py

行數	程式碼
1	`A=[60,90,44,82,50]`
2	`print(" 排序前 ")`
3	`for item in A:`
4	`    print(item,' ', end='')`
5	`print()`
6	`for i in range(len(A)-1,0,-1):`
7	`    for j in range(i):`
8	`        if A[j] > A[j+1]:`
9	`            A[j],A[j+1] = A[j+1],A[j]`
10	`    print(" 氣泡排序外層迴圈執行第 ", 5-i ," 次 ")`
11	`    for item in A:`
12	`        print(item,' ', end='')`
13	`    print()`
解說	第 1 行：宣告 5 個元素的整數陣列 A。 第 2 行：顯示「排序前」。 第 3 到 4 行：顯示陣列 A 的每個元素到螢幕上。 第 5 行：顯示換行。 第 6 到 9 行：氣泡排序演算法，外層迴圈變數 i，控制內層迴圈變數 j 的上限，迴圈變數 i 由陣列 A 的長度少 1 到 1，每次遞減 1，內層迴圈 j 由 0 到 (i-1)，每次遞增 1，第 8 到 9 行比較相鄰兩數，前面比後面大就交換，第 9 行表示交換兩數。 第 10 行：顯示「氣泡排序外層迴圈執行第 5-i 次」。 第 11 到 12 行：顯示陣列 A 的每個元素到螢幕上。 第 13 行：顯示換行。

(2) 程式執行結果

```
排序前
60 90 44 82 50
氣泡排序外層迴圈執行第 1 次
60 44 82 50 90
氣泡排序外層迴圈執行第 2 次
44 60 50 82 90
氣泡排序外層迴圈執行第 3 次
44 50 60 82 90
氣泡排序外層迴圈執行第 4 次
44 50 60 82 90
```

氣泡排序演算法效率分析

假設要排序 n 個資料，程式中第 6 行到第 9 行爲氣泡排序演算法，外層迴圈 i 數值由 n-1 到 1，每次遞減 1，外層每執行一次內層執行 i 次，內層迴圈的執行總次數影響整個程式的執行效率，累加內層迴圈的執行次數爲「(n-1)+(n-2)+(n-3)+…+2+1」，總次數接近「$\frac{n^2}{2}$」，演算法效率爲 $O(n^2)$。

氣泡排序演算法在最佳情況 (假設目標爲由小到大排序資料，而輸入的資料已經由小到大排序) 的交換次數爲 0，因爲交換程式碼 (第 9 行) 不會執行，但比較次數還是 $O(n^2)$。最差情況 (假設目標爲由小到大排序資料，而輸入的資料是由大到小排序) 的交換次數爲 $O(n^2)$ ，因爲在內層迴圈內的交換程式碼 (第 9 行)，每次都會執行，比較次數也是 $O(n^2)$。在最佳情況與最差情況的比較次數都爲 $O(n^2)$，所以在最佳情況與最差情況的演算法效率還是 $O(n^2)$。

	最佳情況	最差情況
比較次數	$O(n^2)$	$O(n^2)$
交換次數	0	$O(n^2)$
說明	假設目標爲由小到大排序資料，而輸入資料爲由小到大排序，就是氣泡排序的最佳情況。	假設目標爲由小到大排序資料，而輸入資料爲由大到小排序，就是氣泡排序的最差情況。

氣泡排序演算法只有在交換時需要額外使用到一個記憶體空間，所以氣泡排序屬於 in-place 演算法。氣泡排序屬於穩定的 (Stable) 排序演算法。

選擇排序 (Selection Sort)

將一個有五個元素的陣列，使用選擇排序演算法將這五個元素由小到大排序。

選擇排序演算法舉例說明

新增一個五個元素的陣列，如下圖。

60	50	44	82	55

(1) 初始化變數 max 爲第一個元素 (60)，使用迴圈找出未排序陣列 (第一個到第五個) 的最大元素，變數 max 會指向元素 (82)。

max（指向 82）

60	50	44	82	55

(2) 將變數 max 所指向的元素 (82) 與未排序的最後一個元素 (第五個元素) 交換，這樣第五個元素就變成已排序狀態。

60	50	44	55	82

(3) 初始化變數 max 爲第一個元素 (60)，使用迴圈找出未排序陣列 (第一個到第四個) 的最大元素，變數 max 會指向元素 (60)。

max（指向 60）

60	50	44	55	82

(4) 將變數 max 所指向的元素 (60) 與未排序的最後一個元素 (第四個元素) 交換，這樣第四個到第五個元素就變成已排序狀態。

55	50	44	60	82

(5) 初始化變數 max 爲第一個元素 (55)，使用迴圈找出未排序陣列 (第一個到第三個) 的最大元素，變數 max 會指向元素 (55)。

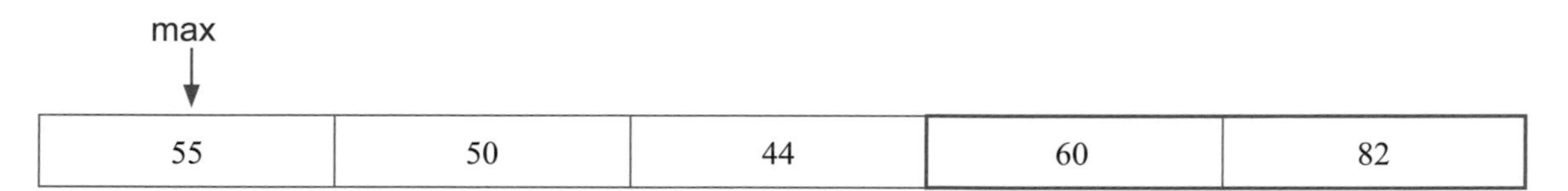

(6) 將變數 max 所指向的元素 (55) 與未排序的最後一個元素 (第三個元素) 交換，這樣第三個到第五個元素就變成已排序狀態。

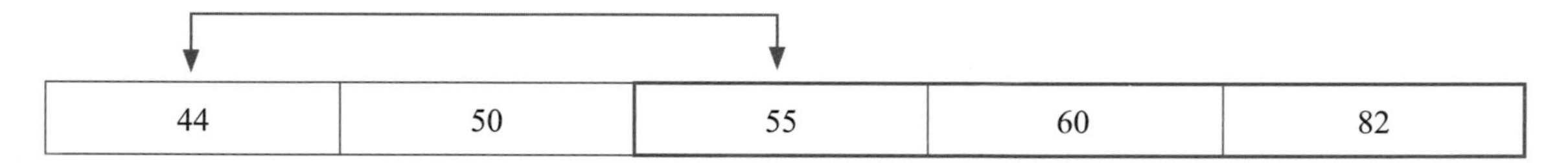

(7) 初始化變數 max 爲第一個元素 (44)，使用迴圈找出未排序陣列 (第一個到第二個) 的最大元素，變數 max 會指向元素 (50)。

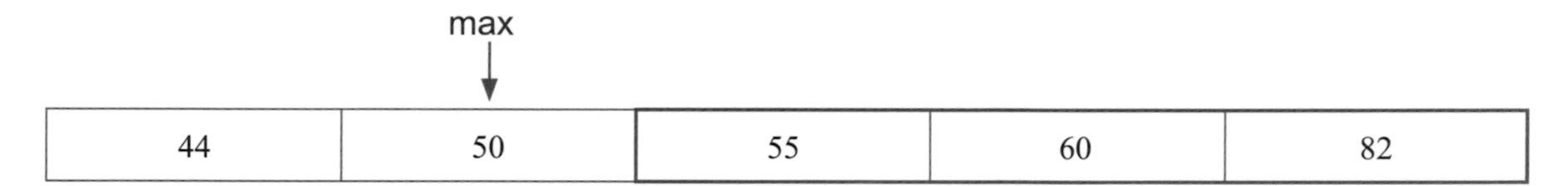

(8) 將變數 max 所指向的元素 (50) 與未排序的最後一個元素 (第二個元素) 交換，這樣第二個到第五個元素就變成已排序狀態，只剩下一個元素 (44) 就不需要再排序了，到此完成選擇排序。

44	50	55	60	82

選擇排序演算法程式碼

8-2- 選擇排序 .py

(1) 程式與解說

行數	程式碼
1	`A=[60,50,44,82,55]`
2	`print(" 排序前 ")`
3	`for item in A:`

```
4       print(item,' ', end='')
5   print()
6   for i in range(4, 0, -1):
7       max = 0
8       for j in range(1, i+1):
9           if A[j] > A[max]:
10              max = j
11      A[i], A[max] =  A[max], A[i]
12      print("選擇排序外層迴圈執行", 5-i ,"次結果爲")
13      for item in A:
14          print(item,' ', end='')
15      print()
```

解說

第 1 行：宣告 5 個元素的整數陣列 A。

第 2 行：顯示「排序前」。

第 3 到 4 行：顯示陣列 A 的所有元素。

第 5 行：顯示換行。

第 6 到 11 行：選擇排序演算法，外層迴圈變數 i，控制內層迴圈變數 j 的上限值，外層迴圈變數 i 由 4 到 1，每次遞減 1，初始化變數 max 爲 0，內層迴圈 j 由 1 到 i，每次遞增 1，若陣列 A 索引值 j 所指定的元素值較陣列 A 索引值 max 所指定的元素值大，則設定變數 max 爲變數 j。當內層迴圈執行結束後，交換 A[i] 與 A[max](第 11 行)。

第 12 行：顯示「選擇排序外層迴圈執行 5-i 次結果爲」

第 13 到 14 行：顯示陣列 A 的所有元素。

第 15 行：顯示換行。

(2) 預覽程式執行結果

```
排序前
60  50  44  82  55
選擇排序外層迴圈執行 1 次結果爲
60  50  44  55  82
選擇排序外層迴圈執行 2 次結果爲
55  50  44  60  82
選擇排序外層迴圈執行 3 次結果爲
44  50  55  60  82
選擇排序外層迴圈執行 4 次結果爲
44  50  55  60  82
```

選擇排序演算法效率分析

假設要排序 n 個資料，程式中第 6 行到第 11 行爲選擇排序演算法，外層迴圈 i 數值由 n-1 到 1，每次遞減 1，外層每執行一次內層執行 i 次，內層迴圈的執行總次數影響整個程式的執行效率，累計內層迴圈的執行次數爲「1+2+3+…+(n-2)+(n-1)」，總次數接近「$\frac{n^2}{2}$」，演算法效率爲 $O(n^2)$。

選擇排序演算法就以比較與交換所需次數來看，選擇排序演算法沒有最佳情況與最差情況。對各種輸入的數列，選擇排序演算法的比較次數都爲 $O(n^2)$，而第 11 行爲交換程式碼，迴圈作用範圍在外層迴圈 (第 6 到 15 行) 內，內層迴圈 (第 8 到 10 行) 外，外層迴圈跑 n-1 次，所以第 11 行的交換程式碼跑 n-1 次，交換次數的演算法效率爲 O(n)。

	選擇排序演算法
比較次數	$O(n^2)$
交換次數	O(n)

選擇排序演算法只有在交換時需要額外使用到一個記憶體空間，所以選擇排序屬於 in-place 演算法。選擇排序不是穩定的 (Stable) 排序演算法。

8-3 插入排序 (Insertion Sort)

將一個五個元素的陣列，使用插入排序演算法將這五個元素由小到大排序。

插入排序演算法舉例說明

假設隨機產生五個陣列元素，如下圖。

60	50	44	82	55

(1) 初始化變數 insert 爲第二個元素 (50)，將變數 insert(50) 插入到陣列中，讓第一個元素與第二個元素成爲準備排序狀態。

insert(50)

60	50	44	82	55

(2) 因爲第一個元素 (60) 比變數 insert (50) 大，第一個元素 (60) 移到第二個元素，將變數 insert (50) 放到第一個元素，這樣第一個與第二個元素就變成已排序狀態。

insert(50) ↓

50	60	44	82	55

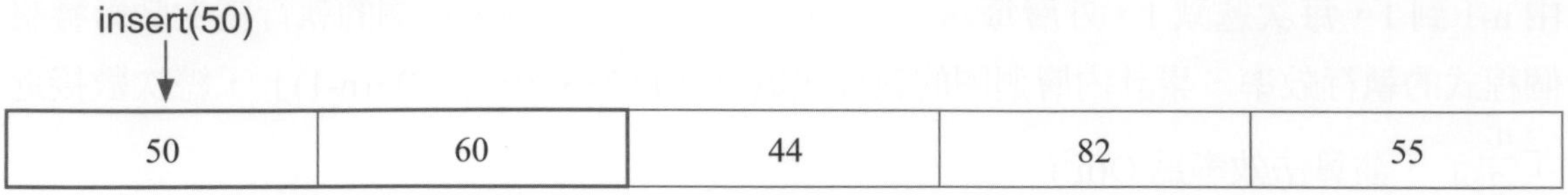

(3) 初始化變數 insert 爲第三個元素 (44)，將變數 insert (44) 插入到陣列中，讓第一個元素到第三個元素成爲準備排序狀態。

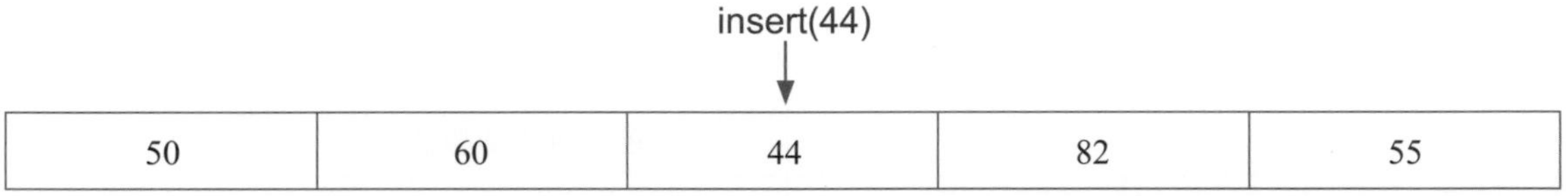

insert(44) ↓

50	60	44	82	55

(4) 因爲第二個元素 (60) 比變數 insert (44) 大，第二個元素 (60) 移到第三個元素，因爲第一個元素 (50) 比變數 insert (44) 大，第一個元素 (50) 移到第二個元素，將變數 insert (44) 放到第一個元素，這樣第一個元素到第三個元素就變成已排序狀態。

insert(44) ↓

44	50	60	82	55

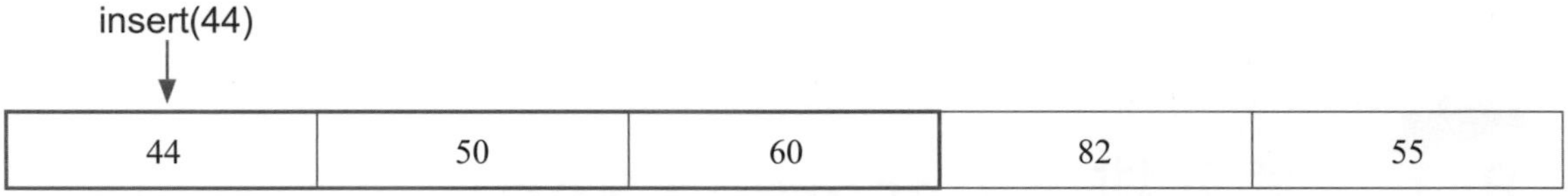

(5) 初始化變數 insert 爲第四個元素 (82)，將變數 insert (82) 插入到陣列中，讓第一個元素到第四個元素成爲準備排序狀態。

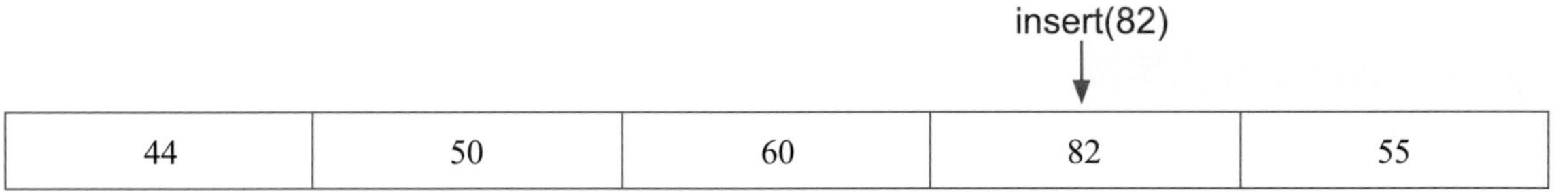

insert(82) ↓

44	50	60	82	55

(6) 因爲第三個元素 (60) 比變數 insert (82) 小，將變數 insert (82) 放到第四個元素，這樣第一個元素到第四個元素就變成已排序狀態。

insert(82) ↓

44	50	60	82	55

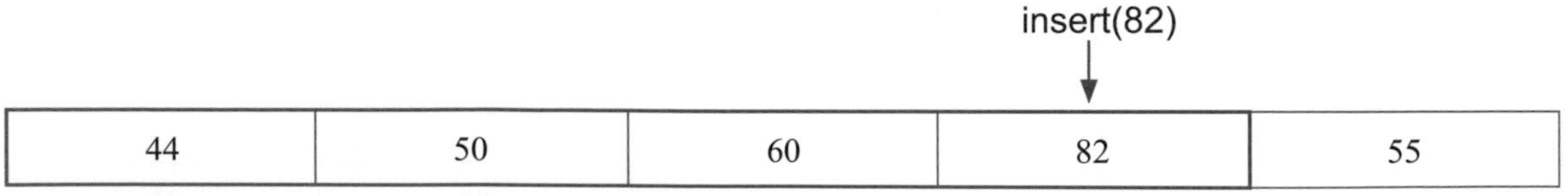

(7) 初始化變數 insert 為第五個元素 (55)，將變數 insert (55) 插入到陣列中，讓第一個元素到第五個元素成為準備排序狀態。

insert(55) ↓

44	50	60	82	55

(8) 因為第四個元素 (82) 比變數 insert (55) 大，第四個元素 (82) 移到第五個元素，因為第三個元素 (60) 比變數 insert (55) 大，第三個元素 (60) 移到第四個元素，最後將變數 insert (55) 放到第三個元素，這樣第一個元素到第五個元素就變成已排序狀態。

insert(55) ↓

44	50	55	60	82

插入排序演算法程式碼

8-3- 插入排序 .py

(1) 程式與解說

行數	程式碼
1	`A=[60,50,44,82,55]`
2	`print(" 排序前 ")`
3	`for item in A:`
4	`    print(item,' ', end='')`
5	`print()`
6	`for i in range(1,5):`
7	`    insert = A[i]`
8	`    j=i-1`
9	`    while j>=0:`
10	`        if insert < A[j]:`
11	`            A[j+1]=A[j]`
12	`        else:`
13	`            break`
14	`        j = j-1`
15	`    A[j+1]=insert`
16	`    print(" 插入排序外層迴圈執行 ", i ," 次結果為 ")`
17	`    for item in A:`

```
18          print(item,' ', end='')
19      print()
```

解說	第 1 行：宣告 5 個元素的整數陣列 A。 第 2 行：顯示「排序前」。 第 3 到 4 行：顯示陣列 A 的所有元素。 第 5 行：顯示換行。 第 6 到 15 行：插入排序演算法，外層迴圈變數 i，控制內層迴圈變數 j 的初始值，外層迴圈變數 i 由 1 到 4，每次遞增 1，初始化變數 insert 爲 A[i]，內層迴圈 j 由 i-1 到 0，每次遞減 1，若陣列 A 索引值 j 所指定的元素值較變數 insert 大，則將 A[j] 複製到 A[j+1]；否則中斷內層迴圈 (第 13 行)。變數 j 遞減 1(第 14 行)。 第 15 行：將變數 insert 儲存到 A[j+1]。 第 16 行：顯示「插入排序外層迴圈執行 i 次結果爲」 第 17 到 18 行：顯示陣列 A 的所有元素。 第 19 行：顯示換行。

(2) 預覽程式執行結果

```
排序前
60  50  44  82  55
插入排序外層迴圈執行 1 次結果爲
50  60  44  82  55
插入排序外層迴圈執行 2 次結果爲
44  50  60  82  55
插入排序外層迴圈執行 3 次結果爲
44  50  60  82  55
插入排序外層迴圈執行 4 次結果爲
44  50  55  60  82
```

插入排序演算法效率分析

假設要排序 n 個資料，程式中第 6 行到第 15 行爲插入排序演算法，外層迴圈 i 數值由 1 到 n-1，每次遞增 1，外層每執行一次內層執行 i 次，內層迴圈的執行總次數影響整個程式的執行效率，累加內層迴圈的執行次數爲「1+2+3+⋯+(n-2)+(n-1)」，總次數接近「$\frac{n^2}{2}$」，演算法效率爲 $O(n^2)$。

插入排序演算法在最佳情況 (假設目標爲由小到大排序資料，而輸入的資料已經由小到大排序) 的設定次數 (第 15 行) 爲 O(n)，比較次數也是 O(n)，執行效率爲 O(n)。最差情況 (假設目標爲由小到大排序資料，而輸入的資料已經由大到小排序) 的設定次數 (第 9 行與第 14 行) 爲 $O(n^2)$，比較次數也是 $O(n^2)$ ，執行效率爲 $O(n^2)$。

	最佳情況	最差情況
比較次數	O(n)	$O(n^2)$
設定次數	O(n)	$O(n^2)$
說明	假設目標爲由小到大排序資料，而輸入資料爲由小到大排序，就是插入排序的最佳情況。	假設目標爲由小到大排序資料，而輸入資料爲由大到小排序，就是插入排序的最差情況。

插入排序演算法只有在交換時需要額外使用到一個記憶體空間，所以插入排序屬於 in-place 演算法。插入排序是穩定的 (Stable) 排序演算法。

8-4 合併排序 (MergeSort)

合併排序演算法屬於分而治之 (Divide And Conquer) 演算法，以下示範將一個八個元素的陣列，使用合併排序演算法將這八個元素由小到大排序。

合併排序演算法舉例說明

新增一個八個元素的陣列，如下圖。

60	50	44	82	55	24	99	33

(1) 排序第 1 個元素到第 8 個元素，排序左半部 (第 1 個元素到第 4 個元素) 與右半部 (第 5 個元素到第 8 個元素)，最後將左右兩邊資料合併完成排序。首先執行排序左半部 (第 1 個元素到第 4 個元素)。

60	50	44	82	55	24	99	33

(2) 排序第 1 個元素到第 4 個元素，排序左半部 (第 1 個元素到第 2 個元素) 與右半部 (第 3 個元素到第 4 個元素)，最後將左右兩邊資料合併完成排序。首先執行排序左半部 (第 1 個元素到第 2 個元素)。

60	50	44	82	55	24	99	33

(3) 排序第 1 個元素到第 2 個元素，排序左半部 (第 1 個元素到第 1 個元素) 與右半部 (第 2 個元素到第 2 個元素)，因爲左右兩邊都只剩下一個元素，左右兩邊都已經排序完成，將左右兩邊資料合併完成排序，比較兩邊最小的元素，較小的放在前面，合併過程完成第 1 個元素到第 2 個元素的排序。

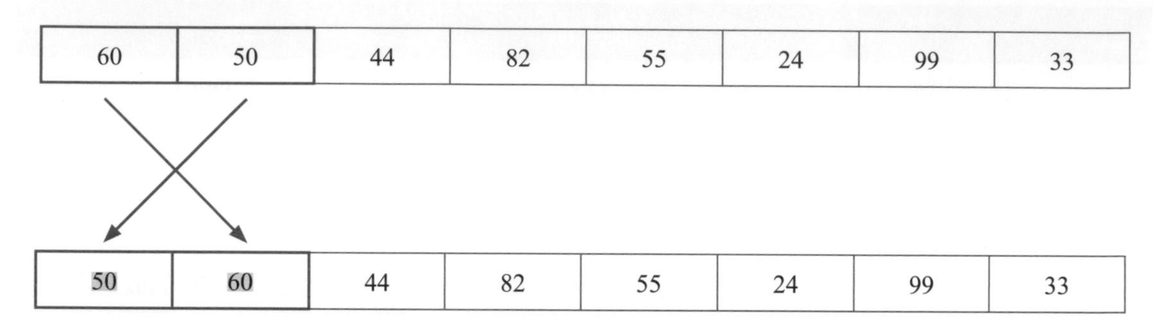

(4) 現在執行 (2) 排序第 3 個元素到第 4 個元素，排序左半部 (第 3 個元素到第 3 個元素) 與右半部 (第 4 個元素到第 4 個元素)，因爲左右兩邊都只剩下一個元素，左右兩邊都已經排序完成，將左右兩邊資料合併完成排序，比較兩邊最小的元素，較小的放在前面，合併過程完成第 3 個元素到第 4 個元素的排序。

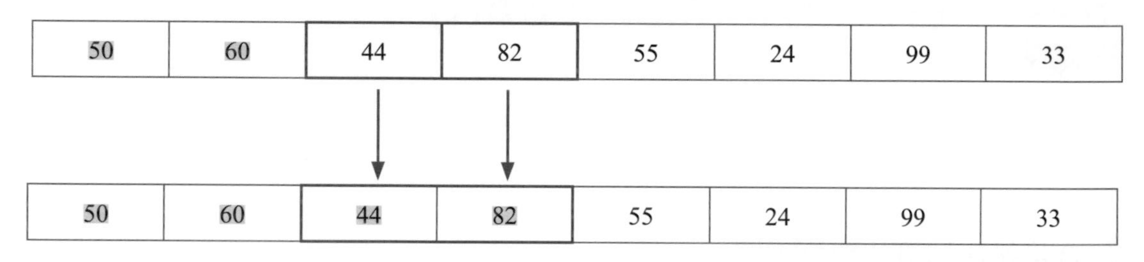

(5) 在 (2) 排序第 1 個元素到第 4 個元素，先排序左半部 (第 1 個元素到第 2 個元素) 與右半部 (第 3 個元素到第 4 個元素)，到此完成左右兩邊的排序，現在合併左右兩邊資料完成排序，比較兩邊最小的元素，較小的放在前面，合併過程完成第 1 個元素到第 4 個元素的排序。

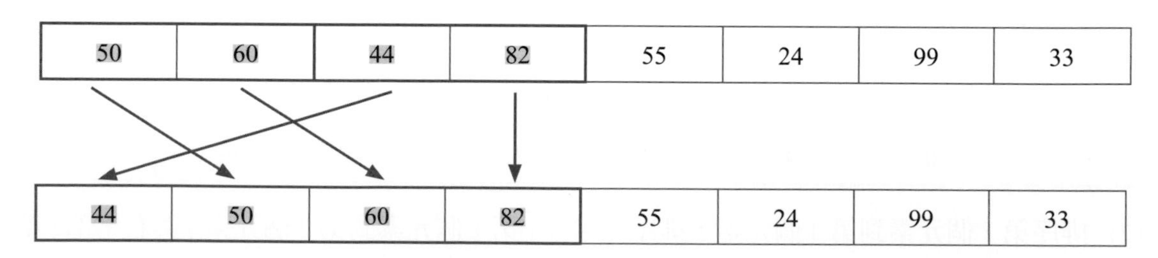

(6) 現在執行 (1) 排序右半部 (第 5 個元素到第 8 個元素)，最後將左右兩邊資料合併完成排序。

44	50	60	82	55	24	99	33

(7) 排序第 5 個元素到第 8 個元素，排序左半部 (第 5 個元素到第 6 個元素) 與右半部 (第 7 個元素到第 8 個元素)，最後將左右兩邊資料合併完成排序，首先執行排序左半部 (第 5 個元素到第 6 個元素)。

44	50	60	82	55	24	99	33

(8) 排序第 5 個元素到第 6 個元素，排序左半部 (第 5 個元素到第 5 個元素) 與右半部 (第 6 個元素到第 6 個元素)，因為左右兩邊都只剩下一個元素，左右兩邊都已經排序完成，將左右兩邊資料合併完成排序，比較兩邊最小的元素，較小的放在前面，合併過程完成第 5 個元素到第 6 個元素的排序。

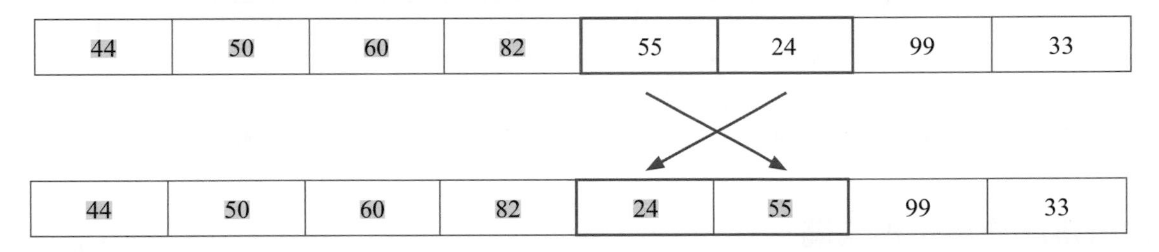

(9) 現在執行 (7) 的排序右半部第 7 個元素到第 8 個元素，排序左半部 (第 7 個元素到第 7 個元素) 與右半部 (第 8 個元素到第 8 個元素)，因為左右兩邊都只剩下一個元素，左右兩邊都已經排序完成，將左右兩邊資料合併完成排序，比較兩邊最小的元素，較小的放在前面，合併過程完成第 7 個元素到第 8 個元素的排序。

44	50	60	82	24	55	99	33

44	50	60	82	24	55	33	99

(10) 在 (7) 排序第 5 個元素到第 8 個元素，已完成排序左半部 (第 5 個元素到第 6 個元素) 與右半部 (第 7 個元素到第 8 個元素)，現在將左右兩邊資料合併完成排序，比較兩邊最小的元素，較小的放在前面，合併過程完成第 5 個元素到第 8 個元素的排序。

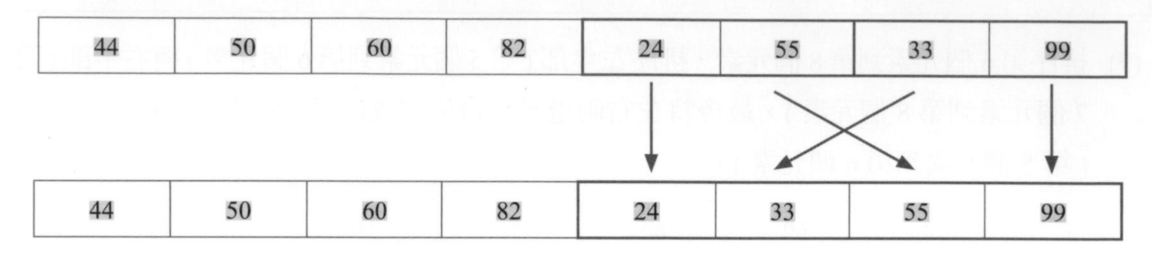

(11) 在 (1) 排序第 1 個元素到第 8 個元素，已完成排序左半部 (第 1 個元素到第 4 個元素) 與右半部 (第 5 個元素到第 8 個元素)，現在將左右兩邊資料合併完成排序，比較兩邊最小的元素，較小的放在前面，合併過程完成排序。

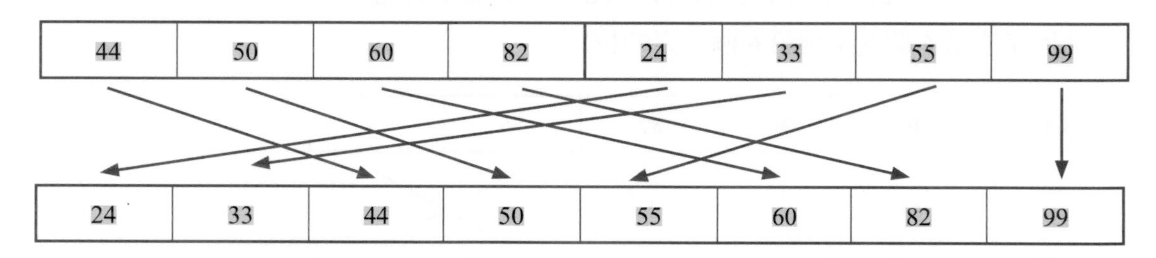

合併排序演算法程式碼

8-4- 合併排序 .py

(1) 程式與解說

行數	程式碼
1	`a=[60,50,44,82,55,24,99,33]`
2	`tmp=[0,0,0,0,0,0,0,0]`
3	`def merge(L, M, R):`
4	`    left=L`
5	`    right=M+1`
6	`    i=L`
7	`    while (left <= M) and (right <= R):`
8	`        if a[left]<a[right]:`
9	`            tmp[i]=a[left]`
10	`            left = left + 1`

```
11            else:
12                tmp[i]=a[right]
13                right = right + 1
14            i = i + 1
15        while left<=M:
16            tmp[i]=a[left]
17            i = i + 1
18            left = left + 1
19        while right<=R:
20            tmp[i]=a[right]
21            i = i + 1
22            right = right + 1
23        for i in range(L, R+1):
24            a[i]=tmp[i]
25
26    def mergesort(L,R):
27        if L < R:
28            M=(L+R)//2
29            mergesort(L,M)
30            mergesort(M+1,R)
31            merge(L,M,R)
32            print("L=", L, "M=", M," R=",R)
33            for item in a:
34                print(item,' ', end='')
35            print()
36
37    print("排序前")
38    for item in a:
39        print(item,' ', end='')
40    print()
41    mergesort(0,7)
```

解說	第 1 行：陣列 a 初始化爲 60、50、44、82、55、24、99、33。 第 2 行：陣列 tmp 初始化爲 0、0、0、0、0、0、0、0。 第 3 到 24 行：定義 merge 函式，輸入的參數有左邊界索引值 L、中間索引值 M 與右邊界索引值 R。 第 4 行：變數 left (目前左半部執行到第幾個元素) 初始化爲 L，因爲左半部的目前合併元素 left 從索引值 L 開始。 第 5 行：變數 right (目前右半部執行到第幾個元素) 初始化爲 M+1，因爲右半部的目前合併元素 right 從索引值 M+1 開始。 第 6 行：變數 i (合併後的暫存陣列 tmp 的索引值) 初始化爲 L，因爲暫存陣列 tmp 的索引值 i 從左邊界索引值 L 開始。 第 7 行到第 14 行：當 left 小於等於 M 且 right 小於等於 R，表示左右兩半部都還有元素可以合併，繼續執行合併動作。合併動作爲當陣列 a 的索引值 left 中的元素小於陣列 a 的索引值 right 中的元素，將左半部元素放入陣列 tmp 第 i 個元素位置 (第 9 行)，變數 left 都遞增 1 (第 10 行)；否則將右半部元素放入陣列 tmp 第 i 個元素位置 (第 12 行)，變數 right 都遞增 1 (第 13 行)，變數 i 遞增 1 (第 14 行)。 第 15 行到第 18 行：若 left 小於等於 M，表示左半部還有元素需要放入陣列 tmp，而右半部已經全部放入，將左半部剩餘元素依序放入陣列 tmp。 第 19 行到第 22 行：若 right 小於等於 R，表示右半部還有元素需要放入陣列 tmp，而左半部已經全部放入，將右半部剩餘元素依序放入陣列 tmp。 第 23 行到第 24 行：將陣列 tmp 的第 L 個元素到第 R 個元素複製給陣列 a 的第 L 個元素到第 R 個元素。 第 26 行到第 35 行：定義 mergesort 函式，輸入參數有左半部索引值 L 與右半部索引值 R。 第 27 行到第 35 行：若左半部索引值 L 小於右半部索引值 R，則令索引值 M 爲 L 與 R 除以 2。呼叫函式 mergesort (L, M) 切割成左半部排序 (第 29 行)，呼叫函式 mergesort (M+1, R) 切割成右半部排序 (第 30 行)，最後經由呼叫 merge (L, M, R) 將左右兩邊已排序陣列元素，合併成一個更大的已排序陣列 (第 31 行)。顯示變數 L、變數 M 與變數 R 的數值，列印陣列所有元素，用於顯示執行合併排序的過程 (第 32 到 35 行)。 第 37 行：顯示「排序前」。 第 38 到 39 行：顯示陣列 a 的所有元素。 第 40 行：顯示換行。 第 41 行：呼叫 mergesort 函式，排序陣列 a 所有元素。

(2) 預覽程式執行結果

```
排序前
60  50  44  82  55  24  99  33
L= 0 M= 0  R= 1
50  60  44  82  55  24  99  33
L= 2 M= 2  R= 3
50  60  44  82  55  24  99  33
L= 0 M= 1  R= 3
44  50  60  82  55  24  99  33
L= 4 M= 4  R= 5
44  50  60  82  24  55  99  33
L= 6 M= 6  R= 7
44  50  60  82  24  55  33  99
L= 4 M= 5  R= 7
44  50  60  82  24  33  55  99
L= 0 M= 3  R= 7
24  33  44  50  55  60  82  99
```

合併排序演算法效率分析

假設要排序 n 個資料，程式中第 3 行到第 35 行爲合併排序演算法，第 29 行到第 30 行的 mergesort 函式每次將資料拆成一半，所以合併排序的 mergesort 的遞迴深度爲 O(log(n))，第 31 行的 merge 動作每一層都需要 O(n)，所以合併排序演算法效率爲 O(n log(n))，相較於氣泡排序、選擇排序與插入排序演算法效能較佳，合併排序沒有最佳與最差情況。合併排序須額外使用 O(n) 的暫存記憶體空間，合併排序不屬於 in-place 演算法，記憶體空間較氣泡排序、選擇排序與插入排序演算法來得多。合併排序是穩定的 (Stable) 排序演算法。

8-5 快速排序

快速排序 (Quick Sort) 演算法屬於分而治之 (Divide And Conquer) 演算法，以下示範將一個有八個元素的陣列，使用快速排序演算法將這八個元素由小到大排序。

快速排序演算法舉例說明

新增一個八個元素的陣列，如下圖。

60	50	44	82	55	47	99	33

(1) 以第 1 個元素 (60) 爲基準，使用 i 由前往後找大於第一個元素 (60) 的元素 (82) ，使用 j 由後往前找小於第一個元素 (60) 的元素 (33)。

			i				j
60	50	44	82	55	47	99	33

(2) 將 (1) 所找到的第 i 個與第 j 個元素互換。

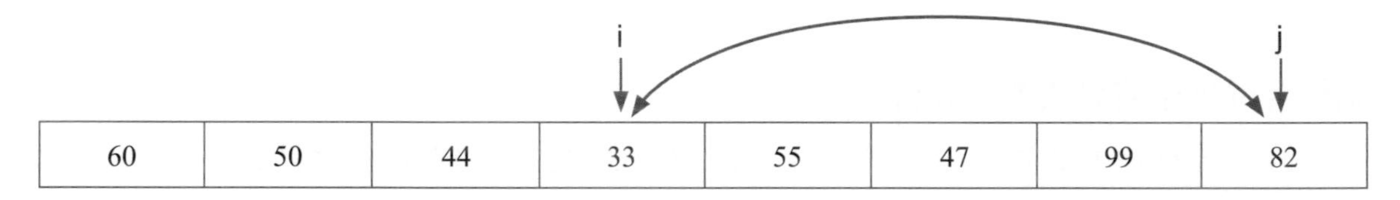

(3) 以第 1 個元素 (60) 爲基準，使用 i 繼續由前往後找大於第一個元素 (60) 的元素 (99)，使用 j 由後往前找小於第一個元素 (60) 的元素 (47)，因爲 i 大於等於 j，所以停止交換第 i 個與第 j 個元素。

					j	i	
60	50	44	33	55	47	99	82

(4) 第 1 個元素 (60) 與第 j 個元素互換，到此已經確定第 1 個元素 (60) 排序後所在位置，也就是小於第 1 個元素 (60) 會在前面，大於第 1 個元素 (60) 會在後面。

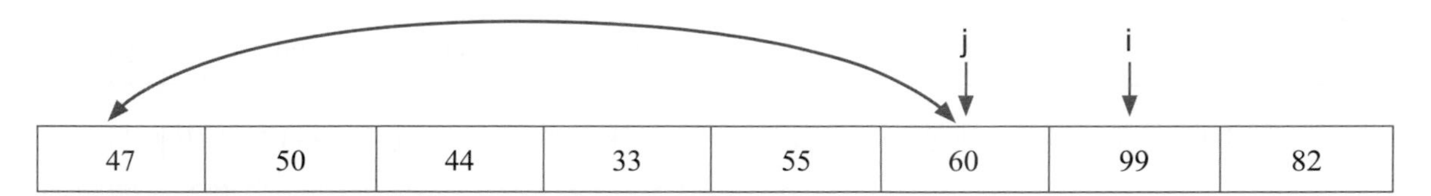

(5) 以元素 (60) 將陣列的左半部與右半部分成兩部分，分別重複步驟 (1) 到 (4)，假設左半部先執行。

47	50	44	33	55	47	99	82

(6) 以第 1 個元素 (47) 為基準，使用 i 由前往後找大於第一個元素 (47) 的元素 (50)，使用 j 由後往前找小於第一個元素 (47) 的元素 (33)。

	i		j				
47	50	44	33	55	60	99	82

(7) 將 (6) 所找到的第 i 個與第 j 個元素互換。

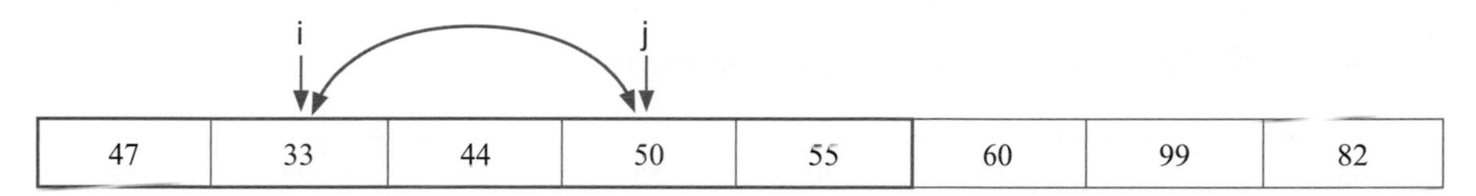

(8) 以第 1 個元素 (47) 為基準，使用 i 繼續由前往後找大於第一個元素 (47) 的元素 (50)，使用 j 由後往前找小於第一個元素 (47) 的元素 (44)，因為 i 大於等於 j，所以停止交換第 i 個與第 j 個元素。

		j	i				
47	33	44	50	55	60	99	82

(9) 第 1 個元素 (47) 與第 j 個元素互換，到此已經確定第 1 個元素 (47) 排序後所在位置，也就是小於第 1 個元素 (47) 會在前面，大於第 1 個元素 (47) 會在後面。

(10) 以元素 (47) 將 (5) 分割出來的左半部再分成左半部與右半部兩部分，分別重複步驟 (1) 到 (4)，假設左半部先執行。

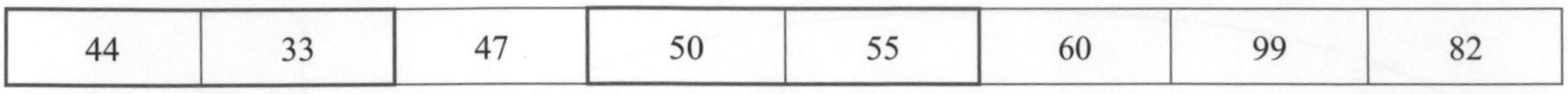

44	33	47	50	55	60	99	82

(11) 以第 1 個元素 (44) 爲基準，使用 i 由前往後找大於第一個元素 (44)，使用 j 由後往前找小於第一個元素 (44) 的元素 (33)，因爲 i 大於等於 j，所以停止交換第 i 個與第 j 個元素。。

44	33	47	50	55	60	99	82

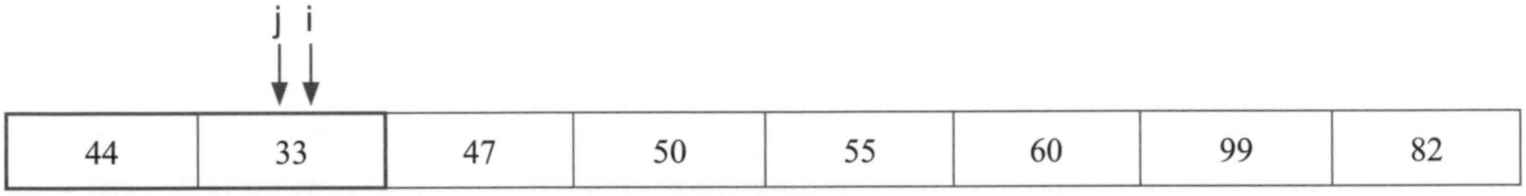

(12) 第 1 個元素 (44) 與第 j 個元素互換，到此已經確定第 1 個元素 (44) 排序後所在位置，也就是小於元素 (44) 的元素 (33) 會在前面，元素 (44) 會在後面。

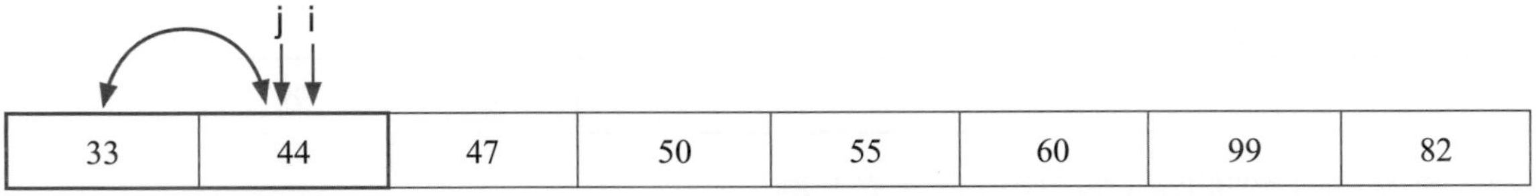

33	44	47	50	55	60	99	82

(13) 以元素 (44) 將 (10) 分割出來的左半部再分成左半部與右半部兩部分，因爲左半部只剩下一個元素，右半部是空的，就不用繼續排序。

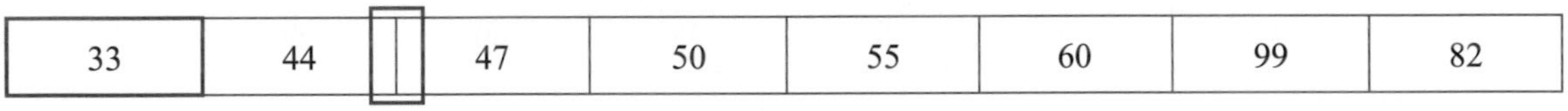

33	44	47	50	55	60	99	82

(14) 回到第 (10) 的右半部，以該半部的第 1 個元素 (50) 爲基準，使用 i 由前往後找大於第一個元素 (50) 的元素 (55)，使用 j 由後往前找小於第一個元素 (50) ，因爲 i 大於等於 j，所以停止交換第 i 個與第 j 個元素。

33	44	47	50	55	60	99	82

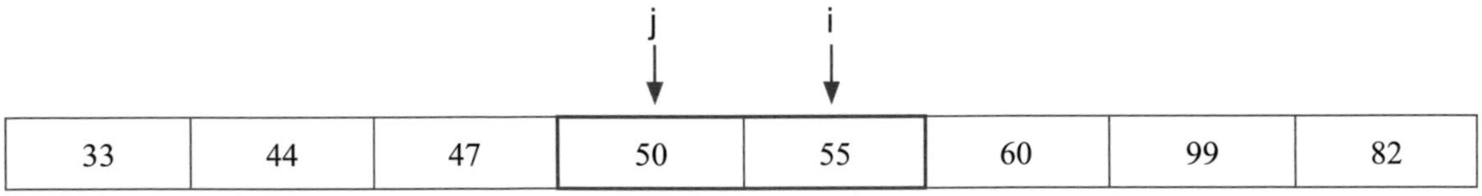

(15) 該半部的第 1 個元素 (50) 與第 j 個元素互換，自己跟自己交換，沒有改變，到此已經確定第 1 個元素 (50) 排序後所在位置，也就是小於元素 (50) 會在前面，大於第 1 個元素 (50) 的元素 (55) 會在後面。

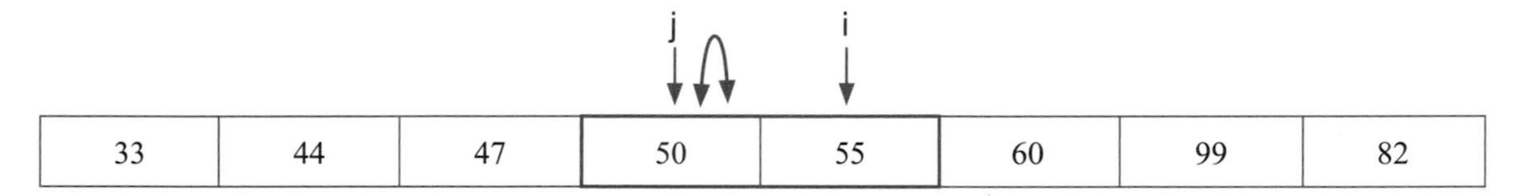

(16) 以元素 (50) 的左半部與右半部分成兩部分，因為左半部是空的，右半部只剩下一個元素 (55)，就不用繼續排序。

33	44	47		50	55	60	99	82

(17) 回到第 (5) 的右半部，以該半部的第 1 個元素 (99) 為基準，使用 i 由前往後找大於第一個元素 (99)，使用 j 由後往前找小於第一個元素 (99) 的元素 (82)，因為 i 大於等於 j，所以停止交換第 i 個與第 j 個元素。

j　i

33	44	47	50	55	60	99	82

(18) 第 1 個元素 (99) 與第 j 個元素互換，到此已經確定元素 (99) 排序後所在位置，也就是小於元素 (99) 會在前面，大於元素 (99) 會在後面。

j　i

33	44	47	50	55	60	82	99

(19) 以元素 (99) 將 (18) 的結果分成左半部與右半部兩部分，因為左半部只剩下一個元素，右半部是空的，就不用繼續排序，到此完成快速排序。

33	44	47	50	55	60	82	99	

快速排序演算法程式碼

8-5-快速排序 .py

(1) 程式與解說

行數	程式碼
1	`a=[60,50,44,82,55,47,99,33]`
2	`def quicksort(L, R):`
3	`    if(L < R) :`
4	`        i=L`
5	`        j=R+1`
6	`        while(1) :`
7	`            i=i+1`
8	`            while((i < R) and (a[i] < a[L])):`
9	`                i=i+1`
10	`            j=j-1`
11	`            while((j>L) and (a[j]>a[L])):`
12	`                j=j-1`
13	`            if(i >= j): break`
14	`            a[i],a[j] = a[j],a[i]`
15	`        a[L],a[j] = a[j],a[L]`
16	`        print("L=", L, " j=", j, " R=", R)`
17	`        for item in a:`
18	`            print(item, ' ', end='')`
19	`        print()`
20	`        quicksort(L,j-1)`
21	`        quicksort(j+1,R)`
22	
23	`print("排序前")`
24	`for item in a:`
25	`    print(item,' ', end='')`
26	`print()`
27	`quicksort(0,7)`

解說	第 1 行：陣列 a 初始化爲 60、50、44、82、55、47、99、33。 第 2 行到第 21 行：函式 quicksort 是快速排序演算法，整數變數 L 與 R，表示要排序陣列 a[L] 到 a[R] 的所有元素。 第 3 行到第 14 行：當 L 小於 R，表示還有兩個以上的元素需要排序，則變數 i 初始化爲 L，變數 j 初始化爲 R+1。變數 i 不斷遞增，直到找出 a[i] 大於等於 a[L] 的元素，且 i 大於等於 R 就停止 (第 7 到 9 行)。變數 j 不斷遞減，直到找出 a[j] 小於等於 a[L] 的元素，且 j 小於等於 L 就停止 (第 11 到 12 行)。當 i 大於等於 j，就中斷 while 迴圈 (第 13 行)，表示已經找到 a[L] 的放置位置。最後將 a[i] 與 a[j] 兩元素交換 (第 14 行)。 第 15 行：把 a[L] 與 a[j] 兩元素交換，a[L] 放在 a[j] 的位置，元素 a[L] 確定完成排序，也就是比 a[L] 小的放在左半部，比 a[L] 大的放在右半部。 第 17 到 19 行：顯示快速排序演算法的遞迴呼叫過程，與排序過程中陣列所有元素。 第 20 到 21 行：遞迴呼叫排序左半部，排序陣列 a[L] 到 a[j-1] 的元素，與遞迴呼叫排序右半部，排序陣列 a[j+1] 到 a[R] 的元素。 第 23 行：顯示「排序前」。 第 24 到 26 行：顯示陣列 A 的所有元素。 第 27 行：呼叫 quicksort 函式，排序陣列 a 的所有元素。

(2) 程式執行結果

```
排序前
60   50   44   82   55   47   99   33
L= 0   j= 5   R= 7
47   50   44   33   55   60   99   82
L= 0   j= 2   R= 4
44   33   47   50   55   60   99   82
L= 0   j= 1   R= 1
33   44   47   50   55   60   99   82
L= 3   j= 3   R= 4
33   44   47   50   55   60   99   82
L= 6   j= 7   R= 7
33   44   47   50   55   60   82   99
```

快速排序演算法效率分析

假設要排序 n 個資料，程式中第 2 行到第 21 行為快速排序演算法，第 20 行到第 21 行的 quicksort 函式每次將資料拆成一半或接近一半，所以快速排序的 quicksort 的遞迴深度接近 O(log(n))，每一層都需要 O(n)，所以快速排序演算法平均效率為 O(n log(n))，相較於氣泡排序與插入排序演算法效能較佳，但最差情形就是每次切割都很不均勻，分成一邊沒有任何元素，另一邊是 n-1 個元素 (當數字已經由大到小或由小到大完成排序時，就會有此情況)，這時快速排序演算法效率為 O(n^2)，並不會比氣泡排序與插入排序演算法來得好，相較於合併排序演算法，最差情形合併排序比快速排序效率要好。快速排序遞迴深度所占記憶體空間需使用 O(log(n)) 記憶體空間，不屬於 in-place 演算法。快速排序不是穩定的 (Unstable) 排序演算法。

8-6 堆積排序

堆積 (Heap) 是完整的二元樹，儲存在一維陣列內，分成 MaxHeap 與 MinHeap。上一層節點的數值大於等於下一層的所有節點，堆積內所有節點都符合此規則，稱作 MaxHeap；上一層節點的數值小於等於下一層的所有節點，堆積內所有節點都符合此規則，稱作 MinHeap。

以下圖為例因為根節點 45 比所有子節點大，節點 35 比子節點 24 與 13 大，節點 27 比子節點 25 大，此二元樹滿足 MaxHeap 的定義。

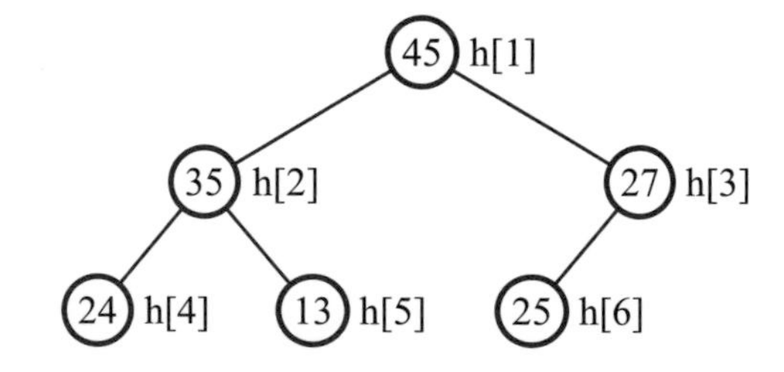

堆積 (Heap) 資料結構可以使用一維陣列儲存，規定根節點 (root) 儲存在一維陣列索引值為 1 的元素內，則根節點的左子節點儲存在索引值為 2 的元素內，根節點的右子節點儲存在索引值為 3 的元素內。節點儲存在一維陣列索引值為 2 的元素內，則該節點的左子節點儲存在索引值為 4 的元素內，該節點的右子節點儲存在索引值為 5 的元素。若將上圖的 MaxHeap 儲存在一維陣列，結果如下。

h[0]	h[1]	h[2]	h[3]	h[4]	h[5]	h[6]
None	45	35	27	24	13	25

可以找出以下規則性：節點在一維陣列索引值為 k 的元素，則該節點的左子節點在索引值為 2*k 的元素，該節點的右子節點在索引值為 2*k+1 的元素，利用此關係可以簡化程式碼。

建立堆積 (Heap) 的執行步驟如下。

STEP 01　首先將一維陣列轉換成堆積結構，如果要將一維陣列由小到大排序，則使用 Max Heap；如果要將一維陣列由大到小排序，則使用 Min Heap。

STEP 02　從堆積結構依序取出根節點 (root)，與最後一個元素交換，再將除了最後一個節點外的一維陣列轉換成堆積結構，此時需要處理的堆積結構已經少一個元素，不斷重複上述步驟直到剩下一個元素為止，就會完成排序。

以下為建立 Max Heap 的執行步驟範例。若有陣列如下：

```
h = [None, 55, 45, 89, 35, 65, 99, 23, 79]
```

將陣列 h 以二元樹表示如下圖。從下到上比較所有擁有子節點的節點 (節點 h[4]、h[3]、h[2]、h[1])，如果該節點小於子節點中較大的節點，該節點與子節點較大的節點互換。

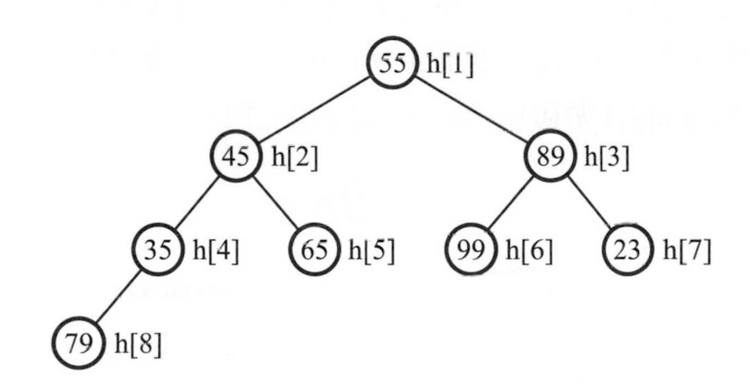

(1) 上圖中由下到上第 1 個有子節點的節點爲 h[4] (數值爲 35)，因爲左子節點 h[8] (數值爲 79)，就需要 h[4] 與 h[8] 互換，結果如下圖。

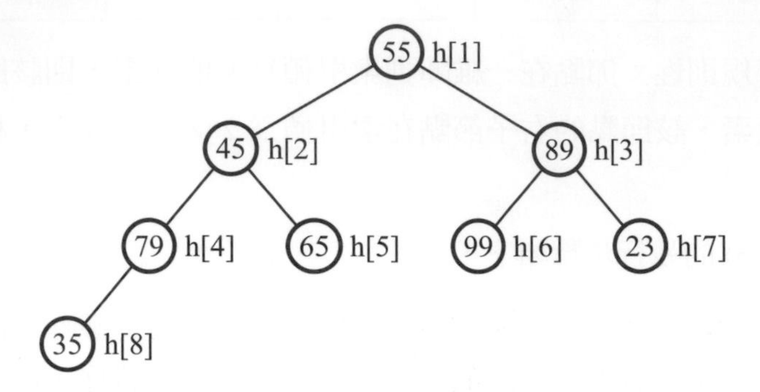

(2) 上圖中由下到上第 2 個有子節點的節點爲 h[3] (數值爲 89)，因爲子節點中較大爲左子節點 h[6] (數值爲 99)，就需要 h[3] 與 h[6] 互換，結果如下圖。

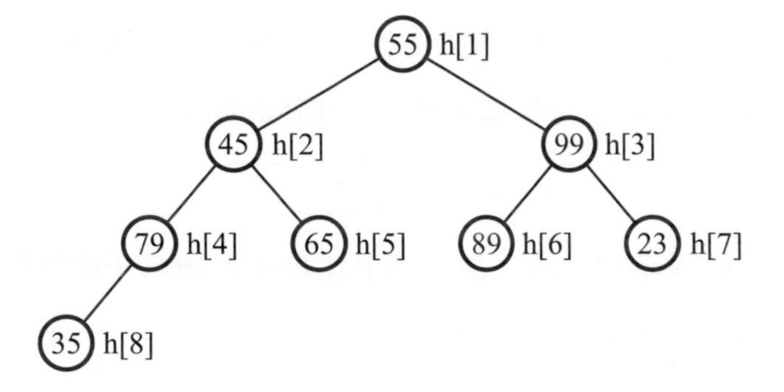

(3) 上圖中由下到上第 3 個有子節點的節點爲 h[2] (數值爲 45) ，因爲子節點中較大爲左子節點 h[4] (數值爲 79)，就需要 h[2] 與 h[4] 互換，結果如下圖，接著比較 h[4] (數值爲 45) 與子節點 h[8] (數值爲 35)，發現不用互換。

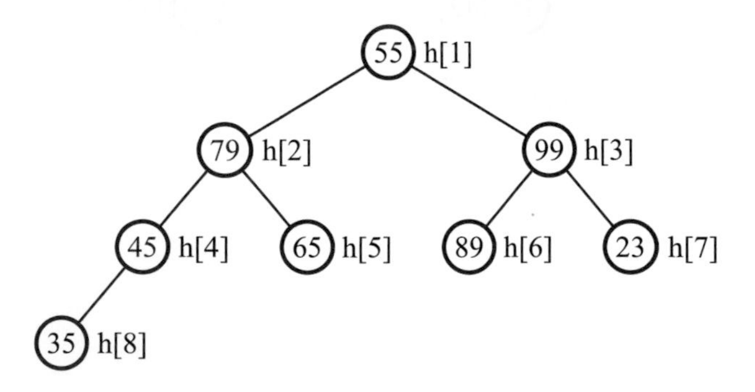

(4) 上圖中由下到上第 4 個有子節點的節點爲 h[1] (數值爲 55) ，因爲子節點中較大爲右子節點 h[3] (數值爲 99)，就需要 h[1] 與 h[3] 互換，結果如下圖。

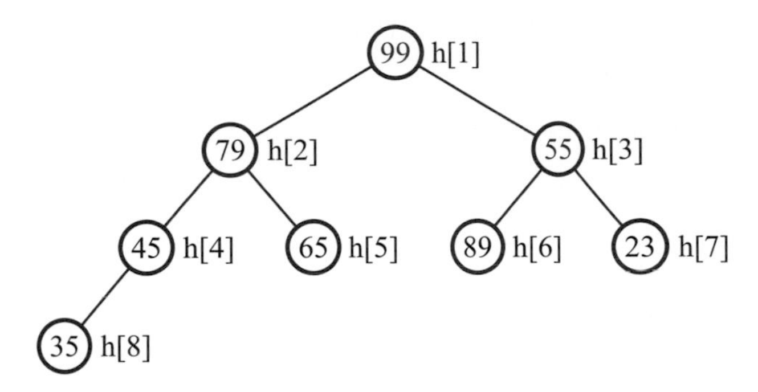

上圖中交換過後的節點 h[3]，因爲子節點中較大爲左子節點 h[6] (數值爲 89)，就需要 h[3] 與 h[6] 互換，結果如下圖。

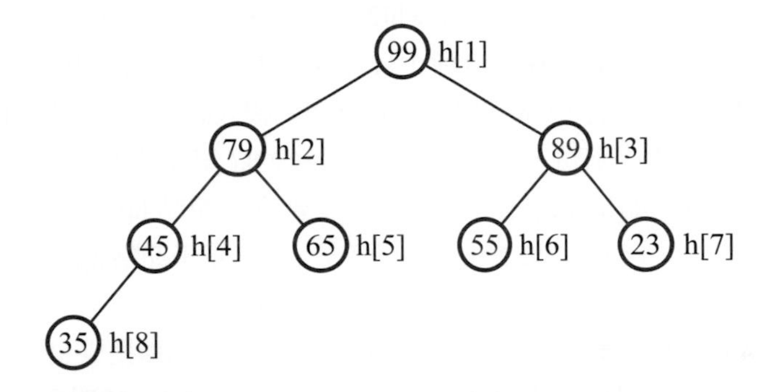

到此將一維陣列轉換成 Max Heap。

建立 Heap 演算法程式碼

8-6-a- 建立 Heap.py

(1) 程式與解說

行數	程式碼
1	`a=[None, 55, 45, 89, 35, 65, 99, 23, 79]`
2	`def max_heapify(h, n, k):`
3	`    if (2*x+1) <= n:`
4	`        if h[2*x] > h[2*x+1]:`
5	`            max = 2*x`
6	`        else:`
7	`            max = 2*x+1`
8	`    else:`
9	`        max = 2*x`
10	`    if h[x] < h[max]:`

11	`h[x], h[max] = h[max], h[x]`
12	`if 2*max <= n:`
13	`max_heapify(h, n, max)`
14	
15	`def build_max_heap(h, n):`
16	`for k in range(n//2, 0, -1):`
17	`max_heapify(h, n, k)`
18	
19	`build_max_heap(a, len(a)-1)`
20	`print(a)`
解說	第 1 行：宣告陣列 a，有 9 個元素，分別是 None、55、45、89、35、65、99、23、79。 第 2 到 13 行：定義函式 max_heapify，如果 2*k+1 小於等於 n(第 3 行)，表示有右子節點，則接著判斷如果 h[2*k] 大於 h[2*k+1]，表示左子節點大於右子節點，則變數 max 參考到 2*k(第 4 到 5 行)，否則變數 max 參考到 2*k+1(第 6 到 7 行)，表示變數 max 參考到較大的子節點的索引值；否則，表示沒有右子節點，則變數 max 參考到 2*k(第 8 到 9 行)。 第 10 到 13 行：如果 h[k] 小於 h[max]，需要將子節點 h[max] 與節點 h[k] 互換 (第 11 行)，如果 2*max 小於等於 n，表示子節點 h[max] 也有子節點，遞迴呼叫函式 max_heapify 是否與孫節點交換。 第 15 到 17 行：定義函式 build_max_heap，將任何陣列轉換成 Max Heap，迴圈變數 i 由 n 除以 2 取整數到 1 爲止，每次遞減 1，呼叫函式 max_heapify 檢查每一個 h[i] 是否需要與子節點交換，形成 Max Heap。 第 19 行：呼叫 build_max_heap 函式，將陣列 a 轉換成 Max Heap。 第 20 行：印出陣列 a 的所有元素。

(2) 程式執行結果

```
[None, 99, 79, 89, 45, 65, 55, 23, 35]
```

使用 Max Heap 由小到大排序陣列元素的執行步驟如下。

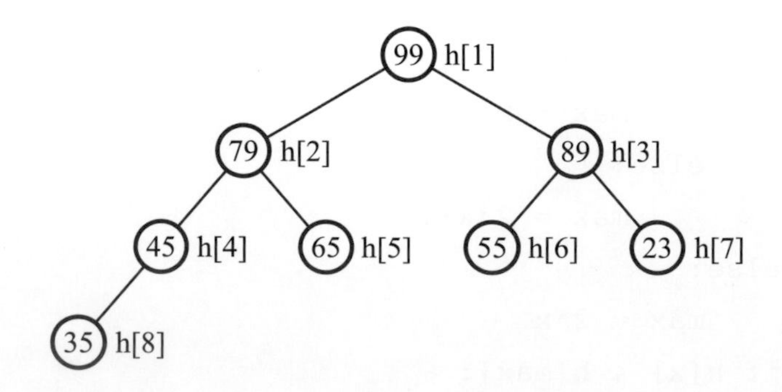

上圖 Max Heap 對應的一維陣列如下。

h[0]	h[1]	h[2]	h[3]	h[4]	h[5]	h[6]	h[7]	h[8]
None	99	79	89	45	65	55	23	35

(1) 從堆積結構依序取出根節點 (h[1])，與最後一個元素 (h[8]) 交換，除了最後一個節點 (因爲 h[8] 已經排序) 外的一維陣列 (h[1] 到 h[7]) 轉換成 Max Heap 結構。

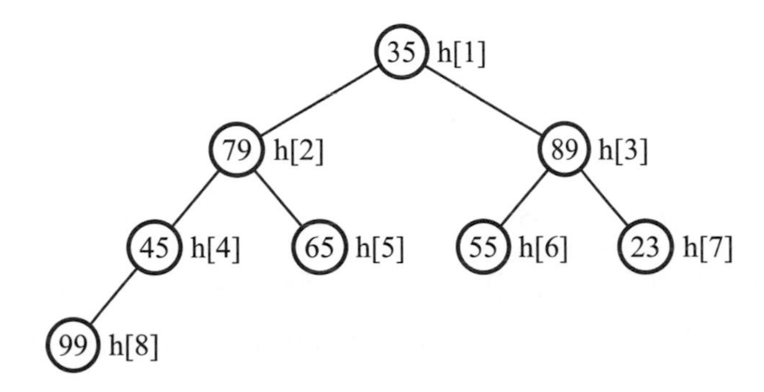

對應的一維陣列如下。

h[0]	h[1]	h[2]	h[3]	h[4]	h[5]	h[6]	h[7]	h[8]
None	35	79	89	45	65	55	23	99

因爲上圖 h[1] 的子節點中較大爲右子節點 h[3] (數值爲 89)，h[1] 小於 h[3]， h[1] 與 h[3] 需要互換，結果如下圖。

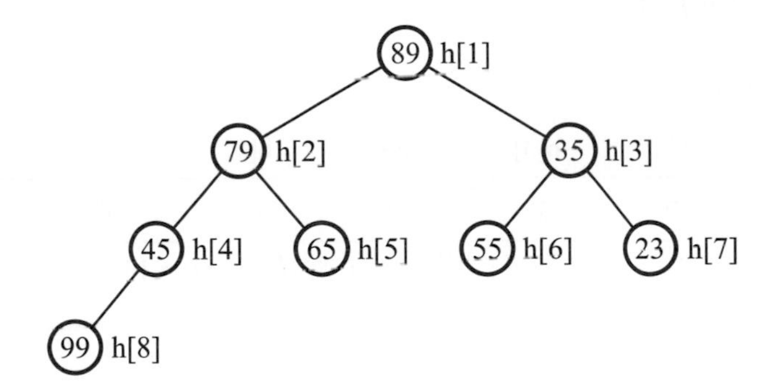

接著上圖 h[3] 的子節點中較大爲左子節點 h[6] (數值爲 55)，h[3] 小於 h[6]， h[3] 與 h[6] 需要互換，結果如下圖，到此調整成 Max Heap。

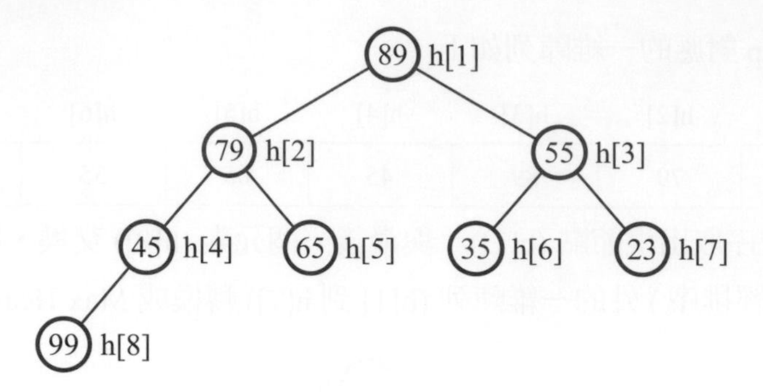

對應的一維陣列如下。

h[0]	h[1]	h[2]	h[3]	h[4]	h[5]	h[6]	h[7]	h[8]
None	89	79	55	45	65	35	23	99

(2) 從堆積結構依序取出根節點 (h[1])，與最後一個元素 (h[7]) 交換，除了最後一個節點 (因為 h[7] 已經排序) 外的一維陣列 (h[1] 到 h[6]) 轉換成 Max Heap 結構。

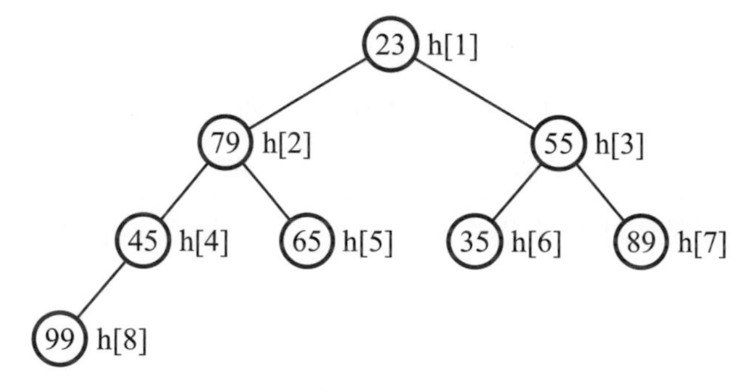

對應的一維陣列如下。

h[0]	h[1]	h[2]	h[3]	h[4]	h[5]	h[6]	h[7]	h[8]
None	23	79	55	45	65	35	89	99

因為上圖 h[1] 的子節點中較大為左子節點 h[2] (數值為 79)，h[1] 小於 h[2]， h[1] 與 h[2] 需要互換，結果如下圖。

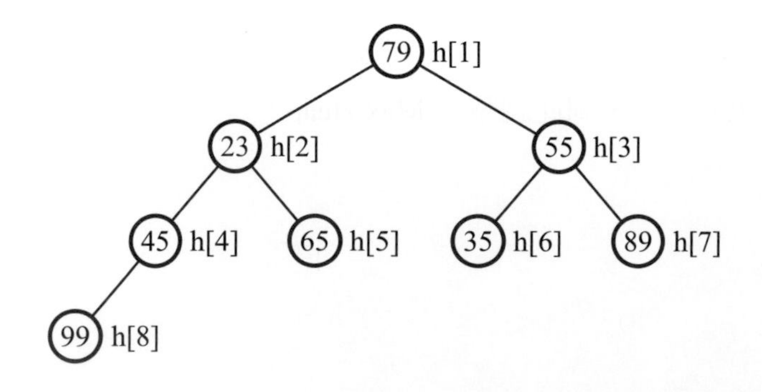

接著上圖 h[2] 的子節點中較大爲右子節點 h[5] (數值爲 65)，h[2] 小於 h[5]， h[2] 與 h[5] 需要互換，結果如下圖，到此調整成 Max Heap。

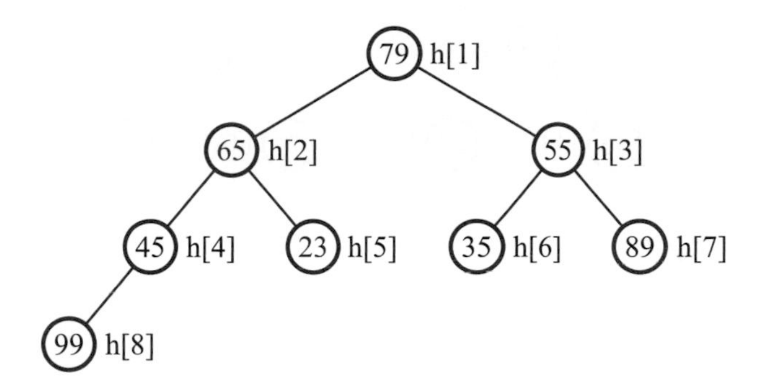

對應的一維陣列如下。

h[0]	h[1]	h[2]	h[3]	h[4]	h[5]	h[6]	h[7]	h[8]
None	79	65	55	45	23	35	89	99

(3) 從堆積結構依序取出根節點 (h[1])，與最後一個元素 (h[6]) 交換，除了最後一個節點 (因爲 h[6] 已經排序) 外的一維陣列 (h[1] 到 h[5]) 轉換成 Max Heap 結構。

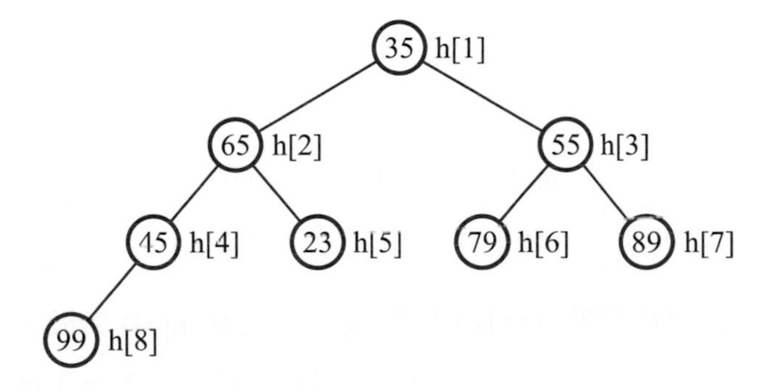

對應的一維陣列如下。

h[0]	h[1]	h[2]	h[3]	h[4]	h[5]	h[6]	h[7]	h[8]
None	35	65	55	45	23	79	89	99

因爲上圖 h[1] 的子節點中較大爲左子節點 h[2] (數值爲 65)，h[1] 小於 h[2]， h[1] 與 h[2] 需要互換，結果如下圖。

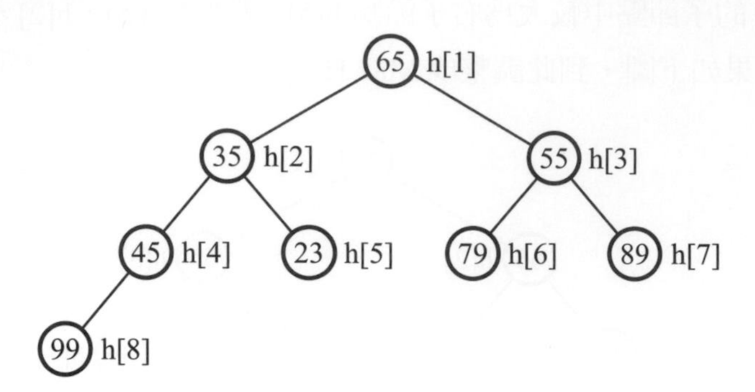

接著 h[2] 的子節點中較大爲左子節點 h[4] (數值爲 45)，h[2] 小於 h[4]， h[2] 與 h[4] 需要互換，結果如下圖，到此調整成 Max Heap。

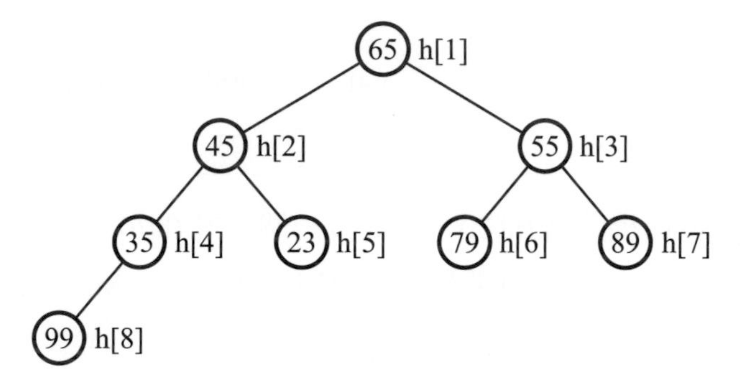

對應的一維陣列如下。

h[0]	h[1]	h[2]	h[3]	h[4]	h[5]	h[6]	h[7]	h[8]
None	65	45	55	35	23	79	89	99

(4) 從堆積結構依序取出根節點 (h[1])，與最後一個元素 (h[5]) 交換，除了最後一個節點 (因爲 h[5] 已經排序) 外的一維陣列 (h[1] 到 h[4]) 轉換成 Max Heap 結構。

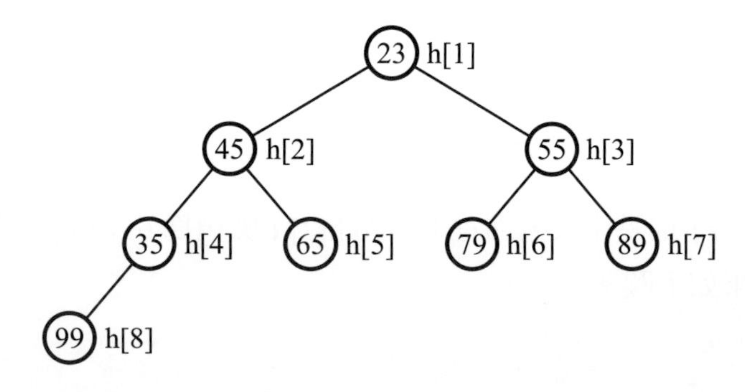

對應的一維陣列如下。

h[0]	h[1]	h[2]	h[3]	h[4]	h[5]	h[6]	h[7]	h[8]
None	23	45	55	35	65	79	89	99

因爲上圖 h[1] 的子節點中較大爲右子節點 h[3] (數值爲 55)，h[1] 小於 h[3]， h[1] 與 h[3] 需要互換，結果如下圖。

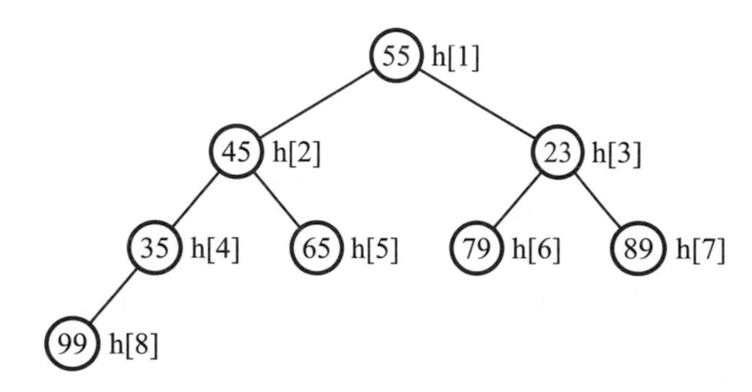

對應的一維陣列如下。

h[0]	h[1]	h[2]	h[3]	h[4]	h[5]	h[6]	h[7]	h[8]
None	55	45	23	35	65	79	89	99

(5) 從堆積結構依序取出根節點 (h[1])，與最後一個元素 (h[4]) 交換，除了最後一個節點 (因爲 h[4] 已經排序) 外的一維陣列 (h[1] 到 h[3]) 轉換成 Max Heap 結構。

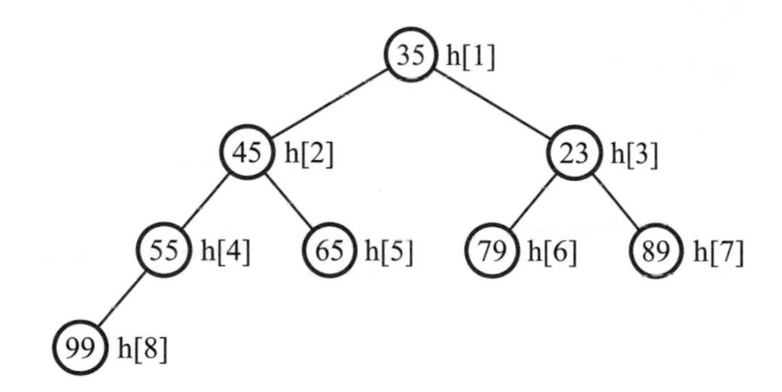

對應的一維陣列如下。

h[0]	h[1]	h[2]	h[3]	h[4]	h[5]	h[6]	h[7]	h[8]
None	35	45	23	55	65	79	89	99

因爲上圖 h[1] 的子節點中較大爲左子節點 h[2] (數值爲 45)，h[1] 小於 h[2]， h[1] 與 h[2] 需要互換，結果如下圖。

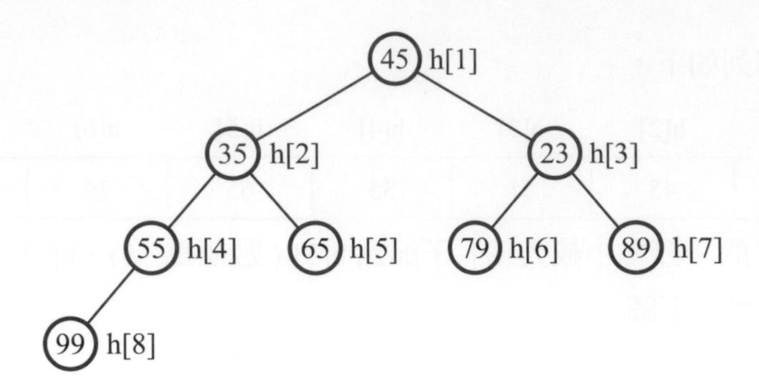

對應的一維陣列如下。

h[0]	h[1]	h[2]	h[3]	h[4]	h[5]	h[6]	h[7]	h[8]
None	45	35	23	55	65	79	89	99

(6) 從堆積結構依序取出根節點 (h[1])，與最後一個元素 (h[3]) 交換，除了最後一個節點 (因爲 h[3] 已經排序) 外的一維陣列 (h[1] 到 h[2]) 轉換成 Max Heap 結構。

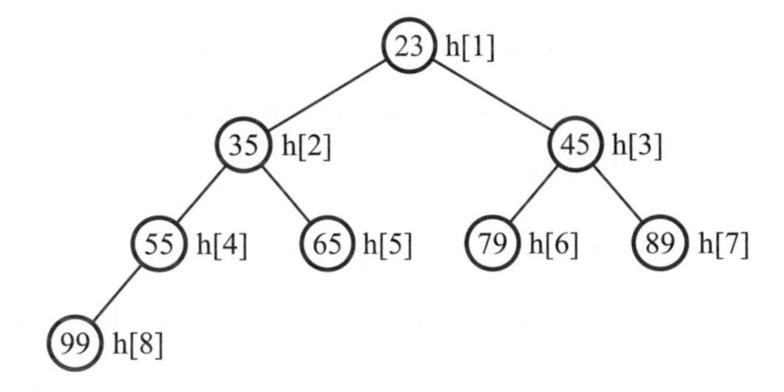

對應的一維陣列如下。

h[0]	h[1]	h[2]	h[3]	h[4]	h[5]	h[6]	h[7]	h[8]
None	23	35	45	55	65	79	89	99

因爲上圖 h[1] 的子節點中較大爲左子節點 h[2] (數値爲 35)，h[1] 小於 h[2]， h[1] 與 h[2] 需要互換，結果如下圖。

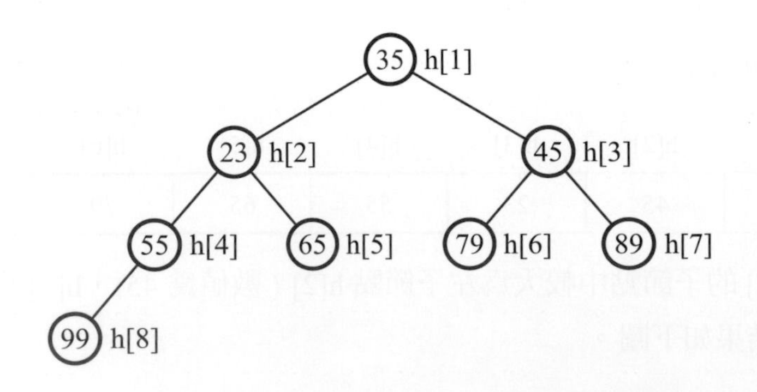

對應的一維陣列如下。

h[0]	h[1]	h[2]	h[3]	h[4]	h[5]	h[6]	h[7]	h[8]
None	35	23	45	55	65	79	89	99

(7) 從堆積結構依序取出根節點 (h[1])，與最後一個元素 (h[2]) 交換，只剩最後一個元素，到此完成排序。

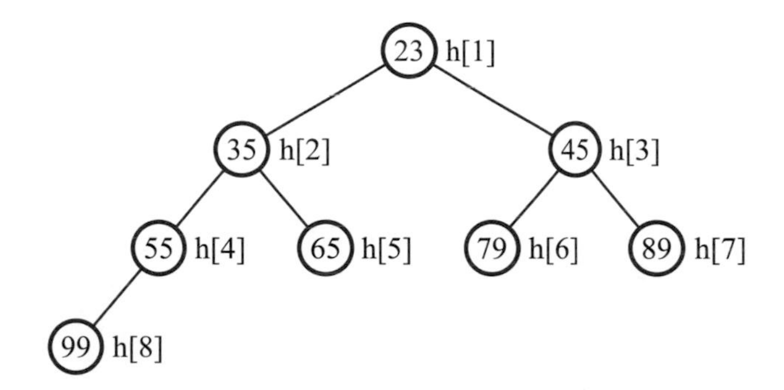

對應的一維陣列如下。

h[0]	h[1]	h[2]	h[3]	h[4]	h[5]	h[6]	h[7]	h[8]
None	23	35	45	55	65	79	89	99

Heap Sort 演算法程式碼 (8-6-b- 堆積排序 .py)

(1) 程式與解說

行數	程式碼
1	`a=[None, 55, 45, 89, 35, 65, 99, 23, 79]`
2	`def max_heapify(h, n, x):`
3	`    if (2*x+1) <= n:`
4	`        if h[2*x] > h[2*x+1]:`
5	`            max = 2*x`
6	`        else:`
7	`            max = 2*x+1`
8	`    else:`
9	`        max = 2*x`
10	`    if h[x] < h[max]:`
11	`        h[x], h[max] = h[max], h[x]`
12	`        if 2*max <= n:`
13	`            max_heapify(h, n, max)`
14	

15
16
17
18
19
20
21
22
23
24
25
26
27
28
29
	<pre>def build_max_heap(h, n):
	    for i in range(n//2, 0, -1):
	        max_heapify(h, n, i)
	
	def heap_sort(h, n):
	    build_max_heap(h, len(h)-1)
	    print(h)
	    for i in range(n, 1, -1):
	        h[i], h[1] = h[1], h[i]
	        if i > 2:
	            max_heapify(h, i-1, 1)
	        print(h)
	
	heap_sort(a, len(a)-1)
	print(a)</pre>

解說	第 1 行：宣告陣列 a，有 9 個元素，分別是 None、55、45、89、35、65、99、 23、79。 第 2 到 13 行：定義函式 max_heapify，如果 2*x+1 小於等於 n(第 3 行)，表示有右子節點，則接著判斷如果 h[2*x] 大於 h[2*x+1]，表示左子節點大於右子節點，則變數 max 參考到 2*x(第 4 到 5 行)，否則變數 max 參考到 2*x+1(第 6 到 7 行)，表示變數 max 參考到較大的子節點的索引值；否則，表示沒有右子節點，則變數 max 參考到 2*x(第 8 到 9 行)。 第 10 到 13 行：如果 h[x] 小於 h[max]，需要將子節點 h[max] 與節點 h[x] 互換 (第 11 行)，如果 2*max 小於等於 n，表示子節點 h[max] 也有子節點，遞迴呼叫函式 max_heapify 是否與孫節點交換。 第 15 到 17 行：定義函式 build_max_heap，將任何陣列轉換成 Max Heap，迴圈變數 i 由 n 除以 2 取整數到 1 爲止，每次遞減 1，呼叫函式 max_heapify 檢查每一個 h[i] 是否需要與子節點交換，形成 Max Heap。 第 19 到 26 行：定義函式 heap_sort，呼叫 build_max_heap 函式，將陣列 h 轉換成 Max Heap。印出陣列 h(第 21 行)。 第 22 到 26 行：迴圈變數 i 由 n 到 2，每次遞減 1，h[i] 與 h[1] 互換 (第 23 行)。如果變數 i 大於 2，則呼叫 max_heapify 讓陣列 h 形成 Max Heap(第 24 到 25 行)。印出陣列 h 的所有元素。 第 28 行：呼叫函式 heap_sort 排序陣列 a。 第 29 行：印出陣列 a 的所有元素。

(2) 程式執行結果

```
[None, 99, 79, 89, 45, 65, 55, 23, 35]
[None, 89, 79, 55, 45, 65, 35, 23, 99]
[None, 79, 65, 55, 45, 23, 35, 89, 99]
[None, 65, 45, 55, 35, 23, 79, 89, 99]
[None, 55, 45, 23, 35, 65, 79, 89, 99]
[None, 45, 35, 23, 55, 65, 79, 89, 99]
[None, 35, 23, 45, 55, 65, 79, 89, 99]
[None, 23, 35, 45, 55, 65, 79, 89, 99]
[None, 23, 35, 45, 55, 65, 79, 89, 99]
```

堆積排序演算法效率分析

使用函式 build_max_heap 將陣列轉換成 Max Heap(第 15 到 17 行)，約執行 n/2 次，呼叫函式 max_heapify 進行交換形成 Max Heap，最大深度爲遞迴深度 O(log(n))，所以函式 build_max_heap 的演算法效率爲 O(n*log(n))。函式 heap_sort 呼叫函式 build_max_heap 建立 Max Heap。執行 n-2 次，每次將 h[i] 與 h[1] 互換，呼叫 max_heapify 交換 h[1] 與其他元素，讓陣列 h 形成 Max Heap(第 24 到 25 行) 函式 max_heapify 的最大深度爲遞迴深度 O(log(n))，第 22 到 26 行的程式效率爲 O(n*log(n))，因此堆積排序演算法效率爲 O(n*log(n))。堆積排序屬於 in-place 演算法。堆積排序不是穩定的 (Unstable) 排序演算法。

8-7 基數排序

基數排序 (Radix Sort) 不使用比較與交換的方式進行排序，而是比較每一個數值的個位數、十位數、百位數、…、到最高位數爲止。由最高位到最低位的順序進行排序，稱作 Most Significant Digit (縮寫爲 MSD)，例如：123，依序比較百位數 1、十位數 2 與個位數 3 就是由最高位到最低位方式進行排序；由最低位到最高位的順序進行排序，稱作 Least Significant Digital (縮寫爲 LSD)，例如：123，依序比較個位數 3、十位數 2 與百位數 1 就是由最低位到最高位方式進行排序，以下分別介紹。將一個十個元素的陣列，使用基數排序演算法將這十個元素由小到大排序。

基數排序演算法舉例說明

將十個數字放置於陣列中，如下圖，使用基數排序演算法由小到大排序此陣列。

454	65	452	130	33	998	681	253	542	249

使用 MSD 排序

使用最高位到最低位 (Most Significant Digit，縮寫為 MSD) 方式進行排序，過程如下。

STEP 01 維持原來陣列元素的順序，比較百位數數字，將百位數由小到大排序，如下圖。

065	033	130	253	249	454	452	542	681	998

STEP 02 維持原來陣列元素的順序，比較十位數數字，將十位數由小到大排序，如下圖。

033	065	130	249	253	454	452	542	681	998

STEP 03 維持原來陣列元素的順序，比較個位數數字，將個位數由小到大排序，如下圖。到此完成排序。

033	065	130	249	253	452	454	542	681	998

使用 LSD 排序

使用最低位到最高位 (Least Significant Digital，縮寫為 LSD) 方式進行排序，過程如下。

STEP 01 維持原來陣列元素的順序，比較個位數數字，將個位數由小到大排序，如下圖。

130	681	452	542	033	253	454	065	998	249

STEP 02 維持原來陣列元素的順序，比較十位數數字，將十位數由小到大排序，如下圖。

130	033	542	249	452	253	454	065	681	998

STEP 03 維持原來陣列元素的順序，比較百位數數字，將百位數由小到大排序，如下圖。到此完成排序。

033	065	130	249	253	452	454	542	681	998

程式撰寫時，最高位到最低位 (Most Significant Digit，縮寫為 MSD) 方式進行基數排序時，需要額外結構維持最高位順序，排序第二高位的數字，也需要額外結構維持最二高位順序，排序第三高位的數字，以此類推，其他位數字也如此。最低位到最高位 (Least Significant Digital，縮寫為 LSD) 方式進行基數排序，不需要額外結構維持最低位順序，直接使用穩定排序 (Stable Sort) 演算法排序第二低位數字，最低位數字順序仍然已排序，也就是當已排序的個位數進行十位數排序時，並不會對個位數排序結果有影響。接著排序第三低位數字時，不需要額外結構維持第二低位順序，直接使用穩定排序演算法排序第三低位數字，最二位數字順序仍然已排序，以此類推，其他位數字也如此。

以下程式為最低位到最高位 (Least Significant Digital，縮寫為 LSD) 方式進行基數排序，首先介紹使用計數排序 (Counting Sort) 演算法排序每一個元素都是個位數數字的陣列，可以使用計數排序擴展成最低位到最高位的基數排序演算法。

將十個數字放置於陣列中，如下圖，由小到大排序陣列 a。

a[0]	a[1]	a[2]	a[3]	a[4]	a[5]	a[6]	a[7]	a[8]	a[9]
4	6	5	7	1	0	6	8	9	2

STEP 01 計算各數字的個數到陣列 cnt，cnt[0] 表示數字 0 的個數，cnt[1] 表示數字 1 的個數，…，cnt[9] 表示數字 9 的個數，陣列 cnt 結果如下。

cnt[0]	cnt[1]	cnt[2]	cnt[3]	cnt[4]	cnt[5]	cnt[6]	cnt[7]	cnt[8]	cnt[9]
1	1	1	0	1	1	2	1	1	1

STEP 02 由左到右累加數字的個數到陣列 pos。

pos[0]	pos[1]	pos[2]	pos[3]	pos[4]	pos[5]	pos[6]	pos[7]	pos[8]	pos[9]
1	2	3	3	4	5	7	8	9	10

STEP 03 因為 a[9] 等於 2，查詢 pos[2] 等於 3，表示有三個元素小於等於 2，所以將 2 填入到 b[2]，pos[2] 遞減 1。

b[0]	b[1]	b[2]	b[3]	b[4]	b[5]	b[6]	b[7]	b[8]	b[9]
		2							

STEP 04 因為 a[8] 等於 9，查詢 pos[9] 等於 10，表示有十個元素小於等於 9，所以將 9 填入到 b[9]，pos[9] 遞減 1。

b[0]	b[1]	b[2]	b[3]	b[4]	b[5]	b[6]	b[7]	b[8]	b[9]
		2							9

STEP 05 因爲 a[7] 等於 8，查詢 pos[8] 等於 9，表示有九個元素小於等於 8，所以將 8 填入到 b[8]，pos[8] 遞減 1。

b[0]	b[1]	b[2]	b[3]	b[4]	b[5]	b[6]	b[7]	b[8]	b[9]
		2						8	9

STEP 06 因爲 a[6] 等於 6，查詢 pos[6] 等於 7，表示有七個元素小於等於 6，所以將 6 填入到 b[6]，pos[6] 遞減 1。

b[0]	b[1]	b[2]	b[3]	b[4]	b[5]	b[6]	b[7]	b[8]	b[9]
		2				6		8	9

STEP 07 因爲 a[5] 等於 0，查詢 pos[0] 等於 1，表示有一個元素小於等於 0，所以將 0 填入到 b[0]，pos[0] 遞減 1。

b[0]	b[1]	b[2]	b[3]	b[4]	b[5]	b[6]	b[7]	b[8]	b[9]
0		2				6		8	9

STEP 08 因爲 a[4] 等於 1，查詢 pos[1] 等於 2，表示有兩個元素小於等於 1，所以將 1 填入到 b[1]，pos[1] 遞減 1。

b[0]	b[1]	b[2]	b[3]	b[4]	b[5]	b[6]	b[7]	b[8]	b[9]
0	1	2				6		8	9

STEP 09 因爲 a[3] 等於 7，查詢 pos[7] 等於 8，表示有八個元素小於等於 7，所以將 7 填入到 b[7]，pos[7] 遞減 1。

b[0]	b[1]	b[2]	b[3]	b[4]	b[5]	b[6]	b[7]	b[8]	b[9]
0	1	2				6	7	8	9

STEP 10 因爲 a[2] 等於 5，查詢 pos[5] 等於 5，表示有五個元素小於等於 5，所以將 5 填入到 b[4]，pos[5] 遞減 1。

b[0]	b[1]	b[2]	b[3]	b[4]	b[5]	b[6]	b[7]	b[8]	b[9]
0	1	2		5		6	7	8	9

STEP 11 因爲 a[1] 等於 6，查詢 pos[6] 等於 6，表示有六個元素小於等於 6，所以將 6 填入到 b[5]，pos[6] 遞減 1。

b[0]	b[1]	b[2]	b[3]	b[4]	b[5]	b[6]	b[7]	b[8]	b[9]
0	1	2		5	6	6	7	8	9

STEP 12／ 因爲 a[0] 等於 4，查詢 pos[4] 等於 4，表示有四個元素小於等於 4，所以將 4 填入到 b[3]，pos[4] 遞減 1。

b[0]	b[1]	b[2]	b[3]	b[4]	b[5]	b[6]	b[7]	b[8]	b[9]
0	1	2	4	5	6	6	7	8	9

基數排序演算法程式碼

8-7-a- 基數排序 .py

(1) 程式與解說

行數	程式碼
1	`a = [4, 6, 5, 7, 1, 0, 6, 8, 9, 2]`
2	`b = [0, 0, 0, 0, 0, 0, 0, 0, 0, 0]`
3	`cnt = [0, 0, 0, 0, 0, 0, 0, 0, 0, 0]`
4	`pos = [0, 0, 0, 0, 0, 0, 0, 0, 0, 0]`
5	`for i in range(len(a)):`
6	`    cnt[a[i]] = cnt[a[i]] + 1`
7	`pos[0] = cnt[0]`
8	`for i in range(1,10):`
9	`    pos[i] = pos[i-1] + cnt[i]`
10	`for i in range(len(a) -1, -1, -1):`
11	`    pos[a[i]] = pos[a[i]] - 1`
12	`    b[pos[a[i]]] = a[i]`
13	`for i in range(len(b)):`
14	`    print(b[i], " ", end='')`
15	`print()`
解說	第 1 行：宣告陣列 a 有 10 個元素，分別爲 4、6、5、7、1、0、6、8、9、2。 第 2 行：宣告陣列 b 有 10 個元素，每個元素都是 0。 第 3 行：宣告陣列 cnt 有 10 個元素，每個元素都是 0。 第 4 行：宣告陣列 pos 有 10 個元素，每個元素都是 0。 第 5 到 6 行：計算每一個數字的個數到陣列 cnt。 第 7 到 9 行：計算每一位數字的最後一個元素的位置到陣列 pos。 第 10 到 12 行：陣列 pos 的第 a[i] 個的元素值遞減 1，將陣列 a 元素填入陣列 b 的陣列 pos 第 a[i] 個的元素。 第 13 到 15 行：印出陣列 b 的每一個元素值。

(2) 預覽程式執行結果

```
0  1  2  4  5  6  6  7  8  9
```

基數排序演算法程式碼

8-7-b-基數排序.py

(1) 程式與解說

行數	程式碼
1	`a = [454, 65, 447, 130, 33, 998, 681, 542, 249]`
2	`b = [0, 0, 0, 0, 0, 0, 0, 0, 0]`
3	
4	`def dig(x, m):`
5	`    x = x % m`
6	`    return int(x // (m/10))`
7	
8	`def radix_sort(n, k): #n 個數值，數值最大為 k 位數`
9	`    for j in range(1, k+1):`
10	`        cnt = [0, 0, 0, 0, 0, 0, 0, 0, 0, 0]`
11	`        pos = [0, 0, 0, 0, 0, 0, 0, 0, 0, 0]`
12	`        m = 10 ** j`
13	`        for i in range(n):  #計算數字個數`
14	`            x = dig(a[i], m)`
15	`            cnt[x] = cnt[x] + 1`
16	`        pos[0] = cnt[0]        #累加數字個數`
17	`        for i in range(1,10):`
18	`            pos[i] = pos[i-1] + cnt[i]`
19	`        for i in range(n-1, -1, -1): #填入`
20	`            x = dig(a[i], m)`
21	`            pos[x] = pos[x] - 1`
22	`            b[pos[x]] = a[i]`
23	`        for i in range(n):  #拷貝`
24	`            a[i] = b[i]`
25	`        for i in range(n):`
26	`            print(a[i], ' ', end='')`
27	`        print()`
28	

29	radix_sort(9, 3)
解說	第 1 行：宣告陣列 a 有 9 個元素，分別爲 454、65、447、130、33、998、681、542 與 249。 第 2 行：宣告陣列 b 有 9 個元素，每個元素都是 0。 第 4 到 6 行：定義函式 dig 取出數值 x 右邊數過來的第 $\log_{10}$ m 位數字，m 爲 10 的次方。 第 8 到 27 行：定義函式 radix_sort，排序 n 個數值，數值最大爲 k 位數。 第 9 到 27 行：迴圈跑 k 次，由最低位到最高位進行基數排序，迴圈變數 j 等於 1，將每個數字的個位數字由小到大排序，接著設定陣列 cnt 有 10 個元素，每個元素都是 0 (第 10 行)，設定陣列 pos 有 10 個元素，每個元素都是 0 (第 11 行)，設定變數 m 爲 10 的 j 次方 (第 12 行)。計算數字個數，計算 n 個數值右邊數過來的第 $\log_{10}$ m 位數字的個數到陣列 cnt (第 13 到 15 行)。累加數字個數，計算每位數字由小到大的累計個數到陣列 pos (第 16 到 18 行)。填入適當位置，將陣列 a 的每個元素依照索引值高到低取出，使用陣列 pos 以每個數值右邊數過來的第 $\log_{10}$ m 位數字查詢擺放位置 (pos[x])，將 pos[x] 遞減 1，將陣列 a 元素放入陣列 b 的第 pos[x] 位置 (第 19 到 22 行)。將陣列 b 的每個元素拷貝回到陣列 a (第 23 到 24 行)。印出陣列 a 的每一個元素 (第 25 到 27 行)。 第 29 行：呼叫函式 radix_sort，輸入 9 表示有 9 個元素要排序，輸入 3 表示最大元素數值爲 3 位數。

(2) 程式結果預覽

```
130   681   542   33   454   65   447   998   249
130   33   542   447   249   454   65   681   998
33   65   130   249   447   454   542   681   998
```

基數排序演算法效率分析

第 9 到 27 行爲基數排序演算法，迴圈需要跑 k 次，迴圈內第 13 到 15 行、第 19 到 22 行、第 23 到 24 行與第 25 到 26 行需要執行 n 次，第 17 到 18 行需要執行 d 次，本範例的 d 爲 10，此演算法效率爲 O(k(n+d))，k 表示最大數值爲 k 位數，n 表示排序 n 個數值，d 表示數值的基底，當 n 很大，且 k 與 d 相對很小時，演算法效率就會接近 O(n)。基數排序需要額外 O(n) 的暫存空間，不屬於 in-place 演算法。基數排序是穩定的 (Stable) 排序演算法。

8-8 各種排序演算法的比較

排序相同數值時，仍然維持原來的順序，不會讓相同數值的兩數交換，例如：數列「3, 6 , 7, 6', 5, 4」進行排序，6 與 6' 都表示 6，排序後獲得「3, 4, 5, 6, 6', 7」，6 仍然在 6' 前面，此排序演算法爲穩定的 (Stable) 排序演算法。

演算法執行過程中，如果不需要使用額外記憶體空間，稱作 in-place，例如：氣泡排序、插入排序與選擇排序的記憶體空間使用量都是 O(1)，所花費的額外記憶體空間屬於常數，就屬於 in-place 的演算法。快速排序的遞迴深度至少是 log(n)，而合併排序與基數排序至少需要 n 個額外記憶體空間，n 爲輸入排序演算法的資料量，所以都不屬於 in-place 的演算法。

綜合比較本章所介紹的排序演算法，如下表。

演算法	氣泡排序 (Bubble Sort)	插入排序 (Insertion Sort)	選擇排序 (Selection Sort)	合併排序 (Merge Sort)	快速排序 (Quick Sort)	基數排序 (Radix Sort)	堆積排序 (Heap Sort)
平均演算法效率	$O(n^2)$	$O(n^2)$	$O(n^2)$	O(n log(n))	O(n log(n))	O(k(n+d))	O(n log(n))
最差情況演算法效率	$O(n^2)$	$O(n^2)$	$O(n^2)$	O(n log(n))	$O(n^2)$	O(k(n+d))	O(n log(n))
記憶體空間使用量	O(1)	O(1)	O(1)	O(n)	O(log(n))	O(n+d)	O(1)
穩定性	是	是	不是	是	不是	是	不是
n 表示排序 n 個數值，k 表示最大數值爲 k 位數， d 表示數值的基底。							

一、選擇題

(　) 1. 排序的過程如下，請問是以下哪一個排序演算法？

3 5 4 6 2 → 3 4 5 2 6 → 3 4 2 5 6 → 3 2 4 5 6 → 2 3 4 5 6

(A) 氣泡排序　(B) 插入排序　(C) 快速排序　(D) 堆積排序。

(　) 2. 以下哪一個演算法屬於 in-place 的演算法？　(A) 氣泡排序　(B) 基數排序　(C) 快速排序　(D) 合併排序。

(　) 3. 使用氣泡排序演算法，由小到大排序數列「3 2 5 7 8 4 1」，請問外層迴圈跑一次後的結果為以下哪一個數列？　(A)2 3 4 7 5 1 8　(B)2 3 5 4 7 1 8　(C)2 3 5 7 4 1 8　(D)5 2 4 1 3 7 8。

(　) 4. 使用氣泡排序演算法，由小到大排序數列「3 2 5 7 8 4 1」，請問外層迴圈跑二次後的結果為以下哪一個數列？　(A)2 3 4 1 5 7 8　(B)2 3 5 4 1 7 8　(C)2 3 5 7 4 1 8　(D)5 2 4 1 3 7 8。

(　) 5. 使用氣泡排序演算法，由小到大排序數列「3 2 5 7 8 4 1」，總共需要比較幾次？　(A)10　(B)15　(C)18　(D)21。

(　) 6. 使用氣泡排序演算法，由小到大排序數列「3 2 5 7 8 4 1」，總共需要交換幾次？　(A)8　(B)10　(C)13　(D)15。

(　) 7. 請問以下程式執行結果為何？　(A) 90 82 60 50 44　(B) 44 50 60 82 90　(C) 44 82 60 50 90　(D)82 90 44 60 50。

```
A=[60,90,44,82,50]
for i in range(len(A)-1,0,-1):
    for j in range(i):
        if A[j] < A[j+1]:
            A[j],A[j+1] = A[j+1],A[j]
for item in A:
    print(item,' ', end='')
print()
```

(　　) 8. 以下何者不是穩定的 (Stable) 排序演算法？ (A) 氣泡排序 (B) 插入排序 (C) 選擇排序 (D) 合併排序。

(　　) 9. 排序的過程如下，請問是以下哪一個排序演算法？

3 5 4 6 2 → 3 5 4 2 6 → 3 2 4 5 6 → 3 2 4 5 6 → 2 3 4 5 6

(A) 選擇排序 (B) 插入排序 (C) 快速排序 (D) 合併排序。

(　　) 10. 以下哪一個演算法屬於 in-place 的演算法？ (A) 選擇排序 (B) 基數排序 (C) 快速排序 (D) 合併排序。

(　　) 11. 使用選擇排序演算法，由小到大排序數列「3 2 5 7 8 4 1」，請問外層迴圈跑一次後的結果為以下哪一個數列？ (A) 3 2 5 7 4 1 8 (B)2 3 5 4 7 1 8 (C)2 3 5 7 4 1 8 (D) 3 2 5 7 1 4 8。

(　　) 12. 使用選擇排序演算法由小到大排序數列「3 2 5 7 8 4 1」，請問外層迴圈跑二次後的結果為以下哪一個數列？ (A)3 2 4 1 5 7 8 (B)3 2 5 4 1 7 8 (C)2 3 5 7 4 1 8 (D)5 2 4 1 3 7 8。

(　　) 13. 使用選擇排序演算法，由小到大排序數列「3 2 5 7 8 4 1」，總共需要比較幾次？ (A)10 (B)15 (C)18 (D)21。

(　　) 14. 使用選擇排序演算法，由小到大排序數列「3 2 5 7 8 4 1」，總共需要交換幾次？ (A)4 (B)6 (C)8 (D)10。

(　　) 15. 排序的過程如下，請問是哪一個排序演算法？

3 2 4 6 5 → 2 3 4 6 5 → 2 3 4 6 5 → 2 3 4 6 5 → 2 3 4 5 6

(A) 氣泡排序 (B) 插入排序 (C) 合併排序 (D) 基數排序。

(　　) 16. 如果輸入資料為已排序的由小到大資料，請問以下哪一個演算法將這些資料由小到大排序效率最好？ (A) 氣泡排序 (B) 插入排序 (C) 快速排序 (D) 合併排序。

(　　) 17. 下列何者屬於穩定 (Stable) 排序演算法？ (A) 快速排序 (B) 插入排序 (C) 選擇排序 (D) 堆積排序。

(　) 18. 使用插入排序演算法，由小到大排序數列「3 2 5 7 8 4 1」，請問外層迴圈跑一次後的結果爲以下哪一個數列？ (A)2 3 4 7 5 1 8　(B)2 3 5 4 7 1 8　(C)2 3 5 7 8 4 1　(D)5 2 4 1 3 7 8。

(　) 19. 使用插入排序演算法，由小到大排序數列「3 2 5 7 8 4 1」，請問外層迴圈跑二次後的結果爲以下哪一個數列？ (A)2 3 4 1 5 7 8　(B)2 3 5 4 1 7 8　(C)2 3 5 7 8 4 1　(D)5 2 4 1 3 7 8。

(　) 20. 使用插入排序演算法，由小到大排序數列「3 2 5 7 8 4 1」，總共需要比較幾次？ (A)10　(B)13　(C)16　(D)18。

(　) 21. 使用插入排序演算法，由小到大排序數列「3 2 5 7 8 4 1」，總共需要交換幾次？ (A)8　(B)10　(C)13　(D)15。

(　) 22. 以下何者平均效率爲 O(n*log(n))，且是穩定的 (Stable) 排序演算法？ (A) 氣泡排序　(B) 插入排序　(C) 快速排序　(D) 合併排序。

(　) 23. 以下哪一個演算法需要額外 O(n) 個記憶體空間？ (A) 氣泡排序　(B) 合併排序　(C) 插入排序　(D) 快速排序。

(　) 24. 以下哪一個演算法需要最多的額外記憶體空間？ (A) 合併排序　(B) 插入排序　(C) 快速排序　(D) 氣泡排序。

(　) 25. 以下哪一個演算法平均效率最佳？ (A) 氣泡排序　(B) 插入排序　(C) 選擇排序　(D) 合併排序。

(　) 26. 以下哪一個演算法最差情況下效率最佳？ (A) 快速排序　(B) 插入排序　(C) 選擇排序　(D) 合併排序。

(　) 27. 以下何者屬於分而治之 (Divide And Conquer) 演算法？ (A) 氣泡排序　(B) 插入排序　(C) 選擇排序　(D) 合併排序。

(　) 28. 快速排序 (Quick Sort) 最差情況下的演算法效率爲何？ (A)O(n)　(B) O(n*log(n))　(C)$O(n^2)$　(D)$O(n^3)$

(　) 29. 快速排序 (Quick Sort) 平均情況下的演算法效率爲何？ (A)O(n)　(B) O(n*log(n))　(C)$O(n^2)$　(D)$O(n^3)$。

本章習題

( ) 30. 數列「3 5 4 6 2 1 7」，以下何者是快速排序第一輪的結果？ (A) 2 1 3 6 4 5 7 (B) 2 3 1 6 4 5 7 (C)2 1 3 4 6 5 7 (D) 1 2 3 5 4 7 6。

( ) 31. 以下哪一個演算法需要額外 O(log(n)) 個記憶體空間？ (A) 氣泡排序 (B) 插入排序 (C) 快速排序 (D) 合併排序。

( ) 32. 以下何者屬於分而治之 (Divide And Conquer) 演算法？ (A) 氣泡排序 (B) 插入排序 (C) 選擇排序 (D) 快速排序。

( ) 33. 下面哪一個演算法，最差情況下演算法效率不是 $O(n^2)$ ？ (A) 插入排序 (B) 快速排序 (C) 選擇排序 (D) 堆積排序。

( ) 34. 以下哪一個演算法屬於 in-place 的演算法？ (A) 堆積排序 (B) 基數排序 (C) 快速排序 (D) 合併排序。

( ) 35. 使用堆積排序演算法，由小到大排序數列「3 2 5 7 8 4 1」，首先將數列轉換成 Max Heap，形成以下哪一個數列？ (A)2 3 4 1 5 7 8 (B) 8 7 5 2 3 4 1 (C)8 7 5 3 2 4 1 (D) 2 3 1 4 5 7 8。

( ) 36. 使用堆積排序演算法，由小到大排序數列「3 2 5 7 8 4 1」，首先將數列轉換成 Max Heap，將最大元素與最後一個元素交換，調整成 Max Heap 後，形成以下哪一個數列？ (A)7 5 3 1 2 4 8 (B)7 3 5 1 2 4 8 (C)2 3 5 7 4 1 8 (D)5 2 4 1 3 7 8。

( ) 37. 使用堆積排序演算法，由小到大排序數列「3 2 5 7 8 4 1」，將最大元素移到最後一個元素，需要移動幾次？ (A)3 (B)6 (C)8 (D)10。

( ) 38. 排序的過程如下，請問是以下哪一個排序演算法？

13 45 54 36 2 24 → 2 13 54 24 45 36 → 2 13 24 36 45 54

(A) 氣泡排序 (B) 插入排序 (C) 基數排序 (D) 堆積排序。

( ) 39. 以下哪一個演算法不屬於 in-place 的演算法？ (A) 氣泡排序 (B) 基數排序 (C) 選擇排序 (D) 插入排序

(　) 40. 使用基數排序演算法，且由最低位到最高位 (Least Significant Digital，縮寫爲 LSD) 方式進行排序，由小到大排序數列「13 33 54 36 2 24」，請問使用個位數排序後的結果爲以下哪一個數列？ (A)2 33 13 54 24 36　(B)2 13 33 54 24 36　(C) 2 13 33 24 54 36　(D)2 13 33 36 24 54。

(　) 41. 使用基數排序演算法，且由最低位到最高位 (Least Significant Digital，縮寫爲 LSD) 方式進行排序，由小到大排序數列「13 33 54 36 2 24」，請問使用個位數與十位數排序後的結果爲以下哪一個數列？ (A)2 33 13 54 24 36　(B)2 13 33 54 24 36　(C)2 13 24 33 36 54　(D)2 13 33 36 24 54。

(　) 42. 以下何者最適合使用堆積 (Heap) 結構？ (A) 找出某個數值是否存在　(B) 從數列中間插入與刪除元素　(C) 找出最大值或最小值　(D) 找出中位數。

(　) 43. 以下哪一種資料結構，其上一層節點的均值大於等於下一層節點的值？ (A) AVL 樹　(B) 堆積 (Heap)　(C) 佇列 (Queue)　(D) 堆疊 (Stack)。

二、問答題

1. 請使用指定的演算法排序以下數字，寫出排序的過程。

34, 56, 12, 79, 45, 99, 2, 16

(a) 氣泡排序演算法

(b) 選擇排序演算法

(c) 插入排序演算法

(d) 合併排序演算法

(e) 快速排序演算法

(f) 堆積排序演算法

(g) 請使用基數排序演算法，且由最低位到最高位 (Least Significant Digital，縮寫爲 LSD) 方式進行排序

2. 請舉例一個數列，說明選擇排序不是穩定的 (Stable) 排序演算法。

3. 請舉例一個數列，說明快速排序不是穩定的 (Stable) 排序演算法。

4. 請舉例一個數列，說明堆積排序不是穩定的 (Stable) 排序演算法。

三、實作題

1. 請改寫以下程式，使用指定的演算法排序 1000 與 10000 個隨機產生的數值，數值大於等於 1，且小於 10 的浮點數，並分別計算所需時間。

```
import random
import time
nums = []
for i in range(1000000):
    nums.append(random.uniform(1,10))
start = time.time()
nums.sort()
end = time.time()
print("排序花費",end-start,"秒")
```

(a) 氣泡排序演算法

(b) 選擇排序演算法

(c) 插入排序演算法

(d) 合併排序演算法

(e) 快速排序演算法

(f) 堆積排序演算法

2. 請改寫以下程式，使用基數排序演算法排序 1000 個、10000 個與 100000 個隨機產生的正整數值，數值大於等於 1，且小於等於 100000 的整數，並分別計算所需時間。使用函式 randint(a,b)，可以產生大於等於 a 且小於等於 b 的整數。

```
import random
import time
nums = []
for i in range(1000000):
    nums.append(random.uniform(1,10))
start = time.time()
nums.sort()
end = time.time()
print(" 排序花費 ",end-start," 秒 ")
```

學習筆記

Python

CHAPTER 09

搜尋與雜湊

以下介紹循序搜尋、二元搜尋、內插搜尋與費氏搜尋，都是使用比較方式進行搜尋。未經排序的資料只能使用循序搜尋，已經排序的資料可以使用二元搜尋、內插搜尋與費氏搜尋來提升執行效率，但排序演算法比循序搜尋還要費時，對於搜尋次數很少的資料建議使用循序搜尋，如果資料不會變動且需要不斷地被搜尋，就可以考慮先排序再進行二元搜尋、內插搜尋或費氏搜尋。

9-1-1 循序搜尋

9-1-1 循序搜尋 .py

在陣列內從頭到尾依序找尋，指定數值是否存在，稱作循序搜尋。陣列內數值不需要事先排序，假設十個學生的成績陣列，如下圖，以循序搜尋方式找尋成績為 59 分的學生。

如下表：

45	88	78	67	92	62	59	83	85	70

(1) 檢查第一個學生的成績 (45) 是否為 59 分。

↓

45	88	78	67	92	62	59	83	85	70

(2) 檢查第二個學生的成績 (88) 是否為 59 分。

↓

45	88	78	67	92	62	59	83	85	70

(3) 檢查第三個學生的成績 (78) 是否為 59 分。

↓

45	88	78	67	92	62	59	83	85	70

(4) 檢查第四個學生的成績 (67) 是否為 59 分。

↓

45	88	78	67	92	62	59	83	85	70

(5) 檢查第五個學生的成績 (92) 是否為 59 分。

↓

45	88	78	67	92	62	59	83	85	70

(6) 檢查第六個學生的成績 (62) 是否為 59 分。

45	88	78	67	92	62	59	83	85	70

(7) 檢查第七個學生的成績 (59) 是否為 59 分，輸出「找到 59 分的學生」，程式結束。

45	88	78	67	92	62	59	83	85	70

這樣的演算法需要一個迴圈 (for) 用於檢查「目前成績」是否等於 59 分，若找到一個成績等於 59 分，則輸出「找到 59 分的學生」。

(1) 程式與解說

行數	程式碼
1	`score = [44, 88, 78, 67, 92, 62, 59, 83, 85, 70]`
2	`for i in range(10):`
3	`    print("檢查 score[", i, "]=", score[i]," 是否等於 59")`
4	`    if score[i] == 59:`
5	`        print(" 找到 59 分 ")`
6	`        break`
解說	第 1 行：宣告整數陣列 score，初始化為 10 個元素的陣列，從第 1 個到第 10 個元素分別是「44, 88, 78, 67, 92, 62, 59, 83, 85, 70」。 第 2 到 6 行：迴圈變數 i 由 0 到 9，每次遞增 1，顯示目前成績 (score[i]) 到螢幕上 (第 3 行)。若目前成績 (score[i]) 等於 59，則顯示「找到 59 分」，使用 break 中斷迴圈 (第 4 到 6 行)。

(2) 程式執行結果

```
檢查 score[ 0 ]= 44 是否等於 59
檢查 score[ 1 ]= 88 是否等於 59
檢查 score[ 2 ]= 78 是否等於 59
檢查 score[ 3 ]= 67 是否等於 59
檢查 score[ 4 ]= 92 是否等於 59
檢查 score[ 5 ]= 62 是否等於 59
檢查 score[ 6 ]= 59 是否等於 59
找到 59 分
```

(3) 循序搜尋效率分析

第 2 到 6 行程式碼是程式執行效率的關鍵，迴圈執行 n 次，演算法效率爲 O(n)，n 爲被搜尋的資料數量。

9-1-2 二元搜尋

9-1-2 二元搜尋 .py

二元搜尋 (Binary Search) 不斷將問題的搜尋範圍進行縮小，每次縮小一半，因而獲得較高的效率，但搜尋前需要將資料進行排序才能使用二元搜尋。二元搜尋比循序搜尋找到該資料的執行時間要短，也就是有較好的執行效率。使用「已排序成績陣列中是否包含成績爲 59 分的學生」爲例，進行二元搜尋概念的說明。

從頭到尾依序找尋稱作「循序搜尋」，但對已經由小到大排序好的資料可以使用「二分搜尋」方式加快找尋速度，因爲已經排序可以從中間開始找，若要找的元素比中間元素值大，則往右邊找，若要找的元素比中間元素值小，則往左邊找，依此類推，直到找到爲止。

假設已排序的十個學生的成績陣列，如下圖，以二分搜尋方式找尋成績爲 59 分的學生。

45	59	62	67	70	78	83	85	88	92

(1) 取第一個到第十個學生成績中間的那位學生，判斷第六個學生的成績 (78) 是否爲 59 分，若是則輸出「找到 59 分的學生」程式結束。

↓ (指向 78)

45	59	62	67	70	78	83	85	88	92

(2) 因為 59 分小於 78 分，往左邊取由第一到第五個學生成績中間的那位學生，判斷第三個學生的成績 (62) 是否為 59 分，若是則輸出「找到 59 分的學生」程式結束。

↓ (62)

45	59	62	67	70	78	83	85	88	92

(3) 因為 59 分小於 62 分，往左邊取由第一到第二個學生成績中間的那位學生，判斷第一個學生的成績 (45) 是否為 59 分，若是則輸出「找到 59 分的學生」程式結束。

↓ (45)

45	59	62	67	70	78	83	85	88	92

(4) 因為 59 分大於 45 分，往右邊判斷第二個學生的成績 (59) 是否為 59 分，找到 59 分的學生，輸出「找到 59 分的學生」程式結束。

↓ (59)

45	59	62	67	70	78	83	85	88	92

這樣的演算法需要一個成績陣列，事先將成績陣列由小到大排序好，一個迴圈 (while) 用於檢查「目前成績」是否等於 59 分，若找到一個成績等於 59 分，則輸出「找到 59 分」，否則若「目前成績」大於 59 分，59 分可能在「目前成績」的左半部，「目前成績」為左半部陣列元素取位於中間元素的成績，若「目前成績」小於 59 分，59 分可能在「目前成績」的右半部，「目前成績」為右半部成績陣列取位於中間元素的成績。若找不到可以比較的「目前成績」，則輸出「找不到 59 分」。

(1) 程式與解說

行數	程式碼
1	`score = [45, 59, 62, 67, 70, 78, 83, 85, 88, 92]`
2	`mid=5`
3	`left=0`
4	`right=9`
5	`while score[mid] != 59:`
6	`    print("檢查 score[", mid, "]=", score[mid]," 是否等於 59")`
7	`    if left >=right:`
8	`        break`
9	`    if score[mid] > 59:`
10	`        right=mid-1`

11	`    else:`
12	`        left=mid+1`
13	`    mid=(left+right)//2`
14	`    print("right 更新爲 ", right)`
15	`    print("left 更新爲 ", left)`
16	`    print("mid 更新爲 ", mid)`
17	`if score[mid] == 59:`
18	`    print(" 找到 59 分 ")`
19	`else:`
20	`    print(" 找不到 59 分 ")`
解說	第 1 行：宣告整數陣列 score，初始化爲 10 個元素的陣列，從第 1 個到第 10 個元素分別是「45, 59, 62, 67, 70, 78, 83, 85, 88, 92」。 第 2 行：宣告 mid 爲整數變數且初始化爲 5，score[mid] 指向「目前成績」。宣告 left 爲整數變數且初始化爲 0 (第 3 行)，決定搜尋範圍的左邊界。宣告 right 爲整數變數且初始化爲 9 (第 4 行)，決定搜尋範圍的右邊界。 第 5 到 16 行：while 迴圈中 mid 爲「目前成績」的陣列索引，判斷 score[mid] 是否爲 59，若不是則繼續迴圈；若是則跳出迴圈。 第 6 行：顯示目前成績 score[mid] 於螢幕。 第 7 到 8 行：若 left 大於等於 right 表示搜尋範圍已經沒有元素了，使用 break 中斷迴圈。 第 9 到 15 行：若「目前成績 (score[mid])」大於 59 表示搜尋左半部，將 right 改成 mid-1 (第 10 行)，否則表示搜尋右半部，將 left 改成 mid+1 (第 12 行)，讓陣列索引變數 left 與 right 指向新的搜尋範圍。 第 13 行：mid 改成取變數 left 與 right 指向新的搜尋範圍的中間，也就是 left 與 right 相加除以 2 取整數。 第 14 到 16 行：顯示 right、left 與 mid 於螢幕。 第 17 到 20 行：若 score[mid] 等於 59，顯示「找到 59 分」，否則顯示「找不到 59 分」。

(2) 程式執行結果

```
檢查 score[ 5 ]= 78 是否等於 59
right 更新爲 4
left 更新爲 0
mid 更新爲 2
檢查 score[ 2 ]= 62 是否等於 59
right 更新爲 1
left 更新爲 0
mid 更新爲 0
```

```
檢查 score[ 0 ]= 45 是否等於 59
right 更新爲 1
left 更新爲 1
mid 更新爲 1
找到 59 分
```

(3) 二元搜尋效率分析

執行第 9 到 13 行程式碼，是程式執行效率的關鍵，不斷縮小搜尋範圍爲原來的一半，只需要約 log(n) 次的縮小範圍就能確定是否能找到，程式效率爲 O(log(n))，n 爲被搜尋的資料數量。

9-1-3 內插搜尋

ch9\9-1-3 內插搜尋 .py

內插搜尋 (Interpolation Search) 不斷將問題的搜尋範圍進行縮小，每次依照比例進行縮小搜尋範圍，因而獲得較高的效率，但搜尋前需要將資料進行排序才能使用內插搜尋。內插搜尋比循序搜尋的執行時間要短，也就是有較好的執行效率。若資料平均分布的情況下，內插搜尋也比二元搜尋的執行時間要短，也就是執行效率較佳。

內插搜尋是二分搜尋的變形，二分搜尋每次都從中間開始找，那有沒有可能不從中間開始找，根據要找尋資料的數值，與兩端點數值的比例，使用內插法找尋最合適的索引值。若要找的元素比最合適索引值的元素值大，則往該索引值的右邊找；若要找的元素比最合適索引值的元素值小，則往該索引值的左邊找，依此類推，直到找到爲止。

$$\text{內插法搜尋索引值} = \text{左邊界索引值} + int\left(\frac{\text{要搜尋的數值} - \text{左邊界數值}}{\text{右邊界的數值} - \text{左邊界數值}}\right) * (\text{右邊界索引值} - \text{左邊界索引值})$$

說明：在 Python 的函式 int 表示無條件捨去取整數。

假設已排序的十個學生的成績陣列，如下圖，以內插搜尋方式找尋成績爲 59 分的學生。

39	59	62	67	70	78	83	85	88	92

(1) 使用內插搜尋計算出索引值爲 3，如以下公式。

內插法搜尋索引值 $= 0 + \text{int}(\frac{59-39}{92-39} * (9-0)) = \text{int}(3.39) = 3$

計算取索引值爲 3 的那個學生，也就是第四個學生的成績 (67) 是否爲 59 分，若是則輸出「找到 59 分的學生」程式結束。

39	59	62	67	70	78	83	85	88	92

(2) 因爲 59 分小於 67 分，往左邊取由第一到第三個學生成績，使用內插法找出最合適的索引值，計算出索引值爲 1，如以下公式。

內插搜尋索引值 $= 0 + \text{int}(\frac{59-39}{62-39} * (2-0)) = \text{int}(1.73) = 1$

取索引值爲 1 的那個學生，也就是第二個學生的成績 (59) 是否爲 59 分，輸出「找到 59 分」程式結束。

39	59	62	67	70	78	83	85	88	92

這樣的演算法需要一個成績陣列，事先將成績陣列由小到大排序好，「目前成績」爲內插法最合適的索引值所對應的元素值。一個迴圈 (while) 用於檢查「目前成績」是否等於 59 分，若找到成績等於 59 分，則輸出「找到 59 分」，否則若「目前成績」大於 59 分，59 分可能在「目前成績」的左半部，「目前成績」爲左半部取內插法最合適索引值的成績；若「目前成績」小於 59 分，59 分可能在「目前成績」的右半部，「目前成績」爲右半部取內插法最合適索引值的成績。若找不到可以比較的「目前成績」，則輸出「找不到 59 分」。

(1) 程式與解說

行數	程式碼
1	`score = [39, 59, 62, 67, 70, 78, 83, 85, 88, 92]`
2	`left=0`
3	`right=9`
4	`x = left + int((59-score[left])/(score[right]-score[left])*(right-left))`

5	`print("x 為 ", x)`
6	`while score[x] != 59:`
7	`    print(" 檢查 score[", x, "]=", score[x]," 是否等於 59")`
8	`    if left >=right:`
9	`        break`
10	`    if score[x] > 59:`
11	`        right = x-1`
12	`    else:`
13	`        left = x+1`
14	`    x = left + int((59-score[left])/(score[right]-score[left])*(right-left))`
15	`    print("right 更新為 ", right)`
16	`    print("left 更新為 ", left)`
17	`    print("x 更新為 ", x)`
18	`if score[x] == 59:`
19	`    print(" 找到 59 分 ")`
20	`else:`
21	`    print(" 找不到 59 分 ")`
解說	第 1 行：宣告整數陣列 score，初始化為 10 個元素的陣列，從第 1 個到第 10 個元素分別是「39, 59, 62, 67, 70, 78, 83, 85, 88, 92」。 第 2 行：left 初始化為 0，決定搜尋範圍的左邊界。 第 3 行：right 初始化為 9，決定搜尋範圍的右邊界。 第 4 行：計算內插法最合適的索引值 x 為 59 減去左邊界成績值 (59-score[left])，再除以右邊界成績值減去左邊界成績值 (score[right]-score[left])，接著乘以右邊界索引值減去左邊界索引值 (right-left)，使用函式 int 取整數，加上左邊界索引值 (left)。 第 5 行：印出 x 的數值。 第 6 到 17 行：while 迴圈中 x 為「目前成績」的陣列索引，判斷 score[x] 是否為 59，若不是則繼續迴圈；若是則跳出迴圈。 第 7 行：顯示目前成績 score[x] 於螢幕。 第 8 到 9 行：若 left 大於等於 right 表示搜尋範圍已經沒有元素了，使用 break 中斷迴圈。 第 10 到 13 行：若「目前成績 (score[x])」大於 59 表示搜尋左半部，將 right 改成 x-1（第 11 行），否則表示搜尋右半部，將 left 改成 x+1（第 13 行），讓陣列索引變數 left 與 right 指向新的搜尋範圍。 第 14 行：計算內插法最合適的索引值 x 為 59 減去左邊界成績值 (59-score[left])，再除以右邊界成績值減去左邊界成績值 (score[right]-score[left])，接著乘以右邊界索引值減去左邊界索引值 (right-left)，使用函式 int 取整數，加上左邊界索引值 (left)。 第 15 到 17 行：顯示 right、left 與 x 於螢幕。 第 18 到 21 行：若 score[x] 等於 59，顯示「找到 59 分」，否則顯示「找不到 59 分」。

(2) 程式執行結果

```
x為 3
檢查score[ 3 ]= 67 是否等於59
right 更新為 2
left 更新為 0
x 更新為 1
找到59 分
```

(3) 內插搜尋程式效率分析

執行第 10 到 14 行程式碼，是程式執行效率的關鍵，不斷縮小搜尋範圍，平均而言，只需要約 log(log(n)) 次的縮小範圍就能確定是否能找到，程式效率為 O(log(log(n)))，n 為被搜尋的資料數量。若資料分布不平均時，演算法效率為 O(n)，例如：1,2,3,4,5,10000000，搜尋 10 存不存在時，演算法效率為 O(n)。

9-1-4 費氏搜尋

ch9\9-1-4 費氏搜尋 .py

費氏搜尋 (Fibonacci Search) 不斷將問題的搜尋範圍進行縮小，每次依照費式數列進行縮小搜尋範圍，因而獲得較高的效率，但搜尋前需要將資料進行排序才能使用費氏搜尋。費氏搜尋比循序搜尋與二元搜尋的執行時間要短，也就是有較好的執行效率。

對已經由小到大排序好的資料可以使用「費式搜尋」方式加快找尋速度，每次都從費式數列所指定的索引值開始找，首先計算費式數列，再使用費式數列為索引值，減少內插搜尋需要除法與乘法運算計算索引值。若要找的元素比費式數列索引值所指定的元素值大，則往該費式數列索引值的右邊找；若要找的元素比費式數列索引值所指定的元素值小，則往該費式數列索引值的左邊找，依此類推，直到找到為止。

假設費式數列第一項為 0，第二項為 1，第三項以後為前兩項相加，獲得費式數列為 0, 1, 1, 2, 3, 5, 8, 13, 21, 34, 55, 89,⋯，如果將此費式數列儲存到陣列 F，如下圖。

F[0]	F[1]	F[2]	F[3]	F[4]	F[5]	F[6]	F[7]	F[8]	F[9]	F[10]	F[11]	⋯
0	1	1	2	3	5	8	13	21	34	55	89	⋯

假設搜尋陣列索引值為 F[k] 的元素，如果目標值比 F[k] 的元素小，表示搜尋左半部，此時使用 F[k]-F[k-1] 為下一個索引值；如果目標值比 F[k] 的元素大，表示搜尋右半部，此時使用 F[k]+F[k-1] 為下一個索引值，避免內插法計算下一個索引值的乘法與除法運算。

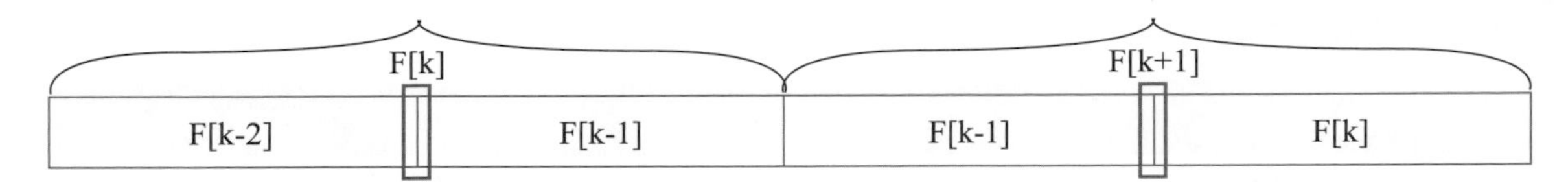

使用「已排序成績陣列中是否包含成績爲 59 分的學生」爲例，進行費式搜尋概念的說明。

假設已排序的 12 個學生的成績陣列，如下圖，在成績陣列的第一個元素爲一個很小的數值，總共有 13 個元素，以費式搜尋方式找尋成績爲 59 分的學生。

(1) 因爲 5+8=13，取索引值爲 5 的學生成績，也就是第六個學生的成績 (63) 是否爲 59 分，若是則輸出「找到 59 分」程式結束。

-99	11	22	59	60	63	64	67	78	83	85	88	92

(2) 因爲 59 分小於 63 分，往左邊學生成績索引值 (5-3) 的那位學生，也就是第三個學生的成績 (22) 是否爲 59 分，若是則輸出「找到 59 分」程式結束。

-99	11	22	59	60	63	64	67	78	83	85	88	92

(3) 因爲 59 分大於 22 分，往右邊判斷學生成績索引值 (2+2) 的那位學生，也就是第五個學生的成績 (60) 是否爲 59 分，若是則輸出「找到 59 分」程式結束。

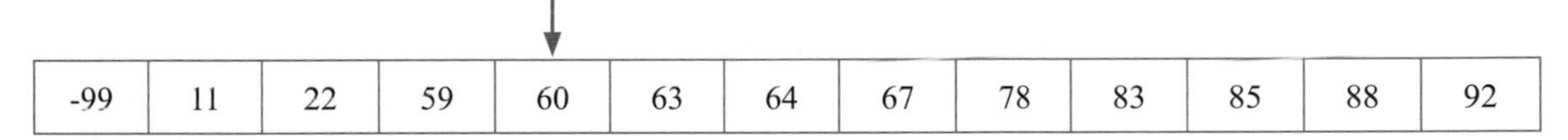

-99	11	22	59	60	63	64	67	78	83	85	88	92

(4) 因爲 59 分小於 60 分，往左邊判斷學生成績索引值 (4-1) 的那位學生，也就是第四個學生的成績 (59) 是否爲 59 分，輸出「找到 59 分」程式結束。

-99	11	22	59	60	63	64	67	78	83	85	88	92

這樣的演算法需要一個成績陣列，事先將成績陣列由小到大排序好。一個迴圈 (while) 用於檢查「目前成績」是否等於 59 分，若找到成績等於 59 分，則輸出「找到 59 分」，否則若「目前成績」大於 59 分，59 分可能在「目前成績」的左半部，「目前成績」爲左半部取費式數列索引值的成績；若「目前成績」小於 59 分，59 分可能在「目前成績」的右半部，「目前成績」爲右半部取費式數列索引值的成績。若找不到可以比較的「目前成績」，則輸出「找不到」。

(1) 程式碼與解說

行數	程式碼
1	`score = [-99, 11, 22, 59, 60, 63, 64, 67, 78, 83, 85, 88, 92]`
2	`fib = [0]*100`
3	`fib[0] = 0`
4	`fib[1] = 1`
5	`for i in range(2, 100):`
6	`    fib[i] = fib[i-1] + fib[i-2]`
7	`def search(key, x):`
8	`    y = fib[x]`
9	`    while fib[x]>0:`
10	`        print("檢查score[", y, "]=", score[y],"是否等於",key)`
11	`        if score[y] < key:`
12	`            x = x - 1`
13	`            y = y + fib[x]`
14	`        elif score[y] > key:`
15	`            x = x - 1`
16	`            y = y - fib[x]`
17	`        else:`
18	`            break`
19	`    if score[y] == key:`
20	`        print("找到score[", y, "]=", score[y])`
21	`    else:`
22	`        print("找不到")`
23	`search(59, 5)`

說明	第 1 行：宣告整數陣列 score，初始化爲 13 個元素的陣列，從第 1 個到第 13 個元素分別是「-99, 11, 22, 59, 60, 63, 64, 67, 78, 83, 85, 88, 92」。 第 2 行：宣告 fib 爲一維陣列有 100 個元素，每個元素都是 0。 第 3 行：設定 fib[0] 爲 0。 第 4 行：設定 fib[1] 爲 1。 第 5 到 6 行：使用迴圈求出費式數列前 100 項。 第 7 到 22 行：自訂函式 search，以 key 與 x 爲輸入值。 第 8 行：設定 y 爲 fib[x]。 第 9 到 18 行：當 fib[x] 大於 0 時，印出 score[y] 的值 (第 10 行)。若 score[y] 小於 key，x 遞減 1，元素 key 在索引值 y 的右側，y 遞增 fib[x](第 11 行到第 13 行)；否則若 score[y] 大於 key，x 遞減 1，元素 key 在索引值 y 的左側，y 遞減 fib[x](第 14 行到第 16 行) 否則使用 break 中斷迴圈 (第 17 行到第 18 行)。 第 19 到 22 行：若 score[y] 等於 key，顯示 score[y]，否則顯示「找不到」。 第 23 行：呼叫自訂函式 search，以 59 與 5 爲輸入參數。

(2) 程式執行結果

```
檢查 score[ 5 ]= 63 是否等於 59
檢查 score[ 2 ]= 22 是否等於 59
檢查 score[ 4 ]= 60 是否等於 59
檢查 score[ 3 ]= 59 是否等於 59
找到 score[ 3 ]= 59
```

(3) 費式搜尋程式效率分析

執行第 9 到 18 行程式碼，是程式執行效率的關鍵，不斷縮小搜尋範圍，只需要約 log(n) 次的縮小範圍就能確定是否能找到，程式效率爲 O(log(n))，n 爲被搜尋的資料數量。

9-2 雜湊

循序搜尋、二元搜尋、內插搜尋與費氏搜尋都是使用比較方式進行搜尋，雜湊不是使用比較方式進行搜尋，雜湊先將輸入的資料使用雜湊函式轉換成儲存的位址，再將資料存放在該位址，搜尋時也是先將輸入的資料使用雜湊函式轉換成儲存的位址，再檢查該位址的資料，來確定資料是否存在。

雜湊可用於密碼加密，密碼使用雜湊加密成另一個字串，將加密過後的字串儲存在密碼檔內，使用者輸入密碼後也使用相同的雜湊加密成一個字串，將加密過後的字串與密碼檔比較判斷是否相同，就可以知道密碼是否正確，無法從雜湊過後的字串倒推回原密碼字串。如果駭客拿走系統的密碼檔，密碼也是雜湊過後的字串，無法得知原來的密碼。

使用雜湊函式將資料轉換成位址，接著將資料儲存在該位址上，不需要使用比較進行搜尋，可以在很快的時間內找到資料。雜湊函式 (hash) 的表示式如下。

```
位址 = hash(資料)
```

9-2-1 雜湊函式

雜湊函式要能夠減少碰撞 (Collision)，所謂的碰撞，也就是將不同的資料轉換到相同的位址。如果發生碰撞就要啓動碰撞處理機制，在下一節會說明。如果所有資料經過雜湊函式轉換後都沒有發生碰撞，則稱作完美雜湊 (Perfect Hashing)。雜湊函式執行效率要好，每一個資料都需要經過雜湊函式轉換成位址，如果雜湊函式效率不佳，會造成整個雜湊程式效率的瓶頸，以下舉例幾個常見雜湊函式。

一、除法 (Division method)

將資料使用除法進行求餘數獲得位址，通常除以質數。

假設將資料 1203412 除以 1009 的餘數當成位址，獲得 684，就將資料 1203412 儲存在位址 684。

二、摺疊法 (Folding method)

將資料以固定長度進行分割，再將這些分割後的資料相加獲得位址。

假設將資料 1203412，每 3 個數字進行分割，再將這些分割後的資料相加獲得位址，過程如下。

```
1203412  =>  120  341  2
120 + 341 + 2 = 463
```

計算後獲得 463，就將資料 1203412 儲存在位址 463。

三、平方取中法（Middle-Square method）

將資料取平方後，再取出其中一段數值當成位址。

假設將資料 1203412，使用平方取中法進行雜湊，則先計算 1203412 的平方爲 1448200441744，再取其中一段當成位址，例如：取 417 爲位址。

四、基底轉換法 (Radix Transformation)

將輸入的資料轉換基底後，再除以指定的數值求餘數。

假設將十進位數值 1203412 轉換成 7 進位，再取 1009 的餘數獲得位址，位址爲 114，過程如下。

$(1203412)_{10} = (13141330)_7$

13141330 % 1009 = 114

五、數字分析 (Digit Analysis)

在已知所有輸入的資料情況下，可以事先對資料的每一位數進行分析，選取數字出現頻率較低的多個位數，取出這些位數的值當成位址。

假設以下數字要進行雜湊，發現第 4、5 與 7 位數字重複出現頻率較低，就可以取第 4、5 與 7 位數字轉換成位址，例如：123569823 對應到位址 568，123939723 對應到位址 937。

123569823

123439323

123189123

223533424

123359133

143824323

123939723

9-2-2 碰撞處理

如果兩個不同的資料經過雜湊函式轉換到相同位址，稱作碰撞 (Collision)。如果發生碰撞就要啓動碰撞處理，碰撞處理分成開放位址 (Open Addressing) 與鏈結法 (Separate Chaining)。

一、開放位址

開放位址分成線性探索 (Linear Probing) 與平方探索 (Quadratic Probing)。線性探索表示當發生碰撞時找尋轉換後位址的下一個位址 (hash(x)+1)，如果沒有碰撞就將資料放入，如果有發生碰撞就再找下一個位址 (hash(x)+2)，一直找到可以儲存的空間爲止，稱作線性探索。

線性探索

例如：雜湊函式爲 hash(x) = x % 8，使用線性探索解決碰撞問題。假設依序輸入資料 9, 13, 8, 1, 16，則雜湊的過程如下。

若 x=9，則 hash(x)=1，線性探索的順序爲 1, 2, 3, 4, 5, 6, 7, 0

若 x=13，則 hash(x)=5，線性探索的順序爲 5, 6, 7, 0, 1, 2, 3, 4

若 x=8，則 hash(x)=0，線性探索的順序爲 0, 1, 2, 3, 4, 5, 6, 7

若 x=1，則 hash(x)=1，線性探索的順序爲 1, 2, 3, 4, 5, 6, 7, 0

若 x=16，則 hash(x)=0，線性探索的順序爲 0, 1, 2, 3, 4, 5, 6, 7

STEP 01 輸入資料 9，經由計算 hash(9)=1，所以放置於位址 1 的儲存空間，位址 1 是空的，所以直接放入，如下圖。

	9						

STEP 02 輸入資料 13，經由計算 hash(13)=5，所以放置於位址 5 的儲存空間，位址 5 是空的，所以直接放入，如下圖。

	9				13		

STEP 03 輸入資料 8，經由計算 hash(8)=0，所以放置於位址 0 的儲存空間，位址 0 是空的，所以直接放入，如下圖。

8	9				13		

STEP 04 輸入資料 1，經由計算 hash(1)=1，所以放置於位址 1 的儲存空間，位址 1 已經儲存資料，發生碰撞使用線性探索，檢查下一個位址 2，位址 2 是空的，所以直接放入，如下圖。

8	9	1			13		

STEP 05 輸入資料 16，經由計算 hash(16)=0，所以放置於位址 0 的儲存空間，位址 0 已經儲存資料，發生碰撞使用線性探索，檢查下一個位址 1，位址 1 已經儲存資料，發生碰撞使用線性探索，檢查下一個位址 2，位址 2 已經儲存資料，發生碰撞使用線性探索，檢查下一個位址 3，位址 3 是空的，所以直接放入，如下圖。

8	9	1	16		13		

平方探索

平方探索表示當發生碰撞時，如果沒有碰撞就將資料放入，如果有發生碰撞就使用二次方程式 (例如：hash(x)+ $\frac{i}{2}+\frac{i^2}{2}$) 找下一個位址，一直找到可以儲存的空間為止，稱作平方探索。

例如：雜湊函式為 hash(x) = x % 8，使用平方探索 (例如：hash(x)+i/2+i^2/2) 解決碰撞問題。假設依序輸入資料 9, 13, 8, 1, 16，則雜湊的過程如下。

(1) 若 x=9，則 hash(x)=1，平方探索的順序為 1, 2, 4, 7, 3, 0, 6, 5

$\text{hash}(x)+\frac{0}{2}+\frac{0^2}{2}$ = (hash(x)+0) =1 => 1%8 =1

$\text{hash}(x)+\frac{1}{2}+\frac{1^2}{2}$ = (hash(x)+1) =2 => 2%8 =2

$\text{hash}(x)+\frac{2}{2}+\frac{2^2}{2}$ = (hash(x)+3) =4 => 4%8 =4

$\text{hash}(x)+\frac{3}{2}+\frac{3^2}{2}$ = (hash(x)+6) =7 => 7%8 =7

$\text{hash}(x)+\frac{4}{2}+\frac{4^2}{2}$ = (hash(x)+10) =11 => 11%8 =3

$\text{hash}(x)+\frac{5}{2}+\frac{5^2}{2}$ = (hash(x)+15) =16 => 16%8 =0

$\text{hash}(x)+\frac{6}{2}+\frac{6^2}{2}$ = (hash(x)+21) =22 => 22%8 =6

$\text{hash}(x)+\frac{7}{2}+\frac{7^2}{2}$ = (hash(x)+28) =29 => 29%8 =5

(2) 若 x=13，則 hash(x)=5，平方探索的順序為 hash(x)%8 , (hash(x)+1)%8,(hash(x)+3)%8 , (hash(x)+6)%8 ,(hash(x)+10)%8 ,(hash(x)+15)%8 ,(hash(x)+21)%8 ,(hash(x)+28)%8，相當於 5%8, 6%8, 8%8, 11%8, 15%8, 20%8, 26%8, 33%8，最後獲得 5, 6, 0, 3, 7, 4, 2, 1

(3) 若 x=8，則 hash(x)=0，平方探索的順序爲 hash(x)%8 , (hash(x)+1)%8,(hash(x)+3)%8 , (hash(x)+6)%8 ,(hash(x)+10)%8 ,(hash(x)+15)%8 ,(hash(x)+21)%8 ,(hash(x)+28)%8，相當於 0%8, 1%8, 3%8, 6%8, 10%8, 15%8, 21%8, 28%8，最後獲得 0, 1, 3, 6, 2, 7, 5, 4

(4) 若 x=1，則 hash(x)=1，平方探索順序與 x=9 的平方探索順序相同，都是 1, 2, 4, 7, 3, 0, 6, 5

(5) 若 x=16，則 hash(x)=0，平方探索順序與 x=8 的平方探索順序相同，都是 0, 1, 3, 6, 2, 7, 5, 4

STEP 01 輸入資料 9，經由計算 hash(9)=1，所以放置於位址 1 的儲存空間，位址 1 是空的，所以直接放入，如下圖。

	9						

STEP 02 輸入資料 13，經由計算 hash(13)=5，所以放置於位址 5 的儲存空間，位址 5 是空的，所以直接放入，如下圖。

	9				13		

STEP 03 輸入資料 8，經由計算 hash(8)=0，所以放置於位址 0 的儲存空間，位址 0 是空的，所以直接放入，如下圖。

8	9				13		

STEP 04 輸入資料 1，經由計算 hash(1)=1，所以放置於位址 1 的儲存空間，位址 1 已經儲存資料，發生碰撞使用平方探索，檢查下一個位址 2，位址 2 是空的，所以直接放入，如下圖。

8	9	1			13		

STEP 05 輸入資料 16，經由計算 hash(16)=0，所以放置於位址 0 的儲存空間，位址 0 已經儲存資料，發生碰撞使用平方探索，檢查下一個位址 1，位址 1 已經儲存資料，發生碰撞使用平方探索，檢查下一個位址 3，位址 3 是空的，所以直接放入，如下圖。

8	9	1	16		13		

線性探索若發生碰撞，就在相鄰的下一個位址找到空的空間來儲存資料，如果多個輸入值雜湊後到相鄰的位址上，相鄰位址的附近區塊會越來越擠，就會造成一次聚集(primary clustering)。平方探索不會永遠在相鄰位址找可以擺放的空間，會向更遠的位址找可以擺放的空間，減少一次聚集的可能性。

二、鏈結法

若發生碰撞就使用鏈結串列串接在後面，當有多個元素雜湊到同一個位址，找尋速度會降低，因為找尋串接起來的元素需要一個一個比較才能知道該元素是否存在。

例如：雜湊函式為 hash(x) = x % 8，使用鏈結法解決碰撞問題。假設依序輸入資料 9, 13, 8, 1, 16, 17，則雜湊的過程如下。

若 x=9，則 hash(x)=1

若 x=13，則 hash(x)=5

若 x=8，則 hash(x)=0

若 x=1，則 hash(x)=1

若 x=16，則 hash(x)=0

若 x=17，則 hash(x)=1

STEP 01 輸入資料 9，經由計算 hash(9)=1，所以放置於位址 1 的儲存空間，位址 1 是空的，所以直接放入，如下圖。

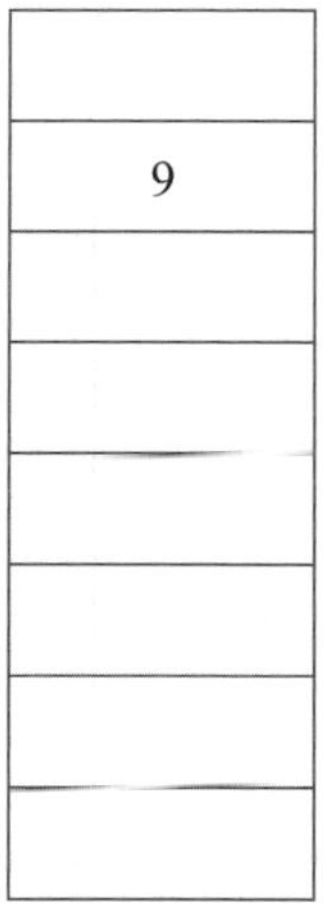

9

STEP 02 輸入資料 13，經由計算 hash(13)=5，所以放置於位址 5 的儲存空間，位址 5 是空的，所以直接放入，如下圖。

9
13

STEP 03 輸入資料 8，經由計算 hash(8)=0，所以放置於位址 0 的儲存空間，位址 0 是空的，所以直接放入，如下圖。

8
9
13

STEP 04 輸入資料 1，經由計算 hash(1)=1，所以放置於位址 1 的儲存空間，位址 1 已經儲存資料，發生碰撞，使用鏈結法直接串接在後面，如下圖。

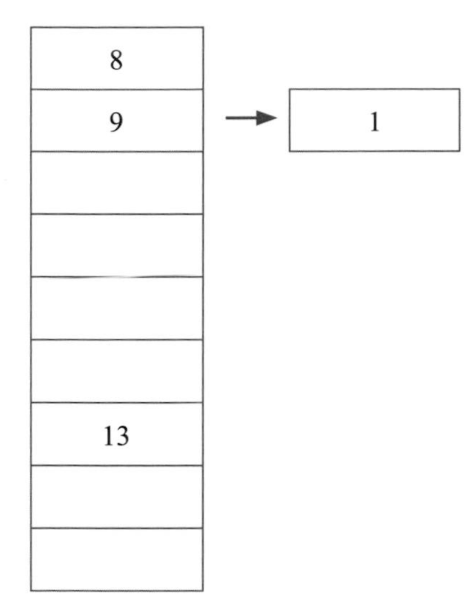

STEP 05 輸入資料 16，經由計算 hash(16)=0，所以放置於位址 0 的儲存空間，位址 0 已經儲存資料，發生碰撞，使用鏈結法直接串接在後面，如下圖。

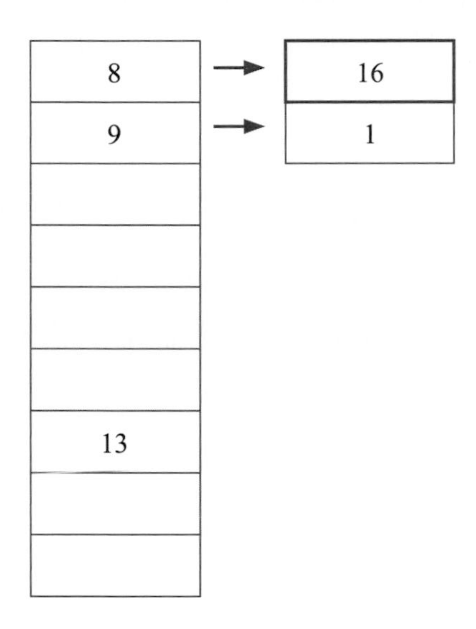

STEP 06 輸入資料 17，經由計算 hash(17)=1，所以放置於位址 1 的儲存空間，位址 1 已經儲存資料，發生碰撞，使用鏈結法直接串接在後面，如下圖。

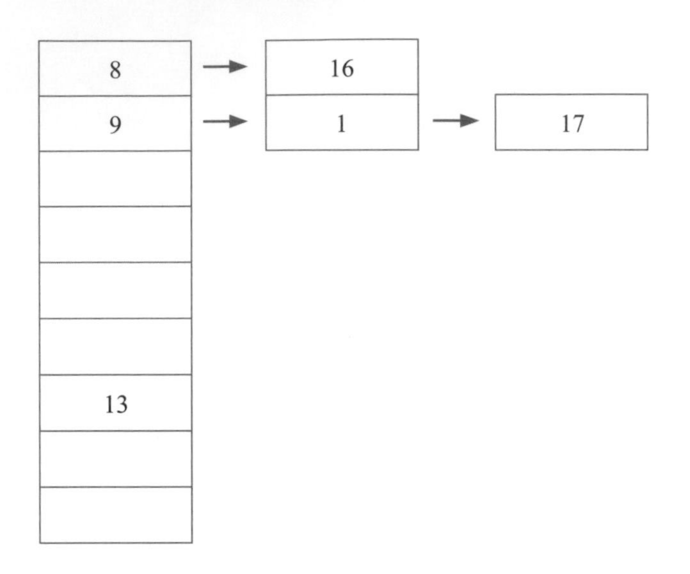

輸入的資料量與雜湊表大小的比值，稱作 load factor($\alpha=\frac{n}{m}$)，n 爲輸入的資料量，m 爲雜湊表大小。load factor(α) 不能超過 1，load factor(α) 大於等於 1 時，無法再放入新的元素。當 load factor(α) 小於 0.5 時適合使用開放位址處理碰撞，大於等於 0.5 時容易發生碰撞，插入與找尋資料需要比較更多元素，造成程式效率下降。

9-2-3 實作雜湊程式

ch9\9-2-3. 實作雜湊程式 .py

寫一個雜湊功能的程式，首先建立長度爲 m 的雜湊表，使用除法建立雜湊函式，發生碰撞時使用線性探索找出儲存位址。將 n 個數值依序輸入雜湊表，保證 n 小於 m，並顯示輸入過程中雜湊表的狀態。搜尋數值 1 與 2 是否存在雜湊表內，若該數值存在，則顯示該數值所在位址，否則回傳 None。例如長度爲 8 的雜湊表，依序輸入 5 個數值，分別爲 9、13、8、1 與 16。

輸入說明

輸入正整數 n，表示接下來有 n 行，每行輸入一個數字，將輸入的數字插入雜湊表。

輸出說明

顯示插入的過程中雜湊表串列的狀態，最後搜尋數值 1 與 2 是否存在雜湊表內。

輸入範例

5

9

13

8

1

16

輸出範例

[None, 9, None, None, None, None, None, None]

[None, 9, None, None, None, 13, None, None]

[8, 9, None, None, None, 13, None, None]

[8, 9, 1, None, None, 13, None, None]

[8, 9, 1, 16, None, 13, None, None]

2

None

(1) 解題想法

建立一個 HashTable 的類別，在函式 __init__，新增 size 個元素的串列，用於建立雜湊表，函式 hash 為雜湊函式，使用除法建立雜湊函式。函式 insert 用於插入數值到雜湊表，使用線性探索解決碰撞問題。函式 isExist 檢查元素是否存在。函式 search 找尋元素是否存在，若存在回傳位址，否則回傳 None。函式 v 用於印出雜湊表。

(2) 程式碼與解說

行數	程式碼
1	`class HashTable:`
2	`    def __init__(self, size):`
3	`        self.data = [None for i in range(size)]`
4	`        self.M = size`
5	`    def hash(self, key):`
6	`        return key % self.M`
7	`    def insert(self, key):`
8	`        address = self.hash(key)`

```
 9            if self.data[address] == None:
10                self.data[address] = key
11            else:
12                while self.data[address] != None:
13                    address = (address + 1) % self.M
14                self.data[address] = key
15        def isExist(self, key):
16            address = self.hash(key)
17            start = address
18            if self.data[address] == key:
19                return True
20            else:
21                while self.data[address] != key:
22                    address = (address + 1) % self.M
23                    if address == start or self.data[address]
==None:
24                        return False
25                return True
26        def search(self, key):
27            address = self.hash(key)
28            if self.isExist(key):
29                while self.data[address] != key:
30                    address = (address + 1) % self.M
31                return address
32            else:
33                return None
34        def v(self):
35            print(self.data)
36    h = HashTable(8)
37    n = int(input())
38    for i in range(n):
39        h.insert(int(input()))
40        h.v()
41    print(h.search(1))
42    print(h.search(2))
```

解說	第 1 到 35 行：建立一個 HashTable 的類別。 第 2 到 4 行：自訂方法 __init__，新增 size 個元素的串列，每個元素都是 None，儲存於 self.data(第 3 行)，用於建立雜湊表。self.M 設定為變數 size(第 4 行)。 第 5 到 6 行：方法 hash 為雜湊函式，使用 key 除以 self.M 的餘數為雜湊後的位址 (第 6 行)。 第 7 到 14 行：自訂方法 insert 用於插入 key 到雜湊表。使用方法 hash 將 key 轉換成位址，儲存到變數 address(第 8 行)。如果該位址沒有儲存元素，則將 key 儲存到該位址 (第 9 到 10 行)，否則使用線性探索找尋下一個可用的位址 (第 12 到 13 行)，將 key 儲存到下一個可用的位址 (第 14 行)。 第 15 到 25 行：自訂方法 isExist 檢查元素是否存在，使用方法 hash 將 key 轉換成位址儲存到變數 address(第 16 行)，設定變數 start 等於該位址 (第 17 行)。若該位址的元素等於 key，則回傳 True(第 18 到 19 行)，否則當該位址的元素不等於 key(第 21 行)，則不斷的找尋下一個位址到變數 address(第 22 行)，若變數 address 等於變數 start，已經回到剛開始的位址，表示雜湊表是滿的且沒有這個元素，或變數 address 所指定的雜湊表元素是 None，表示找不到該元素，則回傳 False(第 23 到 24 行)，否則回傳 True(第 25 行)。 第 26 到 33 行：自訂方法 search 找尋元素 key 是否存在，使用方法 hash 將 key 轉換成位址儲存到變數 address(第 27 行)。呼叫方法 isExist 檢查 key 是否存在，若 key 存在 (第 28 行)，則當該位址的元素不等於 key，則不斷的找尋下一個位址到變數 address(第 29 到 30 行)，回傳變數 address(第 31 行)，否則回傳 None(第 32 到 33 行)。 第 34 到 35 行：自訂方法 v 用於印出雜湊表。 第 36 行：新增一個有 8 個元素的 HashTable 物件，變數 h 參考到此物件。 第 37 行：輸入一個整數到變數 n。 第 38 到 40 行：迴圈執行 n 次每次輸入一個數值，使用 h.insert 方法插入輸入值到雜湊表 h(第 39 行)，呼叫 h.v 方法顯示雜湊表 h 的狀態 (第 40 行)。 第 41 行：呼叫 h.search 方法找尋 1 是否在雜湊表 h 內。 第 42 行：呼叫 h.search 方法找尋 2 是否在雜湊表 h 內。

一、選擇題

(　　) 1. 循序搜尋法的演算法效率以 Big-O 表示爲以下何者？ (A)$O(n^2)$ (B) O(n log (n)) (C)O(n) (D) O(log(n))。

(　　) 2. 二元搜尋法搜尋資料是從哪一個元素開始？ (A) 第一個元素 (B) 最後一個元素 (C) 任何一個元素 (D) 中間元素。

(　　) 3. 二元搜尋法的資料事先如何處理？ (A) 資料要隨機擺放 (B) 排序資料 (C) 資料要算平均值 (D) 資料先計算個數。

(　　) 4. 二元搜尋法的演算法效率以 Big-O 表示爲以下何者？ (A)$O(n^2)$ (B) O(n log (n)) (C) O(n) (D) O(log(n))。

(　　) 5. 以下哪一個演算法可以在未排序資料中做搜尋？ (A) 循序搜尋演算法 (B) 二元搜尋演算法 (C) 內插搜尋演算法 (D) 費氏搜尋演算法。

(　　) 6. 給定已排序數列「1, 4, 5, 7, 8, 11, 13, 15, 17, 18, 21, 25, 27, 29, 33, 35, 36, 38, 41, 44, 46, 49,51」，搜尋數字 15，使用二元搜尋 (Binary Search) 需要比較幾次 (A)3 次 (B)5 次 (C)7 次 (D)9 次。

(　　) 7. 給定已排序數列「1, 4, 5, 7, 8, 11, 13, 15, 17, 18, 21, 25, 27, 29, 33, 35, 36, 38, 41, 44, 46, 49,51」，搜尋數字 15，使用內插搜尋 (Interpolation Search) 需要比較幾次？ (A)2 次 (B)3 次 (C)4 次 (D)5 次。

(　　) 8. 給定已排序數列「-999,1, 4, 5, 7, 8, 11, 13, 15, 17, 18, 21, 25, 27, 29, 33, 35, 36, 38, 41, 44, 46, 49,51」，搜尋數字 15，使用費氏搜尋 (Fibonacci Search)，第一個搜尋數列的第 22 個數字 46，則需要比較幾次？ (A)2 次 (B)4 次 (C)6 次 (D)8 次。

(　　) 9. 下列對雜湊法 (Hashing) 與二元搜尋的敘述，何者錯誤？ (A) 雜湊法在沒有發生碰撞 (Collision) 情況下，搜尋效率比二元搜尋慢 (B) 處理相同的資料下，爲了避免碰撞，雜湊法儲存資料所需記憶體空間較二元搜尋多 (C) 雜湊法需要知道雜湊函式才能找到資料所在位置，二元搜尋不需要雜湊函式 (D) 雜湊法不需要事先排序資料，二元搜尋要事先排序資料。

(　) 10. 使用雜湊法 (Hashing) 搜尋 n 筆資料，某筆資料是否存在，在沒有發生碰撞的情況下，其演算法效率爲何？ (A)O(1) (B)O(log(n)) (C)O(n) (D) O(n*log(n))。

(　) 11. 假設雜湊函式爲 h(x) ＝ x % 17，其中 % 表示求餘數，則 h(35) 與下列何者會發生碰撞 (Collision)？ (A) h(14) (B) h(22) (C) h(31) (D) h(18)。

(　) 12. 下列何者用於分辨雜湊函式的好壞，請選擇最合適的答案？ (A) 是否可以處理不同類型的輸入資料 (B) 是否可以產生不固定長度的雜湊值 (C) 是否可以發生較少的碰撞 (Collision) (D) 是否可以花費較少的計算時間。

二、問答題

1. 給定已排序數列「1, 4, 5, 7, 8, 11, 13, 15, 17, 18, 21, 25, 27, 29, 33, 35, 36, 38, 41, 44, 46, 49,51」，使用以下搜尋演算法搜尋數字 18，請寫出搜尋次數與搜尋的過程。

   (a) 二元搜尋 (Binary) 演算法

   (b) 內插搜尋 (Interpolation Search) 演算法

   (c) 費氏搜尋 (Fibonacci Search) 演算法 (假設第一個搜尋數列的第 22 個數字 46)

2. 假設雜湊函數 h(x) 爲每位數字相加除以 10 的餘數，例如：473，h(473)=(4+7+3)%10=4。將以下數字 352、23、155、918、341、81、51、202、611，依序加入到雜湊表，請畫出所有數字加入雜湊表後的結果，分別使用以下方法解決碰撞問題。

   (a) 線性探索 (Linear Probing)，使用 (hash(x)+1)%10 爲下一個位址

   (b) 平方探索 (Quadratic Probing) ，使用 $(hash(x)+i/2+i^2/2)\%10$ 爲下一個位址

   (c) 鏈結法

學習筆記

Python

CHAPTER 10

圖形資料結構與圖形走訪 (DFS 與 BFS)

- ◆ 10-1 簡介圖形資料結構
- ◆ 10-2 實作圖形資料結構
- ◆ 10-3 使用深度優先進行圖的走訪
- ◆ 10-4 使用寬度優先進行圖的走訪

圖形資料結構是由點與邊所組成，許多問題都可以轉換成圖形資料結構，例如：使用地圖搜尋最短路徑，可將地點轉換成圖形資料結構中的點，地點與地點間的距離轉換成邊的權重，最後使用最短路徑演算法就可以找出最短路徑。

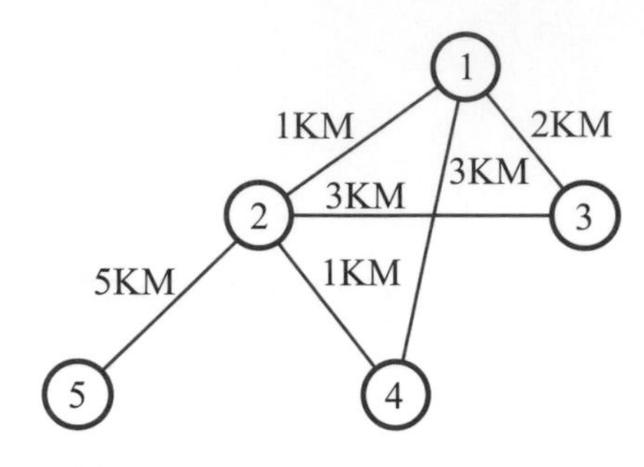

在棋盤中要找出走到某一點是否有路徑可以到達，要花費幾步到達，也可以轉換成圖形資料結構，將棋盤中位置轉換成圖形結構中的點，棋子下一步可以到達的棋盤位置，這就是另一個點，若可以到達另一個點，隱含兩點有邊相連。下一個點再找下一個可以到達的點，兩點又形成邊，如此直到走完棋盤所有點，或沒有點可以走，最後判斷是否可以到達目標點。

以下介紹圖形資料結構的定義、程式實作與範例應用。

簡介圖形資料結構

10-1-1 什麼是圖形資料結構

圖形資料結構的定義爲由點與邊所組成，邊爲連結圖形中兩點，可以有循環 (cycle)，也可以有點不跟其他點相連，而樹狀資料結構也是圖形資料結構，樹狀資料結構是圖形資料結構的特例。

圖形資料結構分成有向圖與無向圖，有向圖就是單行道的意思，假設點 1 與點 2，只允許點 1 連結到點 2，不允許點 2 回到點 1，通常使用箭頭的邊表示有向圖，無向圖是指邊允許雙向通行，通常使用沒有箭頭的邊表示。

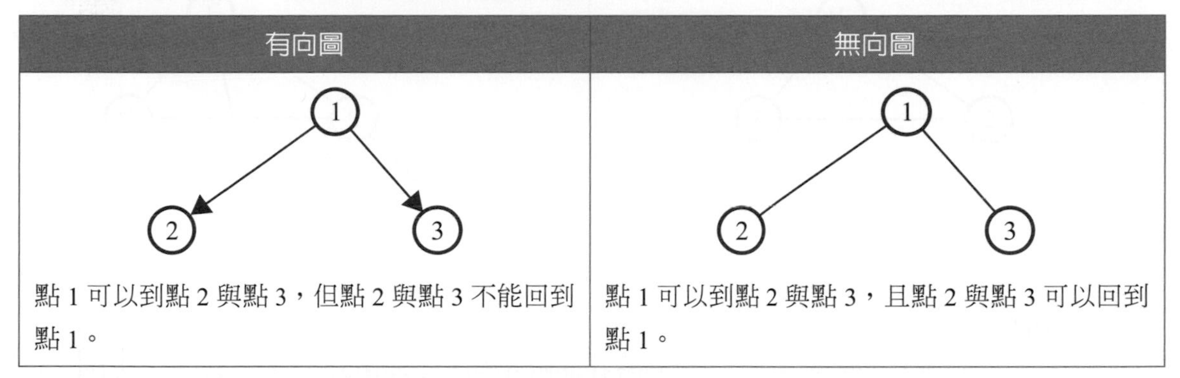

有向圖	無向圖
點 1 可以到點 2 與點 3，但點 2 與點 3 不能回到點 1。	點 1 可以到點 2 與點 3，且點 2 與點 3 可以回到點 1。

10-1-2 圖形資料結構的名詞定義

介紹一些圖形資料結構的名詞定義，以下圖爲範例進行說明。

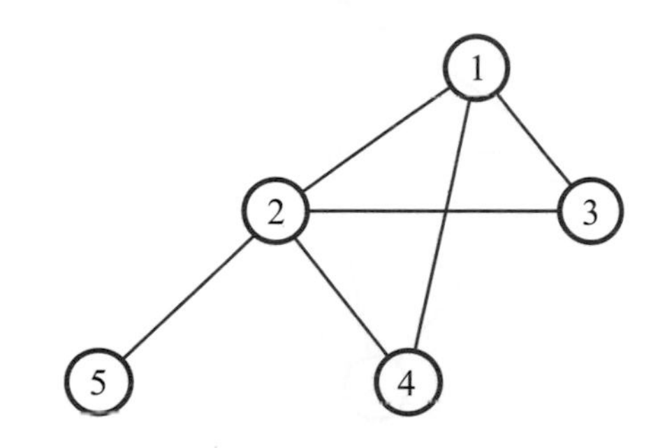

(1) 點 (node)：圖形中的點，上圖中有點 1、點 2、點 3、點 4 與點 5。。

(2) 邊 (edge)：兩個點之間可以有邊相連，上圖中的邊有 (1, 2)、(1, 3)、(1, 4)、(2, 3)、(2, 4)、(2, 5) 六個邊。

(3) 路徑 (path)：兩點之間的路徑可以由許多邊連接起來，上圖中的點 1 與點 4 的路徑，可以由點 1 連接到點 3 的邊 (1, 3)，點 3 再連接到點 2 的邊 (3, 2)，點 2 再連接到點 4 的邊 (2, 4)，這樣就是一個連接點 1 到點 4 的路徑。

(4) 路徑長度 (path length)：一個路徑所包含邊的個數。

(5) 簡單路徑 (simple path)：一個路徑的起點與終點外，其餘點都不能相同。

(6) 循環 (cycle)：是簡單路徑，且路徑的起點與終點相同。

(7) 子圖 (subgraph)：G2 是 G1 的子圖，G2 中出現過的點與邊，在 G1 也有相同的點與邊。

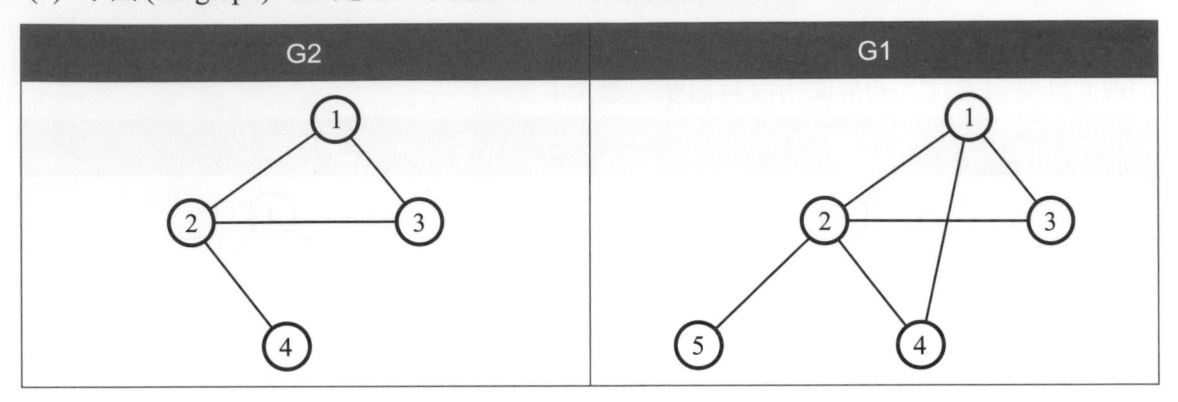

(8) 完整圖 (complete graph)

無向的完整圖，每個點都有一個邊與其他點相連，n 個點無向的完整圖，邊的數量需達到 (n(n-1))/2 個邊，舉例如下圖。

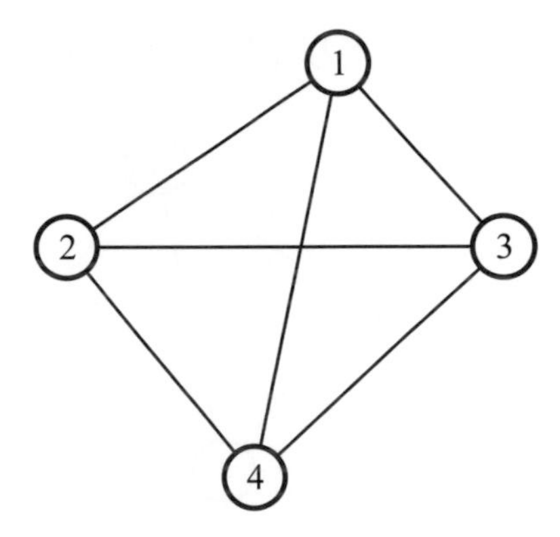

有向的完整圖，每個點都有一個邊與其他點相連，且雙向要能連通，n 個點有向的完整圖，邊的數量需達到 n(n-1) 個邊，舉例如下圖。

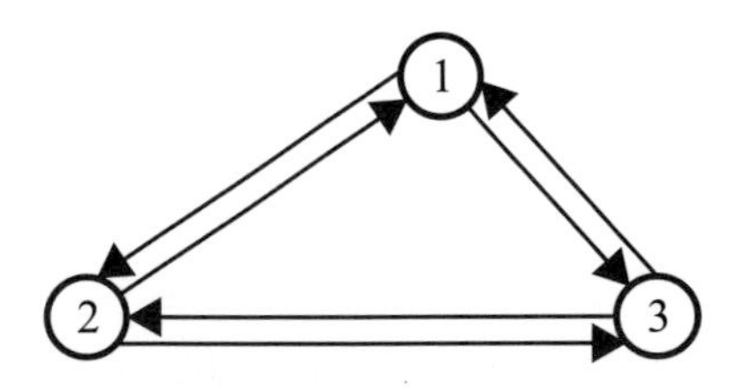

(9) 連通 (connected)：無向圖中任兩點都有邊相連。

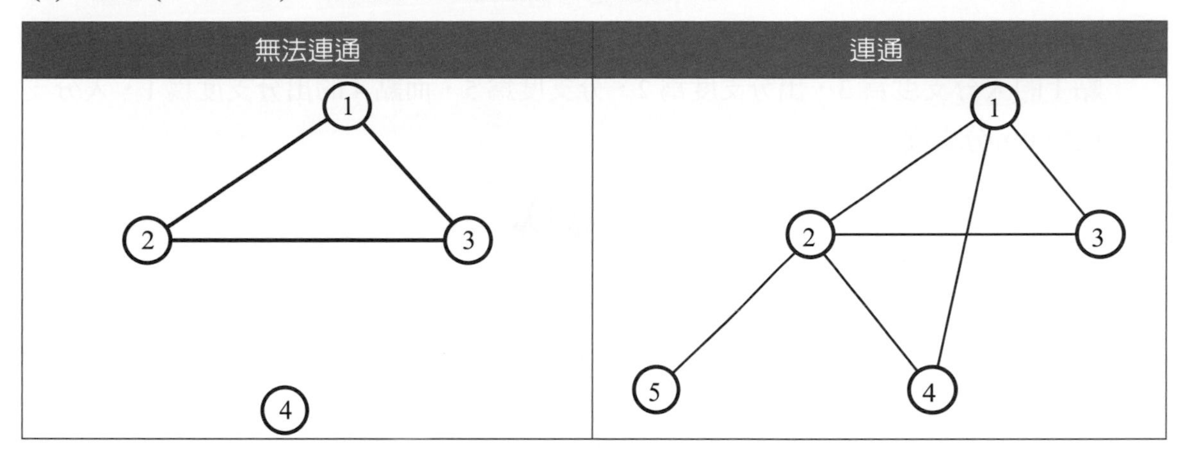

(10) 強連通 (strongly connected)：有向圖中任兩點都有邊相連，且雙向皆可連通，雙向可連通是指圖上任兩點點 i 與點 j，點 i 可以連到點 j，且點 j 也可以連到點 i。下圖為強連通圖。

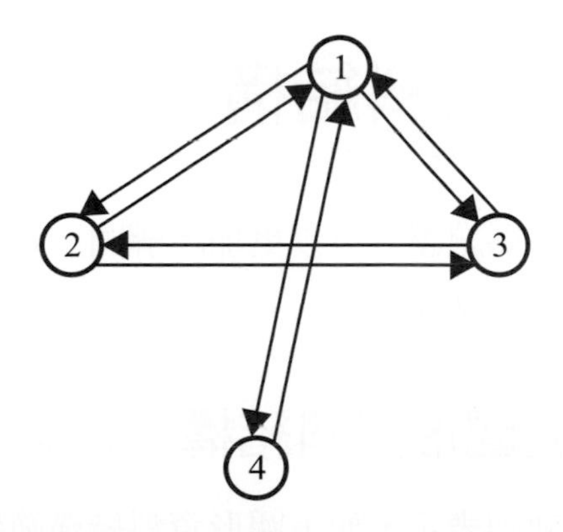

(11) 分支度 (degree)：無向圖中連接到該頂點的邊的個數稱作分支度，下圖的點 1 的分支度為 3，點 3 分支度為 2，點 5 分支度為 1。

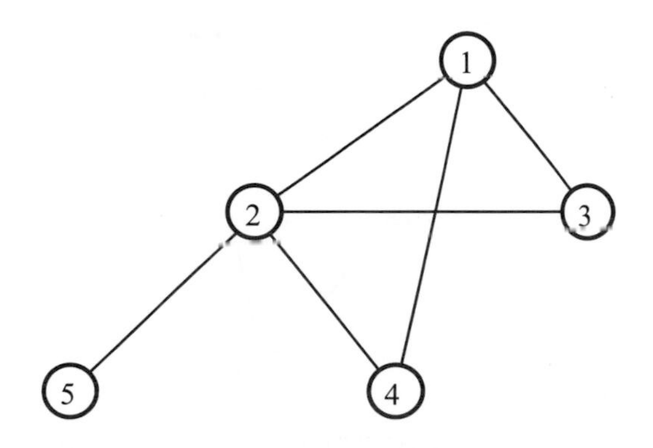

(12) 入分支度 (in degree) 與出分支度 (out degree)

有向圖中進入該頂點的邊個數稱作入分支度，離開該頂點的邊個數稱作出分支度。點 1 的入分支度為 3，出分支度為 2，分支度為 5，而點 4 的出分支度為 1，入分支度為 0，分支度為 1。

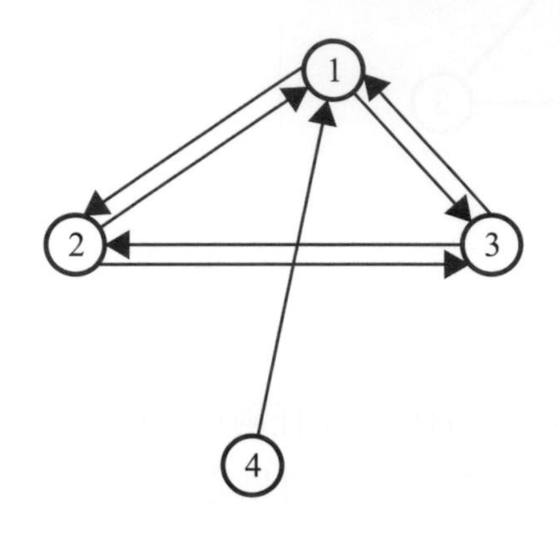

10-2 實作圖形資料結構

實作圖形資料結構的程式碼讓讀者可以更加瞭解圖形資料結構，並介紹圖形資料結構的走訪，如何利用程式走訪每個節點。

10-2-1 使用陣列建立圖形資料結構

10-2-1 使用陣列建立圖形資料結構 .py

圖形資料結構可以使用陣列表示，如下圖形資料結構範例，此範例中有 5 個節點，可以使用 5×5 的陣列儲存下圖。

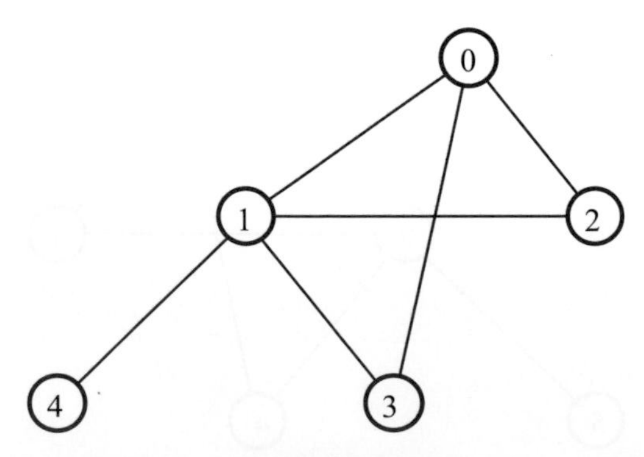

若有邊相連，則陣列元素值為 1，否則陣列元素值為 0。由下表可知無向圖一定是對稱陣列，因為點 x 可以連到點 y，點 y 一定可以連回點 x。

終 點

起點	0	1	2	3	4
0	0	1	1	1	0
1	1	0	1	1	1
2	1	1	0	0	0
3	1	1	0	0	0
4	0	1	0	0	0

有向圖也可以使用陣列表示圖形資料結構，如下圖形資料結構範例，本範例圖形結構有 4 個節點，可以使用 4×4 的陣列儲存下圖。

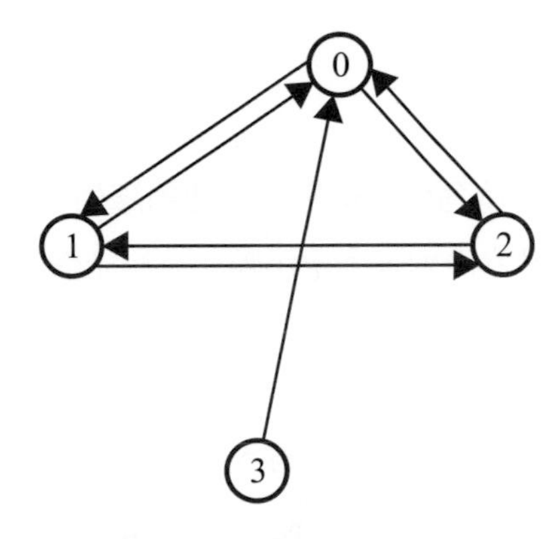

若有邊相連，則陣列元素值爲 1，否則陣列元素值爲 0。

終 點

起點	0	1	2	3
0	0	1	1	0
1	1	0	1	0
2	1	1	0	0
3	1	0	0	0

行號	程式碼
1	`import sys`
2	`G=[[0]*100 for i in range(100)]`
3	`for line in sys.stdin:`
4	`    n = int(line)`

5	`    for i in range(n):`
6	`        a, b = input().split()`
7	`        a = int(a)`
8	`        b = int(b)`
9	`        G[a][b]=1`
10	`        G[b][a]=1`
說明	第 2 行：宣告陣列 G 為二維整數陣列，有 100 列與 100 行的元素，每個元素都是 0。 第 3 行：不斷輸入一個數字到變數 line。 第 4 行：將變數 line 轉換成整數儲存到變數 n，表示有幾個邊要輸入。 第 5 到 10 行：使用迴圈執行 n 次，每次輸入兩個數字表示邊的兩個節點到變數 a 與 b(第 6 到 8 行)。設定 G[a][b] 為 1，表示點 a 可以到點 b，設定 G[b][a] 為 1，表示點 b 可以到點 a(第 9 到 10 行)。

想一想

圖形資料結構使用陣列表示有什麼優缺點？使用陣列表示圖形資料結構的優點是程式撰寫容易。那什麼情況下適合使用陣列表示圖形資料結構？

假設圖形資料結構如下，圖形資料結構有 5 個節點，只有 3 個邊。

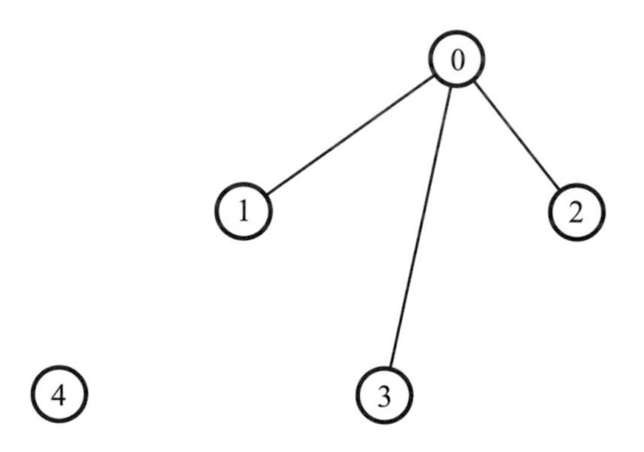

若以陣列表示圖形資料結構，如下，只有 6 個元素數值為 1，其他元素數值為 0，數值為 0 的元素其實可以不用儲存。

終點

起點	0	1	2	3	4
0	0	1	1	1	0
1	1	0	0	0	0
2	1	0	0	0	0
3	1	0	0	0	0
4	0	0	0	0	0

可以發現出現許多空間的浪費，若圖形資料結構接近完整圖，就可以使用陣列儲存圖形資料結構，不會浪費太多空間；若圖形資料結構有許多的邊都不存在，使用陣列就會造成空間浪費，要改善這種情況可以使用字典方式建立圖形資料結構，就不會造成浪費太多空間。圖形中有邊存在才需要記錄在字典對應的串列內，不須使用陣列預留所有邊的空間，使用較少記憶體空間。

10-2-2 使用字典建立圖形資料結構

10-2-2 使用字典建立圖形資料結構 .py

圖形資料結構也可以儲存在字典對應串列內，舉例說明如下。

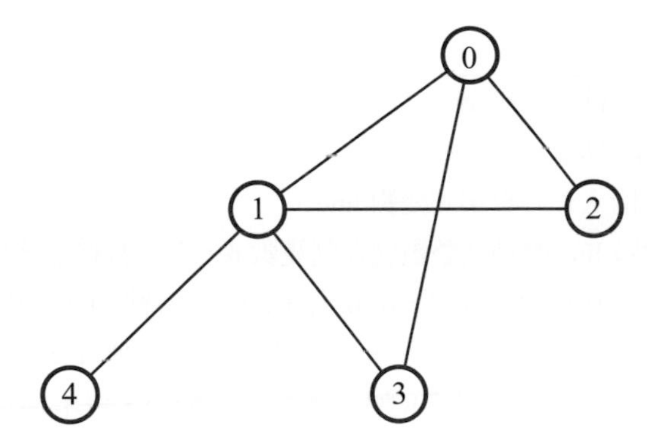

如果要將上圖用字典對應串列表示，結果如下。

字典 G

G[0]	1	2	3	
G[1]	0	2	3	4
G[2]	0	1		
G[3]	0	1		
G[4]	1			

字典 G 的鍵值「0」所對應值為串列為「1、2 與 3」；字典 G 的鍵值「1」所對應值為串列「0、2、3 與 4」；字典 G 的鍵值「2」所對應值為串列「0 與 1」；字典 G 的鍵值「3」所對應值為串列「0 與 1」；字典 G 的鍵值「4」所對應值為串列「1」。

行號	程式碼
1	`import sys`
2	`G={}     # 使用字典建立圖`
3	`for line in sys.stdin:`
4	`    n = int(line)`
5	`    for i in range(n):`
6	`        a, b = input().split()`
7	`        a = int(a)`
8	`        b = int(b)`
9	`        if a in G.keys():  #a 在字典 G 內`
10	`            G[a].append(b)`
11	`        else:              #a 不在字典 G 內`
12	`            G[a]=[b]`
13	`        if b in G.keys():  #b 在字典 G 內`
14	`            G[b].append(a)`
15	`        else:              #b 不在字典 G 內`
16	`            G[b]=[a]`
解說	第 1 行：匯入系統函式庫 sys。 第 2 行：宣告陣列 G 為字典。 第 3 行：不斷輸入一個數字到變數 line。 第 4 行：將變數 line 轉換成整數儲存到變數 n，表示有幾個邊要輸入。 第 5 到 16 行：使用迴圈變數 i，由 0 到 n-1，每次遞增 1，迴圈執行 n 次，每次輸入兩個整數到變數 a 與 b，表示邊的兩個頂點 (第 6 到 8 行)。如果字典 G 包含鍵值 a，則將 b 加入到 G[a] 的最後，表示點 a 可以到點 b (第 9 到 10 行)，否則建立新的鍵值 a 對應到串列，該串列有一個元素 b(第 11 到 12 行)，表示點 a 可以到點 b。如果字典 G 包含鍵值 b，將 a 加入到 G[b] 的最後，表示點 b 可以到點 a (第 13 到 14 行)，否則建立新的鍵值 b 對應到串列，該串列有一個元素 a，表示點 b 可以到點 a(第 15 到 16 行)。

10-3 使用深度優先進行圖的走訪

在圖形的走訪過程中，以深度爲優先進行走訪，稱作深度優先搜尋 (Depth-First Search，縮寫 DFS)，如下圖。以下範例使用深度優先搜尋，從點 0 開始，依照未走訪過的節點中數字由小到大順序進行走訪。下圖中邊的編號與下方說明文字的編號相互配合，表示拜訪的順序。

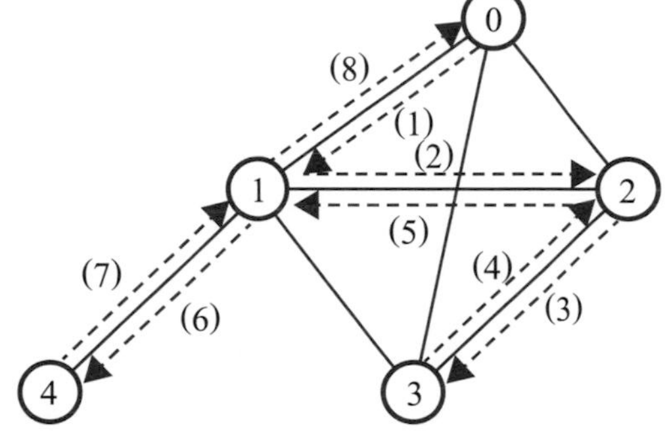

(1) 與點 0 有邊連接的點有點 1、點 2 與點 3，其中點 1 數字最小，則由點 0 走訪到點 1。

(2) 接著與點 1 有邊連接的點有點 0、點 2、點 3 與點 4，因爲點 0 已經走訪過，所以下一個點先選點 2，則由點 1 走訪到點 2。

(3) 接著與點 2 有邊連接的點有點 0、點 1 與點 3，因爲點 0 與點 1 已經走訪過，所以下一個點先選點 3，則由點 2 走訪到點 3。

(4) 接著與點 3 有邊連接的點有點 0、點 1 與點 2，點 0、點 1 與點 2 都已經走訪過，所以倒退回點 2。

(5) 點 2 與有邊相連的所有點也都走訪過，所以倒退回點 1。

(6) 接著與點 1 有邊連接的點有點 0、點 2、點 3 與點 4，因爲點 0、點 2 與點 3 已經走訪過，所以下一個點爲點 4，則由點 1 走訪到點 4。

(7) 接著與點 4 有邊連接的點只有點 1，因爲點 1 已經走訪過，所以倒退回點 1。

(8) 接著與點 1 有邊連接的點有點 0、點 2、點 3 與點 4，都已經走訪過，所以倒退回點 0，程式結束。

深度優先搜尋是以遞迴呼叫的方式來實作，最近走訪的點要優先走訪，需要使用堆疊 (Stack) 來暫存最近使用過的點，遞迴呼叫過程中會自動使用系統堆疊，就不需要自行撰寫堆疊程式，讓程式更加簡潔。找出圖形中的最長路徑長度、是否有循環 (cycle) 在圖形中、哪些點可以連通等訊息，都可以使用深度優先搜尋來完成，甚至看起來與圖形無關的問題，也可以轉換成圖形，進行深度優先搜尋找到答案，以下介紹一些深度優先搜尋的範例。

10-3-1 使用 DFS 求最長路徑長度

10-3-1 使用 DFS 求最長路徑長度 .py

給定最多 200 個節點的無向圖，但不會形成環，每個節點名稱都是由英文字串組成，且任兩個節點的名稱不會相同，節點與節點之間可能有邊相連，求可以連接最長路徑邊的個數。

輸入說明

輸入正整數 m，表示有 m 個邊，接下來有 m 行，每個邊輸入兩個節點名稱，表示有邊連接這兩個節點，最後一行輸入起始點的節點名稱。

輸出說明

輸出最長路徑的長度。

範例輸入

```
4
ax bx
bx cx
dx cx
cx ex
ax
```

範例輸出

```
3
```

深度優先搜尋的程式實作想法

使用字典 (dict) 將節點名稱轉成節點編號，將邊的節點編號加入圖形資料結構中，圖形資料結構以字典表示，最後使用深度優先搜尋，找出最長邊的個數。

(1) 程式與解說

行數	程式
1	`G={}      # 使用字典建立圖`
2	`City={}`
3	`v=[0]*210`
4	`md = 0`
5	`def getCityIndex(p):  # 字串轉編號`

6	`    if p not in City.keys():`
7	`        City[p]=len(City)`
8	`    return City[p]`
9	`def DFS(x,level):  #DFS 找尋最深的深度`
10	`    global md  # 存取第 4 行全域變數 md`
11	`    for i in range(len(G[x])):`
12	`        if level > md:`
13	`            md = level`
14	`        target=G[x][i]`
15	`        if v[target] == 1:`
16	`            continue`
17	`        v[target] = 1`
18	`        DFS(target,level+1)`
19	`m = int(input())`
20	`for i in range(m):`
21	`    a, b = input().split()`
22	`    a = getCityIndex(a)`
23	`    b = getCityIndex(b)`
24	`    if a in G.keys():  #a 在字典 G 內`
25	`        G[a].append(b)`
26	`    else:              #a 不在字典 G 內`
27	`        G[a]=[b]`
28	`    if b in G.keys():  #b 在字典 G 內`
29	`        G[b].append(a)`
30	`    else:              #b 不在字典 G 內`
31	`        G[b]=[a]`
32	`start = City[input()]`
33	`DFS(start,0)`
34	`print(md)`

<table>
<tr><td>解說</td><td>第 1 到 2 行：宣告 G 與 City 為空字典。
第 3 行：宣告陣列 v 為一維整數陣列，有 210 個元素，每個元素初始化為 0。
第 4 行：初始化變數 md 為 0。
第 5 到 8 行：定義 getCityIndex 函式，將節點名稱轉成數字，使用字串 p 為輸入，將節點名稱 p 轉換成節點編號。若 p 不是字典 City 的鍵值，則設定字典 City 的鍵值 p，所對應的值為字典 City 的長度 (第 6 到 7 行)。回傳字典 City 以 p 為鍵值的對應值 (第 8 行)。
第 9 到 18 行：定義 DFS 函式進行深度優先搜尋，輸入參數 x 表示目前的節點編號，與參數 level 表示此節點距離起始節點經過了幾個邊了。
第 10 行：宣告 md 為全域變數。
第 11 到 18 行：使用迴圈讀取節點編號 x 的所有邊可以連結出去的節點，迴圈變數 i 由 0 到 G[x] 的長度減 1，每次遞增 1，若變數 level 大於變數 md，則設定變數 md 為變數 level，變數 md 設定為目前最長路徑的邊數 (第 13 行)。設定變數 target 為 G[x][i]，G[x][i] 表示讀取 G[x] 的第 i 個元素，變數 target 設定為能由節點編號 x 連結出去的節點 G[x][i]，若 v[target] 等於 1，表示已經拜訪過，則使用指令 continue 跳到迴圈的開頭，變數 i 遞增 1，繼續迴圈；否則 (v[target] 不等於 1)，設定 v[target] 為 1(第 17 行)。使用遞迴呼叫 DFS，以下一個節點編號 target，與到達節點編號 target 的邊個數 level+1 為輸入參數 (第 18 行)。
第 19 行：輸入邊的個數到變數 m。
第 20 到 31 行：輸入測試資料，使用字典建立圖形資料結構。迴圈跑 m 次，每次輸入兩個節點名稱字串到變數 a 與 b(第 21 行)。將字串 a 輸入 getCityIndex 轉成節點編號儲存到變數 a (第 22 行)，將字串 b 輸入 getCityIndex 轉成節點編號儲存到變數 b (第 23 行)。如果字典 G 包含鍵值 a，則將 b 加入到 G[a] 的最後，表示點 a 可以到點 b (第 24 到 25 行)，否則建立新的鍵值 a 對應到串列，該串列有一個元素 b，表示點 a 可以到點 b(第 26 到 27 行)。如果字典 G 包含鍵值 b，將 a 加入到 G[b] 的最後，表示點 b 可以到點 a (第 28 到 29 行)，否則建立新的鍵值 b 對應到串列，該串列有一個元素 a，表示點 b 可以到點 a(第 30 到 31 行)。
第 32 行：輸入字串到字典 City 查詢節點編號，儲存到變數 start。
第 33 行：使用 DFS 做走訪，輸入 start 與 0，表示從 start 開始，且階層開始為 0。
第 34 行：輸出變數 md 到螢幕上。</td></tr>
</table>

(2) 程式執行結果預覽

輸入以下測試資料。

```
4
ax bx
bx cx
dx cx
cx ex
ax
```

執行結果顯示在螢幕如下。

```
3
```

(3) 程式效率分析

執行第 5 到 7 行 getCityIndex 函式的演算法效率爲 O(log(n))，因爲 dict 物件的找尋鍵值是否存在的執行效率爲 O(log(n))，n 爲節點個數，程式第 22 到 23 行呼叫 getCityIndex 函式約 2*m 次，m 是圖形中邊的個數，演算法效率是 O(m*log(n))。第 24 到 31 行字典 G 最多 n 個元素，n 爲節點個數，找尋鍵值是否存在的執行效率爲 O(log(n))，外層迴圈最多執行 m 次，演算法效率是 O(m*log(n))。第 19 到 31 行總共執行效率爲 O(m*log(n))。第 33 行呼叫函式 DFS 執行深度優先搜尋，使用字典實作圖形資料結構，第 9 到 18 行需不斷搜尋每個邊最多兩次，因爲無向圖，每個邊有 2 個方向，演算法效率爲 O(n+m)，n 爲節點個數，m 是圖形中邊的個數。但本範例節點名稱爲字串，需先經由 dict 物件將節點名稱轉換爲節點編號才能建立圖形結構，反而花了更多時間，整個程式效率爲 O(m*log(n))。

10-3-2 使用 DFS 偵測是否有迴圈

10-3-2 使用 DFS 偵測是否有迴圈 .py

給定最多 26 個節點以內的有向圖，每個節點名稱都是英文大寫字母，且任兩節點名稱不會相同，節點與節點之間可能有邊相連，求是否已經形成循環。

輸入說明

輸入正整數 n，表示圖形中有 n 個邊，接著的 n 行，每行輸入兩個英文大寫字母，假設兩個英文大寫字母爲 A 與 B，表示有一個由 A 到 B 的有向邊。

輸出說明

若圖中有循環，則輸出「形成循環」，否則輸出「沒有形成循環」。

範例輸入

```
3
A D
D B
B C
4
A B
B C
C B
D F
```

範例輸出

```
沒有形成循環
形成循環
```

深度優先搜尋的程式實作想法

先將節點名稱轉換成節點編號，將節點編號加入圖形資料結構的字典，最後所有點都使用深度優先搜尋，找出是否會回到起始點。

(1) 程式與解說

行數	程式
1	`import sys`
2	`G={}    # 使用字典建立圖`
3	`City={}`
4	`v=[0]*27`
5	`isLoop = False`
6	`def getCityIndex(p):   # 字串轉編號`
7	`    if p not in City.keys():`
8	`        City[p]=len(City)`
9	`    return City[p]`
10	`def DFS(x,start):   #DFS 找尋`
11	`    global isLoop   # 存取全域變數 isLoop`
12	`    if x in G.keys():   # 需判斷 x 是否是 G 的鍵值`

```
13          for target in G[x]:
14              if target == start:
15                  isLoop = True
16                  return
17              if v[target] == 1:  continue
18              v[target] = 1
19              DFS(target, start)
20              v[target] = 0
21
22  for line in sys.stdin:
23      G.clear()
24      v=[0]*27
25      n = int(line)
26      for i in range(n):
27          a, b = input().split()
28          a=getCityIndex(a)   # 將 a 轉成數字
29          b=getCityIndex(b)   # 將 b 轉成數字
30          if a in G.keys():   #a 在字典 G 內
31              G[a].append(b)
32          else:               #a 不在字典 G 內
33              G[a]=[b]
34      for item in G.keys():
35          DFS(item,item)
36          if isLoop: break
37      if isLoop: print(" 形成循環 ")
38      else: print(" 沒有形成循環 ")
```

解說

第 2 到 3 行：宣告陣列 G 與 City 為空字典。

第 4 行：宣告陣列 v 為串列，有 27 個元素，初始化每一個元素都是 0。

第 5 行：初始化變數 isLoop 為 False。

第 6 到 9 行：定義 getCityIndex 函式，將節點名稱轉成數字，使用字串 p 為輸入，將節點名稱 p 轉換成節點編號。若 p 不是字典 City 的鍵值，則設定字典 City[p] 所對應的值為字典 City 的長度 (第 7 到 8 行)。回傳字典 City 以 p 為鍵值的對應值 (第 9 行)。

第 10 到 20 行：定義 DFS 函式進行深度優先搜尋，輸入參數 x 表示目前的節點編號，與參數 start 表示起始節點。

第 11 行：宣告 isLoop 為全域變數。

解說	第 12 到 20 行：若 x 是字典 G 的鍵值，則迴圈變數 target 為 G[x] 串列內每一個元素，若 target 等於 start，則設定變數 isLoop 為 True，使用 return 敘述回到上一層。若 v[target] 等於 1，表示已經拜訪過，則使用指令 continue 跳到迴圈的開頭；否則 (v[target] 不等於 1) 設定 v[target] 為 1(第 18 行)。使用遞迴呼叫 DFS，以下一個節點編號 target，與到達節點編號 start 為參數 (第 19 行)，設定 v[target] 為 0(第 20 行)。 第 22 到 38 行：使用迴圈從標準輸入裝置 (鍵盤) 不斷輸入測試資料到變數 line，清空字典 G(第 23 行)，宣告陣列 v 為串列，有 27 個元素，初始化每一個元素都是 0(第 24 行)，變數 n 參考到變數 line 轉成整數的數值 (第 25 行)。使用迴圈執行 n 次，每次輸入兩個節點名稱到變數 a 與變數 b，使用函式 getCityIndex 將節點名稱變數 a 轉換成節點編號，變數 a 重新參考到此節點編號，使用函式 getCityIndex 將節點名稱變數 b 轉換成節點編號，變數 b 重新參考到此節點編號。若變數 a 在字典內，則將變數 b 加入到串列 G[a] ，表示點 a 可以到點 b(第 30 到 31 行)；否則建立 G[a] 對應的串列，該串列有一個元素 b，表示點 a 可以到點 b(第 32 到 33 行)。 第 34 到 36 行：使用迴圈取出字典 G 的所有鍵到變數 item，呼叫函式 DFS，以 item 與 item 為參數。若 isLoop 為 true，表示已經找到循環，就不用繼續找下去，中斷迴圈 (第 36 行)。 第 37 到 38 行：若 isLoop 為 true，則輸出「形成循環」，否則輸出「沒有形成循環」。

(2) 程式執行結果

輸入以下測試資料。

```
3
A D
D B
B C
4
A B
B C
C B
D F
```

執行結果顯示在螢幕如下。

```
沒有形成循環
形成循環
```

(3) 程式效率分析

此程式第 10 到 20 行是深度優先搜尋演算法，使用字典實作圖形資料結構。第 13 到 20 行需不斷搜尋每個點連出去的邊最多一次，演算法效率爲 O(n+m)，n 是圖形中點的個數，m 是圖形中邊的個數。第 34 到 36 行因爲每個節點若有邊可以連出去，就需要執行 DFS 深度優先搜尋演算法，所以整個程式演算法效率最差爲 O(n*(n+m))，n 是圖形中點的個數，m 是圖形中邊的個數。

10-4 使用寬度優先進行圖的走訪

除了深度優先搜尋外，圖形資料結構另一個常用的走訪演算法爲寬度優先搜尋 (Breadth-First Search，縮寫 BFS)，這兩個演算法都可以走訪所有有邊相連的節點，只是走訪的順序不相同而已，寬度優先搜尋使用佇列暫存下一個要走訪的節點，而深度優先搜尋使用堆疊儲存倒退回來時的下一個要走訪的節點。

以下範例使用寬度優先搜尋，從點 0 開始，依照未走訪過的節點中數字由小到大順序進行走訪，將點 0 加入到佇列中。

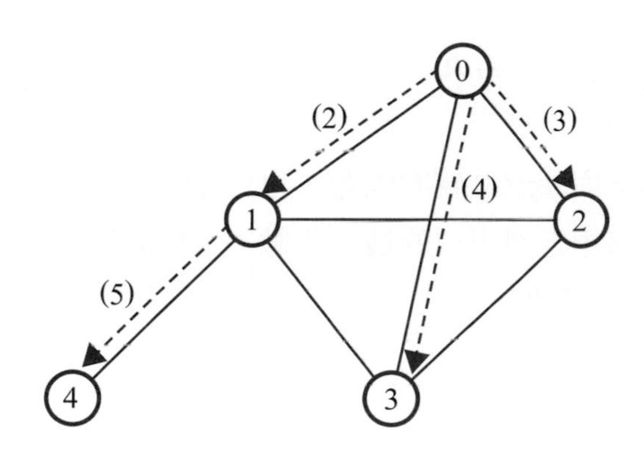

佇列

0							

(1) 從佇列中取出第一個元素點 0，與點 0 有邊連接的點有點 1、點 2 與點 3，則依序將點 1、點 2 與點 3 加入佇列。

佇列

1	2	3					

(2) 從佇列中取出第一個元素點 1，由點 0 走訪到點 1，與點 1 有邊連接的點有點 0、點 2、點 3 與點 4，因爲點 0 已經走訪過，而點 2 與點 3 已經加入佇列中，則將點 4 加入佇列。

佇列

2	3	4					

(3) 從佇列中取出第一個元素點 2，由點 0 走訪到點 2，與點 2 有邊連接的點有點 0、點 1 與點 3，因爲點 0 與點 1 已經走訪過，而點 3 已經加入佇列中，則不須將點加入佇列中。

3	4						

(4) 從佇列中取出第一個元素點 3，由點 0 走訪到點 3，與點 3 有邊連接的點有點 0、點 1 與點 2，因爲點 0、點 1 與點 2 已經走訪過，則不須將點加入佇列中。

4							

(5) 從佇列中取出第一個元素點 4，由點 1 走訪到點 4，與點 4 有邊連接的點有點 1，因爲點 1 已經走訪過，則不須將點加入佇列中。

(6) 因爲佇列是空的，所以程式結束。

寬度優先搜尋是以佇列來實作，以發現點的先後順序來儲存點到佇列中，再依序取出進行走訪。甚至看起來與圖形無關的問題，也可以轉換成圖形，進行廣度優先搜尋找出答案來，例如：在迷宮中走到出口的最少步數，下棋時移到某一點的最少步數等，以下介紹一些廣度優先搜尋的範例。

10-4-1 迷宮

10-4-1 迷宮 .py

給定最多 100 列 100 行的迷宮，數字 1 表示通道，數字 0 表示牆壁，請找出迷宮中指定的起始點到所有通道的最少步數，保證迷宮所有通道一定相連。請寫一個程式列出迷宮中每一個通道距離起始點的最少步數。

舉例如下，以下爲 5 列 6 行的迷宮，1 表示通道，0 表示牆，若設定第 3 列第 4 行爲起始點，請計算到達迷宮所有通道的最少步數。

	第 1 行	第 2 行	第 3 行	第 4 行	第 5 行	第 6 行
第 1 列	0	1	1	1	1	0
第 2 列	0	0	1	1	0	0
第 3 列	0	1	1	1(起始點)	0	0
第 4 列	1	1	1	1	0	1
第 5 列	1	1	1	1	1	1

輸入說明

輸入正整數 r 與 c，表示迷宮中有 r 列與 c 行，接著輸入 r 行，每行有 c 個數字，每個數字不是 0 就是 1，1 表示迷宮的通道，0 表示牆壁，接著輸入起始點座標的列數與行數。

輸出說明

請輸出 r 列 c 行個數字，顯示到達迷宮所有點的最少步數，且起始點的步數設定為 1，牆壁部分以 0 表示，顯示結果請參考範例輸出。

範例輸入

```
5 6
0 1 1 1 1 0
0 0 1 1 0 0
0 1 1 1 0 0
1 1 1 1 0 1
1 1 1 1 1 1
3 4
```

範例輸出

```
054340
003200
032100
543206
654345
```

寬度優先搜尋的程式實作想法

使用寬度優先搜尋，先將起始點設定最少步數爲 1，將起始點加入佇列，從佇列中取出最前面的元素，考慮這個元素相鄰的點，若相鄰點是通道，且未走訪過與未超出邊界，則將這些相鄰點的步數設定爲取出點的步數加 1，將這些相鄰點加入佇列，不斷重複上述動作，直到佇列是空的爲止。過程中更新最少步數的同時，要記錄最少步數到二維陣列，輸出此二維陣列就可以獲得結果。

(1) 程式與解說

行數	程式
1	`class Point:`
2	`    def __init__(self, r, c, dis):`
3	`        self.r = r`
4	`        self.c = c`
5	`        self.dis = dis`
6	
7	`def bound(row, col, nr, nc):`
8	`    if (((row>0) and (row<=nr)) and ((col>0) and (col<=nc)` `)): return 1`
9	`    else: return 0`
10	
11	`map=[[0]*101 for i in range(101)]`
12	`val=[[0]*101 for i in range(101)]`
13	`gor=[0,1,0,-1]`
14	`goc=[1,0,-1,0]`
15	`myq=[]`
16	`line = input()    # 輸入列數與行數`
17	`r, c = line.split()`
18	`r = int(r)`
19	`c = int(c)`
20	`for i in range(1,r+1):     # 輸入迷宮的節點狀態`
21	`    line = input()`
22	`    list = line.split()`
23	`    for j in range(c):`
24	`        map[i][j+1] = int(list[j])`
25	`line = input()    # 輸入起始點座標`
26	`sr, sc = line.split()`

```
27  sr=int(sr)
28  sc=int(sc)
29  myp = Point(sr, sc, 1)
30  val[myp.r][myp.c]=1
31  myq.append(myp)   # 將起始點加入佇列
32  while len(myq)>0:
33      nextp=myq[0]
34      del myq[0]
35      for i in range(4): # 在地圖內，且可以走，且未拜訪
36          if bound(nextp.r+gor[i],nextp.c+goc[i],r,c) and (m
    ap[nextp.r+gor[i]][nextp.c+goc[i]] == 1) and (val[nextp.
    r+gor[i]][nextp.c+goc[i]] == 0):
37              val[nextp.r+gor[i]][nextp.c+goc[i]] = nextp.
    dis +1
38              tmp = Point(0,0,0)    # 產生新的 Point
39              tmp.r=nextp.r+gor[i]
40              tmp.c=nextp.c+goc[i]
41              tmp.dis=nextp.dis+1
42              myq.append(tmp)
43
44  for i in range(r):
45      for j in range(c):
46          print(val[i+1][j+1], end='')
47      print()
```

<table>
<tr><td>說明</td><td>第 1 到 5 行：宣告一個 Point 結構，有三個元素，分別是列座標 r、行座標 c，與最少步數 dis。
第 7 到 9 行：宣告與定義 bound 函式，輸入 row、col、nr 與 nc，判斷點座標是否超出邊界，若點在邊界內則回傳 1，否則回傳 0。
第 11 行：宣告 map 爲二維整數陣列有 101 列與 101 行，陣列內每一個元素初始化爲 0，用於儲存迷宮的節點狀態。
第 12 行：宣告 val 爲二維整數陣列有 101 列與 101 行，陣列內每一個元素初始化爲 0，用於儲存最少步數。
第 13 行：宣告 gor 爲整數陣列有 4 個元素，用於儲存相鄰點列值的差距。
第 14 行：宣告 goc 爲整數陣列有 4 個元素，用於儲存相鄰點行值的差距。
第 15 行：宣告 myq 爲儲存 Point 物件的串列。
第 16 到 19 行：輸入迷宮的列數與行數到變數 line，使用字串方法 split，切割成兩個列數與行數字串，最後回傳給變數 r 與變數 c，變數 r 參考到列數，變數 c 參考到行數。
第 20 到 24 行：輸入迷宮的節點狀態，迴圈變數 i 由 1 到 r，每次遞增 1，迴圈執行 r 次，使用函式 input 輸入一整行元素到變數 line(第 21 行)，使用字串方法 split，切割成串列，變數 list 參考到此串列 (第 22 行)。使用內層迴圈 j 由 0 到 c-1，將串列 list[j] 轉換成整數，儲存到 map[i][j+1] (第 23 到 24 行)。
第 25 到 28 行：輸入迷宮的起始點座標到變數 line(第 25 行)，使用字串方法 split，切割成起始點的列座標與行座標到變數 sr 與變數 sc(第 26 行)。使用函式 int 將字串變數 sr 轉換爲整數，變數 sr 重新參考到此整數 (第 27 行)。使用函式 int 將字串變數 sc 轉換爲整數，變數 sc 重新參考到此整數 (第 28 行)。
第 29 行：新增 Point 類別的物件，設定 r 爲 sr、c 爲 sc 與 dis 爲 1，變數 myp 參考到此物件。
第 30 行：設定起始點的步數爲 1，相當於設定陣列 val[myp.r][myp.c] 爲 1。
第 31 行：將 myp 加入佇列 myq。
第 32 到 42 行：若佇列 myq 的個數大於 0，則取出佇列 myq 的最前面的元素到 nextp(第 33 行)，刪除佇列 myq 的最前面的元素 (第 34 行)。
第 35 到 42 行：使用迴圈變數 i，由 0 到 3，每次遞增 1，用於計算相鄰點的列座標與行座標，相鄰點的列座標爲 nextp.r+gor[i]，相鄰點的行座標爲 nextp.c+goc[i]，使用函式 bound 判斷是否超出邊界，且是否該點的陣列 map 等於 1，表示相鄰點是通道，且是否該點的陣列 val 等於 0，表示還沒有走過 (第 36 行)。</td></tr>
</table>

<table>
<tr><td>說明</td><td>第 37 行：設定該點的陣列 val 的數值為 nextp.dis+1。
第 38 到 42 行：儲存相鄰點到佇列 myq，變數 tmp 參考到一個 Point 物件 (第 38 行)，設定 tmp.r 為 nextp.r+gor[i] (第 39 行)，設定 tmp.c 為 nextp.c+goc[i] (第 40 行)，設定 tmp.dis 為 nextp.dis+1(第 41 行)，將 tmp 加入佇列 myq。
第 44 到 47 行：使用巢狀迴圈顯示二維陣列 val 到螢幕，外層迴圈變數 i，由 0 到 r-1，每次遞增 1，內層迴圈變數 j，由 0 到 c-1，每次遞增 1，每次顯示 val[i+1][j+1] 到螢幕。輸出一列後顯示換行 (第 47 行)。</td></tr>
</table>

(2) 程式執行結果

輸入以下測試資料。

```
5 6
0 1 1 1 1 0
0 0 1 1 0 0
0 1 1 1 0 0
1 1 1 1 0 1
1 1 1 1 1 1
3 4
```

執行結果顯示在螢幕如下。

```
054340
003200
032100
543206
654345
```

(3) 程式效率分析

執行第 29 到 42 行的寬度優先搜尋演算法，每個通道的節點都會被加入佇列與從佇列取出，最多通道的個數為 r*c，r 為迷宮的列數，c 為迷宮的行數，所以寬度優先搜尋演算法效率最差為 O(r*c)，第 20 到 24 行輸入迷宮的狀態，其程式效率為 O(r*c)，第 44 到 47 行顯示最少步數結果，其程式效率也是 O(r*c)，所以整個程式的效率為 O(r*c)。

10-4-2 象棋「馬」的移動

10-4-2 象棋馬的移動 .py

給定最多 20 列 20 行的棋盤，請找出棋盤上所指定馬的位置到棋盤上所有點的最少步數，請寫一個程式列出棋盤上每一個點的最少步數。象棋中馬的移動爲「日」字型，如下圖，中心的馬有八個方向可以走，選擇其中一個方向移動。

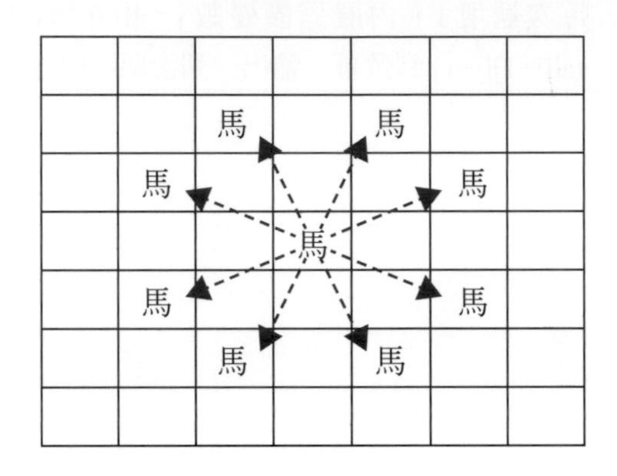

輸入說明

輸入正整數 r 與 c，表示棋盤中有 r 列與 c 行，接著輸入兩個整數 sr 與 sc 表示馬起始位置的列數與行數。

輸出說明

請輸出 r 列 c 行個數字，顯示棋盤中到達所有點的最少步數，且起始點的步數設定爲 1，顯示結果請參考範例輸出。

範例輸入

```
10 10 4 6
```

範例輸出

```
5434343434
4345232543
5432343234
4343414343
5432343234
4345232543
5434343434
4543434345
5454545454
6545454545
```

寬度優先搜尋的程式實作想法

使用寬度優先搜尋，先將起始點設定最少步數為 1，將起始點加入佇列，從佇列中取出最前面的元素，考慮這個元素相鄰的點。若相鄰點未走訪過與未超出邊界，則將這些相鄰點的步數設定為取出點的步數加 1，將這些相鄰點加入佇列，不斷重複上述動作，直到佇列是空的為止，過程中更新最少步數的同時，記錄最少步數到二維陣列，輸出此二維陣列就可以獲得結果。

(1) 程式與解說

行數	程式碼
1	`class Point:`
2	`    def __init__(self, r, c, step):`
3	`        self.r = r`
4	`        self.c = c`
5	`        self.step = step`
6	
7	`def bound(row, col, nr, nc):`
8	`    if (((row>0) and (row<=nr)) and ((col>0) and (col<=nc)) )): return 1`
9	`    else: return 0`
10	
11	`chess=[[0]*21 for i in range(21)]`

12	`gor=[1,-1,-2,-2,-1,1,2,2]`
13	`goc=[2,2,1,-1,-2,-2,-1,1]`
14	`myq=[]`
15	`r, c, sr, sc = input().split()  # 輸入棋盤大小與起始點座標`
16	`r = int(r)`
17	`c = int(c)`
18	`sr = int(sr)`
19	`sc = int(sc)`
20	`chess[sr][sc] = 1`
21	`myp = Point(sr, sc, 1)`
22	`myq.append(myp)`
23	`while len(myq)>0:`
24	`    nextp=myq[0]`
25	`    del myq[0]`
26	`    for i in range(8):`
27	`        if bound(nextp.r+gor[i],nextp.c+goc[i],r,c) and (chess[nextp.r+gor[i]][nextp.c+goc[i]] == 0):`
28	`            chess[nextp.r+gor[i]][nextp.c+goc[i]]=nextp.step+1`
29	`            tmp = Point(0,0,0)`
30	`            tmp.r=nextp.r+gor[i]`
31	`            tmp.c=nextp.c+goc[i]`
32	`            tmp.step=nextp.step+1`
33	`            myq.append(tmp)`
34	`for i in range(r):`
35	`    for j in range(c):`
36	`        print(chess[i+1][j+1], end='')`
37	`    print()`
說明	第 1 到 5 行：宣告一個 Point 結構，有三個元素，分別是列座標 r 與行座標 c，與最少步數 step。 第 7 到 9 行：宣告與定義 bound 函式，輸入 row、col、nr 與 nc，判斷點座標是否超出邊界，若點在邊界內則回傳 1，否則回傳 0。 第 11 行：宣告 chess 爲二維整數陣列有 21 列與 21 行，陣列內每一個元素初始化爲 0，用於儲存棋盤起始點到每個點的步數。 第 12 行：宣告 gor 爲整數陣列有 8 個元素，用於儲存馬走到相鄰點列值的差距。 第 13 行：宣告 goc 爲整數陣列有 8 個元素，用於儲存馬走到相鄰點行值的差距。 第 14 行：宣告 myq 爲儲存 Point 物件的串列。

說明	第 15 到 19 行：使用 input 函式輸入四個數字，使用字串方法 split，切割成四個數字，分別輸入棋盤的列數與行數到變數 r 與 c，輸入起始點的列座標與行座標到變數 sr 與 sc。使用函式 int 將字串變數 r 轉換爲整數，變數 r 重新參考到此整數 (第 16 行)。使用函式 int 將字串變數 c 轉換爲整數，變數 c 重新參考到此整數 (第 17 行)。使用函式 int 將字串變數 sr 轉換爲整數，變數 sr 重新參考到此整數 (第 18 行)。使用函式 int 將字串變數 sc 轉換爲整數，變數 sc 重新參考到此整數 (第 19 行)。 第 20 行：設定 chess[sr][sc] 爲 1，表示起始點只要一步就可以到達。 第 21 行：新增 Point 類別的物件，設定 r 爲 sr、c 爲 sc 與 step 爲 1，變數 myp 參考到此物件。 第 22 行：將 myp 加入佇列 myq。 第 23 到 33 行：若佇列 myq 的個數大於 0，則取出佇列 myq 的最前面的元素到 nextp(第 24 行)，刪除佇列 myq 的最前面的元素 (第 25 行)。 第 26 到 33 行：使用迴圈變數 i，由 0 到 7，每次遞增 1，用於計算相鄰點的列座標與行座標，相鄰點的列座標爲 nextp.r+gor[i]，相鄰點的行座標爲 nextp.c+goc[i]，使用函式 bound 判斷是否超出邊界，且陣列 chess 的該點數值是否等於 0，表示還沒有走過 (第 27 行)。 第 28 行：設定該點的陣列 chess 的數值爲 nextp.step+1。 第 29 到 33 行：儲存相鄰點到佇列 myq，變數 tmp 參考到一個 Point 物件 (第 29 行)，設定 tmp.r 爲 nextp.r+gor[i] (第 30 行)，設定 tmp.c 爲 nextp.c+goc[i] (第 31 行)，設定 tmp.step 爲 nextp.step+1(第 32 行)，將 tmp 加入佇列 myq。 第 34 到 37 行：使用巢狀迴圈顯示二維陣列 chess 到螢幕，外層迴圈變數 i，由 0 到 r-1，每次遞增 1，內層迴圈變數 j，由 0 到 c-1，每次遞增 1，每次顯示 chess[i+1][j+1] 到螢幕。輸出一列後顯示換行 (第 37 行)。

(2) 程式執行結果

輸入以下測試資料。

```
10 10 4 6
```

執行結果顯示在螢幕如下。

```
5434343434
4345232543
5432343234
4343414343
5432343234
4345232543
5434343434
4543434345
5454545454
6545454545
```

(3) 程式效率分析

執行第 27 到 33 行的寬度優先搜尋演算法，棋盤上每個點都會被加入佇列，再從佇列取出，點個數為 r*c，r 為棋盤的列數，c 為棋盤的行數，所以寬度優先搜尋演算法效率最差為 O(r*c)，第 34 到 37 行顯示最少步數結果，其程式效率也是 O(r*c)，所以整個程式的效率為 O(r*c)。

一、選擇題

(　) 1. 10 個點的無向完整圖會有多少個邊？ (A)28 (B)36 (C)45 (D)55。

(　) 2. 6 個點的有向完整圖會有多少個邊？ (A)20 (B)30 (C)42 (D)56。

(　) 3. 以下無向圖，請問點 2 的分支度爲多少？ (A)1 (B)2 (C)3 (D)4。

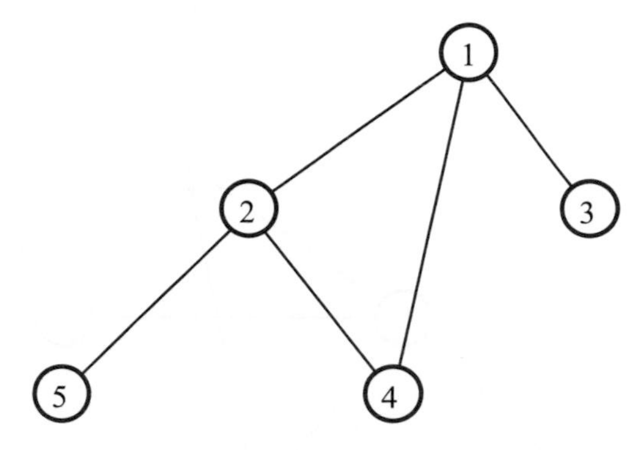

(　) 4. 深度優先搜尋 (Depth-First Search) 需要利用什麼資料結構暫存最近使用過的節點？ (A) 佇列 (Queue) (B) 堆積 (Heap) (C) 堆疊 (Stack) (D) 二元搜尋樹 (Binary Search Tree)。

(　) 5. 下圖進行深度優先搜尋 (Depth-First Search)，從點 0 開始拜訪，數字小的優先拜訪，請問拜訪順序爲以下何者？ (A)03214 (B)02341 (C)02314 (D)02134。

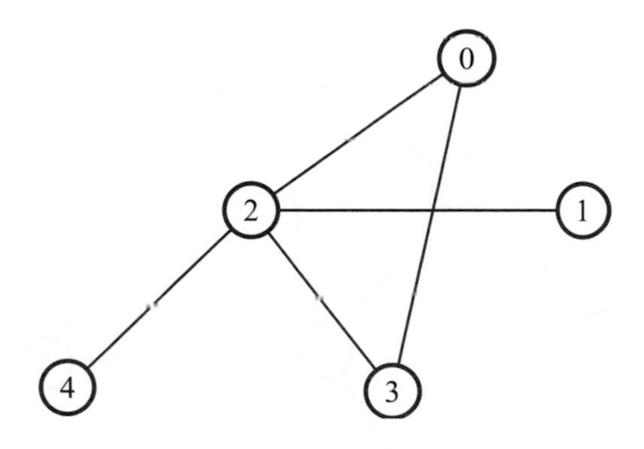

本章習題

(　) 6. 寬度優先搜尋 (Breadth-First Search) 需要利用什麼資料結構暫存最近使用過的節點？ (A) 佇列 (Queue) (B) 堆積 (Heap) (C) 堆疊 (Stack) (D) 二元搜尋樹 (Binary Search Tree)。

(　) 7. 下圖進行廣度優先搜尋 (Breadth-First Search)，從點 0 開始拜訪，數字小的優先拜訪，請問拜訪順序為以下何者？ (A)03214 (B)02341 (C)02314 (D)02134。

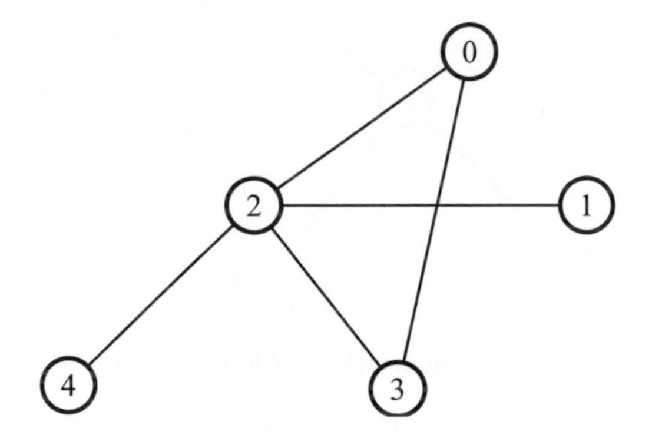

二、問答題

(a) 請列出下圖深度優先搜尋的拜訪順序？

(b) 請列出下圖廣度優先搜尋的拜訪順序？

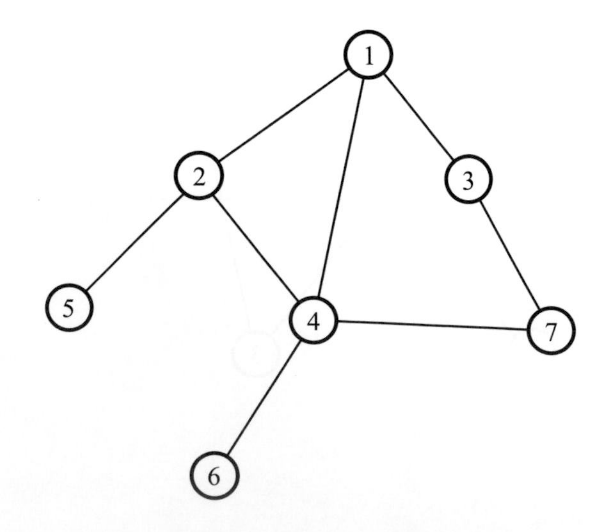

Python

CHAPTER 11

圖形最短路徑

- ◆ 11-1 實作圖形資料結構—新增邊的權重
- ◆ 11-2 使用 Dijkstra 演算法找最短路徑
- ◆ 11-3 使用 Bellman Ford 演算法找最短路徑
- ◆ 11-4 使用 Floyd Warshall 演算法找最短路徑

圖形資料結構是由點與邊所組成，圖形資料結構廣泛應用於解決問題，例如：使用地圖搜尋最短路徑，將地點轉換成圖形資料結構中的點，地點與地點間的距離轉換成邊的權重，最後使用最短路徑演算法就可以找出最短路徑，如下圖。

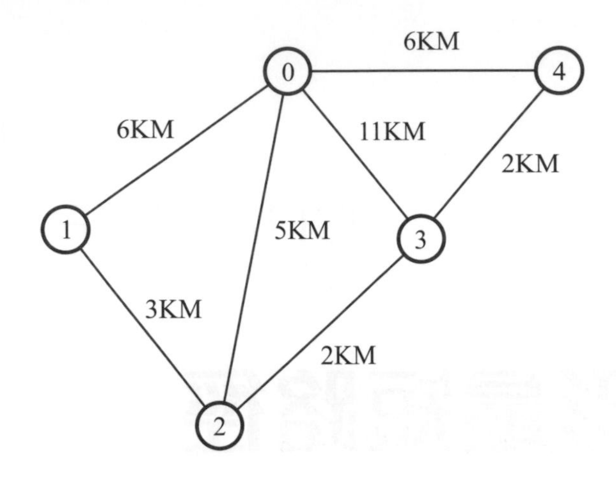

11-1 實作圖形資料結構─新增邊的權重

接著介紹圖形資料結構的最短路徑演算法，如何利用程式實作邊帶有權重的圖形資料結構，找出起點到每個節點的最短路徑。

11-1-1 使用陣列建立帶有權重的圖形資料結構

11-1-1 使用陣列建立帶有權重的圖形資料結構 .py

可以使用陣列建立圖形資料結構，如下圖形資料結構範例。

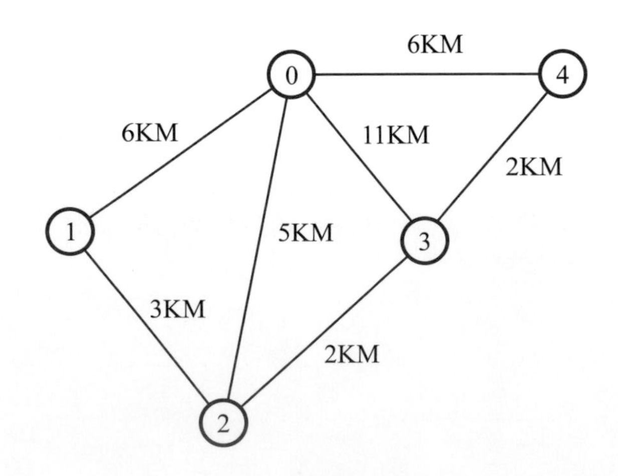

本範例圖形結構有 5 個節點，可以使用 5×5 的陣列儲存。若有邊相連，則陣列元素值改為邊的權重，否則陣列元素值改為 0。由下表可知，無向圖一定是對稱陣列，因為點 x 可以連到點 y，點 y 一定可以連回點 x。

終　點

起點	0	1	2	3	4
0	0	6	5	11	6
1	6	0	3	0	0
2	5	3	0	2	0
3	11	0	2	0	2
4	6	0	0	2	0

有向圖也可以使用陣列建立圖形資料結構，如下圖形資料結構範例，本範例圖形結構有 5 個節點，可以使用 5×5 的陣列儲存下圖。

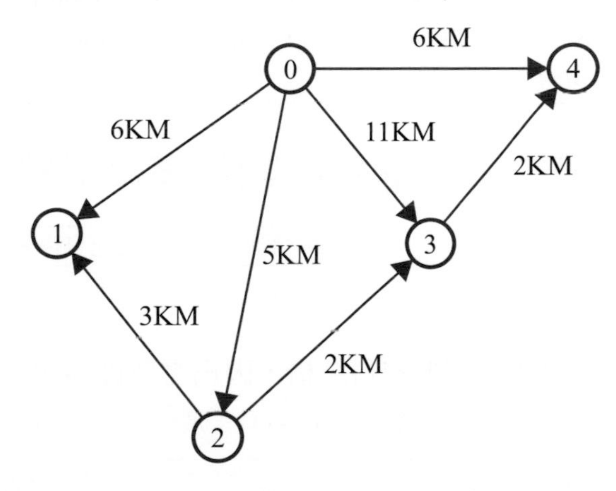

若有邊相連，則陣列元素值為邊的權重，否則陣列元素值為 0，因為是有向圖，所以要注意起點與終點，將邊的權重加入正確的格子內。

終　點

起點	0	1	2	3	4
0	0	6	5	11	6
1	0	0	0	0	0
2	0	3	0	2	0
3	0	0	0	0	2
4	0	0	0	0	0

以下爲使用陣列建立邊帶有權重的圖形資料結構程式範例。

行號	程式碼

1
2
3
4
5
6
7
8
9
	`G=[[0]*100 for i in range(100)]`
	`n = int(input())`
	`for i in range(n):`
	`    a, b, w = input().split()`
	`    a = int(a)`
	`    b = int(b)`
	`    w = int(w)`
	`    G[a][b]=w`
	`    G[b][a]=w`

解說	第 1 行：宣告陣列 G 爲二維整數陣列，有 100 列與 100 行的元素。 第 2 行：輸入一個整數，變數 n 參考到此整數，表示有幾個邊要輸入。 第 3 到 9 行：使用迴圈執行 n 次，每次輸入兩個數字表示邊的兩個頂點到變數 a 與 b，邊的權重到變數 w(第 4 到 7 行)。設定 G[a][b] 爲 w，表示點 a 可以到點 b，且權重爲 w(第 8 行)，設定 G[b][a] 爲 w，表示點 b 可以到點 a，且權重爲 w(第 9 行)。

11-1-2 使用字典建立帶有權重的圖形資料結構

11-1-2 使用字典建立帶有權重的圖形資料結構 .py

若使用字典儲存帶有權重的圖形資料結構，因爲需要儲存起始節點、終點節點與權重，宣告類別 Edge 如下。

```
class Edge:
    def __init__(self, s, t, w):
        self.s = s
        self.t = t
        self.w = w
```

宣告一個類別 Edge，由 3 個元素描述一個邊，這個邊是具有方向性的，分別是 s、t 與 w，s 爲邊的起始節點，t 爲邊的終點節點，w 爲邊的權重。若要將下圖使用字典建立圖形資料結構，需不斷將邊加到指定的字典元素後面。

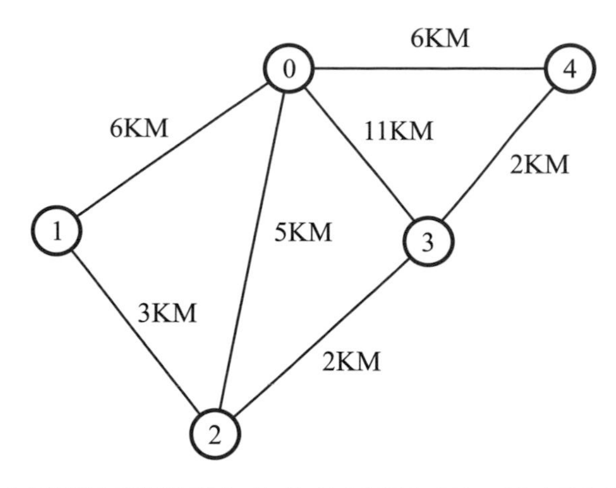

使用陣列 G，將上圖所有點與邊加入後的結果如下，建立圖形後就可以使用各種圖形演算法，獲得想要的結果。

G[0]	s:0 t:1 w:6	s:0 t:2 w:5	s:0 t:3 w:11	s:0 t:4 w:6
G[1]	s:1 t:0 w:6	s:1 t:2 w:3		
G[2]	s:2 t:0 w:5	s:2 t:1 w:3	s:2 t:3 w:2	
G[3]	s:3 t:0 w:11	s:3 t:2 w:2	s:3 t:4 w:2	
G[4]	s:4 t:0 w:6	s:4 t:3 w:2		

以下爲使用字典建立帶有權重的圖形資料結構程式範例。

行號	程式碼
1	`class Edge:`
2	`    def __init__(self, s, t, w):`
3	`        self.s = s`
4	`        self.t = t`
5	`        self.w = w`

6	`G={}`
7	`n = int(input())`
8	`for i in range(n):`
9	`    a, b, w = input().split()`
10	`    a = int(a)`
11	`    b = int(b)`
12	`    w = int(w)`
13	`    e1 = Edge(a, b, w)`
14	`    e2 = Edge(b, a, w)`
15	`    if a in G.keys():  #a 在字典 G 內`
16	`        G[a].append(e1)`
17	`    else:              #a 不在字典 G 內`
18	`        G[a]=[e1]`
19	`    if b in G.keys():  #b 在字典 G 內`
20	`        G[b].append(e2)`
21	`    else:              #b 不在字典 G 內`
22	`        G[b]=[e2]`
說明	第 1 到 5 行：宣告一個 Edge 類別，由 3 個元素描述一個邊，這個邊是具有方向性的，分別是 s、t 與 w，s 爲邊的起點，t 爲邊的終點，w 爲邊的權重。 第 6 行：宣告 G 爲空字典。 第 7 行：使用 input 函數輸入一個整數到變數 n，使用 int 函式將整數字串轉換成整數，表示有幾個邊要輸入。 第 8 到 22 行：使用迴圈執行 n 次，每次輸入 3 個數字表示邊的兩個頂點到變數 a 與 b，與邊的權重到變數 w(第 9 到 12 行)。設定物件 e1 的 s 爲 a、物件 e1 的 t 爲 b，物件 e1 的 w 爲 w(第 13 行)，設定物件 e2 的 s 爲 b、物件 e2 的 t 爲 a，物件 e2 的 w 爲 w(第 14 行)。如果字典 G 包含鍵值 a，則將 e1 加入到 G[a] 的最後，表示點 a 可以到點 b，且權重爲 w (第 15 到 16 行)，否則建立新的鍵值 a 對應到串列，該串列有一個元素 e1，表示點 a 可以到點 b，且權重爲 w(第 17 到 18 行)。如果字典 G 包含鍵值 b，將 e2 加入到 G[b] 的最後，表示點 b 可以到點 a，且權重爲 w (第 19 到 20 行)，否則建立新的鍵值 b 對應到串列，該串列有一個元素 e2，表示點 b 可以到點 a，且權重爲 w (第 21 到 22 行)。

11-2 使用 Dijkstra 演算法找最短路徑

找出圖形中的最短路徑的演算法，常見的有三種，分別是 Dijkstra 演算法、Bellman Ford 演算法與 Floyd 演算法，以下分成三節進行介紹，每種演算法各有優缺點。

Dijkstra 演算法是一種貪婪 (Greedy) 的演算法策略，最短路徑決定了就不能更改，不能用於邊的權重為負值的情形，只能找出單點對所有點的最短路徑，不能用於有負環的情形。所謂的負環就是最短路徑形成循環 (cycle)，且循環的權重加總結果為負值，不斷的經過此循環就可以獲得更小的值，會造成無法在有限步驟中獲得最短路徑。Dijkstra 演算法、Bellman Ford 演算法與 Floyd 演算法皆無法在有負環的圖中得到正確的最短路徑。

Dijkstra 演算法

下圖以點 0 為出發點，找出到其他點的最短路徑。

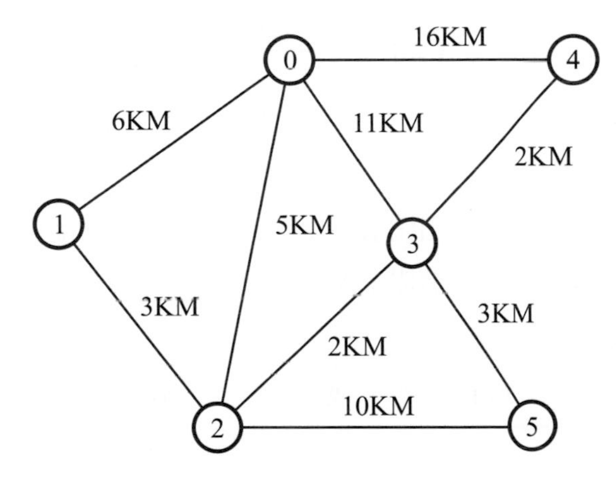

使用一個陣列 dis 暫存由出發點 (點 0) 連接出去的各點最短路徑，初始化點 0 為 0，其他點為無限大。

	點 0	點 1	點 2	點 3	點 4	點 5
陣列 dis	0	無限大	無限大	無限大	無限大	無限大

STEP 01 從出發點 (點 0) 可以連出去的點有點 1、點 2、點 3 與點 4，更新這些點的最短路徑，找出出發點 (點 0) 連到點 2 的距離 5 是目前未使用過的最短路徑，所以出發點 (點 0) 連接到點 2 的最短路徑就確定了，之後不能更改。

	點 0	點 1	點 2	點 3	點 4	點 5
陣列 dis	0	6	5	11	16	無限大

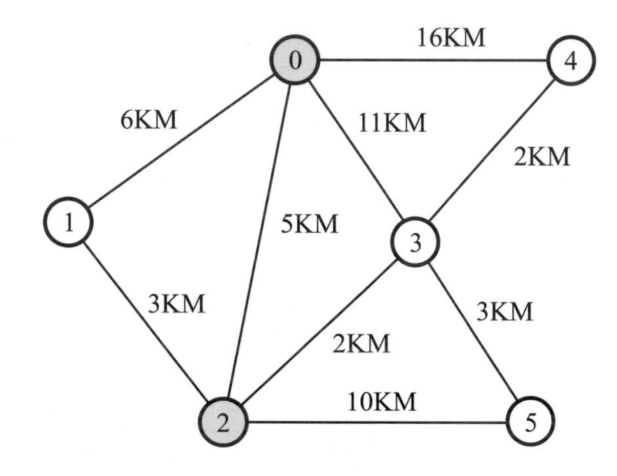

STEP 02 更新從點 2 可以連出去的點 0、點 1、點 3 與點 5，其中點 0 已經確定最短路徑，點 3 與點 5 需更新最短路徑，點 3 需更新爲 7(5+2)，點 5 需更新爲 15(5+10)，找出出發點 (點 0) 連到點 1 的距離 6 是目前未使用過的最短路徑，所以出發點 (點 0) 連接到點 1 的最短路徑就確定了，之後不能更改。

	點 0	點 1	點 2	點 3	點 4	點 5
陣列 dis	0	6	5	7	16	15

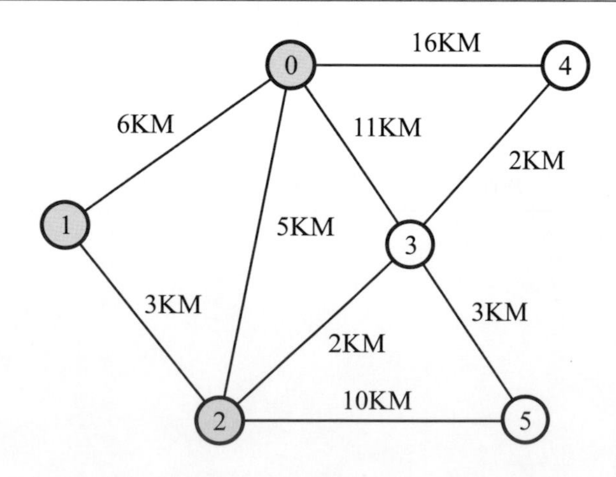

STEP 03 更新從點 1 可以連出去的點 0 與點 2，點 0 與點 2 已經確定最短路徑，接著繼續找出出發點 (點 0) 出發，未拜訪點的最短路徑點，發現出發點 (點 0) 連到點 3 的距離 7 是目前未使用過的最短路徑，所以出發點 (點 0) 連接到點 3 的最短路徑就確定了，之後不能更改。

	點 0	點 1	點 2	點 3	點 4	點 5
陣列 dis	0	6	5	7	16	15

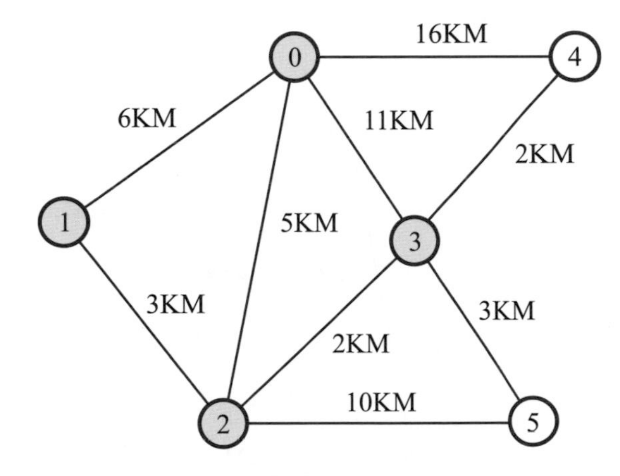

STEP 04 更新從點 3 可以連出去的點 0、點 2、點 4 與點 5，其中點 0 與點 2 已經確定最短路徑，點 4 與點 5 需更新最短路徑，點 4 需更新爲 9(7+2)，點 5 需更新爲 10(7+3)，接著繼續找出出發點 (點 0) 出發，未拜訪點的最短路徑點，發現出發點 (點 0) 連到點 4 的距離 9 是目前未使用過的最短路徑，所以出發點 (點 0) 連接到點 4 的最短路徑就確定了，之後不能更改。

	點 0	點 1	點 2	點 3	點 4	點 5
陣列 dis	0	6	5	7	9	10

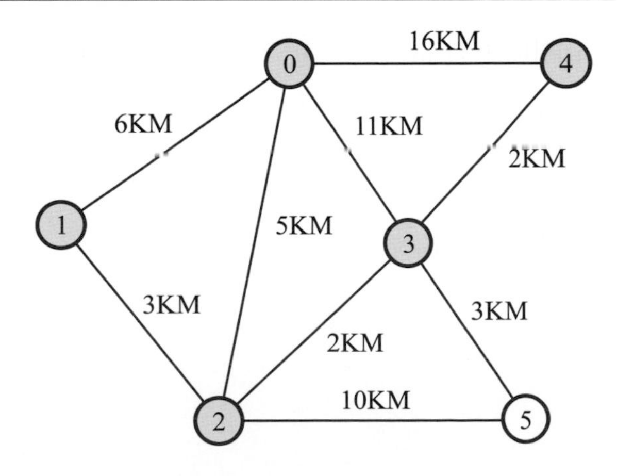

STEP 05 更新從點 4 可以連出去的點 0 與點 3，點 0 與點 3 已經確定最短路徑，接著繼續找出出發點 (點 0) 出發，未拜訪點的最短路徑點，發現出發點 (點 0) 連到點 5 的距離 10 是目前未使用過的最短路徑，所以出發點 (點 0) 連接到點 5 的最短路徑就確定了，之後不能更改，到此已經找出從出發點 (點 0) 出發到所有點的最短路徑。

	點 0	點 1	點 2	點 3	點 4	點 5
陣列 dis	0	6	5	7	9	10

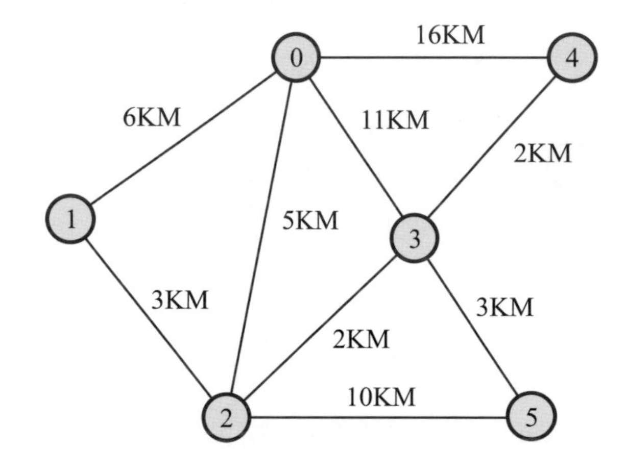

11-2-1 使用 Dijkstra 找最短路徑

11-2-1 使用 Dijkstra 找最短路徑 .py

給定最多 100 個節點以內的無向圖，每個節點名稱由字串組成，且節點名稱皆不相同，每個邊都有權重，且邊的權重為正整數，相同起點與終點的邊只有一個，由指定的節點名稱為起點，試找出起點到所有其他點的最短路徑 (假設任兩點的路徑長度不會超過 500000)。

輸入說明

輸入正整數 m，表示圖形中有 m 個邊，接下來有 m 行，每行輸入兩個節點名稱與邊的權重，邊的權重為正整數，最後輸入指定為起點的節點名稱。

輸出說明

輸出指定節點到所有點的最短路徑。

範例輸入

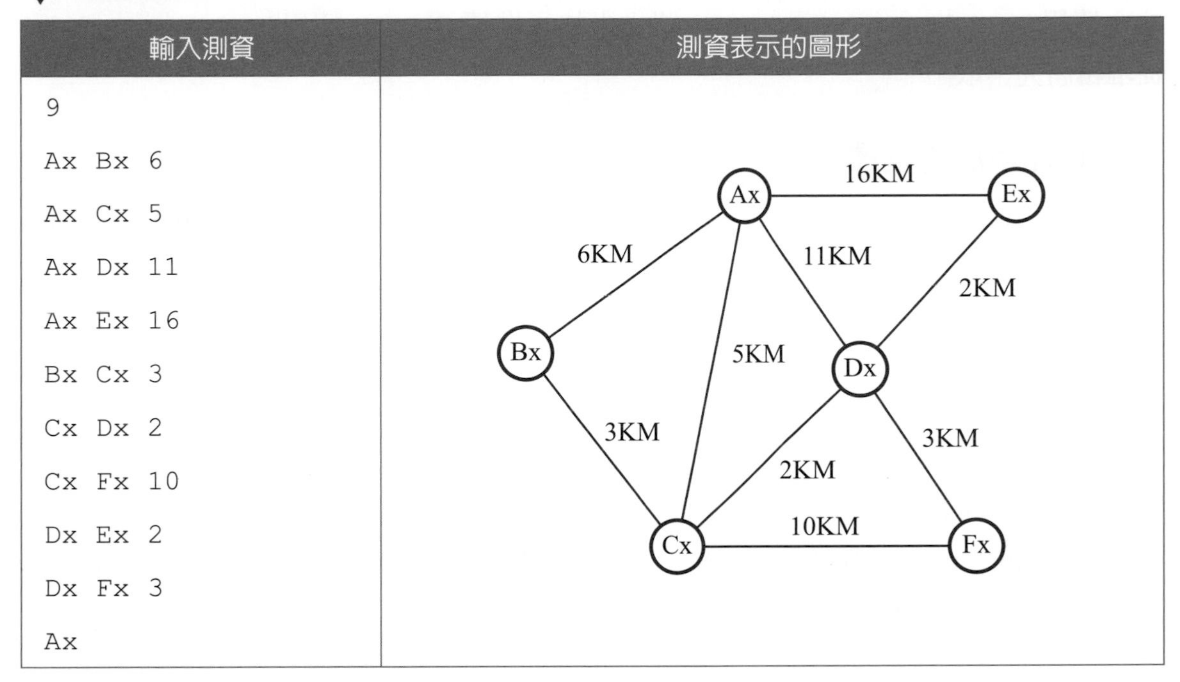

輸入測資	測資表示的圖形
9 Ax Bx 6 Ax Cx 5 Ax Dx 11 Ax Ex 16 Bx Cx 3 Cx Dx 2 Cx Fx 10 Dx Ex 2 Dx Fx 3 Ax	

範例輸出

```
0 6 5 7 9 10
```

使用 Dijkstra 演算法找最短路徑的程式實作想法

首先使用字典將節點名稱轉成節點編號 (從 0 開始編號)，再使用節點編號透過另一個字典建立圖形資料結構。使用 Dijkstra 演算法找最短路徑，使用陣列 v 記錄是否已經獲得出發點連到該點的最短路徑，預設爲 0，設定爲 1 時，表示該點已經確定最短路徑的距離，該點就不會再找尋是否有更短路徑。陣列 dis 記錄從起點到所有節點的最短路徑，預設爲很大的數字，若有更短路徑就更新。使用優先權佇列 (priority queue) 每次找出從起點可以連結出去的點中最短路徑的點編號，假如該點的陣列 v 的值等於 0，則設定該點的陣列 v 的值爲 1，表示該點已經確定最短路徑，更新該點能連出去到其他點的最短路徑的距離到陣列 dis，將這些點加入優先權佇列，優先權佇列在加入的過程中，會將出發點到該點的權重較小的元素調整到最前面，每次都會取出權重最小的元素，如此不斷重複上述動作，直到優先權佇列 (priority queue) 沒有元素爲止，就可以找出所有點的最短路徑。

本範例程式使用 Python 的優先權佇列函式庫 heapq，以下為函式庫 heapq 的常用函式，使用 heapq.heappush((heap, item) 將元素加入堆積 (Heap)，使用 heapq.heappop(heap) 從堆積將元素取出。

一、將元素加入堆積

函式 heappush（說明文件：https://docs.python.org/zh-tw/3/library/heapq.html#heapq.heappush）

函式簽名

```
heapq.heappush(heap, item)
```

功能與說明

將元素 item 加入到堆積 heap 內，item 可以是數值或 tuple，tuple 的第一個參數進行數值比較，數值小的在前面。

程式範例 1 - 堆積內每一個元素為整數

```
import heapq
nums = [8,5,3,4,6,2]
pq = []
for i in nums:
    heapq.heappush(pq, i)
    print(pq)
```

執行結果 1

```
[8]
[5, 8]
[3, 8, 5]
[3, 4, 5, 8]
[3, 4, 5, 8, 6]
[2, 4, 3, 8, 6, 5]
```

程式範例 2 - 堆積內每一個元素爲 tuple

```
import heapq
data = [(8,'a'),(5,'x'),(3,'b')]
pq = []
for i in data:
    heapq.heappush(pq, i)
    print(pq)
```

執行結果 2

```
[(8, 'a')]
[(5, 'x'), (8, 'a')]
[(3, 'b'), (8, 'a'), (5, 'x')]
```

二、從堆積取出元素

函式 heappop（說明文件：https://docs.python.org/zh-tw/3/library/heapq.html#heapq.heappop）

函式簽名

```
heapq.heappop(heap)
```

功能與說明

從堆積 heap 取出最上面的元素回傳回來。

程式範例

```
import heapq
nums = [8,5,3,4,6,2]
pq = []
for i in nums:
    heapq.heappush(pq, i)
while len(pq) > 0:
    print(heapq.heappop(pq)," ",sep="",end="")
print()
```

執行結果

```
2 3 4 5 6 8
```

(1) 程式與解說

行號	程式碼
1	`from heapq import *`
2	`City = {}`
3	`G = {}`
4	`pq = []`
5	`dis = [1000000]*101`
6	`v = [0]*101`
7	`def getCityIndex(p):`
8	`    if p not in City.keys():`
9	`        City[p]=len(City)`
10	`    return City[p]`
11	`class Edge:`
12	`    def __init__(self, s, t, w):`
13	`        self.s = s`
14	`        self.t = t`
15	`        self.w = w`
16	
17	`n = int(input())`
18	`for i in range(n):`
19	`    a, b, w = input().split()`

```
20        a=getCityIndex(a)
21        b=getCityIndex(b)
22        w = int(w)
23        e1 = Edge(a, b, w)
24        e2 = Edge(b, a, w)
25        if a in G.keys():
26            G[a].append(e1)
27        else:
28            G[a]=[e1]
29        if b in G.keys():
30            G[b].append(e2)
31        else:
32            G[b]=[e2]
33
34    s = getCityIndex(input())
35    p = (0, s)   #(距離，目標點)
36    heappush(pq, p)
37    dis[s]=0
38    while len(pq) > 0:
39        p = heappop(pq)
40        s = p[1]
41        if v[s] == 0:
42            v[s] = 1
43            for edge in G[s]:
44                if v[edge.t] == 0:
45                    if dis[edge.t] > dis[s] + edge.w:
46                        dis[edge.t] = dis[s] + edge.w
47                        p = (dis[edge.t], edge.t)#(距離，目標點)
48                        heappush(pq, p)
49    for i in range(len(City)):
50        print(dis[i]," ", sep="", end="")
51    print()
```

說明	第 1 行：匯入 heapq 函式庫。 第 2 到 3 行：宣告 City 與 G 爲空字典。 第 4 行：宣告 pq 爲串列。 第 5 行：宣告 dis 爲 101 個元素的串列，每個元素值都是 1000000。 第 6 行：宣告 v 爲 101 個元素的串列，每個元素值都是 0。 第 7 到 10 行：定義 getCityIndex 函式，將節點名稱轉成數字，使用字串 p 爲輸入，將節點名稱 p 轉換成節點編號。若 p 不是字典 City 的鍵值，則設定 City[p]，所對應的值爲字典 City 的長度 (第 8 到 9 行)。回傳字典 City 以 p 爲鍵值的對應值 (第 10 行)。 第 11 到 15 行：宣告一個 Edge 類別，由 3 個元素描述一個邊，這個邊是具有方向性的，分別是 s、t 與 w，s 爲邊的起點，t 爲邊的終點，w 爲邊的權重。 第 17 行：使用 input 函數輸入一個整數到變數 n，使用 int 函式將整數字串轉換成整數，表示有幾個邊要輸入。 第 18 到 32 行：使用迴圈執行 n 次，每次輸入 3 個資料，表示邊的兩個頂點到變數 a 與 b，與邊的權重到變數 w(第 19 到 22 行)。設定物件 e1 的 s 爲 a、物件 e1 的 t 爲 b，物件 e1 的 w 爲 w(第 23 行)，設定物件 e2 的 s 爲 b、物件 e2 的 t 爲 a，物件 e2 的 w 爲 w(第 24 行)。如果字典 G 包含鍵值 a，則將 e1 加入到 G[a] 的最後，表示點 a 可以到點 b，且權重爲 w (第 25 到 26 行)，否則建立新的鍵值 a 對應到串列，該串列有一個元素 e1，表示點 a 可以到點 b，且權重爲 w(第 27 到 28 行)。如果字典 G 包含鍵值 b，將 e2 加入到 G[b] 的最後，表示點 b 可以到點 a，且權重爲 w (第 29 到 30 行)，否則建立新的鍵值 b 對應到串列，該串列有一個元素 e2，表示點 b 可以到點 a，且權重爲 w (第 31 到 32 行)。 第 34 行：使用函式 input 輸入起點節點名稱，傳入函式 getCityIndex 轉換成節點編號，變數 s 參考到此節點編號。 第 35 行：建立有兩個元素的 tuple，第一個元素表示距離，起始點的距離爲 0，第二個元素表示目標點編號，起始點編號爲變數 s，變數 p 參考到此 tuple。 第 36 行：將變數 p 加入到串列 pq，串列 pq 經由函式 heappush 轉換成優先權佇列 (priority queue)，每個元素爲「距離」與「目標點編號」的 tuple，函式 heappush 會自動將距離小的元素調整到上層，形成 MinHeap。 第 37 行：設定 dis[s] 爲 0，表示出發點 (點 s) 的最短距離爲 0。 第 38 到 48 行：實作 Dijkstra 演算法程式，當 pq 不是空的，執行以下動作。 第 39 行：使用函式 heappop 從 pq 取出最上面的元素 (起始點到此點是最短距離)，變數 p 參考到此元素。

<table>
<tr><td>說明</td><td>第 40 行：宣告變數 s 參考到變數 p 的第 2 個元素，為該邊的目標點編號，會是下一個起點。
第 41 到 48 行：若陣列 v[s] 等於 0，設定 v[s] 為 1，表示起始點到節點編號 s 是最短路徑。
第 43 到 48 行：使用迴圈找出從點 s 可以連出去的所有邊到變數 edge，若 v[edge.t] 等於 0，表示點 edge.t 還沒有確定從出發點 (點 s) 連結到該點的最短路徑 (第 44 行)，若 dis[edge.t] 大於 (dis[s] + edge.w)，表示找到出發點 (點 s) 到點 edge.t 的更短路徑，則設定 dis[edge.t] 為 (dis[s] + edge.w) (第 46 行)，建立兩個元素的 tuple，第一個元素為 dis[edge.t]，表示起始點到目標點 edge.t 的距離，第二個元素為 edge.t (第 47 行)，表示目標點編號，變數 p 參考到此 tuple，將變數 p 加入到 pq(第 48 行)。
第 49 到 50 行：使用迴圈顯示陣列 dis 到螢幕。
第 51 行：輸出換行。</td></tr>
</table>

(2) 程式執行結果

輸入以下測試資料。

```
9
Ax Bx 6
Ax Cx 5
Ax Dx 11
Ax Ex 16
Bx Cx 3
Cx Dx 2
Cx Fx 10
Dx Ex 2
Dx Fx 3
Ax
```

執行結果顯示在螢幕如下。

```
0 6 5 7 9 10
```

(3) 程式效率分析

第 38 到 48 行的程式決定 Dijkstra 演算法的執行效率，每個點連出去的邊最多拜訪兩次，演算法效率為 O(n+m)，n 為點的個數，m 為邊的個數。將一個元素加入優先權佇列與從優先權佇列取出元素的程式效率為 O(log(n))，n 為優先權佇列的元素個數，n 可以使用圖中節點個數取代，所有點加入優先權佇列與從優先權佇列取出的效率為 O(n*log(n))，整個程式效率為 O(m+n*log(n))。

11-3 使用 Bellman Ford 演算法找最短路徑

Bellman Ford 演算法是一種動態規劃 (Dynamic Programming) 的演算法策略，最短路徑決定了還可以更改，可以用於邊的權重為負值的情形，只能找出單點對所有點的最短路徑，不能用於負環的圖形上找尋最短路徑，但可以用於偵測圖形中是否有負環存在。

Bellman Ford 演算法

下圖為有向圖，以點 Ax 為出發點，使用 Bellman Ford 演算法找出到其他點的最短路徑，宣告佇列 qu 記錄新增找出最短路徑的點，陣列 dis 記錄從 Ax 出發到其他點的最短路徑，陣列 inqu 記錄是否加入佇列中，已經在佇列中設定為 1，從佇列取出設定為 0。

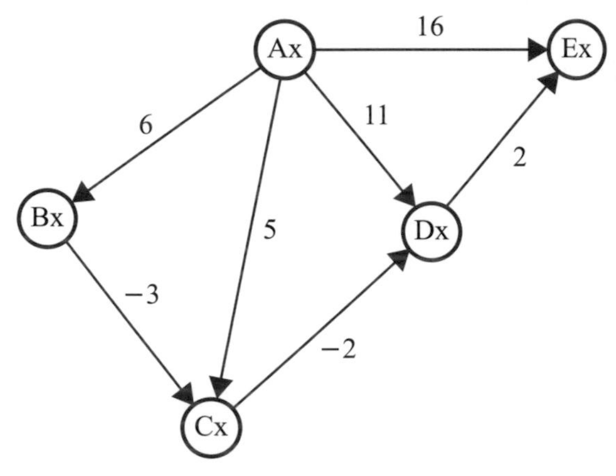

點 Ax 的節點編號為 0，點 Bx 的節點編號為 1，點 Cx 的節點編號為 2，點 Dx 的節點編號為 3，點 Ex 的節點編號為 4。使用一個陣列 dis 暫存由點 Ax 連接出去的各點最短路徑，初始化點 Ax 為 0，其他點為無限大，將點 Ax 加入佇列 qu，設定陣列 inqu 表示點 Ax 的元素為 1，其他點為 0，表示點 Ax 在佇列 qu 中。

	點 Ax	點 Bx	點 Cx	點 Dx	點 Ex
陣列 dis	0	無限大	無限大	無限大	無限大

	點 Ax	點 Bx	點 Cx	點 Dx	點 Ex
陣列 inqu	1	0	0	0	0

佇列 qu	0(Ax)				

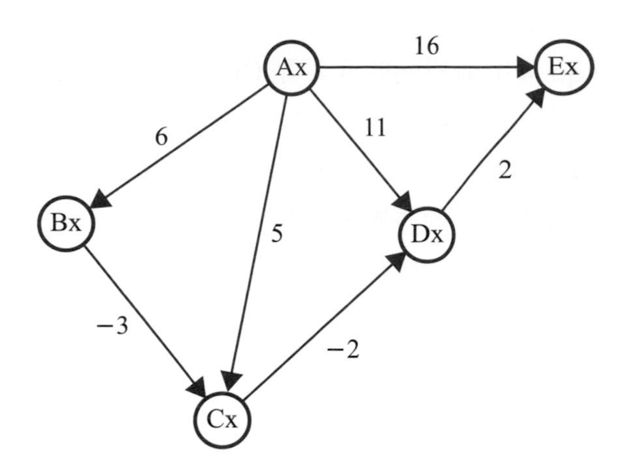

STEP 01 從佇列 qu 取出最前面的元素點 Ax，設定陣列 inqu 中表示點 Ax 的元素值為 0，表示點 Ax 不在佇列內。從點 Ax 可以連出去的點有點 Bx、點 Cx、點 Dx 與點 Ex，更新這些點的最短路徑陣列 dis 的元素值。檢查點 Bx、點 Cx、點 Dx 與點 Ex 的陣列 inqu 的元素值是否為 0，若是 0，則將這些點加入佇列 qu，設定對應的陣列 inqu 元素為 1，表示這些點加入佇列 qu 中。

	點 Ax	點 Bx	點 Cx	點 Dx	點 Ex
陣列 dis	0	6	5	11	16

	點 Ax	點 Bx	點 Cx	點 Dx	點 Ex
陣列 inqu	0	1	1	1	1

佇列 qu	1(Bx)	2(Cx)	3(Dx)	4(Ex)	

STEP 02 從佇列 qu 取出最前面的元素點 Bx，設定陣列 inqu 中表示點 Bx 的元素值為 0，表示點 Bx 不在佇列內。從點 Bx 可以連出去的點有點 Cx，檢查是否有更短距離到達點 Cx，發現有更短距離，更新點 Cx 的最短路徑陣列 dis 的元素值。檢查點 Cx 的陣列 inqu 的元素值是否為 0，發現是 1，已經在佇列 qu 中，則不加入佇列 qu。

	點 Ax	點 Bx	點 Cx	點 Dx	點 Ex
陣列 dis	0	6	3	11	16

	點 Ax	點 Bx	點 Cx	點 Dx	點 Ex
陣列 inqu	0	0	1	1	1

佇列 qu	2(Cx)	3(Dx)	4(Ex)		

STEP 03 從佇列 qu 取出最前面的元素點 Cx，設定陣列 inqu 中表示點 Cx 的元素值為 0，表示點 Cx 不在佇列內。從點 Cx 可以連出去的點有點 Dx，檢查是否有更短距離到達點 Dx，發現有更短距離，更新點 Dx 的最短路徑陣列 dis 的元素值。檢查點 Dx 的陣列 inqu 的元素值是否為 0，發現是 1，已經在佇列 qu 中，則不加入佇列 qu。

	點 Ax	點 Bx	點 Cx	點 Dx	點 Ex
陣列 dis	0	6	3	1	16

	點 Ax	點 Bx	點 Cx	點 Dx	點 Ex
陣列 inqu	0	0	0	1	1

佇列 qu	3(Dx)	4(Ex)			

STEP 04 從佇列 qu 取出最前面的元素點 Dx，設定陣列 inqu 中表示點 Dx 的元素值為 0，表示點 Dx 不在佇列內。從點 Dx 可以連出去的點有點 Ex，檢查是否有更短距離到達點 Ex，發現有更短距離，更新點 Ex 的最短路徑陣列 dis 的元素值。檢查點 Ex 的陣列 inqu 的元素值是否為 0，發現是 1，已經在佇列 qu 中，則不加入佇列 qu。

	點 Ax	點 Bx	點 Cx	點 Dx	點 Ex
陣列 dis	0	6	3	1	3

	點 Ax	點 Bx	點 Cx	點 Dx	點 Ex
陣列 inqu	0	0	0	0	1

佇列 qu	4(Ex)				

STEP 05 從佇列 qu 取出最前面的元素點 Ex，設定陣列 inqu 中表示點 Ex 的元素值為 0，表示點 Ex 不在佇列內。從點 Ex 沒有可以連出去的點，沒有更短的路徑可以到其他點。

	點 Ax	點 Bx	點 Cx	點 Dx	點 Ex
陣列 dis	0	6	3	1	3

	點 Ax	點 Bx	點 Cx	點 Dx	點 Ex
陣列 inqu	0	0	0	0	0

佇列 qu					

STEP 06 佇列 qu 是空的，Bellman Ford 演算法到此結束。

	點 Ax	點 Bx	點 Cx	點 Dx	點 Ex
陣列 dis	0	6	3	1	3

	點 Ax	點 Bx	點 Cx	點 Dx	點 Ex
陣列 inqu	0	0	0	0	0

佇列 qu					

11-3-1 使用 Bellman Ford 找最短路徑

11-3-1- 使用 BellmanFord 找最短路徑 .py

給定最多 100 個節點以內的有向圖，每個節點名稱由字串組成，且節點名稱皆不相同，每個邊都有權重，且邊的權重爲整數，相同起點與終點且方向相同的邊只有一個，保證圖中不含負環，由指定的節點名稱爲起點，找出到所有其他點的最短路徑 (假設任兩點的路徑長度不會超過 500000)。

輸入說明

輸入正整數 m，表示圖形中有 m 個邊，接下來有 m 行，每行輸入兩個節點名稱與邊的權重，邊的權重爲整數，最後輸入起點的節點名稱。

輸出說明

輸出指定節點到所有點的最短路徑。

範例輸入

輸入測資	測資表示的圖形
7 Ax Bx 6 Ax Cx 5 Ax Dx 11 Ax Ex 16 Bx Cx -3 Cx Dx -2 Dx Ex 2 Ax	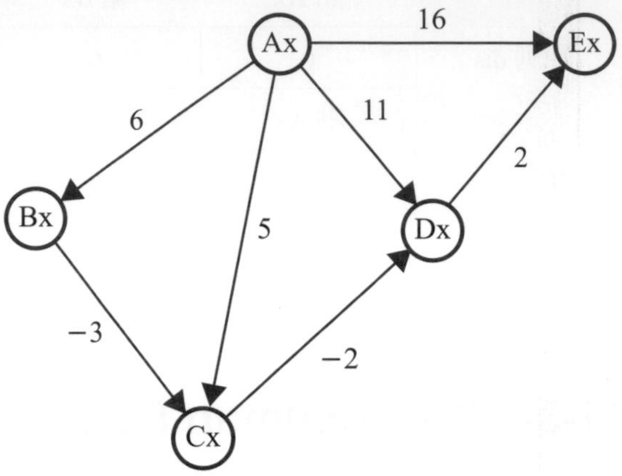

範例輸出

```
0 6 3 1 3
```

使用 Bellman Ford 演算法找出最短路徑的程式實作想法

因爲有權重爲負值的邊，且不含負環，所以使用 Bellman Ford 演算法找最短路徑。使用字典將節點名稱轉成節點編號，建立圖形資料結構。利用佇列版本的 BellmanFord 演算法解題，Bellman Ford 演算法使用陣列 dis 記錄從指定的起點到其他點的最短距離，使用佇列 qu 記錄可以產生更短距離的節點編號。使用陣列 inqu 記錄該點是否已經加入佇列，避免重複加入佇列，每當有更短路徑且該點未加入佇列，則將該點加入佇列，每次從佇列取出一個元素，設定陣列 inqu 該點的狀態爲已經從佇列取出。檢查該點可以連出去的邊是否有更短路徑存在，若有更短路徑存在，則更新最短路徑陣列 dis，若該點未加入佇列，則加入佇列，設定陣列 inqu 爲已經加入佇列。直到佇列 qu 爲空就完成起點到所有點的最短距離，最短距離儲存在陣列 dis，到此完成 Bellman Ford 演算法。

(1) 程式與解說

行號	程式碼
1	`City = {}`
2	`G = {}`
3	`qu = []`
4	`dis = [1000000]*101`

```
5   inqu = [0]*101
6   def getCityIndex(p):
7       if p not in City.keys():
8           City[p]=len(City)
9       return City[p]
10  class Edge:
11      def __init__(self, s, t, w):
12          self.s = s
13          self.t = t
14          self.w = w
15  m = int(input())
16  for i in range(m):
17      a, b, w = input().split()
18      a=getCityIndex(a)
19      b=getCityIndex(b)
20      w = int(w)
21      e1 = Edge(a, b, w)
22      if a in G.keys():
23          G[a].append(e1)
24      else:
25          G[a]=[e1]
26  s = getCityIndex(input())
27  qu.append(s)
28  dis[s] = 0
29  inqu[s] = 1
30  while len(qu) > 0:
31      p = qu.pop(0)
32      inqu[p] = 0
33      if G.get(p) != None:
34          for edge in G[p]:
35              if dis[edge.t] > dis[edge.s] + edge.w:
36                  dis[edge.t] = dis[edge.s] + edge.w
37                  if inqu[edge.t] == 0:
38                      qu.append(edge.t)
39                      inqu[edge.t]=1
40  for i in range(len(City)):
41      print(dis[i]," ", sep="", end="")
42  print()
```

說明	第 1 到 2 行：宣告 City 與 G 爲空字典。 第 3 行：宣告 qu 爲串列。 第 4 行：宣告 dis 爲 101 個元素的串列，每個元素值都是 1000000。 第 5 行：宣告 inqu 爲 101 個元素的串列，每個元素值都是 0。 第 6 到 9 行：定義 getCityIndex 函式，將節點名稱轉成數字，使用字串 p 爲輸入參數，將節點名稱 p 轉換成節點編號。若 p 不是字典 City 的鍵值，則設定 City[p]，所對應的值爲字典 City 的長度 (第 7 到 8 行)。回傳字典 City 以 p 爲鍵值的對應值 (第 9 行)。 第 10 到 14 行：宣告一個 Edge 類別，由 3 個元素描述一個邊，這個邊是具有方向性的，分別是 s、t 與 w，s 爲邊的起點，t 爲邊的終點，w 爲邊的權重。 第 15 行：使用 input 函式輸入一個整數到變數 m，使用 int 函式將整數字串轉換成整數，表示有幾個邊要輸入。 第 16 到 25 行：使用迴圈執行 m 次，每次輸入 3 個資料，表示邊的兩個頂點到變數 a 與 b，與邊的權重到變數 w(第 17 到 20 行)。設定物件 e1 的 s 爲 a、物件 e1 的 t 爲 b，物件 e1 的 w 爲 w(第 21 行)。如果字典 G 包含鍵值 a，則將 e1 加入到 G[a] 的最後，表示點 a 可以到點 b (第 22 到 23 行)，否則建立新的鍵值 a 對應到串列，該串列有一個元素 e1，表示點 a 可以到點 b(第 24 到 25 行)。 第 26 行：使用函式 input 輸入起點節點名稱，傳入函式 getCityIndex 轉換成節點編號，變數 s 參考到此節點編號。 第 27 行：將變數 s 加入到串列 qu。 第 28 行：設定 dis[s] 爲 0，表示出發點 (點 s) 的最短距離爲 0。 第 29 行：設定 inqu[s] 爲 1，表示變數 s 所表示的節點，已經在佇列 qu 內。 第 30 到 39 行：實作 Bellman Ford 演算法程式，當 qu 不是空的，執行以下動作。 第 31 行：從 qu 取出最前面的元素儲存到變數 p，並刪除 qu 最前面的元素。 第 32 行：設定 inqu[p] 爲 0，表示節點編號 p 的點已經從佇列 qu 取出。 第 33 行到 39 行：若字典 G 內有節點編號 p，則使用迴圈找出從節點編號 p 可以連出去的所有邊 (第 34 行)，若 dis[edge.t] 大於 (dis[edge.s] + edge.w)，表示找到出發點 s 到節點編號 edge.t 的更短路徑，則設定 dis[edge.t] 爲 dis[edge.s] + edge.w (第 35 到 36 行)。若 inqu[edge.t] 等於 0，表示點 edge.t 還沒加入佇列 qu，則將 edge.t 加入到佇列 qu，設定 inqu[edge.t] 爲 1，表示節點編號 edge.t 已經加入佇列 qu(第 37 到 39 行)。 第 40 到 41 行：使用迴圈顯示陣列 dis 到螢幕上。 第 42 行：輸出換行。

(2) 程式執行結果

輸入以下測試資料。

```
7
Ax Bx 6
Ax Cx 5
Ax Dx 11
Ax Ex 16
Bx Cx -3
Cx Dx -2
Dx Ex 2
Ax
```

執行結果顯示在螢幕如下。

```
0 6 3 1 3
```

(3) 程式效率分析

執行第 30 到 39 行的 Bellman Ford 演算法，每個點都可以加入佇列，點取出後考慮可以連出去的邊，所以演算法效率最差為 O(n*m)，n 為圖形中點的個數，m 為圖形中邊的個數。

11-3-2 使用 Bellman Ford 偵測負環

11-3-2- 使用 BellmanFord 偵測負環 .py

給定最多 100 個節點以內的有向圖，每個節點名稱由字串組成，且節點名稱皆不相同，每個邊都有權重，且邊的權重為整數，相同起點與終點且方向相同的邊只有一個，請找出圖形是否包含負環 (假設任兩點的路徑長度不會超過 500000)。

輸入說明

輸入正整數 m，表示圖形中有 m 個邊，接下來有 m 行，每行輸入兩個節點名稱與邊的權重，邊的權重為整數。

輸出說明

若有負環，則輸出「找到負環」，否則輸出「找不到負環」。

範例輸入

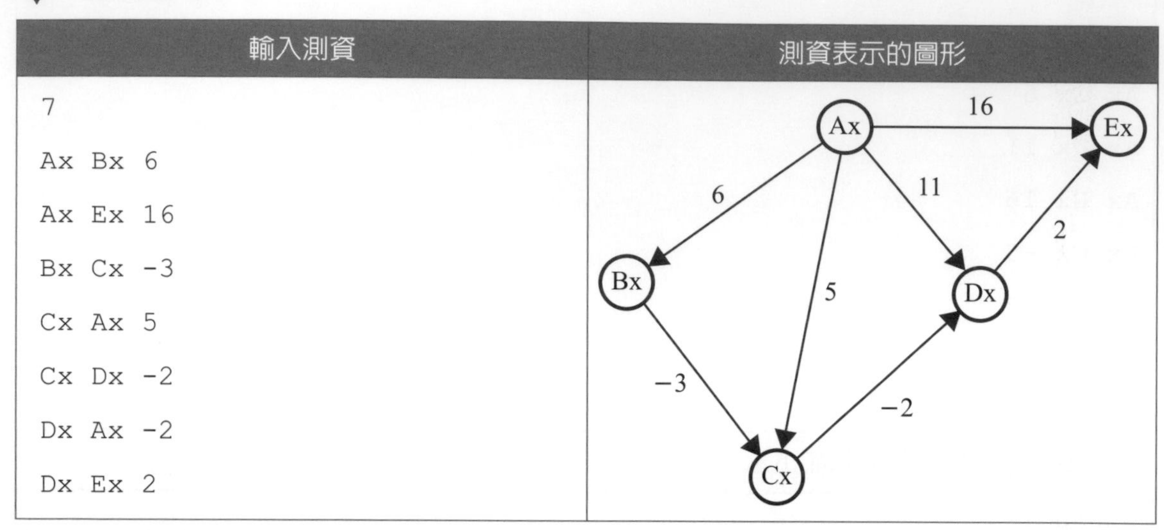

輸入測資	測資表示的圖形
7 Ax Bx 6 Ax Ex 16 Bx Cx -3 Cx Ax 5 Cx Dx -2 Dx Ax -2 Dx Ex 2	

範例輸出

```
找到負環
```

使用 Bellman Ford 找出負環

因爲有權重爲負值的邊，要偵測是否含負環，所以使用 Bellman Ford 演算法找最短路徑解題，增加一個陣列 cnt 記錄每個點找到更短路徑的次數，若大於等於 n(n 爲圖中點的個數)，則表示圖中含有負環。

(1) 程式碼與解說

行號	程式碼

```
1   City = {}
2   G = {}
3   def getCityIndex(p):
4       if p not in City.keys():
5           City[p]=len(City)
6       return City[p]
7   class Edge:
8       def __init__(self, s, t, w):
9           self.s = s
10          self.t = t
11          self.w = w
12  m = int(input())
```

```
13  for i in range(m):
14      a, b, w = input().split()
15      a=getCityIndex(a)
16      b=getCityIndex(b)
17      w = int(w)
18      e1 = Edge(a, b, w)
19      if a in G.keys():
20          G[a].append(e1)
21      else:
22          G[a]=[e1]
23  def BellmanFord(s):
24      qu = []
25      dis = [1000000]*101
26      inqu = [0]*101
27      cnt = [0]*101
28      qu.append(s)
29      dis[s] = 0
30      inqu[s] = 1
31      while len(qu) > 0:
32          p = qu.pop(0)
33          inqu[p] = 0
34          if G.get(p) != None:
35              for edge in G[p]:
36                  if dis[edge.t] > dis[edge.s] + edge.w:
37                      dis[edge.t] = dis[edge.s] + edge.w
38                      cnt[edge.t] = cnt[edge.t] + 1
39                      if cnt[edge.t] > len(City):
40                          return True
41                      if inqu[edge.t] == 0:
42                          qu.append(edge.t)
43                          inqu[edge.t]=1
44      return False
45  ans = False
46  for i in range(len(City)):
47      ans = BellmanFord(i)
48      if ans:
49          break
```

<table>
<tr><td>50
51
52
53</td><td>

```
if ans:
    print(" 找到負環 ")
else:
    print(" 找不到負環 ")
```

</td></tr>
<tr><td>解說</td><td>第 1 到 2 行：宣告 City 與 G 為空字典。
第 3 到 6 行：定義 getCityIndex 函式，將節點名稱轉成數字，使用字串 p 為輸入參數，將節點名稱 p 轉換成節點編號。若 p 不是字典 City 的鍵值，則設定 City[p]，所對應的值為字典 City 的長度 (第 4 到 5 行)。回傳字典 City 以 p 為鍵值的對應值 (第 6 行)。
第 7 到 11 行：宣告一個 Edge 類別，由 3 個元素描述一個邊，這個邊是具有方向性的三個元素，分別是 s、t 與 w，s 為邊的起點，t 為邊的終點，w 為邊的權重。
第 12 行：使用 input 函式輸入一個整數到變數 m，使用 int 函式將整數字串轉換成整數，表示有幾個邊要輸入。
第 13 到 22 行：使用迴圈執行 m 次，每次輸入 3 個資料，表示邊的兩個頂點到變數 a 與 b，與邊的權重到變數 w (第 14 到 17 行)。設定物件 e1 的 s 為 a、物件 e1 的 t 為 b，物件 e1 的 w 為 w (第 18 行)。如果字典 G 包含鍵值 a，則將 e1 加入到 G[a] 的最後，表示點 a 可以到點 b，且權重為 w (第 19 到 20 行)，否則建立新的鍵值 a 對應到佇列，該佇列有一個元素 e1，表示點 a 可以到點 b，且權重為 w (第 21 到 22 行)。
第 23 到 44 行：定義函式 BellmanFord，以起始點 s 為輸入參數，如果找到負環，回傳 True，否則回傳 False。
第 24 行：宣告 qu 為佇列。
第 25 行：宣告 dis 為 101 個元素的佇列，每個元素值都是 1000000。
第 26 行：宣告 inqu 為 101 個元素的佇列，每個元素值都是 0。
第 27 行：宣告 cnt 為 101 個元素的佇列，每個元素值都是 0。
第 28 行：將變數 s 加入到佇列 qu。
第 29 行：設定 dis[s] 為 0，表示出發點 (點 s) 的最短距離為 0。
第 30 行：設定 inqu[s] 為 1，表示變數 s 所代表的節點，已經在佇列 qu 內。
第 31 到 43 行：實作 Bellman Ford 演算法程式，當 qu 不是空的，執行以下動作。
第 32 行：從 qu 取出最前面的元素儲存到變數 p，並刪除 qu 最前面的元素。
第 33 行：設定 inqu[p] 為 0，表示節點編號 p 的點已經從佇列 qu 取出。</td></tr>
</table>

解說	第 34 到 43 行：若字典 G 內有節點編號 p，有可以連出去的點 (第 34 行)，則使用迴圈找出從節點編號 p 可以連出去的所有邊 (第 35 行)，若 dis[edge.t] 大於 (dis[edge.s] + edge.w)，表示找到出發點 s 到節點編號 edge.t 的更短路徑，則設定 dis[edge.t] 爲 dis[edge.s] + edge.w，cnt[edge.t] 遞增 1，表示節點 edge.t 更新增加 1 次 (第 36 到 38 行)。若 cnt[edge.t] 大於 len(City)，更新次數超過圖形內點的個數，則回傳 True(第 39 到 40 行)。若 inqu[edge.t] 等於 0，表示點 edge.t 還沒加入佇列 qu，則將 edge.t 加入到佇列 qu，設定 inqu[edge.t] 爲 1，表示節點編號 edge.t 已經加入佇列 qu (第 41 到 43 行)。 第 44 行：若更新沒有超過 n 次，則回傳 False。 第 45 行：設定變數 ans 爲 False。 第 46 到 49 行：使用迴圈執行 BellmanFord 函式，迴圈變數 i，由 0 到字典 City 長度減 1，每次遞增 1，呼叫 BellmanFord 函式，以 i 爲參數傳入，回傳結果儲存到變數 ans (第 47 行)。若 ans 爲 true，表示找到負環，就中斷迴圈 (第 48 到 49 行)。 第 50 到 53 行：若 ans 爲 true，則顯示「找到負環」，否則顯示「找不到負環」。

(2) 程式執行結果

輸入以下測試資料。

```
7
Ax Bx 6
Ax Ex 16
Bx Cx -3
Cx Ax 5
Cx Dx -2
Dx Ax -2
Dx Ex 2
```

執行結果顯示在螢幕如下。

```
找到負環
```

(3) 程式效率分析

執行第 23 到 44 行的 Bellman Ford 演算法，每個點都可以加入佇列，點取出後考慮可以連出去的邊，所以演算法效率最差爲 O(n*m)，n 爲圖形中點的個數，m 爲圖形中邊的個數。執行第 46 到 49 行，每一個節點都要執行 Bellman Ford 演算法，所以整個演算法效率爲 $O(n^2*m)$

11-4 使用 Floyd Warshall 演算法找最短路徑

Floyd Warshall 演算法是一種動態規劃 (Dynamic Programming) 的演算法策略，最短路徑決定了還可以更改，可以用於邊的權重為負值的情形，可以找出所有點對所有點的最短路徑，但不能用於負環的圖形上找尋最短路徑，也可以用於偵測負環，只要計算結果從 i 點出發回到點 i 的最短路徑數值小於 0(也就是 dis[i][i]<0，二維陣列 dis 定義如下方 Floyd Warshall 演算法)，就形成負環。

Floyd Warshall 演算法

Floyd Warshall 演算法利用以下的關係進行解題。

(1) 初始化二維陣列 dis

- 設定 dis[i][j] 為無限大，若 i 不等於 j
- 設定 dis[i][j] 為 0，若 i 等於 j

(2) Floyd Warshall 演算法使用以下關係獲得最短距離

```
dis^(p)[i][j]=min( dis^(p-1)[i][j], dis^(p-1))[i][k] + dis^(p-1)[k][j])
```

$dis^{(p)}$[i][j] 與 $dis^{(p-1)}$[i][j] 都是點 i 到點 j 的最短距離，只是 $dis^{(p-1)}$[i][j] 是 $dis^{(p)}$[i][j] 的前一次的結果，$dis^{(p)}$[i][j] 為取 $dis^{(p-1)}$[i][j] 與 ($dis^{(p-1)}$ [i][k]+ $dis^{(p-1)}$[k][j]) 兩者當中較小者，$dis^{(p-1)}$ [i][j] 表示未經過點 k 的最短距離 ($dis^{(p-1)}$[i][k]+ $dis^{(p-1)}$[k][j]) 表示通過點 k 的最短距離，兩者取較小者設定給 $dis^{(p)}$[i][j]。

下圖為有向圖，使用 Floyd Warshall 演算法找出所有點的最短路徑，使用二維陣列 dis 記錄每個點到另一個點的最短距離，Ax 轉換成節點編號 0，Bx 轉換成節點編號 1，Cx 轉換成節點編號 2，Dx 轉換成節點編號 3，Ex 轉換成節點編號 4。

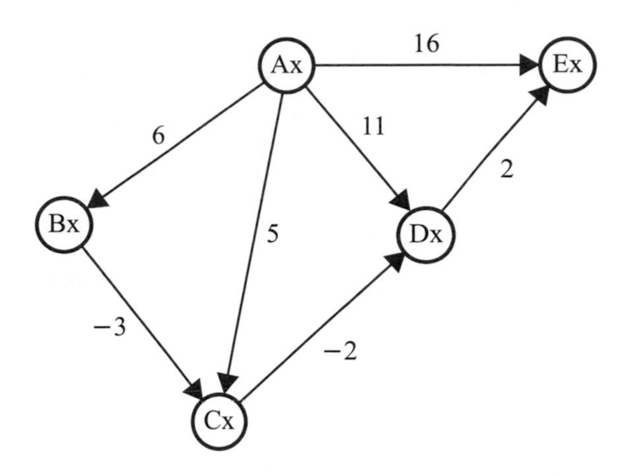

STEP 01 初始化二維陣列 dis 爲以下狀態，INF 表示無限大。

	j=0	j=1	j=2	j=3	j=4
i=0	0	6	5	11	16
i=1	INF	0	-3	INF	INF
i=2	INF	INF	0	-2	INF
i=3	INF	INF	INF	0	2
i=4	INF	INF	INF	INF	0

STEP 02 考慮通過點 Ax(節點編號爲 0) 的最短路徑，執行以下公式。

$$dis^{1)}[i][j] = min\ (dis^{(0)}[i][j],\ dis^{(0)}[i][0]+ dis^{(0)}[0][j])$$

沒有更短路徑，所以未更新任何點。

	j=0	j=1	j=2	j=3	j=4
i=0	0	6	5	11	16
i=1	INF	0	-3	INF	INF
i=2	INF	INF	0	-2	INF
i=3	INF	INF	INF	0	2
i=4	INF	INF	INF	INF	0

STEP 03 考慮通過點 Bx(節點編號爲 1) 的最短路徑，執行以下公式。

$$dis^{(2)}[i][j] = min(dis^{(1)}[i][j],\ dis^{(1)}[i][1] + dis^{(1)}[1][j])$$

因爲 dis[0][1]+dis[1][2] 爲 3，小於 **STEP 02** 的 dis[0][2] 的值 5，所以更新 dis[0][2] 爲 3。

	j=0	j=1	j=2	j=3	j=4
i=0	0	6	3	11	16
i=1	11	16	-3	INF	INF
i=2	INF	0	-3	INF	INF
i=3	INF	INF	0	-2	INF
i=4	INF	INF	INF	0	2
	INF	INF	INF	INF	0

STEP 04 考慮通過點 Cx(節點編號為 2) 的最短路徑，執行以下公式。

$$dis^{(3)}[i][j] = min(dis^{(2)}[i][j], dis^{(2)}[i][2] + dis^{(2)}[2][j])$$

因為 dis[0][2]+dis[2][3] 為 1，小於 **STEP 03** 的 dis[0][3] 的值 11，所以更新 dis[0][3] 為 1，因為 dis[1][2]+dis[2][3] 為 -5，小於 **STEP 03** 的 dis[1][3] 的值無限大 (INF)，所以更新 dis[1][3] 為 -5。

	j=0	j=1	j=2	j=3	j=4
i=0	0	6	3	1	16
i=1	INF	0	-3	-5	INF
i=2	INF	INF	0	-2	INF
i=3	INF	INF	INF	0	2
i=4	INF	INF	INF	INF	0

STEP 05 考慮通過點 Dx(節點編號為 3) 的最短路徑，執行以下公式。

```
dis(4)[i][j]=min( dis(3)[i][j], dis(3)[i][3] +  dis(3)  [3][j])
```

因為 dis[0][3]+dis[3][4] 為 3，小於 **STEP 04** 的 dis[0][4] 的值 16，所以更新 dis[0][4] 為 3，因為 dis[1][3]+dis[3][4] 為 -3，小於 **STEP 04** 的 dis[1][4] 的值無限大 (INF)，所以更新 dis[1][4] 為 -3，因為 dis[2][3]+dis[3][4] 為 0，小於 **STEP 04** 的 dis[2][4] 的值無限大 (INF)，所以更新 dis[2][4] 為 0。

	j=0	j=1	j=2	j=3	j=4
i=0	0	6	3	1	3
i=1	INF	0	-3	-5	-3
i=2	INF	INF	0	-2	0
i=3	INF	INF	INF	0	2
i=4	INF	INF	INF	INF	0

STEP 06　考慮通過點 Ex(節點編號為 4) 的最短路徑，執行以下公式。

```
dis(5)[i][j] = min  ( dis(4)[i][j], dis (4)[i][4] + dis(4)[4][j])
```

沒有更短路徑，所以未更新任何點。

	j=0	j=1	j=2	j=3	j=4
i=0	0	6	3	1	3
i=1	INF	0	-3	-5	-3
i=2	INF	INF	0	-2	0
i=3	INF	INF	INF	0	2
i=4	INF	INF	INF	INF	0

11-4-1 使用 FordWarshall 找最短路徑

11-4-1- 使用 FordWarshall 找最短路徑 .py

給定最多 100 個節點的有向圖，每個節點名稱由字串組成，且節點名稱皆不相同，每個邊都有權重，且邊的權重為整數，可以是負數，相同起點與終點且方向相同的邊只有一個，保證圖中不含負環，求所有點到其他點的最短路徑。

輸入說明

輸入正整數 m，表示圖形中有 m 個邊，接下來有 m 行，每行輸入兩個節點名稱與邊的權重，邊的權重為整數。

輸出說明

輸出所有點到其他點的最短路徑。

範例輸入

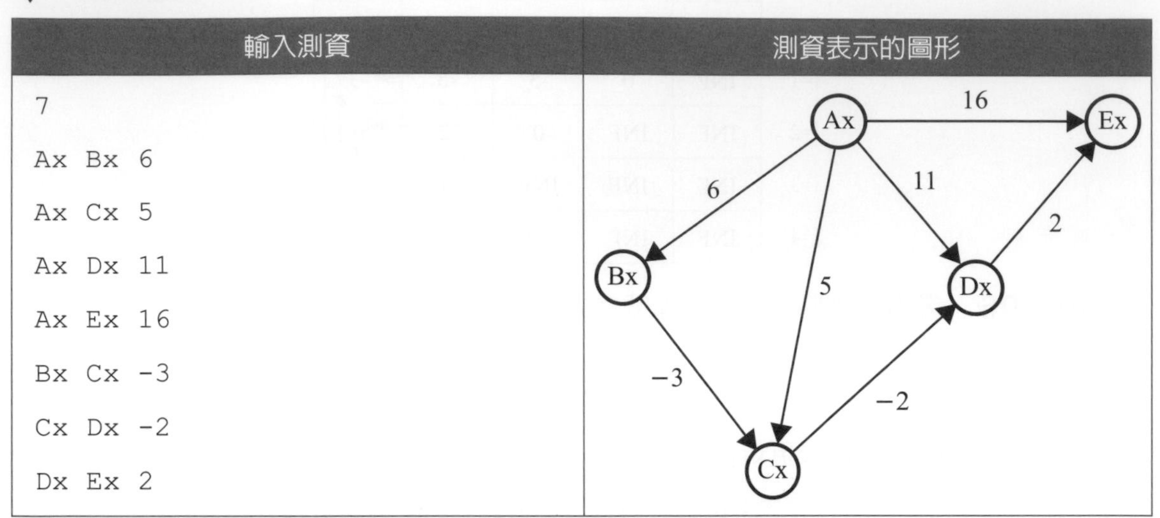

輸入測資	測資表示的圖形
7 Ax Bx 6 Ax Cx 5 Ax Dx 11 Ax Ex 16 Bx Cx -3 Cx Dx -2 Dx Ex 2	

範例輸出

只顯示最後結果。

```
0 6 3 1 3
INF 0 -3 -5 -3
INF INF 0 -2 0
INF INF INF 0 2
INF INF INF INF 0
```

使用 Floyd Warshall 演算法找最短路徑的程式實作想法

因爲邊的權重可以是負的，且不含負環，要求所有點到其他點的最短路徑，所以使用 Floyd Warshall 演算法找最短路徑，使用字典將節點名稱轉成節點編號，接著建立圖形資料結構，使用三層迴圈找出所有點到其他點的最短路徑。

(1) 程式與解說

行號	程式碼
1	`City = {}`
2	`G = {}`
3	`dis = [[1000000]*100 for i in range(100)]`
4	`def getCityIndex(p):`
5	`    if p not in City.keys():`
6	`        City[p]=len(City)`

7
8
9
10
11
12
13
14
15
16
17
18
19
20
21
22
23
24
25
26
27
28
29
	<pre> return City[p]
	m = int(input())
	for i in range(m):
	    a, b, w = input().split()
	    a=getCityIndex(a)
	    b=getCityIndex(b)
	    w = int(w)
	    dis[a][b] = w
	for i in range(len(City)):
	    dis[i][i] = 0
	for k in range(len(City)):
	    for i in range(len(City)):
	        for j in range(len(City)):
	            if dis[i][k]==1000000 or dis[k][j]==1000000:
	                continue
	            dis[i][j]=min(dis[i][j],dis[i][k]+dis[k][j])
	for i in range(len(City)):
	    for j in range(len(City)):
	        if dis[i][j] == 1000000:
	            print("INF", " ", sep="", end="")
	        else:
	            print(dis[i][j], " ", sep="", end="")
	    print()</pre>

解說	第 1 到 2 行：宣告 City 與 G 爲空字典。 第 3 行：宣告 dis 爲二維陣列，有 100 列 100 行，每個元素值都是 1000000。 第 4 到 7 行：定義 getCityIndex 函式，將節點名稱轉成數字，使用字串 p 爲輸入參數，將節點名稱 p 轉換成節點編號。若 p 不是字典 City 的鍵值，則設定 City[p] 所對應的值爲字典 City 的長度 (第 5 到 6 行)。回傳字典 City 以 p 爲鍵值的對應值 (第 7 行)。 第 8 行：使用 input 函式輸入一個整數到變數 m，使用 int 函式將整數字串轉換成整數，表示有幾個邊要輸入。 第 9 到 14 行：使用迴圈執行 m 次，每次輸入 3 個資料，表示邊的兩個頂點到變數 a 與 b，與邊的權重到變數 w(第 10 到 13 行)。設定 dis[a][b] 爲 w，表示點 a 到點 b 的權重爲 w (第 14 行)。 第 15 到 16 行：設定二維陣列 City 的對角線元素爲 0。

<table>
<tr><td>解說</td><td>第 17 到 22 行：此部分爲 Floyd Warshall 演算法，使用三層巢狀迴圈，外層迴圈的迴圈變數爲 k，由 0 到 (len(City)-1)，每次遞增 1，第二層迴圈的迴圈變數爲 i，由 0 到 (len(City)-1)，每次遞增 1，內層迴圈的迴圈變數爲 j，由 0 到 (len(City)-1)，每次遞增 1，若 (dis[i][k] 等於 1000000) 或 (dis[k][j] 等於 1000000)，就使用 continue 跳出內層迴圈，回到第二層迴圈繼續執行，取出 dis[i][j] 與 dis[i][k]+dis[k][j] 較小者設定給 dis[i][j]。
第 23 到 29 行：當第二層迴圈執行完畢，就使用巢狀迴圈印出陣列 dis 目前的狀態。</td></tr>
</table>

(2) 程式執行結果

輸入以下測試資料。

```
7
Ax Bx 6
Ax Cx 5
Ax Dx 11
Ax Ex 16
Bx Cx -3
Cx Dx -2
Dx Ex 2
```

執行結果顯示在螢幕如下。

```
0 6 3 1 3
INF 0 -3 -5 -3
INF INF 0 -2 0
INF INF INF 0 2
INF INF INF INF 0
```

(3) 程式效率分析

執行第 17 到 22 行的 Floyd Warshall 演算法，使用三層迴圈，所以演算法效率爲 $O(n^3)$，n 爲圖形中點的個數。

比較最短路徑演算法 Dijkstra、Bellman Ford 與 Floyd Warshall

	Dijkstra	Bellman Ford	Floyd Warshall
演算法分類	貪婪 (Greedy)	動態規劃 (Dynamic Programming)	動態規劃 (Dynamic Programming)
演算法用途	單點到所有點的最短路徑	單點到所有點的最短路徑	所有點到所有點的最短路徑
邊的權重限制	邊的權重不能是負值，且不能有負環	邊的權重可以是負值，且不能有負環	邊的權重可以是負值，且不能有負環
是否可以偵測負環存在	不可以用於偵測負環	可以用於偵測負環	可以用於偵測負環
演算法效率	$O(m+n*log(n))$ 或 $O(n^2)$，n 為點的個數，m 為邊的個數	$O(n*m)$ 或 $O(n^3)$，n 為點的個數，m 為邊的個數	$O(n^3)$，n 為點的個數

本章習題

一、選擇題

( ) 1. 如果要找出地圖內一點到所有點的最短距離，需要使用以下哪一個演算法？(A) 氣泡排序演算法 (Bubble Sort) (B) 二元搜尋演算法 (Binary Search) (C) Dijkstra 演算法 (D) 深度優先搜尋演算法 (Depth-First Search)。

( ) 2. 下圖使用 Dijkstra 演算法找尋從點 0 出發到所有點的最短路徑，請問找出最短路徑的頂點順序？ (A)12345 (B)21345 (C)21435 (D) 12534。

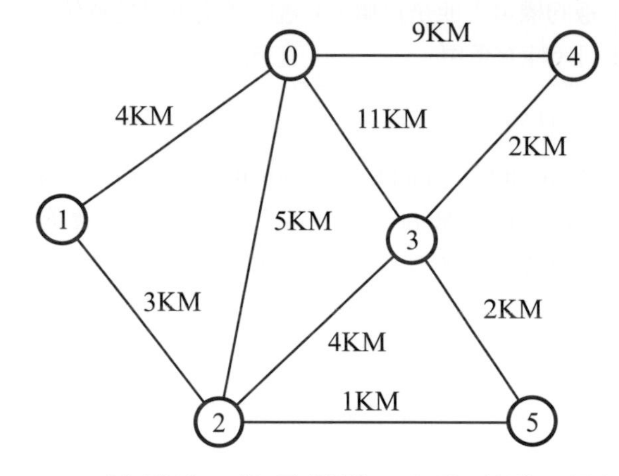

( ) 3. 下圖使用 Dijkstra 演算法，找尋從點 0 出發到點 3 最短路徑的距離為？(A)8KM (B)9KM (C)10KM (D)11KM。

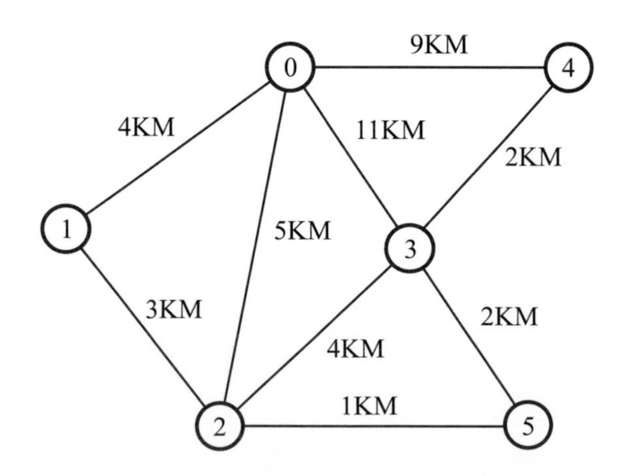

(　) 4. 如果要找出地圖內一點到所有點的最短距離，需要使用以下哪一個演算法？(A) 氣泡排序演算法 (Bubble Sort) (B) 二元搜尋演算法 (Binary Search) (C) Bellman Ford 演算法 (D) 深度優先搜尋演算法 (Depth-First Search)。

(　) 5. 下圖使用 Bellman Ford 演算法，找尋從點 0 出發到點 3 最短路徑的距離為？(A)8KM (B)9KM (C)10KM (D)11KM。

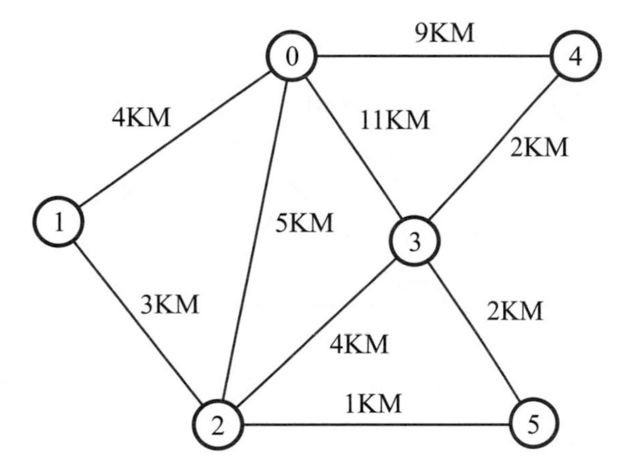

(　) 6. 如果要找出地圖內所有點到所有點的最短距離，需要使用以下哪一個演算法？(A) 氣泡排序演算法 (Bubble Sort) (B) 二元搜尋演算法 (Binary Search) (C) Floyd Warshall 演算法 (D) 深度優先搜尋演算法 (Depth-First Search)。

(　) 7. 下圖使用 Floyd Warshall 演算法，找尋從點 0 出發到點 3 最短路徑的距離為？(A)8KM (B)9KM (C)10KM (D)11KM。

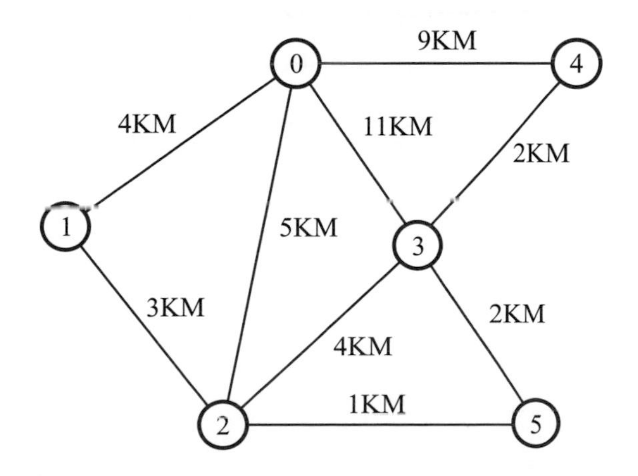

二、應用題

1. 請找出以下圖形使用 Dijkstra 演算法，找出從點 0 到所有點的最短路徑，並說明找尋的步驟與過程。

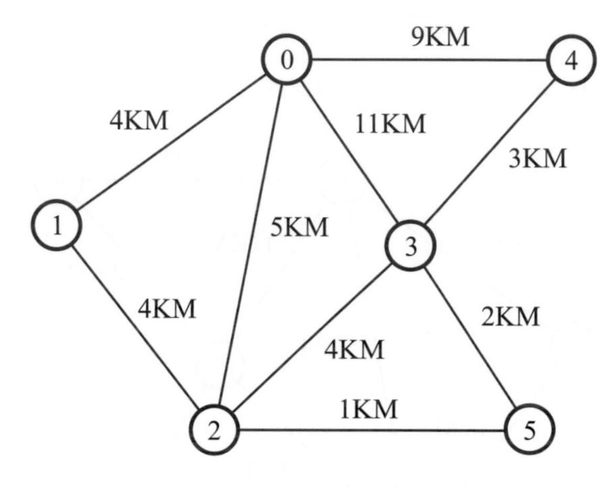

2. 請找出以下圖形使用 Bellman Ford 演算法，找出從點 0 到所有點的最短路徑，並說明找尋的步驟與過程。

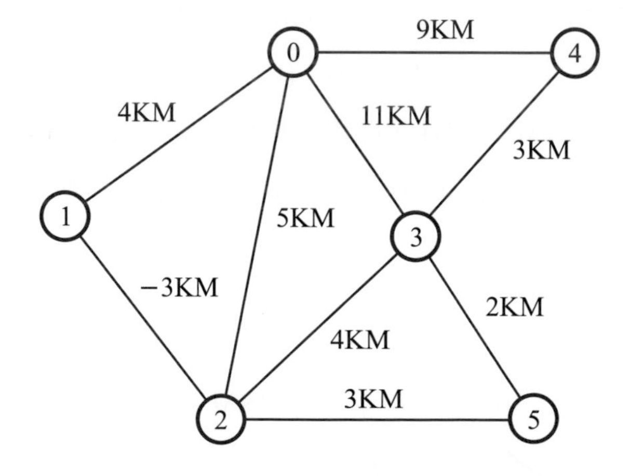

3. 請找出以下圖形使用 Floyd Warshall 演算法，找出所有點到所有點的最短路徑，並說明找尋的步驟與過程。

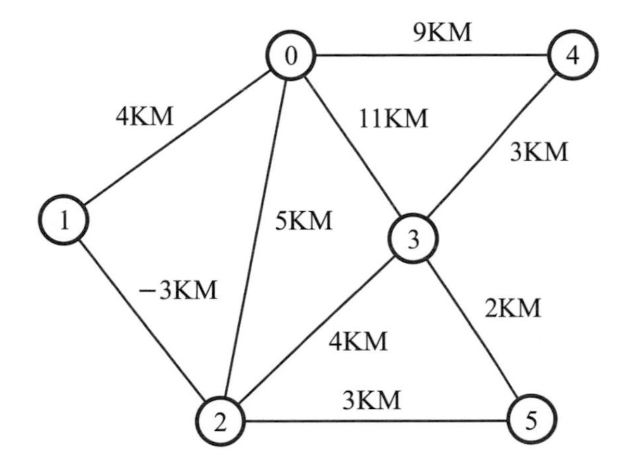

學習筆記

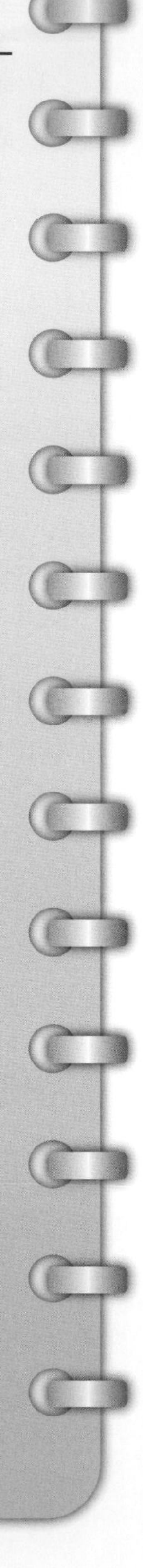

CHAPTER 12

常見圖形演算法

- ◆ 12-1 拓撲排序 (Topology Sort)
- ◆ 12-2 尤拉迴路 (Euler Circuit)
- ◆ 12-3 最小生成樹 (Minimum Spanning Tree)
- ◆ 12-4 找出關節點 (Articulation Point)

圖形演算法除了深度優先搜尋、廣度優先搜尋與找尋最短路徑外，還有其他演算法，部分需要用到深度優先或廣度優先搜尋演算法的概念，再加上其他圖形演算法的概念來進行解題。以下每個主題都有其適用的情境，與要解決的問題類型，需要仔細了解。

12-1 拓撲排序

有時某件工作開始前，一定需要先完成另一樣工作，這樣找尋工作的執行順序，稱作拓撲排序 (Topology Sort)，符合條件的拓撲排序結果可能不只一種，若沒有其他限制，找出其中一種即可，也有可能無解，這種問題以圖形表示，則會轉換成有向圖。若 A 連向 B，表示執行工作 B 時，先要完成工作 A 才行，如下圖。

何時會無法找到拓撲排序的解答？

當有向圖出現循環 (cycle)，就無法獲得拓撲排序，如下圖，彼此都需要等對方完成才可以執行。

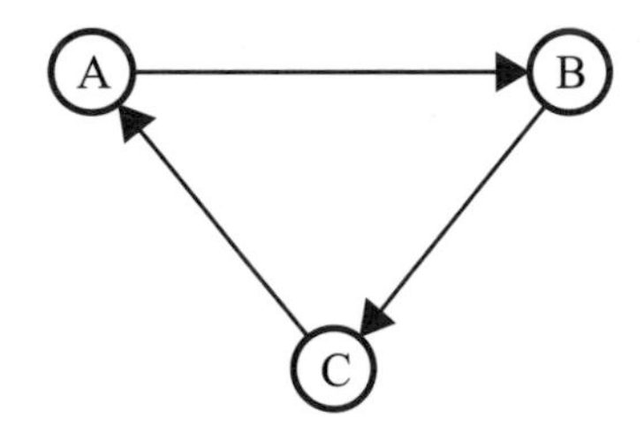

可以找到拓撲排序解答的圖形，一定是沒有循環的有向圖，這樣的圖稱作有向無環圖 (Directed Acyclic Graph：縮寫為 DAG)。

拓撲排序 (Topology Sort)

以找出下圖的拓撲排序為例，進行解說。

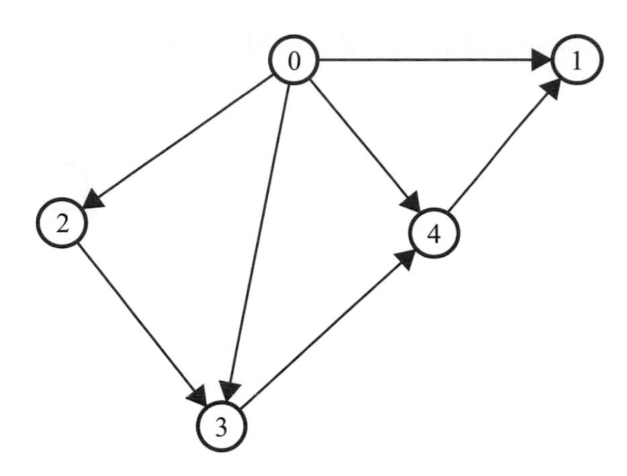

使用一個陣列 indeg 儲存每個點連結進來邊的個數，初始化爲 0。

	點 0	點 1	點 2	點 3	點 4
陣列 indeg	0	0	0	0	0

STEP 01 建立圖形的過程當中，同時計算每個點連進來邊的個數，儲存到陣列 indeg，結果如下。

	點 0	點 1	點 2	點 3	點 4
陣列 indeg	0	2	1	2	2

STEP 02 取出 indeg 元素爲 0 的點，取出點 0，輸出「點 0」，刪除點 0 連出去的所有邊，重新計算陣列 indeg。

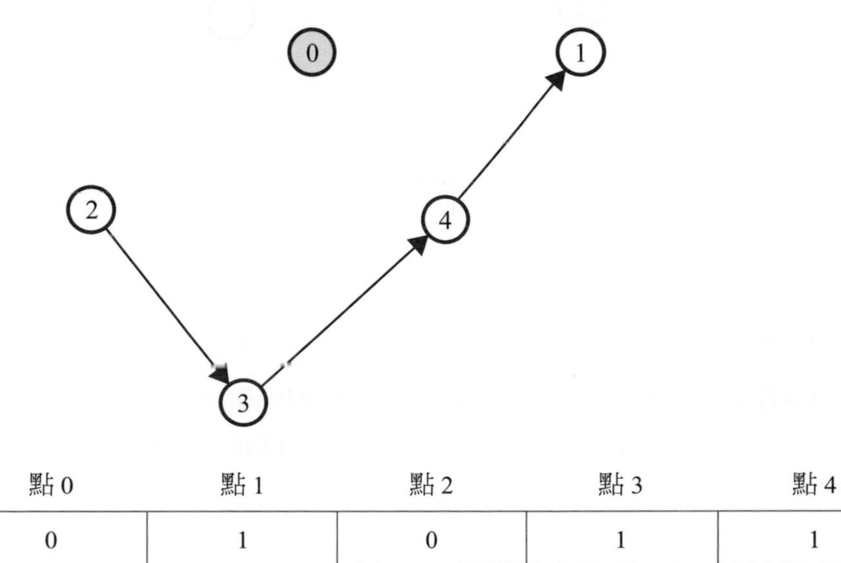

	點 0	點 1	點 2	點 3	點 4
陣列 indeg	0	1	0	1	1

STEP 03 取出 indeg 元素為 0，且還未出現過的點，取出點 2，輸出「點 2」，刪除點 2 連出去的所有邊，重新計算陣列 indeg。

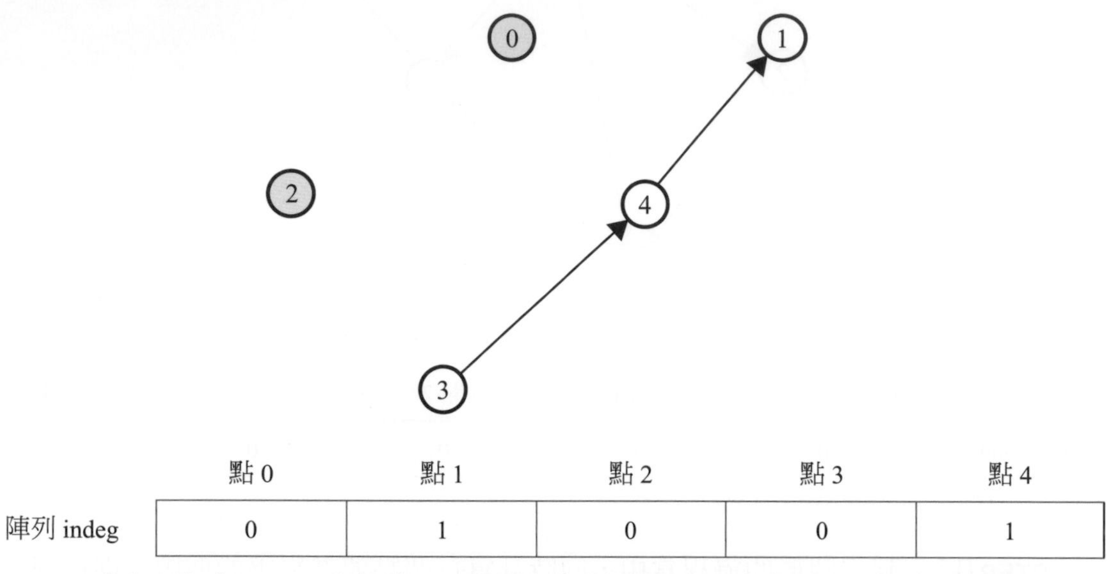

	點 0	點 1	點 2	點 3	點 4
陣列 indeg	0	1	0	0	1

STEP 04 取出 indeg 元素為 0，且還未出現過的點，取出點 3，輸出「點 3」，刪除點 3 連出去的所有邊，重新計算陣列 indeg。

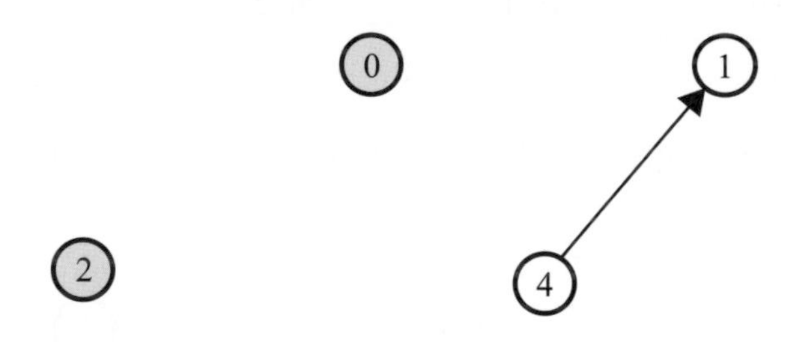

	點 0	點 1	點 2	點 3	點 4
陣列 indeg	0	1	0	0	0

STEP 05 取出 indeg 元素為 0，且還未出現過的點，取出點 4，輸出「點 4」，刪除點 4 連出去的所有邊，重新計算陣列 indeg。

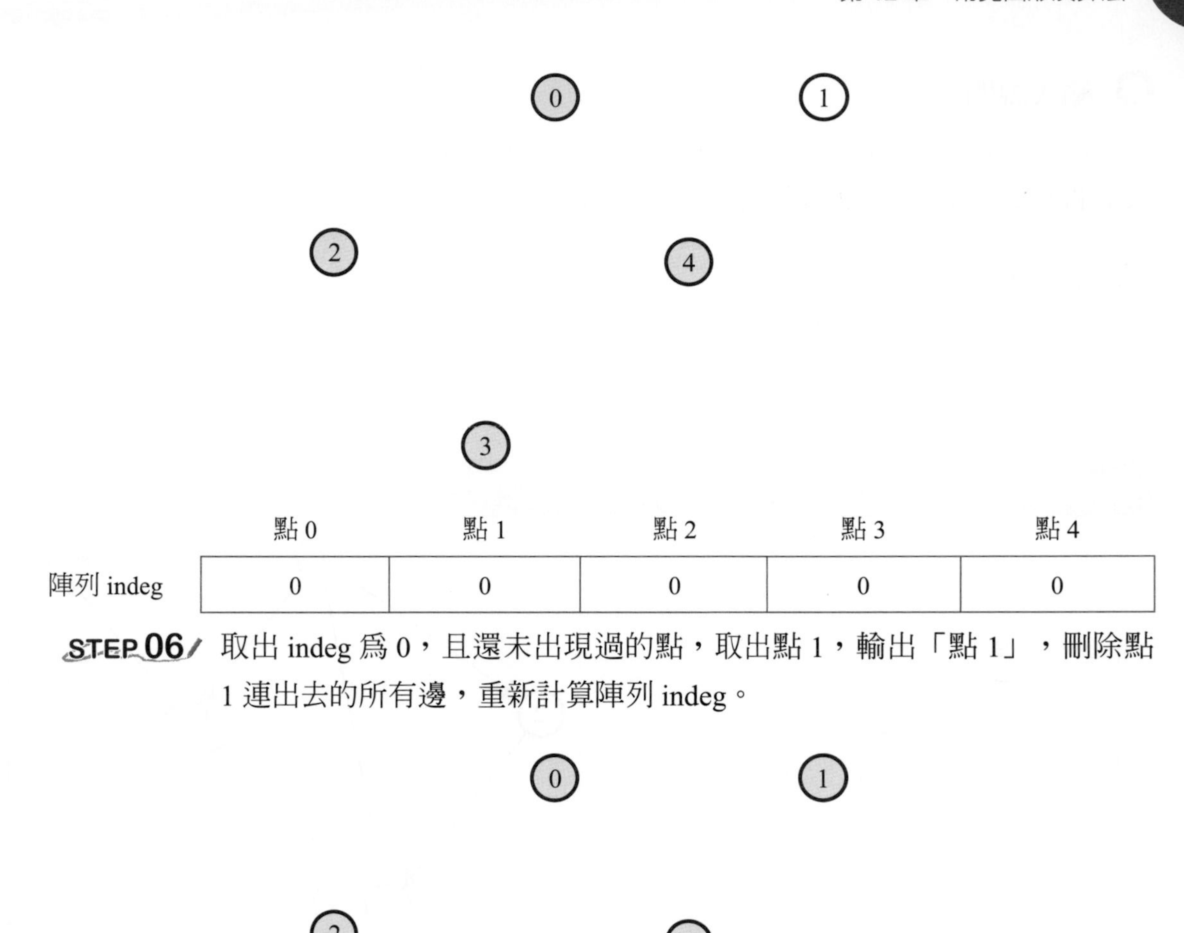

	點 0	點 1	點 2	點 3	點 4
陣列 indeg	0	0	0	0	0

STEP 06 取出 indeg 為 0，且還未出現過的點，取出點 1，輸出「點 1」，刪除點 1 連出去的所有邊，重新計算陣列 indeg。

	點 0	點 1	點 2	點 3	點 4
陣列 indeg	0	0	0	0	0

如此獲得拓撲排序為「點 0、點 2、點 3、點 4 與點 1」

12-1-1 拓撲排序

12-1-1- 拓撲排序 .py

給定最多 50 個節點以內的有向無環圖 (Directed Acyclic Graph)，每個節點編號由 0 開始編號，且節點編號不會重複，相同起點與終點的邊只有一個，請找出一個可行的拓撲排序，且輸入資料保證至少可以找到一個拓撲排序。

輸入說明

輸入正整數 n 與 m，表示圖形中有 n 個點與 m 個有向邊，接下來有 m 行，每個邊輸入兩個節點編號，保證節點編號由 0 到 (n-1)。

輸出說明

請找出一個可行的拓撲排序。

範例輸入

輸入測資	測資所表示的圖形
5 7 0 1 0 2 0 3 0 4 2 3 3 4 4 1	0 → 1, 0 → 2, 0 → 3, 0 → 4, 2 → 3, 3 → 4, 4 → 1

範例輸出

```
0 2 3 4 1
```

找出拓撲排序的程式實作想法

使用陣列 indeg 紀錄每個點輸入邊的個數，找尋陣列 indeg 中輸入邊個數為 0 的點，若有這樣的點，則選擇其中一個點進行輸出，並刪除該點所連出去的邊。在陣列 indeg 中「被刪除邊的另一個端點的節點編號」的數值遞減 1，可能有更多點，其連進來的邊數為 0，繼續選擇陣列 indeg 中還未輸出且數值為 0 的點進行輸出，並刪除該點所連出去的邊，修改陣列 indeg 的元素數值，直到輸出所有的點為止。

(1) 程式與解說

行號	程式碼
1	`G = [[] for i in range(51)]`
2	`indeg = [0]*51`
3	`v = [0]*51`
4	`cnt = 0`
5	`class Edge:`
6	`    def __init__(self, s, t):`
7	`        self.s = s`
8	`        self.t = t`
9	`n,m = input().split()`
10	`n = int(n)`
11	`m = int(m)`
12	`for i in range(m):`
13	`    a, b = input().split()`
14	`    a = int(a)`
15	`    b = int(b)`
16	`    indeg[b] = indeg[b] + 1`
17	`    e1 = Edge(a, b)`
18	`    G[a].append(e1)`
19	`i = 0`
20	`while i < n:`
21	`    if indeg[i] == 0 and v[i] == 0:`
22	`        v[i] = 1`
23	`        cnt = cnt + 1`
24	`        print(i," ", sep = "",end = "")`
25	`        for item in G[i]:`
26	`            indeg[item.t] = indeg[item.t] - 1`
27	`    if (cnt == n):`
28	`        break`
29	`    if i == n-1:`
30	`        i = -1`
31	`    i = i + 1`

<table>
<tr><td>說明</td><td>第 1 行：宣告 G 爲二維陣列。
第 2 到 3 行：宣告 indeg 與 v 爲 51 個元素的串列，每個元素値都是 0。
第 4 行：宣告變數 cnt 初始化爲 0。
第 5 到 8 行：宣告一個 Edge 類別，由 2 個元素描述一個邊，這個邊是具有方向性的，分別是 s 與 t ，s 爲邊的起點，t 爲邊的終點。
第 9 到 11 行：使用 input 函數輸入兩個整數字串到變數 n 與 m，使用 int 函式將整數字串變數 n 與 m 轉換成整數，再使用變數 n 與 m 參考到轉換後的整數，變數 n 爲點的個數，變數 m 爲邊的個數。
第 12 到 18 行：使用迴圈執行 m 次，每次輸入 2 個資料，表示邊的兩個頂點到變數 a 與 b (第 13 到 15 行)。indeg[b] 遞增 1，表示連結到點 b 的邊的個數增加 1，設定物件 e1 的 s 爲 a、物件 e1 的 t 爲 b (第 17 行)。將 e1 加入到 G[a] 的最後，表示點 a 可以到點 b (第 18 行)。
第 19 到 31 行：使用迴圈變數 i，由 0 到 (n-1)，每次遞增 1，執行以下動作。
第 21 到 26 行：若 indeg[i] 等於 0，表示點 i 沒有邊連入，且 v[i] 等於 0 表示還沒有拜訪過，可以當成下一個輸出的點，設定 v[i] 爲 1，表示已經拜訪 (第 22 行)，變數 cnt 遞增 1(第 23 行)，輸出變數 i 的值到螢幕上 (第 24 行)。讀取 G[i] 的每一個元素值到變數 item，indeg[item.t] 的值遞減 1，表示連入點 item.t 的邊個數少 1(第 25 到 26 行)。
第 27 到 28 行：若 cnt 等於 n，表示已經拜訪過所有點，則中斷迴圈執行。
第 29 到 30 行：若變數 i 等於 (n-1)，則設定變數 i 爲 -1(第 31 行遞增 1 後，讓迴圈從 0 開始繼續執行。)
第 31 行：變數 i 遞增 1。</td></tr>
</table>

(2) 程式執行結果

輸入以下測試資料。

```
5 7
0 1
0 2
0 3
0 4
2 3
3 4
4 1
```

執行結果顯示在螢幕如下。

```
0 2 3 4 1
```

(3) 程式效率分析

執行第 20 到 31 行的演算法為每個邊與點最多拜訪一次，所以演算法效率為 O(n+m)，n 為點的個數，m 為邊的個數。

12-2 尤拉迴路

尤拉迴路 (Euler Circuit) 是給定一個圖形，判斷是否有可能經過圖形中每一個邊剛好一次，可以由起始點走回到起始點，若可以找出這樣的迴路，稱作尤拉迴路。

尤拉路徑 (Euler Trail) 是給定一個圖形，判斷是否有可能經過圖形中每一個邊剛好一次，可以由起點走到終點，而起點與終點不一定要相同，若可以找出這樣的路徑，稱作尤拉路徑，很明顯尤拉迴路也是尤拉路徑。

對於起點與終點外的任何一個點，有進入該點的邊，就要有可以出去的邊，才可以經由邊進出每個點，可以計算每個節點的進入邊的個數與出去邊的個數，來判定是否有尤拉迴路或尤拉路徑，可以歸納出以下結論。

	尤拉迴路 (Euler Circuit)	尤拉路徑 (Euler Trail)
無向圖	圖中每個節點的邊的個數為偶數，且圖形需要聯通。	所有點中，只有 2 個點的邊的個數是奇數，且圖形需要聯通；或者符合無向圖的尤拉迴路。
有向圖	圖中每個節點進入邊的個數要等於出去邊的個數，且圖形需要聯通。	所有點中，只有 1 個點出去的邊個數多於進入的邊個數 1 個，且此點為起點；同時只有另 1 個點進入的邊個數多於出去的邊個數 1 個，此點為終點，且圖形需要聯通；或者符合有向圖的尤拉迴路。

12-2-1 尤拉路徑

12-2-1- 尤拉路徑 .py

給定最多 20 個節點以內的有向圖，相同起點與終點的有向邊可以重複，請判斷是否可以形成尤拉路徑。

輸入說明

輸入正整數 m，表示圖形中有 m 個有向邊，接下來有 m 行，每個邊輸入兩個節點名稱。

輸出說明

請找出是否可以形成尤拉路徑。

範例輸入 (一)

```
5
A B
B C
C D
D E
E A
```

範例輸出 (一)

```
可以找到尤拉路徑
```

範例輸入 (二)

```
5
A B
B C
C D
E F
F E
```

範例輸出 (二)

```
無法找到尤拉路徑
```

找出尤拉路徑的程式實作想法

使用陣列 indeg 記錄每個點進入的邊個數，與陣列 outdeg 記錄每個點出去的邊個數，根據陣列 indeg 與 outdeg 統計所有點中進入的邊與出去的邊個數多 1 個的節點數到 nin，所有點中出去的邊與進入的邊個數多 1 個的節點數到 nout，所有點中進入的邊與出去的邊個數相同的節點數到 nequ，經由 nin、nout 與 nequ 判斷是否可能有尤拉路徑，最後使用深度優先搜尋判斷圖形是否可以連通，若可以連通則確定有尤拉路徑。

(1) 程式與解說

行號	程式碼
1	`G = [[] for i in range(21)]`
2	`City= {}`
3	`v = [0]*20`
4	`indeg = [0]*20`
5	`outdeg = [0]*20`
6	`nout = nin = nequ =0`
7	`success = False`
8	`def getCityIndex(p):`
9	`    if p not in City.keys():`
10	`        City[p]=len(City)`
11	`    return City[p]`
12	`def dfs(x):`
13	`    v[x] = 1`
14	`    if len(G[x]) > 0:`
15	`        for i in G[x]:`
16	`            if v[i.t] == 0:`
17	`                dfs(i.t)`
18	`class Edge:`
19	`    def __init__(self, s, t):`
20	`        self.s = s`
21	`        self.t = t`
22	`m = int(input())`
23	`for i in range(m):`
24	`    a, b = input().split()`
25	`    a = getCityIndex(a)`

```
26        b = getCityIndex(b)
27        indeg[b] = indeg[b] + 1
28        outdeg[a] = outdeg[a] + 1
29        e1 = Edge(a, b)
30        G[a].append(e1)
31    for i in range(len(City)):
32        if indeg[i]!=outdeg[i]:
33            if (indeg[i]-outdeg[i]) == 1:
34                nin = nin + 1
35            elif (outdeg[i]-indeg[i]) == 1:
36                nout = nout + 1
37                start = i
38            else:
39                break
40        else:
41            nequ = nequ + 1
42    if ((nin==1) and (nout==1) and (nequ==(len(City)-2))):
43        success = True
44    if ((nin==0) and (nout==0) and (nequ==len(City))):
45        success = True
46    if (success):
47        if (nout==1):
48            dfs(start)
49        if (nout==0):
50            for i in range(len(City)) :
51                if outdeg[i]>0:
52                    dfs(i)
53                    break
54    for i in range(len(City)) :
55        if v[i] == 0:
56            success = False
57            break
58    if (success):
59        print(" 可以找到尤拉路徑 ")
60    else:
```

<table>
<tr><td>61</td><td><code>   print(" 無法找到尤拉路徑 ")</code></td></tr>
<tr><td>解說</td><td>第 1 行：宣告 G 爲二維陣列。
第 2 行：宣告 City 爲空字典。
第 3 到 5 行：宣告 v、indeg 與 outdeg 爲 20 個元素的串列，每個元素值都是 0。
第 6 行：宣告變數 nout、nin 與 nequ 初始化爲 0。
第 7 行：宣告變數 success 初始化爲 False。
第 8 到 11 行：定義 getCityIndex 函式，將節點名稱轉成數字，使用字串 p 爲輸入，將節點名稱 p 轉換成節點編號。若 p 不是字典 City 的鍵值，則設定 City[p] 所對應的值爲字典 City 的長度 (第 9 到 10 行)。回傳字典 City 以 p 爲鍵值的對應值 (第 11 行)。
第 12 到 17 行：定義 dfs 函式，以 x 當成輸入參數，設定 v[x] 爲 1。若 G[x] 的長度大於 0，使用迴圈變數 i 存取 G[x] 的每一個元素，若 v[i.t] 等於 0，表示點 i.t 未拜訪過，則遞迴呼叫 dfs 函式，以 i.t 爲傳入參數。
第 18 到 21 行：宣告一個 Edge 類別，由 2 個元素描述一個邊，這個邊是具有方向性的，分別是 s 與 t ，s 爲邊的起點，t 爲邊的終點。
第 22 行：使用 input 函數輸入整數字串，接著使用 int 函式將整數字串轉換成整數，再使用變數 m 參考到轉換後的整數，變數 m 爲邊的個數。
第 23 到 30 行：使用迴圈執行 m 次，每次輸入 2 個資料，表示邊的兩個頂點，將頂點名稱轉換成編號到變數 a 與 b (第 24 到 26 行)。indeg[b] 遞增 1，表示連入點 b 的邊的個數增加 1 ，outdeg[a] 遞增 1，表示連出點 a 的邊的個數增加 1(第 27 到 28 行)。設定物件 e1 的 s 爲 a、物件 e1 的 t 爲 b (第 29 行)。將 e1 加入到 G[a] 的最後，表示點 a 可以到點 b (第 30 行)。
第 31 到 41 行：迴圈變數 i，由 0 到 len(City)-1，每次遞增 1，若 indeg[i] 不等於 outdeg[i]，表示點 i 連入的邊與出去的邊個數不相同，則若 indeg[i]-outdeg[i] 等於 1，表示點 i 進入的邊比出去的邊多一個，則變數 nin 增加 1(第 33 到 34 行)；否則若 outdeg[i]-indeg[i] 等於 1，表示點 i 出去的邊比進來的邊多一個，則變數 nout 增加 1，設定變數 start 爲變數 i 的數值 (第 35 到 37 行)，儲存路徑的起點節點編號到變數 start，否則 indeg[i] 與 outdeg[i] 的差距大於等於 2，則一定不會有尤拉路徑，使用 break 中斷迴圈 (第 38 到 39 行)。
第 40 到 41 行：否則，表示 indeg[i] 與 outdeg[i] 相等，則變數 nequ 遞增 1。
第 42 到 43 行：若 nin 等於 1，且 nout 等於 1，且 nequ 等於 (len(City)-2)，則設定 success 爲 True，表示可能有尤拉路徑。
第 44 到 45 行：若 nin 等於 0，且 nout 等於 0，且 nequ 等於 len(City)，則設定 success 爲 True，表示可能有尤拉迴路。</td></tr>
</table>

解說	第 46 到 53 行：若 success 等於 True，則若 nout 等於 1，則呼叫 dfs 函式，以 start 傳入，進行深度優先搜尋 (第 47 到 48 行)。若 nout 等於 0，則使用迴圈變數 i，由 0 到 len(City)-1，每次遞增 1，若 outdeg[i] 大於 0，表示該點可以連結出去，呼叫 dfs 函式，以 i 傳入，進行深度優先搜尋，深度搜尋完成後，使用 break 中斷並跳出迴圈 (第 53 行)。 第 54 到 57 行：使用迴圈變數 i，由 0 到 len(City)-1，每次遞增 1，若 v[i] 等於 0，表示該點還未拜訪，設定 success 爲 False(表示圖形無法連通)，使用 break 中斷並跳出迴圈。 第 58 到 61 行：若 success 爲 True，顯示「可以找到尤拉路徑」，否則顯示「無法找到尤拉路徑」。

(2) 程式執行結果

輸入以下測試資料。

範例輸入 (一)

```
5
A B
B C
C D
D E
E A
```

範例輸出 (一)

```
可以找到尤拉路徑
```

範例輸入 (二)

```
5
A B
B C
C D
E F
F E
```

範例輸出 (二)

```
無法找到尤拉路徑
```

(3) 程式效率分析

本程式最花時間計算的部分是深度優先搜尋演算法 (第 12 行到第 17 行)，每個邊與點最多拜訪一次，所以演算法效率為 O(n+m)，n 為點的個數，m 為邊的個數。

12-3 最小生成樹

在無向有權重的連通圖中找尋可以連接所有點的邊且不形成循環，且這些邊的權重和最小，可以連通所有點且不形成循環，一定會形成樹，這樣的問題稱作最小生成樹 (Minimum Spanning Tree)。

本節介紹 Kruskal 最小生成樹演算法與 Prim 最小生成樹演算法。Kruskal 演算法由最小的邊出發，找出最小且不形成循環的邊，直到邊的個數為點的個數少 1，就找到最小生成樹。Prim 演算法由某個點出發，找出該點可以連出去最小權重邊，將此邊的另一個端點加入集合，並更新此邊的另一個端點可以連結其他點的邊是否有更小權重，可以連結的點更新成為更小權重。選取最小權重的邊，繼續更新該邊另一個端點可以連結其他點是否有更小權重，直到已經選取的邊的個數為點的個數少 1，就找到最小生成樹。

12-3-1 使用 Kruskal 演算法找出最小生成樹

以下圖為例，進行 Kruskal 演算法的解說。

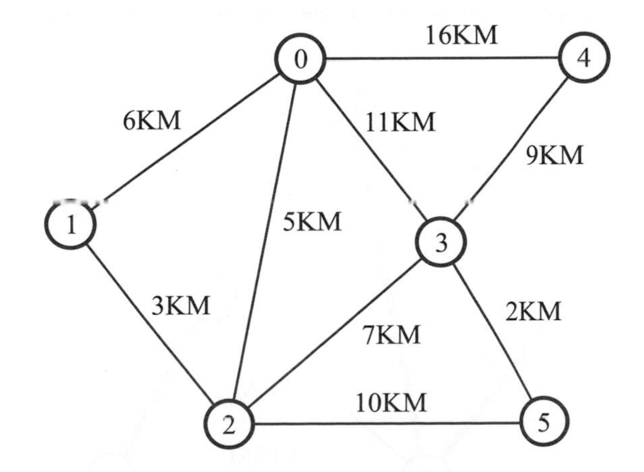

STEP 01 從圖形中找出最小的邊，為點 3 到點 5 的邊，設定為已經選取此邊為最小生成樹的邊。

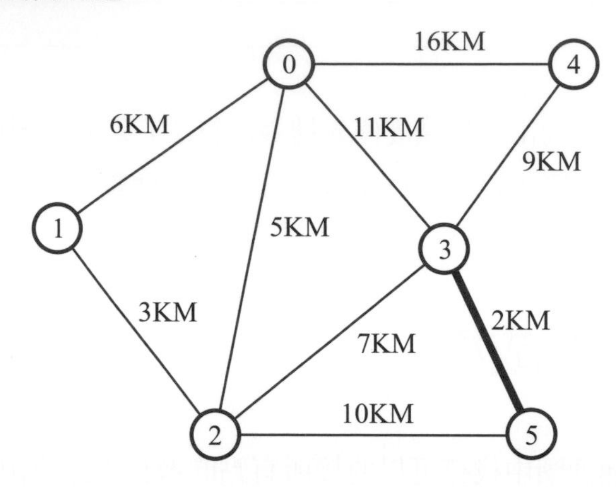

STEP 02 從圖形中還沒有使用過的邊中，找出最小的邊，為點 1 到點 2 的邊，且不會形成循環，設定為已經選取此邊為最小生成樹的邊。

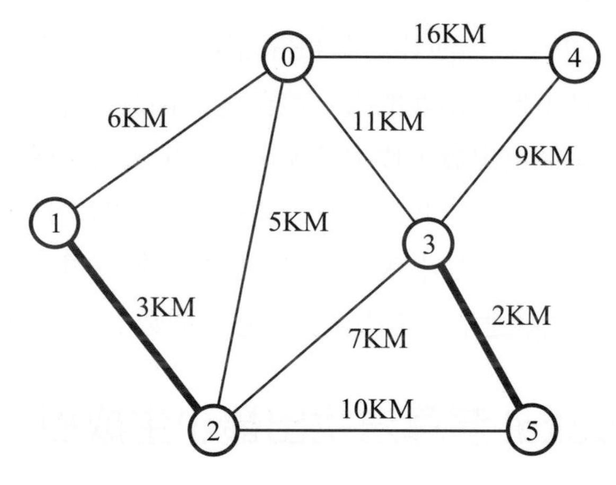

STEP 03 從圖形中還沒有使用過的邊中，找出最小的邊，為點 0 到點 2 的邊，且不會形成循環，設定為已經選取此邊為最小生成樹的邊。

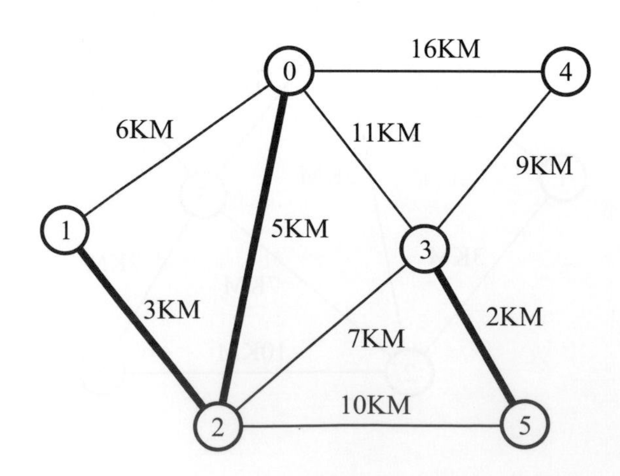

STEP 04 從圖形中還沒有使用過的邊中，找出最小的邊，為點 0 到點 1 的邊，但是因為點 0、點 1、點 2 會形成循環，所以此邊不能是最小生成樹的其中一邊。

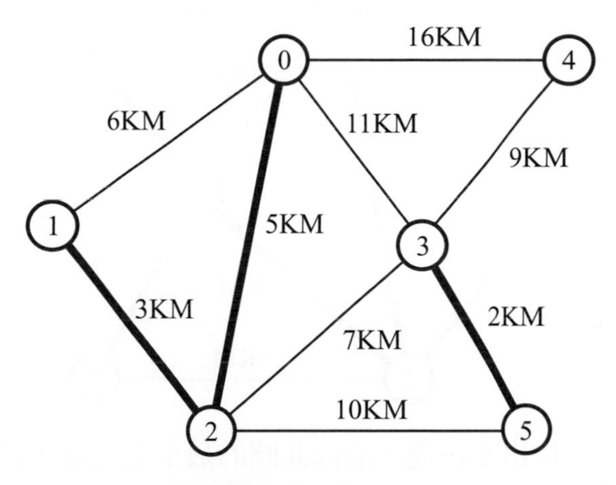

STEP 05 從圖形中還沒有使用過的邊中，找出最小的邊，為點 2 到點 3 的邊，且不會形成循環，設定為已經選取此邊為最小生成樹的邊。

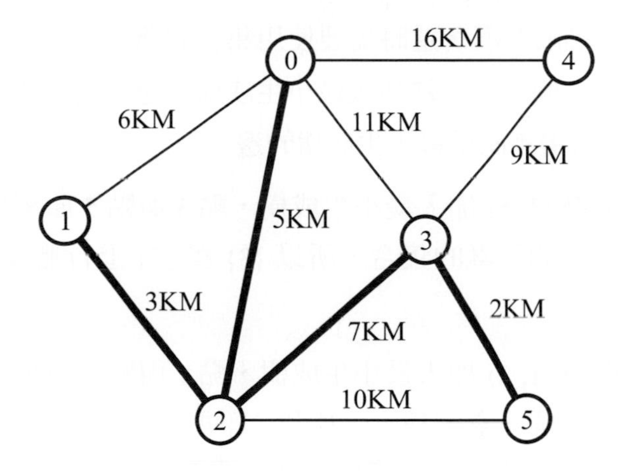

STEP 06 從圖形中還沒有使用過的邊中，找出最小的邊，為點 3 到點 4 的邊，且不會形成循環，設定為已經選取此邊為最小生成樹的邊。

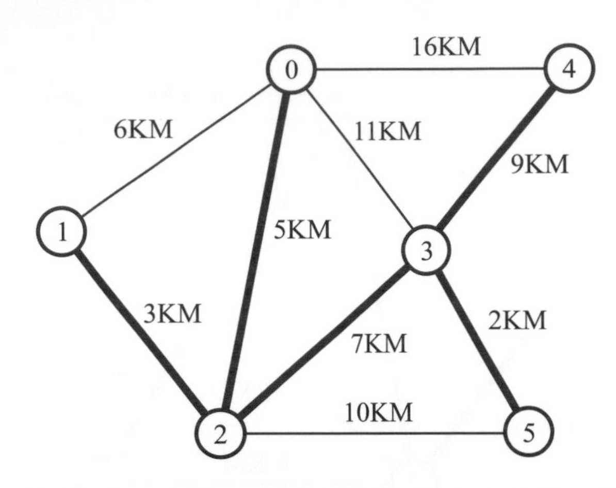

STEP 07 到此已經找出 5 個邊，形成此圖的最小生成樹，最小生成樹所有邊的權重總和為 26。

Kruskal 演算法產生最小生成樹的集合產生過程如下。

如何判斷選取的邊形成循環？這時需要使用集合的概念，剛開始每一個點都是一個集合，每個集合都只有一個元素，當加入最小生成樹的邊，邊的兩端點節點屬於同一個集合，就會形成循環，該邊不能是最小生成樹的邊。

STEP 01 將最小邊 (3, 5) 加入最小生成樹，點 3 與點 5 原屬於不同的集合，且都是只有一個元素的集合，所以 {3} 與 {5} 進行聯集形成一個新集合 {3, 5}。

STEP 02 將最小邊 (1, 2) 加入最小生成樹，點 1 與點 2 原屬於不同的集合，且都是只有一個元素的集合，所以 {1} 與 {2} 進行聯集形成另一個集合 {1, 2}，目前集合有 {3, 5} 與 {1, 2}。

STEP 03 將最小邊 (0, 2) 加入最小生成樹，點 0 與點 2 原屬於不同的集合，所以 {0} 與 {1, 2} 進行聯集形成另一個集合 {0, 1, 2}，目前集合有 {3, 5} 與 {0, 1, 2}。

STEP 04 將最小邊 (0, 1) 加入最小生成樹，點 0 與點 1 都屬於集合 {0, 1, 2}，如果加入邊 (0, 1) 則會形成循環，所以不能加入邊 (0, 1)，目前集合有 {3, 5} 與 {0, 1, 2}。

STEP 05 將最小邊 (2, 3) 加入最小生成樹，點 2 與點 3 原屬於不同的集合，所以 {0, 1, 2} 與 {3, 5} 進行聯集形成另一個集合 {0, 1, 2, 3, 5}，目前集合有 {0, 1, 2, 3, 5}。

STEP 06 將最小邊 (3, 4) 加入最小生成樹，點 3 與點 4 原屬於不同的集合，所以 {0, 1, 2, 3, 5} 與 {4} 進行聯集形成另一個集合 {0, 1, 2, 3, 4, 5}，目前集合有 {0, 1, 2, 3, 4, 5}，到此完成最小生成樹。

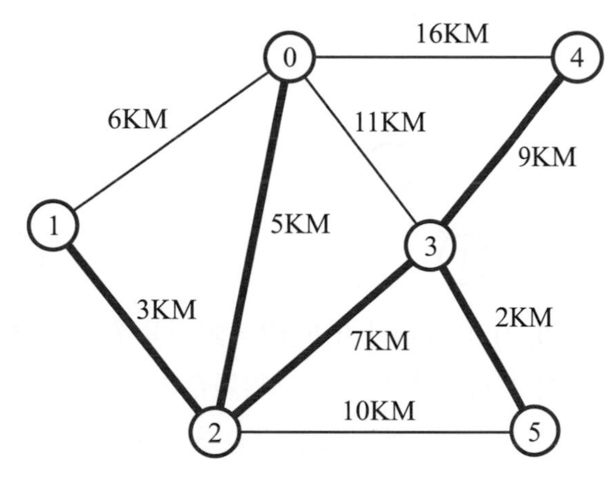

程式實作集合聯集與是否屬於同一個集合，可以使用一個陣列 parent，初始化每個元素的 parent 爲自己。

	點 0	點 1	點 2	點 3	點 4	點 5
陣列 parent	0	1	2	3	4	5

STEP 01 將最小邊 (3, 5) 加入最小生成樹，點 3 與點 5 原屬於不同的集合，且都是只有一個元素的集合，所以 {3} 與 {5} 進行聯集形成一個新集合 {3, 5}，此時可以將陣列 parent 中代表點 3 的數值改成 5，表示點 3 的上一層是點 5，這樣點 3 與點 5 往上一層找尋都找到數值 5，有相同的祖先形成新的集合。

	點 0	點 1	點 2	點 3	點 4	點 5
陣列 parent	0	1	2	5	4	5

上述陣列若以樹狀結構表示如下。

STEP 02 將最小邊 (1, 2) 加入最小生成樹，點 1 與點 2 原屬於不同的集合，且都是只有一個元素的集合，所以 {1} 與 {2} 進行聯集形成另一個集合 {1, 2}，目前集合有 {3, 5} 與 {1, 2}。此時可以將陣列 parent 中代表點 1 的數值改成 2，表示點 1 的上一層是點 2，這樣點 1 與點 2 往上一層找尋都找到數值 2，有相同的祖先形成新的集合。

	點 0	點 1	點 2	點 3	點 4	點 5
陣列 parent	0	2	2	5	4	5

上述陣列若以樹狀結構表示如下。

STEP 03 將最小邊 (0, 2) 加入最小生成樹，點 0 與點 2 原屬於不同的集合，所以 {0} 與 {1, 2} 進行聯集形成另一個集合 {0, 1, 2}，目前集合有 {3, 5} 與 {0, 1, 2}。此時可以將陣列 parent 中代表點 0 的數值改成 2，表示點 0 的上一層是點 2，這樣點 0 與點 2 往上一層找尋都找到數值 2，有相同的祖先形成新的集合。

	點 0	點 1	點 2	點 3	點 4	點 5
陣列 parent	2	2	2	5	4	5

上述陣列若以樹狀結構表示如下。

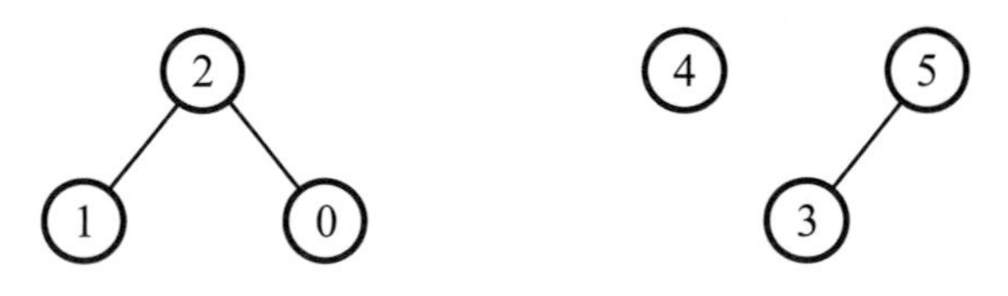

STEP 04 將最小邊 (0, 1) 加入最小生成樹，點 0 與點 1 的祖先都是 2，所以都屬於集合 {0, 1, 2}，如果加入邊 (0, 1) 則會形成循環，所以不能加入邊 (0, 1)，目前集合仍是 {3, 5} 與 {0, 1, 2}。

	點 0	點 1	點 2	點 3	點 4	點 5
陣列 parent	2	2	2	5	4	5

上述陣列若以樹狀結構表示如下。

STEP 05 將最小邊 (2, 3) 加入最小生成樹，點 2 與點 3 原屬於不同的集合，所以 {0, 1, 2} 與 {3, 5} 進行聯集形成另一個集合 {0, 1, 2, 3, 5}，目前集合有 {0, 1, 2, 3, 5}。此時可以將陣列 parent 中代表點 5 的數值改成 2，表示點 5 的上一層是點 2，這樣點 2 與點 3 往上一層找尋都找到數值 2，有相同的祖先形成新的集合。

	點 0	點 1	點 2	點 3	點 4	點 5
陣列 parent	2	2	2	5	4	2

上述陣列若以樹狀結構表示如下。

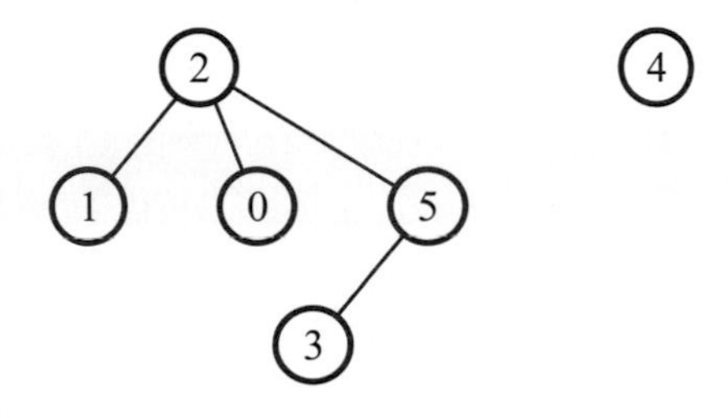

STEP 06 將最小邊 (3, 4) 加入最小生成樹，點 3 與點 4 原屬於不同的集合，所以 {0, 1, 2, 3, 5} 與 {4} 進行聯集形成另一個集合 {0, 1, 2, 3, 4, 5}，目前集合有 {0, 1, 2, 3, 4, 5}，到此完成最小生成樹。此時可以將陣列 parent 中代表點 4 的數值改成 2，表示點 4 的上一層是點 2，有相同的祖先形成新的集合。

	點 0	點 1	點 2	點 3	點 4	點 5
陣列 parent	2	2	2	5	2	2

上述陣列若以樹狀結構表示如下。

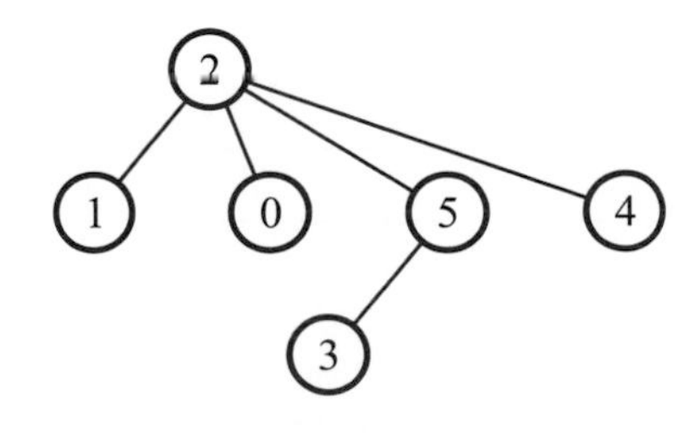

實作 Kruskal 最小生成樹

12-3-1-Kruskal 最小生成樹 .py

給定最多 100 個節點以內的無向圖，每個節點編號由 0 開始編號，且節點編號皆不相同，每個邊的權重為正整數，相同起點與終點的邊只有一個，使用 Kruskal 演算法找出最小生成樹的邊權重和。

輸入說明

輸入正整數 n 與 m，表示圖形中有 n 個點與 m 個有向邊，接下來有 m 行，每個邊有三個數字，前兩個數字為邊的兩端點節點編號，最後一個數字為邊的權重，保證節點編號由 0 到 (n-1)。

輸出說明

輸出最小生成樹的邊權重和。

範例輸入

輸入測資	測資表示的圖形
6 9 0 1 6 0 2 5 0 3 11 0 4 16 1 2 3 2 3 7 2 5 10 3 4 9 3 5 2	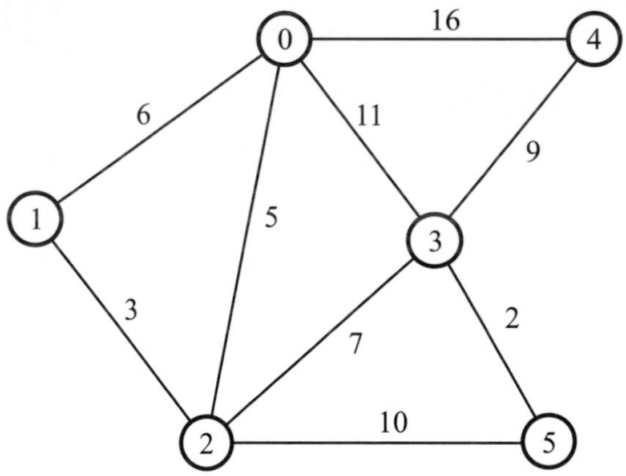 0, 16, 4, 6, 11, 9, 1, 5, 3, 3, 2, 7, 10, 2, 5

範例輸出

```
26
```

Kruskal 最小生成樹的程式實作想法

將所有邊的權重、起點與終點輸入到 tuple，將此 tuple 依照權重由小到大排序，由小到大依序取出每一個邊。使用陣列 parent 記錄節點的上一層節點編號，有相同根節點的節點編號，表示同一個集合。若取出最小邊的兩端點，由陣列 parent 來判斷是否在同一個集合內，若有相同的根節點節點編號，表示同一個集合，加入此邊會形成循環，該邊不是最小生成樹的邊；若有不同的根節點節點編號，表示兩端點不在同一個集合內，加入此邊不會形成循環，該邊是最小生成樹的邊，接著更改陣列 parent，集合元素個數越多者要放在上面，這樣由陣列 parent 往上找根節點才能在較少比較次數內完成，程式會有較好的效率。

(1) 程式與解說

行數	程式碼
1	`import heapq`
2	`pq = []`
3	`parent = [0]*101`
4	`num = [1]*101`
5	`def findParent(a):`
6	`    while a != parent[a]:`
7	`        a = parent[a]`
8	`    return a`
9	`n,m = input().split()`
10	`n = int(n)`
11	`m = int(m)`
12	`for i in range(m):`
13	`    a, b, w = input().split()`
14	`    a = int(a)`
15	`    b = int(b)`
16	`    w = int(w)`
17	`    heapq.heappush(pq, (w, a, b))`
18	`for i in range(n):`
19	`    parent[i] = i`
20	`i = numEdge = result = 0`
21	`while i < m and numEdge < n:`
22	`    edge = heapq.heappop(pq)`
23	`    a = findParent(edge[1]);`
24	`    b = findParent(edge[2]);`

```
25        if a != b:
26            if num[a] > num[b]:
27                parent[b] = a
28                num[a] += num[b]
29            else:
30                parent[a] = b
31                num[b] += num[a]
32            result += edge[0]
33            numEdge = numEdge + 1
34        i += 1
35    if (numEdge == (n-1)):
36        print(result)
37    else:
38        print("找不到最小生成樹")
```

說明

第 1 行：匯入 heapq 函式庫。

第 2 行：宣告 pq 爲空串列。

第 3 行：宣告 parent 爲串列，有 101 個元素，每一個元素都是 0。

第 4 行：宣告 num 爲串列，有 101 個元素，每一個元素都是 1。

第 5 到 8 行：定義 findParent 函式，會不斷地往上一層找，直到最上層 (a 等於 parent[a]) 爲止，當 a 不等於 parent[a]，則設定 a 爲 parent[a]，表示往上一層找，直到 a 等於 parent[a] 爲止。最後回傳變數 a。

第 9 到 11 行：使用 input 函式輸入兩個整數字串到變數 n 與 m，使用 int 函式將整數字串變數 n 與 m 轉換成整數，再使用變數 n 與 m 參考到轉換後的整數，變數 n 爲點的個數，變數 m 爲邊的個數。

第 12 到 17 行：使用迴圈執行 m 次，每次輸入 3 個資料，前兩個數字爲邊的兩個頂點到變數 a 與 b ，最後一個數字爲邊的權重到變數 w (第 13 到 16 行)。將 (w,a,b) 加入到堆積 pq，堆積 pq 會將最小 w 的 (w,a,b) 放在堆積 pq 的第一個元素。

第 18 到 19 行：使用迴圈變數 i，由 0 到 (n-1)，每次遞增 1，設定 parent[i] 爲 i。

第 20 行：初始化變數 i、result 與 numEdge 爲 0。

第 21 到 34 行：使用迴圈變數 i，由 0 到 (m-1)，每次遞增 1，且變數 numEdge 小於變數 n，取出堆積 pq 的第一個元素到變數 edge，找出 edge[1] 的最上層祖先節點編號儲存到變數 a；找出 edge[2] 的最上層祖先節點編號儲存到變數 b。

說明	第 25 到 33 行：若 a 不等於 b，表示將變數 edge 加入最小生成樹不會形成循環，將變數 edge 加入到最小生成樹，若 num[a] 大於 num[b]，則元素多的集合要放在上面，設定 parent[b] 為 a(第 27 行)，表示集合 a 在集合 b 上方，更新集合 a 個數 (num[a]) 為集合 a 個數 (num[a]) 加上集合 b 個數 (num[b])(第 28 行)；否則 (num[a] 小於等於 num[b])，元素多的集合要放在上面，設定 parent[a] 為 b(第 30 行)，表示集合 b 在集合 a 上方，更新集合 b 個數 (num[b]) 為集合 b 個數 (num[b]) 加上集合 a 個數 (num[a])(第 31 行)，陣列 num 儲存各集合的元素個數，根據陣列 num 數值越大越放在上面，這樣會使用 findParent 函式找尋最上層節點時，可以用較少的比較次數找到根節點，可以較快找到。 第 32 行：將 edge[0] 累加到變數 result。 第 33 行：變數 numEdge 遞增 1。 第 34 行：變數 i 遞增 1。 第 35 到 38 行：若 numEdge 等於 (n-1)，則輸出變數 result，否則輸出「找不到最小生成樹」。

(2) 程式執行結果

輸入以下測試資料。

```
6 9
0 1 6
0 2 5
0 3 11
0 4 16
1 2 3
2 3 7
2 5 10
3 4 9
3 5 2
```

執行結果如下。

```
26
```

(3) 程式效率分析

執行第 12 到 17 行相當於堆積排序 (Heap Sort) 演算法，效率爲 O(m*log(m))，m 爲邊的個數。第 21 到 34 行的演算法效率的計算方式：第 21 行的迴圈最多執行 m 次，迴圈內每次執行第 23 行與第 34 行的 findParent 函式，若每次集合進行合併時，節點個數多的在上方，則可以在較少的比較次數找到根節點，演算法效率爲 O(log(n))，整個演算法效率爲 O(m*log(n))，m 爲邊的個數，n 爲點的個數。整體演算法效率爲 O(m*log(m)+m*log(n))。

12-3-2 使用 Prim 演算法找出最小生成樹

以下圖爲例，進行 Prim 演算法找出最小生成樹的概念解說。

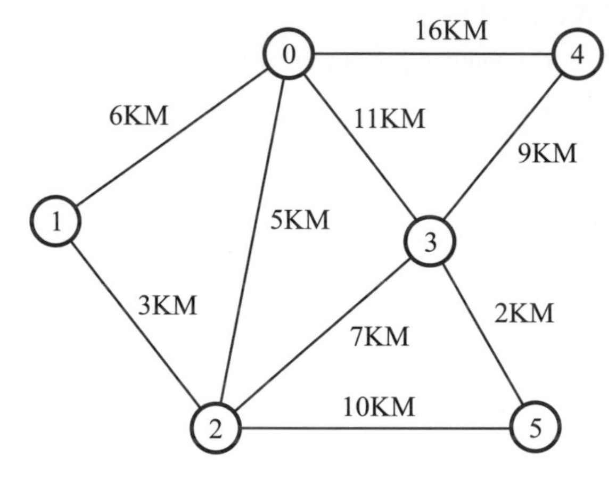

使用陣列 dist 表示連結到該點的邊的權重，該開始爲無限大。

dist[0]	dist[1]	dist[2]	dist[3]	dist[4]	dist[5]
∞	∞	∞	∞	∞	∞

STEP 01 從圖形中任選一個點爲起始點，例如：點 0，設定點 0 已經拜訪過。找出點 0 可以連出去的點，有點 1、點 2、點 3 與點 4，更新陣列 dist，點 0 爲起始點，所以設定爲 0，其餘設定爲點 0 到該點邊的權重。

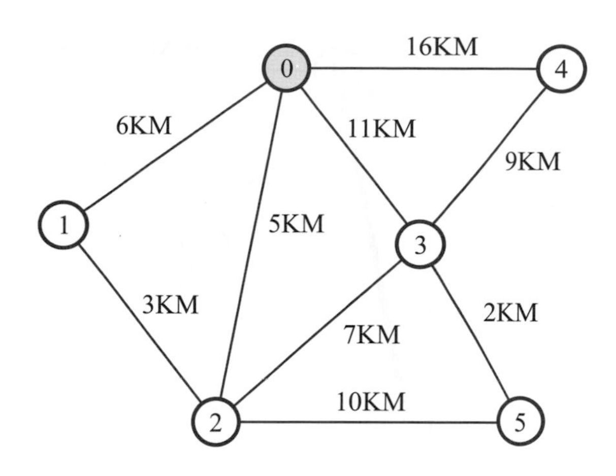

dist[0]	dist[1]	dist[2]	dist[3]	dist[4]	dist[5]
0	6	5	11	16	∞

STEP 02 從陣列 dist 中選出權重最小且未拜訪過的點，dist[2] 最小，設定點 2 已經拜訪過，選擇點 0 到點 2 的邊為最小生成樹的邊。找出點 2 可以連出去的點，有點 0、點 1、點 3 與點 5，點 0 已經拜訪過，更新陣列 dist，如果有更小的權重，設定為點 2 到該點邊的權重，點 1 原本為 6，更新為 3；點 3 原本為 11，更新為 7；點 5 原本為∞，更新為 10。

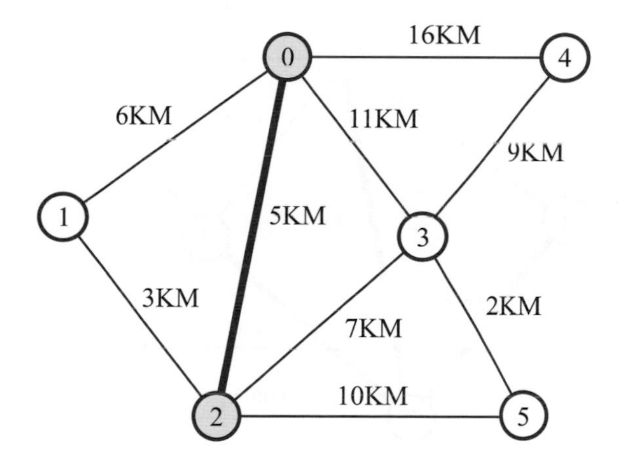

dist[0]	dist[1]	dist[2]	dist[3]	dist[4]	dist[5]
0	3	5	7	16	10

STEP 03 從陣列 dist 中選出權重最小且未拜訪過的點，dist[1] 最小，設定點 1 已經拜訪過，選擇點 2 到點 1 的邊為最小生成樹的邊。找出點 1 可以連出去的點，有點 0 與點 2，點 0 與點 2 皆已經拜訪過，陣列 dist 不用更新。

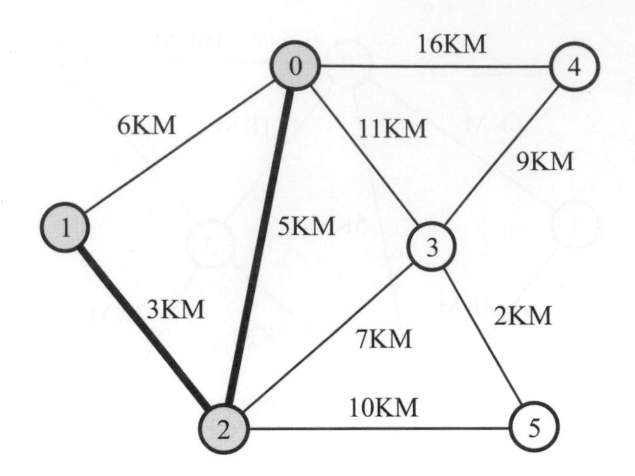

dist[0]	dist[1]	dist[2]	dist[3]	dist[4]	dist[5]
0	3	5	7	16	10

STEP 04 從陣列 dist 中選出權重最小且未拜訪過的點，dist[3] 最小，設定點 3 已經拜訪過，選擇點 2 到點 3 的邊爲最小生成樹的邊。找出點 3 可以連出去的點，有點 0、點 2、點 4 與點 5，點 0 與點 2 已經拜訪過，更新陣列 dist，如果有更小的權重，設定爲點 3 到該點邊的權重，點 4 原本爲 16，更新爲 9；點 5 原本爲 10，更新爲 2。

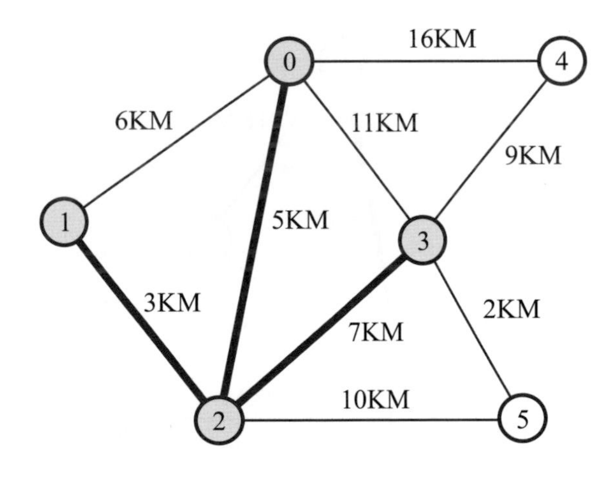

dist[0]	dist[1]	dist[2]	dist[3]	dist[4]	dist[5]
0	3	5	7	9	2

STEP 05 從陣列 dist 中選出權重最小且未拜訪過的點，dist[5] 最小，設定點 5 已經拜訪過，選擇點 3 到點 5 的邊爲最小生成樹的邊。找出點 5 可以連出去的點，有點 2 與點 3，點 2 與點 3 已經拜訪過，陣列 dist 不用更新。

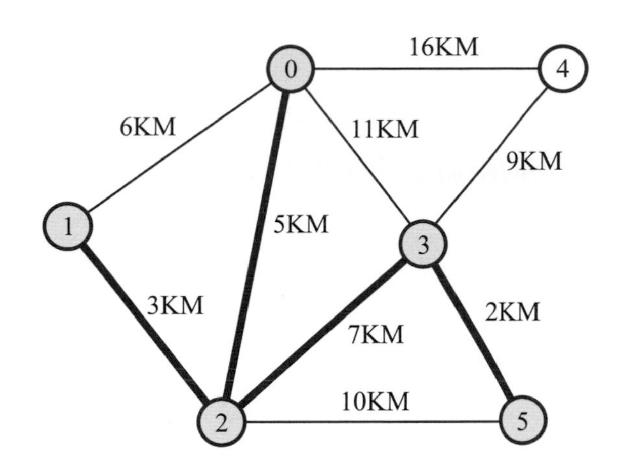

dist[0]	dist[1]	dist[2]	dist[3]	dist[4]	dist[5]
0	3	5	7	9	2

STEP 06 從陣列 dist 中選出權重最小且未拜訪過的點，dist[4] 最小，設定點 4 已經拜訪過，選擇點 3 到點 4 的邊爲最小生成樹的邊。找出點 4 可以連出去的點，有點 0 與點 3，點 0 與點 3 已經拜訪過，陣列 dist 不用更新，到此已經找出最小生成樹。

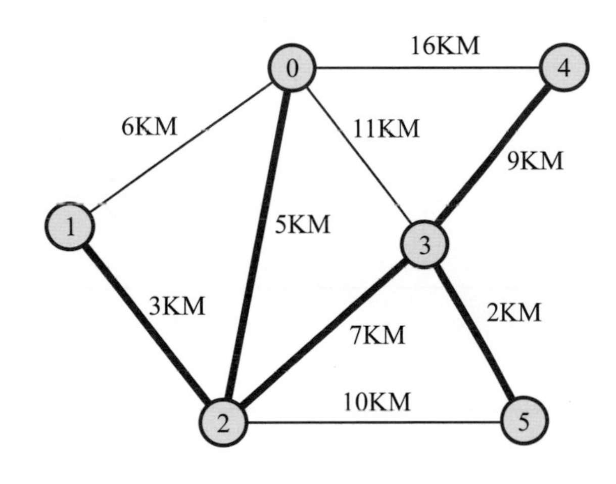

dist[0]	dist[1]	dist[2]	dist[3]	dist[4]	dist[5]
0	3	5	7	9	2

程式實作 -- 使用 Prim 演算法最小生成樹

12-3-2-Prim 最小生成樹 .py

給定最多 100 個節點以內的無向圖，每個節點編號由 0 開始編號，且節點編號皆不相同，每個邊的權重爲正整數，相同起點與終點的邊只有一個，使用 Prim 演算法找出最小生成樹的邊權重和。

輸入說明

輸入正整數 n 與 m，表示圖形中有 n 個點與 m 個無向邊，接下來有 m 行，每個邊有三個數字，前兩個數字爲邊的兩端點節點編號，最後一個數字爲邊的權重，保證節點編號由 0 到 (n-1)。

輸出說明

輸出最小生成樹的邊權重和。

範例輸入

輸入測資	測資表示的圖形
6 9 0 1 6 0 2 5 0 3 11 0 4 16 1 2 3 2 3 7 2 5 10 3 4 9 3 5 2	

範例輸出

```
26
```

Prim 演算法的程式實作想法

任意取一個點當成起始節點，檢查起始節點可以連接的邊，將邊的權重與兩個端點加入堆積 heap，邊的權重越小，越優先取出。取出權重最小的邊，若該邊的另一端節點未拜訪過，表示加入此邊不會形成循環，此邊爲最小生成樹的邊，將另一個端點設定爲已經拜訪過，接著檢查另一個端點可以連結出去的邊，是否造成其他節點有更小的權重，如果有，則將邊的權重與端點加入堆積 heap，邊的權重越小，越優先取出。不斷取出未拜訪過且權重最小的邊，再考慮該邊的另一個端點可以連結出去的邊，直到堆積 heap 沒有元素爲止。若最後邊的個數比節點數少一，表示找到最小生成樹。

(1) 程式與解說

行數	程式碼
1	`import heapq`
2	`pq = []`
3	`G = [[] for i in range(100)]`
4	`ans = []`
5	`v = [0]*101`
6	`dist = [100000000]*101`
7	`class Edge:`
8	`    def __init__(self, s, t, w):`
9	`        self.s = s`
10	`        self.t = t`
11	`        self.w = w`
12	`n,m = input().split()`
13	`n = int(n)`
14	`m = int(m)`
15	`for i in range(m):`
16	`    a, b, w = input().split()`
17	`    a = int(a)`
18	`    b = int(b)`
19	`    w = int(w)`
20	`    e1 = Edge(a, b, w)`
21	`    e2 = Edge(b, a, w)`
22	`    G[a].append(e1)`
23	`    G[b].append(e2)`
24	`start = 0`
25	`v[start] = 1`
26	`dist[start] = 0`
27	`numEdge = result = 0`
28	`for e in G[start]:`
29	`    if e.w < dist[e.t]:`
30	`        dist[e.t] = e.w`
31	`        heapq.heappush(pq, (e.w, e.s, e.t))`
32	`while len(pq) != 0:`
33	`    w, s, t = heapq.heappop(pq)`
34	`    if v[t] == 0:`
35	`        v[t] = 1`

<table>
<tr><td></td><td>

```
36          dist[t] = w
37          ans.append((s, t))
38          result += w
39          numEdge = numEdge + 1
40          for e in G[t]:
41              if v[e.t] == 0 and e.w < dist[e.t] :
42                  dist[e.t] = e.w
43                  heapq.heappush(pq, (e.w, e.s, e.t))
44  if (numEdge == (n-1)):
45      print(result)
46  else:
47      print("找不到最小生成樹")
```

</td></tr>
<tr><td>說明</td><td>
第 1 行：匯入 heapq 函式庫。
第 2 行：宣告 pq 爲空串列。
第 3 行：宣告 G 爲二維陣列。
第 4 行：宣告 ans 爲空串列。
第 5 行：宣告 v 爲串列，有 101 個元素，每一個元素都是 0。
第 6 行：宣告 dis 爲串列，有 101 個元素，每一個元素都是 100000000。
第 7 到 11 行：宣告一個 Edge 類別，由 3 個元素描述一個邊，這個邊是具有方向性的，分別是 s、t 與 w，s 爲邊的起點，t 爲邊的終點，w 爲邊的權重。
第 12 到 14 行：使用 input 函式輸入兩個整數字串到變數 n 與 m，使用 int 函式將整數字串變數 n 與 m 轉換成整數，再使用變數 n 與 m 參考到轉換後的整數，變數 n 爲點的個數，變數 m 爲邊的個數。
第 15 到 23 行：使用迴圈執行 m 次，每次輸入 3 個資料，前兩個數字爲邊的兩個頂點到變數 a 與 b ，最後一個數字爲邊的權重到變數 w (第 16 到 19 行)。設定物件 e1 的 s 爲 a、物件 e1 的 t 爲 b、物件 e1 的 w 爲 w (第 20 行)。設定物件 e2 的 s 爲 b、物件 e2 的 t 爲 a、物件 e2 的 w 爲 w (第 21 行)。將 e1 加入到 G[a] 的最後，表示點 a 可以到點 b (第 22 行)。將 e2 加入到 G[b] 的最後，表示點 b 可以到點 a (第 23 行)。
第 24 行：設定變數 start 爲 0。
第 25 行：設定 v[start] 爲 1，表示節點編號 start 爲已經拜訪。
第 26 行：設定 dist[start] 爲 0，表示產生最小生成樹過程中連結到節點編號 start 的邊的權重爲 0，不需要邊就可以連到。
</td></tr>
</table>

說明	第 27 行：設定 numEdge 與 result 為 0。 第 28 到 31 行：找出圖形中所有可以從節點編號 start 連出去的邊到變數 e (第 28 行)，當邊的權重 (e.w) 小於串列 dist 中目標點 (e.t) 的權重，表示找到更小權重的邊可以連結到目標點 (e.t) (第 29 行)，更新串列 dist 中目標點 (e.t) 的權重為邊的權重 (e.w) (第 30 行)，將 (e.w, e.s, e.t) 加入到串列 pq，串列 pq 為 heapq 資料結構，e.w 最小的會放在最上面 (第 31 行)。 第 32 到 43 行：當串列 pq 的長度不等於 0 時，取出串列 pq 的最上面的元素到 (w,s,t)，w 為邊的權重，s 為邊的起點，t 為邊的終點。若 v[t] 等於 0，表示節點 t 未拜訪，設定 v[t] 為 1，表示設定節點 t 為已拜訪 (第 35 行)，設定 dist[t] 為 w (第 36 行)，將 (s,t) 加入到串列 ans (第 37 行)，將變數 w 累加到變數 result(第 38 行)，變數 numEdge 遞增 1(第 39 行)。 第 40 到 43 行：更新節點 t 可以連出去的點， 找出圖形中所有可以從節點編號 t 連出去的邊到變數 e (第 40 行)，當 v[e.t] 等於 0，表示節點 e.t 未拜訪過，且邊的權重 (e.w) 小於串列 dist 中目標點 (e.t) 的權重 (第 41 行)，表示找到更小權重的邊可以連結到目標點 (e.t)，更新串列 dist 中目標點 (e.t) 的權重為邊的權重 (e.w) (第 42 行)，將 (e.w, e.s, e.t) 加入到串列 pq，串列 pq 為 heapq 資料結構，e.w 最小的會放在最上面 (第 43 行)。 第 44 到 47 行：若 numEdge 等於 n-1，表示找到 n-1 個邊的最小生成樹，輸出變數 result，變數 result 為最小生成樹的權重，否則顯示「找不到最小生成樹」。

(2) 程式執行結果

輸入以下測試資料。

```
6 9
0 1 6
0 2 5
0 3 11
0 4 16
1 2 3
2 3 7
2 5 10
3 4 9
3 5 2
```

執行結果如下。

```
26
```

(3) 程式效率分析

本程式花費最多計算在第 32 到 43 行，第 32 到 43 行的程式效率由第 40 行到 43 行決定，第 40 行的迴圈最多執行 2*m 次，因爲每個點只拜訪過一次，無向圖中每個點連結出去的邊，最多爲 2*m 個，m 爲邊的個數，第 43 行的堆積最多元素爲 n 個，n 爲點的個數，每執行一次 heappush 效率爲 O(log(n))，第 32 到 43 行的演算法效率爲 O(m*log(n))，整體演算法效率爲 O(m*log(n))。

12-4 找出關節點

在無向連通圖中找尋關節點 (articulation point)，關節點表示從圖中移除這個點會形成無法連通的圖，而若圖形表示交通網路圖，這些關節點就是不可以取代的點，一定要維持能順暢通過這些關節點，不然圖形上某些點就無法到達。

使用深度優先搜尋找出關節點

任何一張連通圖可以使用深度優先搜尋 (DFS) 演算法進行搜尋，一定能走訪所有點，深度優先搜尋走訪過的點與邊會形成深度優先搜尋樹。

以下圖爲例，由點 0 開始進行深度優先搜尋，過程中依照點的編號由小到大依序走訪。

原圖 (虛線爲深度優先搜尋的拜訪順序)	由點 0 開始進行深度優先搜尋形成一個深度優先搜尋樹，實線表示深度優先搜尋樹的邊，虛線爲原圖的邊，且未納入深度優先搜尋樹，若該邊可以連結到更高的祖先 (例如：點 0)，則稱爲 back edge，下圖 3 個虛線的邊都是 back edge。
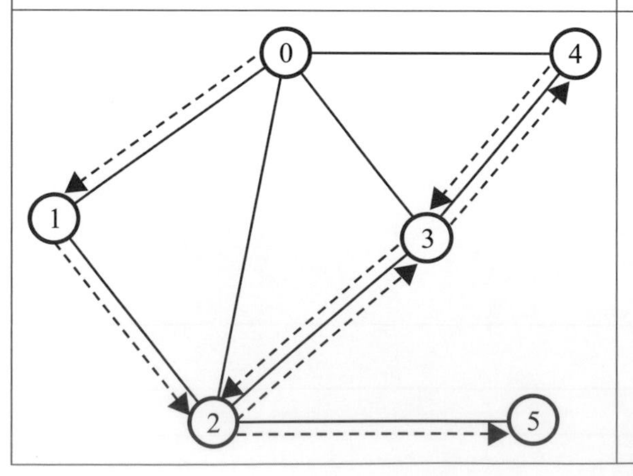	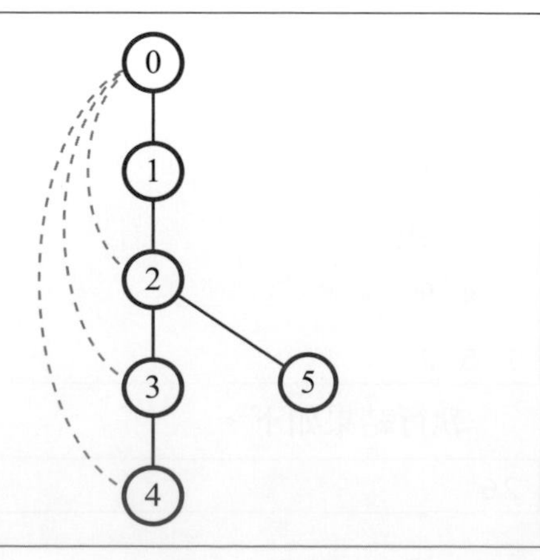

關節點的判斷演算法

(1) 若點 p 是深度優先搜尋樹的根節點，因為深度優先搜尋樹的子樹之間不會相連，會相連就會屬於同一子樹，所以點 p 只要有兩個以上的子樹，則點 p 就是關節點 (articulation point)。

(2) 若點 p 不是深度優先搜尋樹的根節點，點 p 的每個子孫都有 back edge 可以連到點 p 的祖先 (不含點 p)，該點就不是關節點 (articulation point)，若有一個子孫沒有 back edge，該點就是關節點 (articulation point)。

使用程式判斷圖形的邊為 back edge

深度優先搜尋走訪過程中，點的走訪順序可以標記在陣列 v 中，可以使用陣列 v 來判斷是否有 back edge 的存在，back edge 表示在深度優先搜尋走訪順序較晚的點，有邊連結到走訪順序較早的點，這些邊被稱為 back edge。

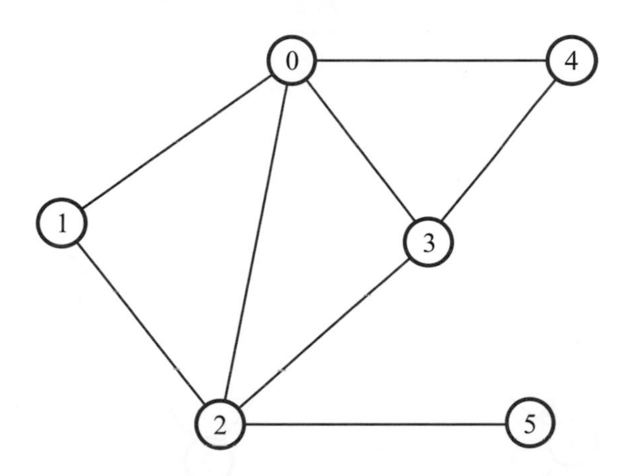

以上圖的點 0 開始，進行深度優先搜尋走訪，來判定節點是否有 back edge，與節點是否是關節點。使用陣列 v 儲存深度優先搜尋走訪時，拜訪節點的順序，使用陣列 up 儲存每個節點的子孫可以拜訪的最高祖先。

STEP 01 從點 0 出發，設定陣列 v 與陣列 up 為 1，從點 0 找出最小編號的點為下一個點，選擇點 1，進行深度優先搜尋。

	點 0	點 1	點 2	點 3	點 4	點 5
陣列 v	1	0	0	0	0	0

	點 0	點 1	點 2	點 3	點 4	點 5
陣列 up	1	0	0	0	0	0

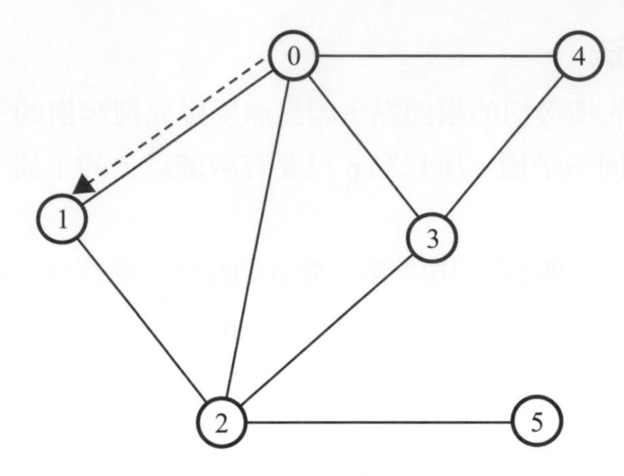

STEP 02 到達點 1，設定陣列 v 與陣列 up 爲 2，從點 1 找出最小編號的點爲下一個點，先選擇點 0，但點 0 是剛剛過來的點，所以不能選，選擇點 2 爲下一個點，進行深度優先搜尋。

	點 0	點 1	點 2	點 3	點 4	點 5
陣列 v	1	2	0	0	0	0

	點 0	點 1	點 2	點 3	點 4	點 5
陣列 up	1	2	0	0	0	0

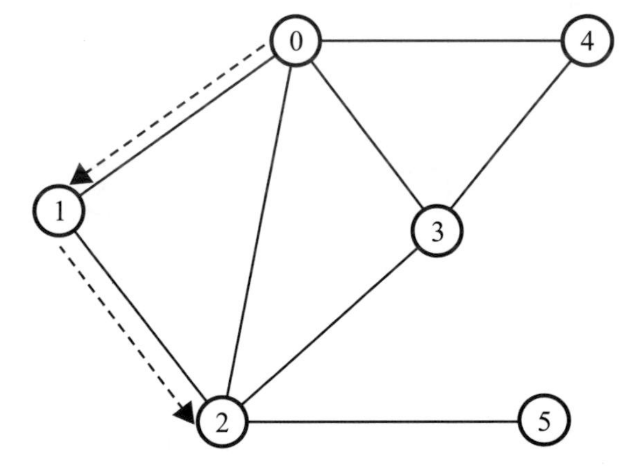

STEP 03 到達點 2，設定陣列 v 與陣列 up 爲 3，從點 2 找出最小編號的點爲下一個點，先選擇點 0，但已經拜訪過，所以不能選，將 up[2] 與 v[0] 較小值儲存到 up[2]，更新 up[2] 爲 1，發現點 2 到點 0 的邊爲 back edge；點 1 是剛剛過來的點，所以不能選，選擇點 3 爲下一個點，進行深度優先搜尋。

	點 0	點 1	點 2	點 3	點 4	點 5
陣列 v	1	2	3	0	0	0

	點 0	點 1	點 2	點 3	點 4	點 5
陣列 up	1	2	1	0	0	0

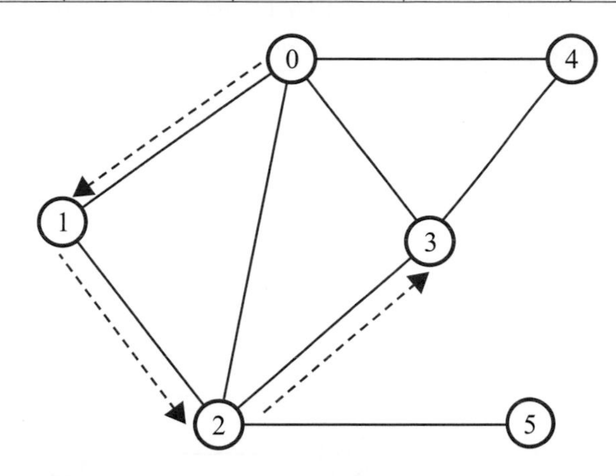

STEP 04 到達點 3，設定陣列 v 與陣列 up 為 4，從點 3 找出最小編號的點為下一個點，先選擇點 0，但已經拜訪過，所以不能選，將 up[3] 與 v[0] 較小值儲存到 up[3]，更新 up[3] 為 1，發現點 3 到點 0 的邊為 back edge；點 2 是剛剛過來的點，所以不能選，選擇點 4 為下一個點，進行深度優先搜尋。

	點 0	點 1	點 2	點 3	點 4	點 5
陣列 v	1	2	3	4	0	0

	點 0	點 1	點 2	點 3	點 4	點 5
陣列 up	1	2	1	1	0	0

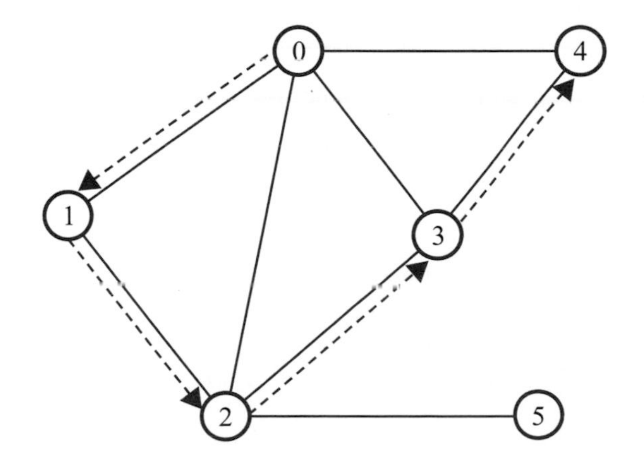

STEP 05 到達點 4，設定陣列 v 與陣列 up 為 5，從點 4 找出最小編號的點為下一個點，先選擇點 0，但已經拜訪過，所以不能選，將 up[4] 與 v[0] 較小值儲存到 up[4]，更新 up[4] 為 1，發現點 4 到點 0 的邊為 back edge；點 3 是剛剛過來的點，所以不能選，沒有點可以走訪了，倒退回上一個點，點 3。

	點 0	點 1	點 2	點 3	點 4	點 5
陣列 v	1	2	3	4	5	0

	點 0	點 1	點 2	點 3	點 4	點 5
陣列 up	1	2	1	1	1	0

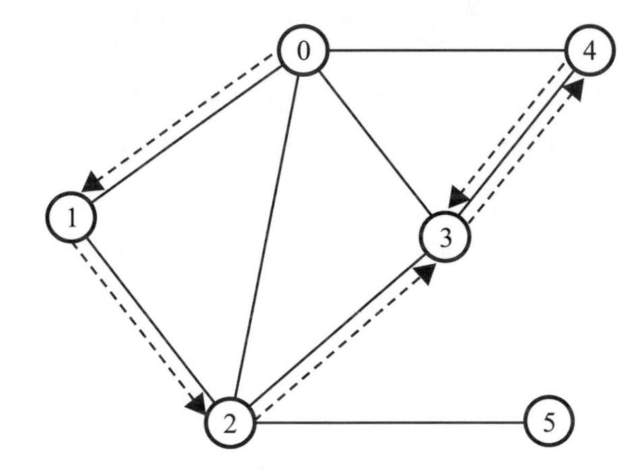

STEP 06 退回點 3，沒有點可以走訪了，倒退回上一個點，點 2。

	點 0	點 1	點 2	點 3	點 4	點 5
陣列 v	1	2	3	4	5	0

	點 0	點 1	點 2	點 3	點 4	點 5
陣列 up	1	2	1	1	1	0

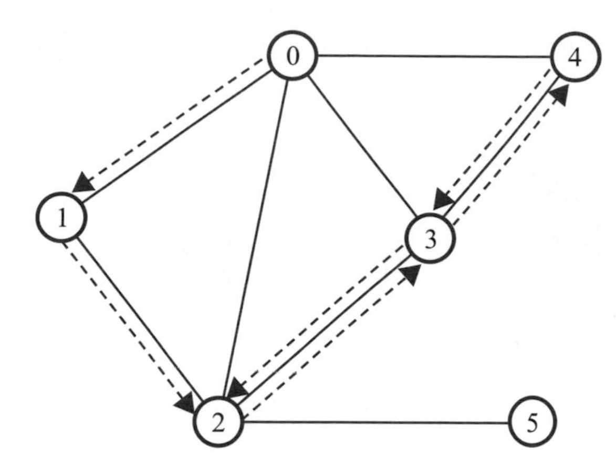

STEP 07 退回點 2，只剩點 5 未走訪過，選擇點 5 爲下一個點，進行深度優先搜尋。

	點 0	點 1	點 2	點 3	點 4	點 5
陣列 v	1	2	3	4	5	0

	點 0	點 1	點 2	點 3	點 4	點 5
陣列 up	1	2	1	1	1	0

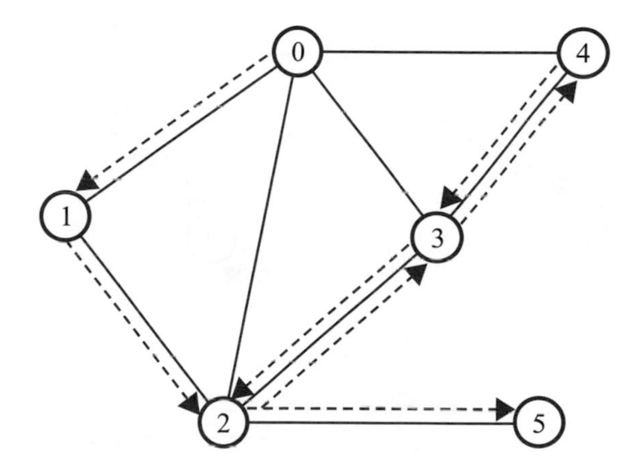

STEP 08 到達點 5，設定陣列 v 與陣列 up 爲 6，從點 5 找出最小編號的點爲下一個點，選擇點 2 爲剛剛過來的點，所以不能選，沒有點可以走訪了，倒退回上一個點，點 2。

	點 0	點 1	點 2	點 3	點 4	點 5
陣列 v	1	2	3	4	5	6

	點 0	點 1	點 2	點 3	點 4	點 5
陣列 up	1	2	1	1	1	6

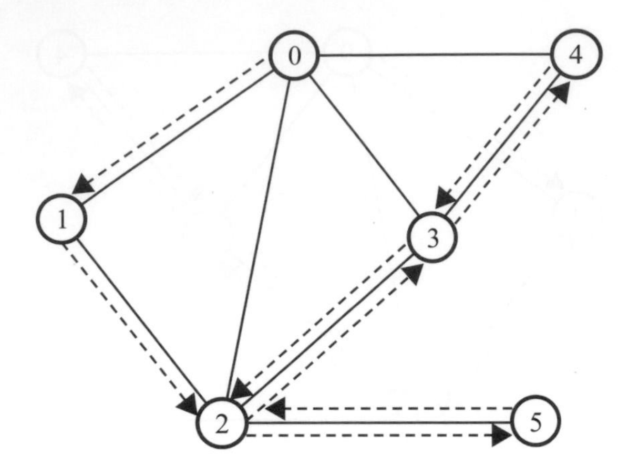

STEP 09 倒退回點 2，發現 up[5] 大於 up[2]，所以點 5 沒有 back edge，點 2 爲關節點。

	點 0	點 1	點 2	點 3	點 4	點 5
陣列 v	1	2	3	4	5	6

	點 0	點 1	點 2	點 3	點 4	點 5
陣列 up	1	2	1	1	1	6

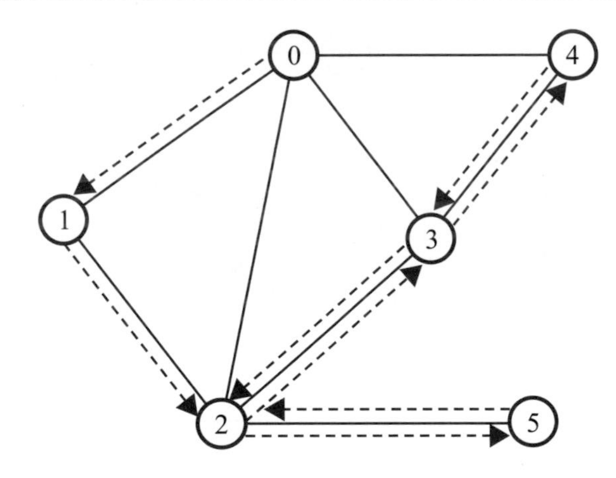

STEP 10 一路倒退回點 0，發現點 0 爲深度優先搜尋樹的根節點，只有一個子樹，所以點 0 不是關節點。

	點 0	點 1	點 2	點 3	點 4	點 5
陣列 v	1	2	3	4	5	6

	點 0	點 1	點 2	點 3	點 4	點 5
陣列 up	1	2	1	1	1	6

STEP 11 發現點 2 是關節點。

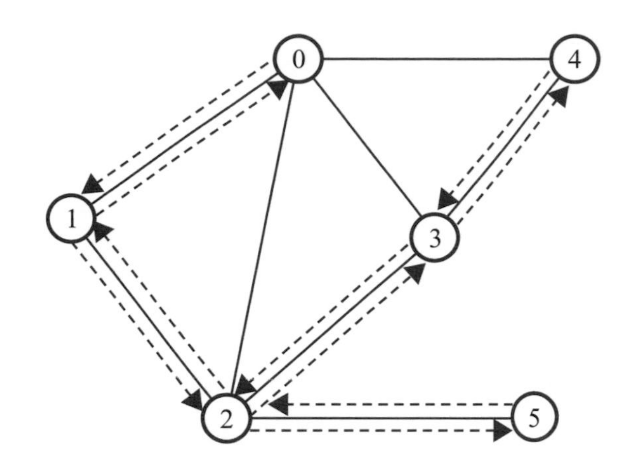

12-4-1 找出關鍵的路口

12-4-1- 找出關鍵的路口 .py

給定最多 100 個節點以內的無向圖，每個節點名稱由字串組成，且節點名稱皆不相同，相同起點與終點的邊只有一個，請找出圖形中的關節點。

輸入說明

輸入正整數 n 與 m，表示圖形中有 n 個點與 m 個無向邊，接下來有 m 行，每個邊有兩個節點名稱，兩個節點名稱爲邊的兩端點節點名稱。

輸出說明

輸出關節點的個數與節點名稱。

範例輸入

輸入測資	測資表示的圖形
6 8 Ax Bx Ax Cx Ax Dx Ax Ex Bx Cx Cx Dx Cx Fx Dx Ex	AX EX BX DX CX FX

範例輸出

```
1
Cx
```

找尋關節點的程式實作想法

利用深度優先搜尋演算法 (DFS) 傳入兩個參數 p 與 i，p 為 i 的雙親，深度優先搜尋過程中標記每個節點拜訪順序到陣列 v，使用另一個陣列 up，表示子孫可以經由 back edge 拜訪的最高祖先，遞迴呼叫下一層時，使用參數 i 與 target，i 為 target 的雙親，分成以下兩種情形。

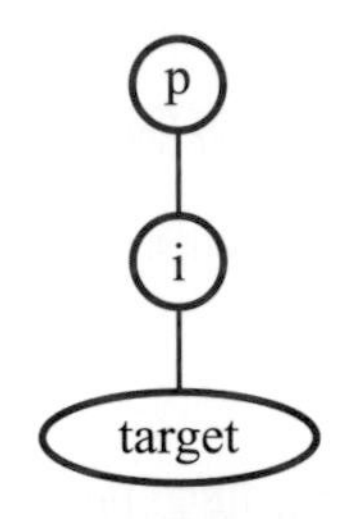

(1) 若 p 等於 i，表示點 i 是根節點，則點 i 的子樹只要兩個以上就是關節點。

(2) 若點 i 不是根節點，若 target 等於 p 表示回到祖父母節點，不是 back edge，否則 target 不等於 p，若 v[target] 顯示已經拜訪過且 up[target] 小於 v[i]，則邊 (i,target) 為 back edge，若點 i 有一個子孫沒有 back edge，也就是找到一個子孫節點 target，up[target] 大於等於 v[i]，則點 i 就是關節點。

(3) 程式碼與解說

行數	程式碼
1	`G = [[] for i in range(100)]`
2	`City= {}`
3	`v = [0]*100`
4	`up = [0]*100`
5	`ar = [0]*100`
6	`t = 0`
7	`cnt = 0`
8	`def getCityIndex(p):`
9	`    if p not in City.keys():`
10	`        City[p]=len(City)`
11	`    return City[p]`

```
12  def dfs(p, i):
13      global t,cnt
14      t = t + 1
15      v[i] = t
16      up[i] = t
17      child = 0
18      ap = False
19      for e in G[i]:
20          target = e.t
21          if target != p:
22              if v[target] > 0:
23                  up[i] = min(up[i],v[target])
24              else:
25                  child = child + 1
26                  dfs(i,target)
27                  up[i] = min(up[i], up[target])
28                  if up[target] >= v[i]:
29                      ap = True
30      if (i == p and child > 1) or (i!=p and ap==True):
31          ar[i] = 1
32          cnt = cnt + 1
33  class Edge:
34      def __init__(self, s, t):
35          self.s = s
36          self.t = t
37  n, m = input().split()
38  n = int(n)
39  m = int(m)
40  for i in range(m):
41      a, b = input().split()
42      a = getCityIndex(a)
43      b = getCityIndex(b)
44      e1 = Edge(a, b)
45      e2 = Edge(b, a)
46      G[a].append(e1)
47      G[b].append(e2)
48  dfs(0, 0)
```

```
49  print(cnt)
50  for i in range(n):
51      if ar[i] == 1:
52          print(list(City.keys())[i])
```

說明

第 1 行：宣告 G 為二維陣列。

第 2 行：宣告 City 為空字典。

第 3 到 5 行：宣告 v、up 與 ar 為整數陣列，都有 100 個元素，每一個元素初始化為 0。

第 6 到 7 行：宣告 t 與 cnt 為整數變數，初始化為 0。

第 8 到 11 行：定義 getCityIndex 函式，將節點名稱轉成數字，使用字串 p 為輸入，將節點名稱 p 轉換成節點編號。若 p 不是字典 City 的鍵值，則設定 City[p] 所對應的值為字典 City 的長度 (第 9 到 10 行)。回傳字典 City 以 p 為鍵值的對應值 (第 11 行)。

第 12 到 32 行：定義 dfs 函式進行深度優先搜尋，輸入參數 p 表示上一個節點編號，與參數 i 表示目前節點編號。

第 13 行：設定變數 t 與 cnt 為全域變數。

第 14 到 16 行：變數 t 先遞增 1，再將變數 t 儲存到 v[i] 與 up[i]。

第 17 行：設定變數 child 為 0。

第 18 行：設定變數 ap 為 False。

第 19 到 29 行：使用迴圈讀取節點編號 i 的所有可以連結出去的邊到變數 e，設定變數 target 為 e.t。若變數 target 不等於變數 p，表示不是走回祖父母的節點 p。若 v[target] 大於 0，表示有拜訪過，設定 up[i] 為 up[i] 與 v[target] 的最小值，儲存已經拜訪的最高祖先到 up[i]；否則，表示 v[target] 等於 0，表示點 target 未拜訪過，變數 child 遞增 1，使用遞迴呼叫 dfs 函式，使用變數 i 與變數 target 為參數，設定 up[i] 為 up[i] 與 up[target] 的最小值。若 up[target] 大於等於 v[i]，表示點 i 有子樹沒有 back edge，設定變數 ap 為 True。

第 30 到 32 行：若變數 i 等於變數 p，表示點 i 是根節點，若 child 大於 1，表示子樹個數大於 1，或若變數 i 不等於變數 p，表示點 i 不是根節點，且變數 ap 等於 true，則設定 ar[i] 為 1，變數 cnt 遞增 1。

第 33 到 36 行：宣告一個 Edge 類別，由 2 個元素描述一個邊，分別是 s 與 t ，s 為邊的起點，t 為邊的終點。

第 37 到 39 行：使用 input 函式輸入兩個整數字串到變數 n 與 m，接著使用 int 函式將整數字串轉換成整數，變數 n 為點的個數，變數 m 為邊的個數。

	第 40 到 47 行：使用迴圈執行 m 次，每次輸入 2 個資料，表示邊的兩個節點名稱到變數 a 與 b，使用函式 getCityIndex 將節點名稱 a 轉換成編號，變數 a 參考到此編號，使用函式 getCityIndex 將節點名稱 b 轉換成編號，變數 b 參考到此編號 (第 41 到 43 行)。設定物件 e1 的 s 為 a、物件 e1 的 t 為 b (第 44 行)，設定物件 e2 的 s 為 b、物件 e1 的 t 為 a (第 45 行)。將 e1 加入到 G[a] 的最後，表示點 a 可以到點 b (第 46 行)。將 e2 加入到 G[b] 的最後，表示點 b 可以到點 a (第 47 行)。
	第 48 行：使用 dfs 函式進行深度優先搜尋，以 0 與 0 為參數。 第 49 行：輸出變數 cnt 的值。 第 50 到 52 行：迴圈變數 i，由 0 到 (n-1)，每次遞增 1，若 ar[i] 等於 1，則輸出 list(City.keys())[i]，也就是節點編號 i 的節點名稱。

(4) 程式執行結果

輸入以下測試資料。

```
6 8
Ax Bx
Ax Cx
Ax Dx
Ax Ex
Bx Cx
Cx Dx
Cx Fx
Dx Ex
```

執行結果如下。

```
1
Cx
```

(5) 程式效率分析

執行 getCityIndex 函式是本程式花最多執行時間的區域，執行第 9 行的檢查 p 是否為 City 的鍵值需要 O(n) 時間，每個邊都要執行兩次 getCityIndex 函式，演算法效率為 O(n*m)，n 為點的個數，m 為邊的個數。第 12 到 32 行深度優先搜尋演算法，每個點都要拜訪，且點連出去的邊都需要考慮，演算法效率為 O(n+m)。整體演算法效率為 O(n*m)。如果沒有將節點名稱轉換成編號，演算法效率為 O(n+m)。

本章習題

一、選擇題

(　) 1. 下圖使用拓撲排序 (Topology Sort) 演算法找尋可能的路徑為？ (A)01234567 (B)54623170 (C)23104567 (D) 找不到。

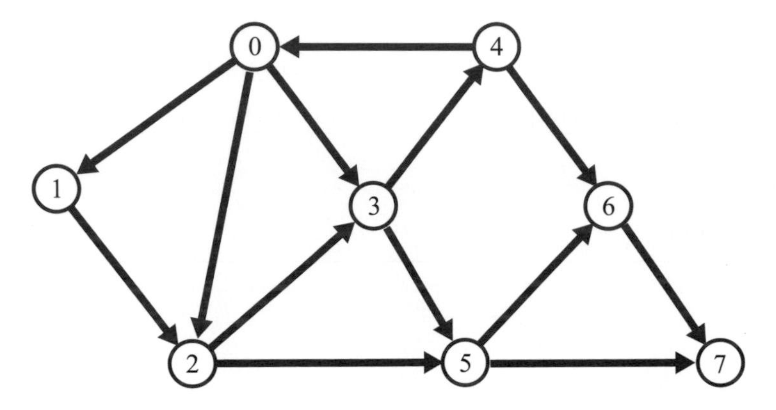

(　) 2. 下圖使用拓撲排序 (Topology Sort) 演算法找尋可能的路徑為？ (A)01234567 (B)54623170 (C)40123567 (D) 找不到。

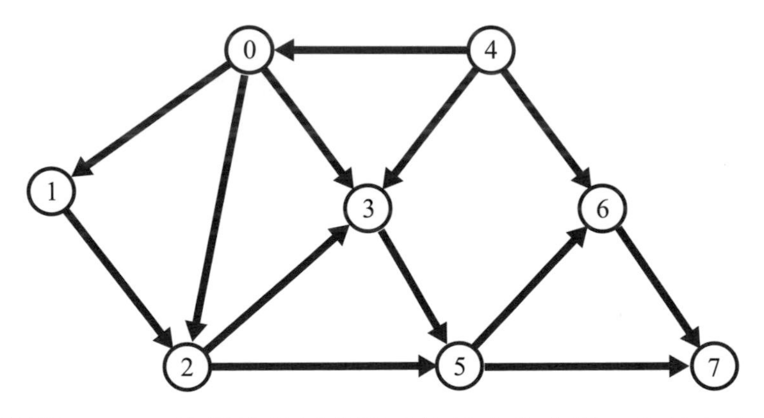

(　) 3. 下圖使用 Kruskal 演算法找尋此圖形的最小生成樹，此最小生成樹會有幾個邊？ (A)4 (B)5 (C)6 (D)7。

本章習題

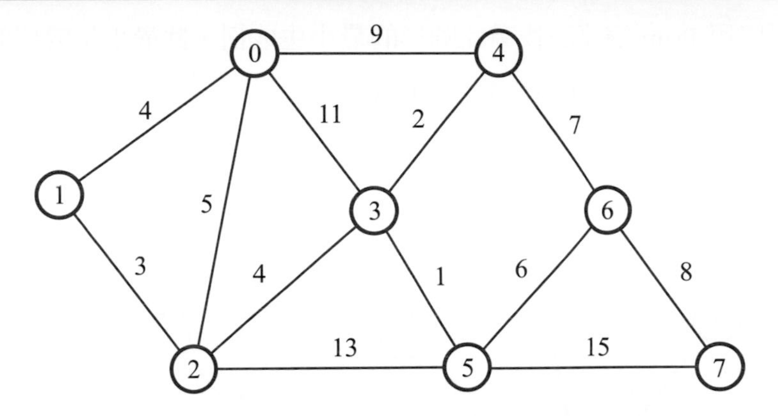

(　) 4. 下圖使用 Kruskal 演算法找尋此圖形的最小生成樹，此最小生成樹的權重總和爲何？　(A)28　(B)29　(C)31　(D)33。

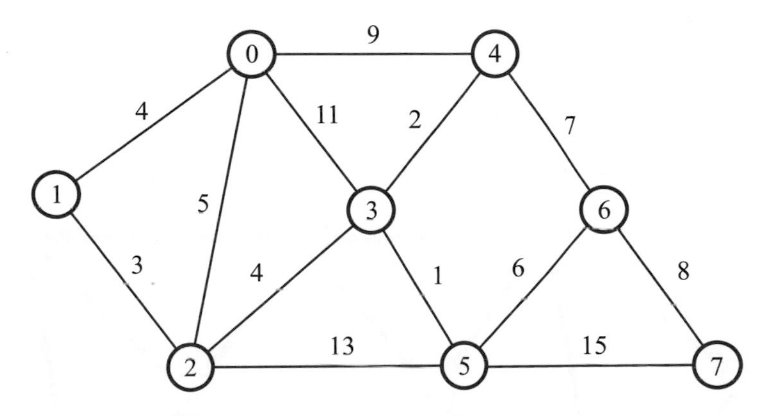

(　) 5. 下圖使用 Prim 演算法找尋此圖形的最小生成樹，此最小生成樹會有幾個邊？　(A)4　(B)5　(C)6　(D)7。

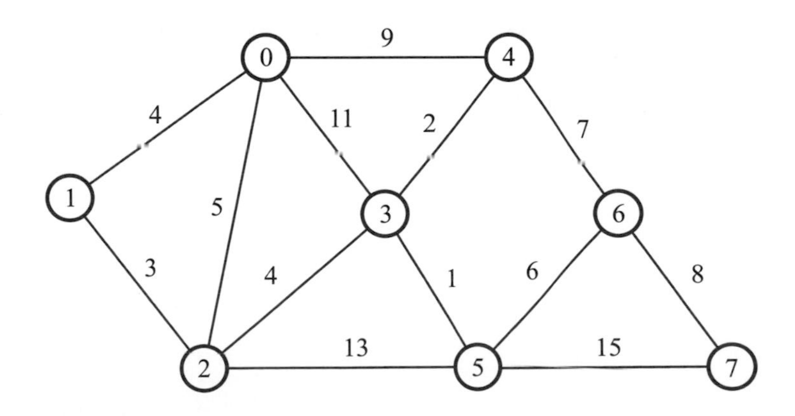

(　　) 6. 下圖使用 Prim 演算法找尋此圖形的最小生成樹，此最小生成樹的權重總和為何？　(A)28　(B)29　(C)31　(D)33。

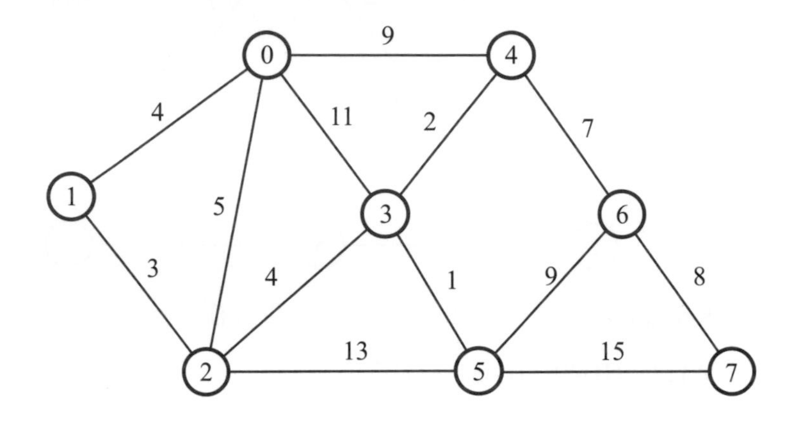

二、問答題

1. 使用拓撲排序 (Topology Sort) 演算法找尋可能的路徑，請寫出找尋的步驟？

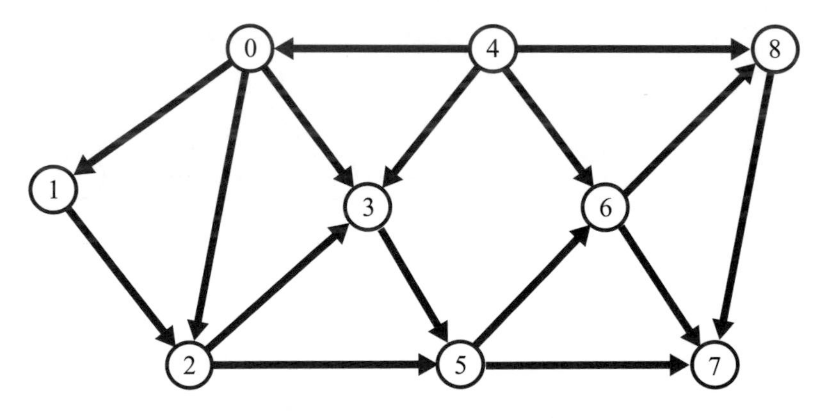

2. 請說明如何在有向圖與無向圖中，找出尤拉迴路 (Euler Circuit) 與尤拉路徑 (Euler Trail)。

3. 找尋以下圖形的最小生成樹。

   (a) 使用 Kruskal 演算法找尋最小生成樹，請寫出找尋的步驟。

   (b) 使用 Prim 演算法找尋最小生成樹，請寫出找尋的步驟。

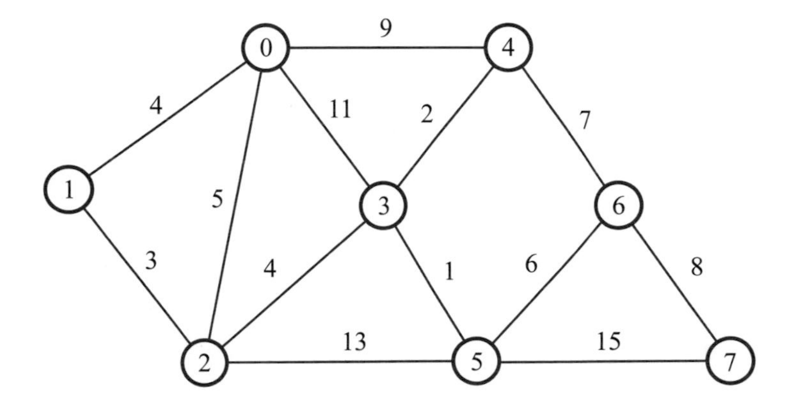

4. 請說明如何使用深度優先搜尋 (DFS) 找出圖形的關節點 (articulation point)。

學習筆記

Python

CHAPTER 13

2-3-Tree、2-3-4-Tree 與 B-Tree

13-1 2-3-Tree

2-3-Tree 的定義

(1) 樹中每一個內部節點的分支度爲 2 或 3，分支度爲 2 的節點有 1 個鍵值，分支度爲 3 的節點有 2 個鍵值。

(2) 分支度爲 2 的節點有 1 個鍵值，假設其鍵值爲 x，則鍵值 x 的左子樹的每一個鍵值都小於 x，鍵值 x 的右子樹的每一個鍵值都大於 x，如下圖。

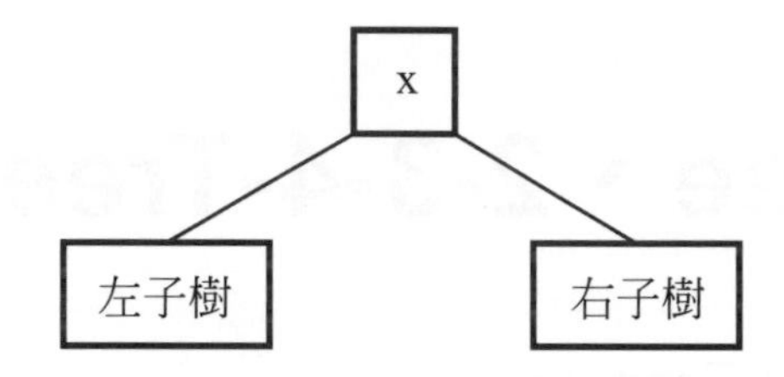

(3) 分支度爲 3 的節點有 2 個鍵值，假設其鍵值分別爲 x 與 y，x 小於 y，則鍵值 x 的左子樹的每一個鍵值都小於 x，鍵值 x 的右子樹 (或鍵值 y 的左子樹) 的每一個鍵值都大於 x 且小於 y，鍵值 y 的右子樹的每一個鍵值都大於 y。

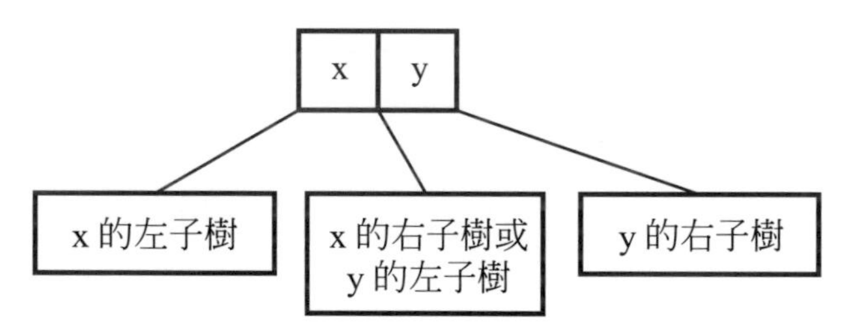

(4) 所有葉節點都在同一階層。

13-1-1 2-3-Tree 搜尋元素的概念說明

要在 2-3-Tree 內搜尋某個元素存不存在，原理同二元搜尋樹的搜尋，經由節點內的鍵值決定要搜尋的子樹，一層一層的往下縮小搜尋範圍，直到找到該元素，或找不到該元素，舉例如下。假設搜尋元素 83 是否存在，則從根節點 36 開始，發現 83 比 36 大，所以搜尋根節點的右子樹，發現 83 比 79 大，但比 85 小，所以搜尋節點「79,85」中間的子樹，往下找到節點「83」，回傳找到元素 83。

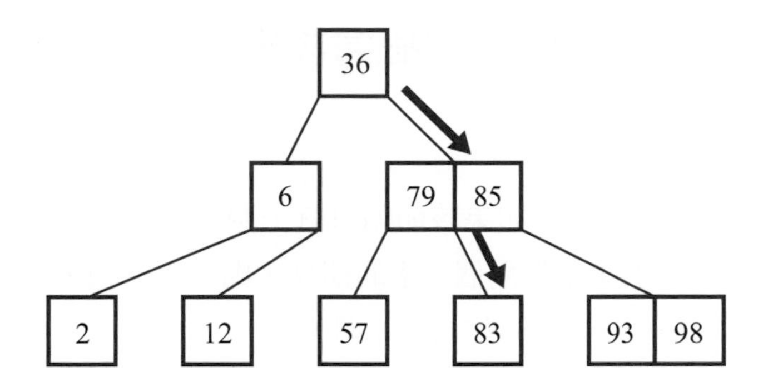

13-1-2 2-3-Tree 新增元素的概念說明

若插入到 2 個鍵值的節點，變成 3 個鍵值的節點，不符合 2-3-Tree 的定義，需要將中間值往上提，插入上一層的節點，若上一層節點的鍵值也是 2 個鍵值，則中間值繼續往上提，插入上一層的節點，不斷的往上提，直到符合 2-3-Tree 的定義爲止，舉例如下。

假設插入數值 95 到 2-3-Tree，如下圖。

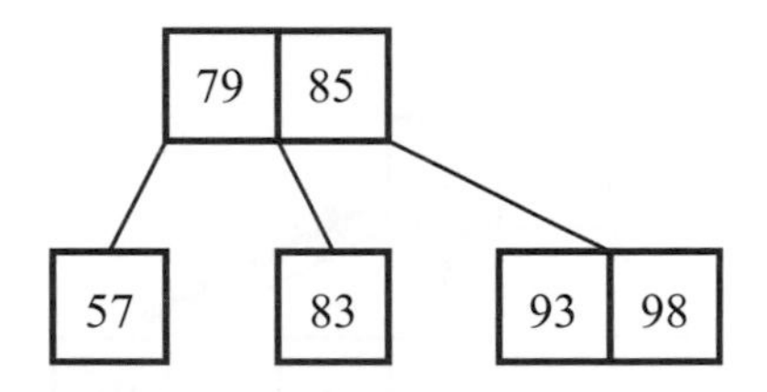

因爲節點「93,98」的鍵值個數爲 2，加入元素 95，變成 3 個鍵值的節點，不符合 2-3-Tree 的定義，將節點「93,95,98」中間值 95 往上提到上一層節點「79,85」，節點「79,85」加入 95 後，也變成 3 個鍵值的節點，不符合 2-3-Tree 的定義，將節點「79,85,95」中間值 85 往上提到上一層節點，如下圖。由上往下找尋 95 要插入的節點，插入後節點會造成由下往上的不斷往上提，這就是 2-3-Tree 的缺點，演算法效率較差，而 2-3-4-tree(下一節介紹) 會在由上往下的搜尋過程中事先分割，就可以避免由下往上的走訪，演算法效率較佳。

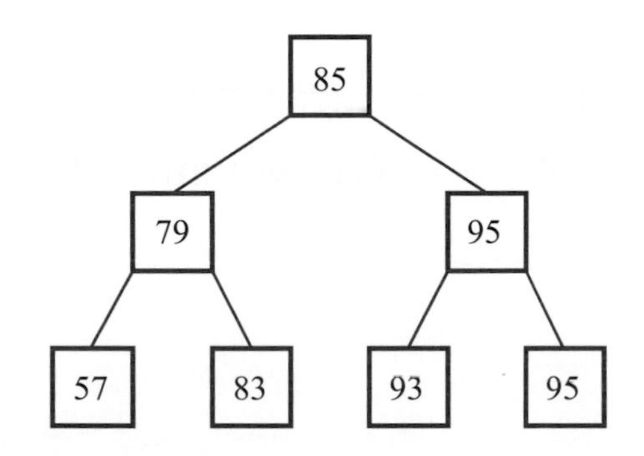

13-1-3 2-3-Tree 刪除元素的概念說明

一、旋轉 (rotate)

2-3-Tree 在刪除元素過程中，如果該節點只有一個元素時，刪除該元素會造成節點元素不足，如果相鄰的左右手足是兩個元素的節點，則可以向相鄰的左手足或右手足借用元素，稱作旋轉，再刪除該元素，如以下範例。

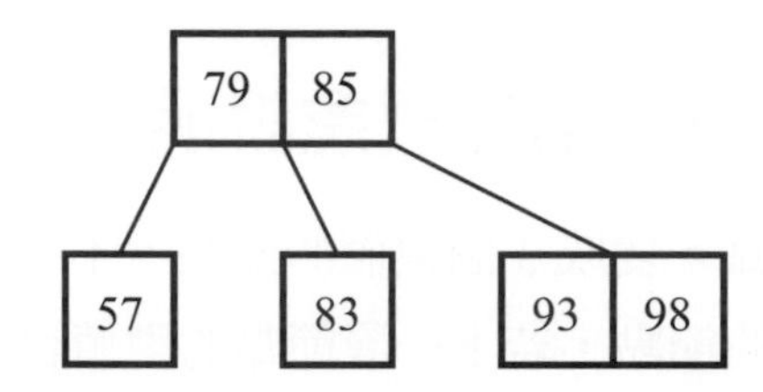

如果要刪除元素 83，該節點只有一個元素，但右手足有兩個元素，所以跟右手足借元素 93 取代上一層的元素 85，元素 85 移到元素 83 的右側，該節點就會有兩個元素，稱作旋轉。

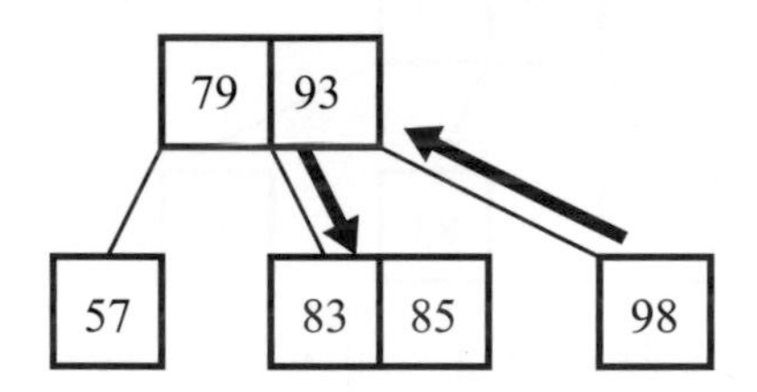

元素 83 所屬節點有兩個元素，直接刪除元素 83。

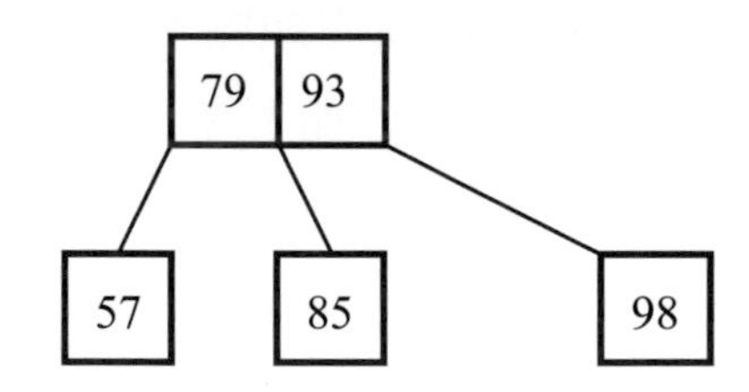

二、合併 (combine)

如果該節點只有一個元素時，刪除該元素會造成節點元素不足，此時相鄰的左右手足都是一個元素的節點，則合併左手足或右手足，稱作合併，再刪除該元素，如以下範例。

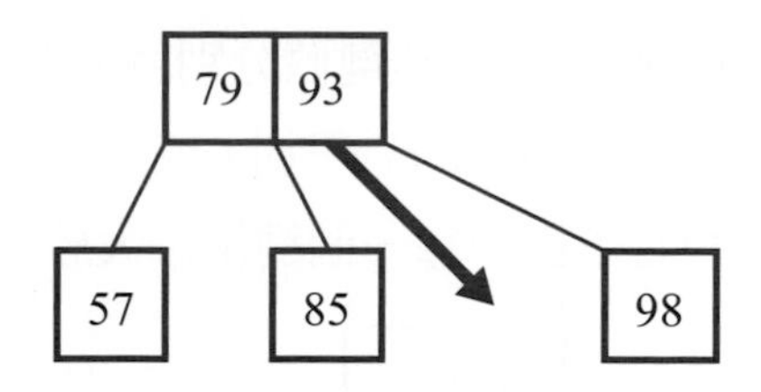

如果要刪除元素 85，該節點只有一個元素，且相鄰的左右手足都只有一個元素，所以跟左手足或右手足合併，本範例選擇與右手足合併，如下圖。

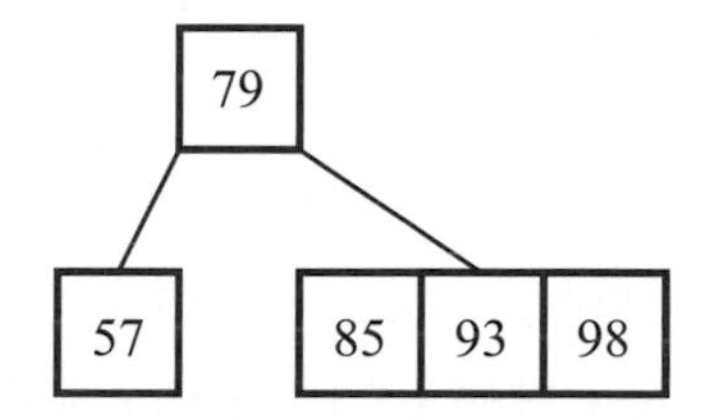

再刪除元素 85，就符合 2-3 tree 的定義。

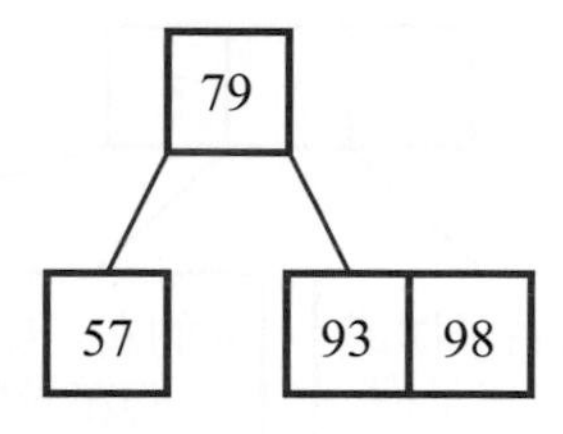

13-2 2-3-4-Tree

2-3-4-tree 的定義

(1) 樹中每一個內部節點的分支度為 2、3 或 4，分支度為 2 的節點有 1 個鍵值，分支度為 3 的節點有 2 個鍵值，分支度為 4 的節點有 3 個鍵值。

(2) 分支度為 2 的節點有 1 個鍵值，假設其鍵值為 x，則鍵值 x 的左子樹的每一個鍵值都小於 x，鍵值 x 的右子樹的每一個鍵值都大於 x，如下圖。

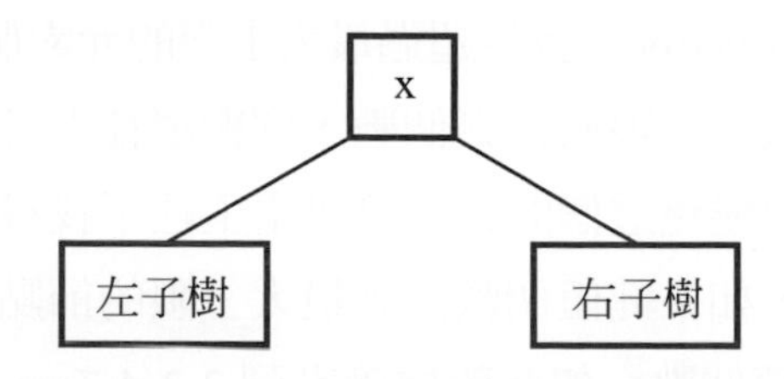

(3) 分支度爲 3 的節點有 2 個鍵值，假設其鍵值分別爲 x 與 y，x 小於 y，則鍵值 x 的左子樹的每一個鍵值都小於 x，鍵值 x 的右子樹 (或鍵值 y 的左子樹) 的每一個鍵值都大於 x 且小於 y，鍵值 y 的右子樹的每一個鍵值都大於 y。

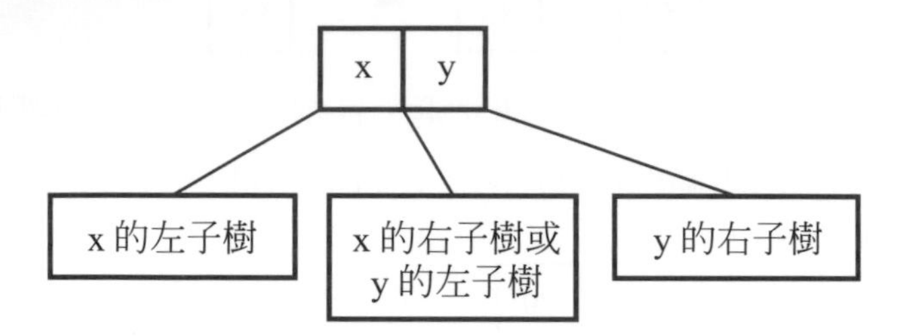

(4) 分支度爲 4 的節點有 3 個鍵值，假設其鍵值分別爲 x、y 與 z，x 小於 y 且 y 小於 z，則鍵值 x 的左子樹的每一個鍵值都小於 x，鍵值 x 的右子樹 (或鍵值 y 的左子樹) 的每一個鍵值都大於 x 且小於 y，鍵值 y 的右子樹 (或鍵值 z 的左子樹) 的每一個鍵值都大於 y 且小於 z，鍵值 z 的右子樹的每一個鍵值都大於 z。

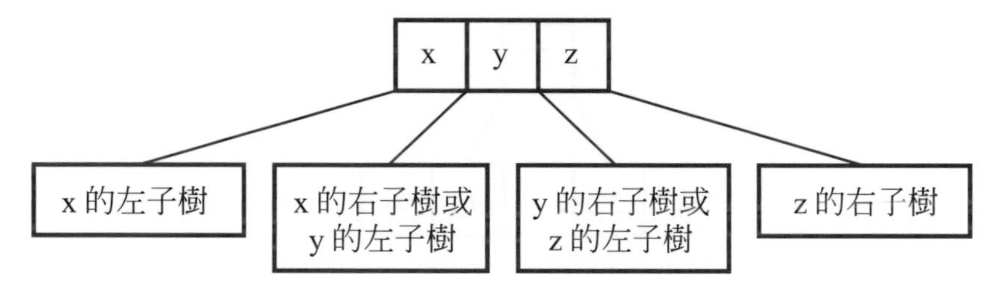

(5) 所有葉節點都在同一階層。

13-2-1 2-3-4-Tree 搜尋元素的概念說明

在 2-3-4-Tree 內搜尋某個元素存不存在，原理同 2-3-Tree 與二元搜尋樹，經由節點內的鍵值決定要搜尋的子樹，一層一層的往下縮小搜尋範圍，直到找到該元素，或找不到該元素。

13-2-2 2-3-4-Tree 新增元素的概念說明

新增元素到 2-3-4-Tree 時，如果超過節點元素的最大上限，則中間元素往上提，併入上一層節點，如果在根節點 (root) 發生超過最大上限的元素個數，則樹的高度增加 1。非根節點的上層節點已達最大上限的元素個數，則繼續往上併入上一層節點，如此會產生由下往上的走訪，如果要避免這個問題，可以由上往下找尋插入節點的位置時，將搜尋過程中經過的所有節點，如果鍵值個數達到最大上限的節點，先進行分割往上提，讓上層都未達最大上限的鍵值個數，如此新增節點到 2-3-4-Tree 時，是由上往下找到插入的位置，避免接著由下往上的走訪。

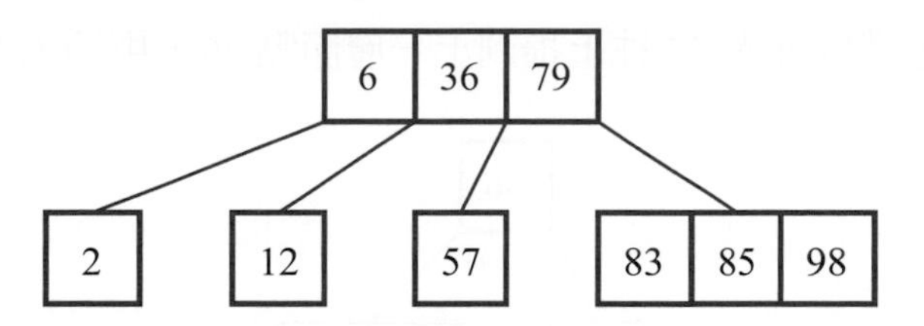

上圖為 2-3-4-Tree，插入元素 93 時，會插入在節點 83,85,98，造成 85 往上提到節點 6,36,79，此時節點 6,36,79 也需要分割，增加一個階層，根節點改成節點 36，造成由下往上的走訪，如下圖。

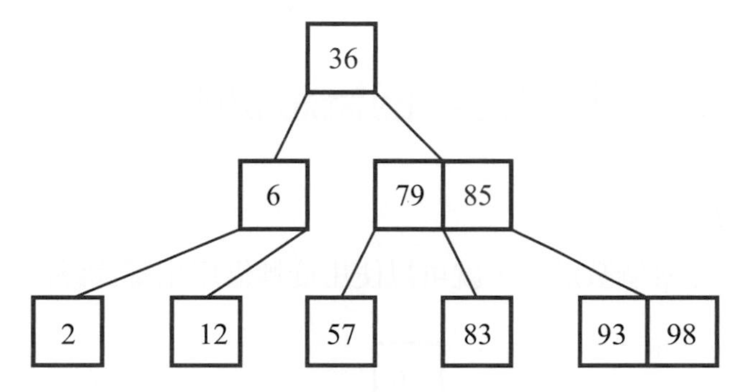

為了避免由下往上的走訪，如果在找尋元素 93 的插入節點時，從根節點開始找，發現根節點有 3 個元素，達到元素個數的最大上限，先進行分割，將元素 36 往上提。

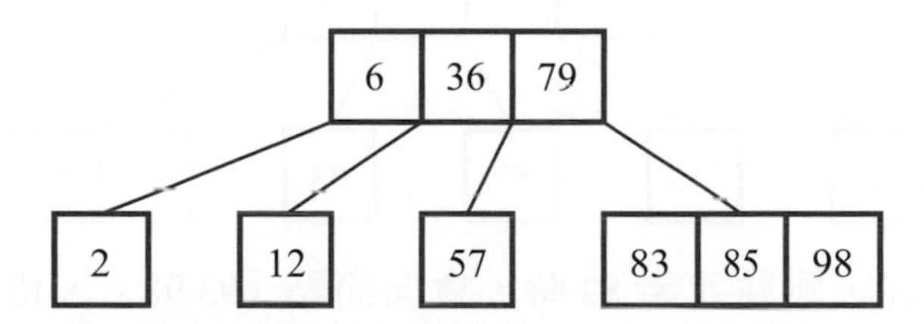

結果如下，就可以防止插入新元素 93 時，造成元素 85 往上提，形成由下往上的走訪，因為上層節點 79 未達元素個數的最大上限。

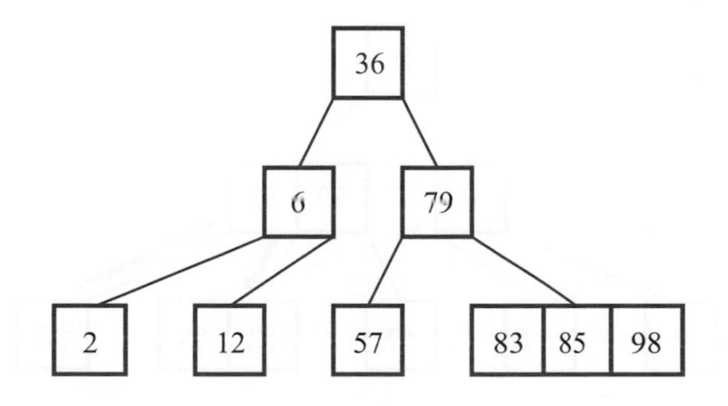

當插入 93 時，會造成元素 85 往上提到上一層節點 79，再插入 93。

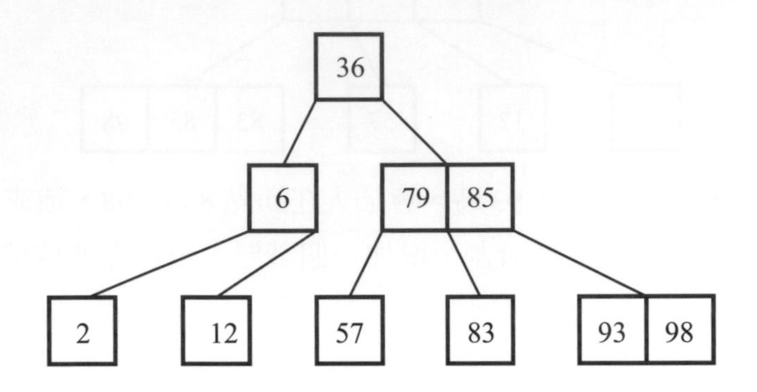

13-2-3 2-3-4-Tree 刪除元素的概念說明

一、旋轉 (rotate)

如果相鄰節點的元素個數足夠，就可以使用旋轉借用相鄰節點內的元素。

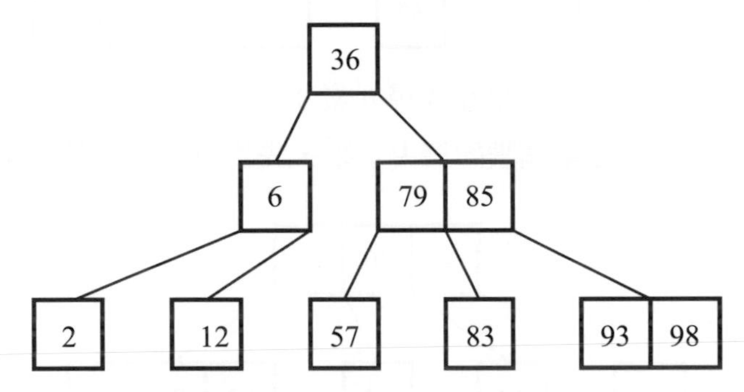

上圖為 2-3-4 -Tree，刪除元素 83 時，會向節點「93,98」，借用元素 93，將元素 93 移動到上一層，將元素 85 移動到元素 83 所在節點，就可以刪除元素 83，稱作旋轉 (rotate)，如下圖。

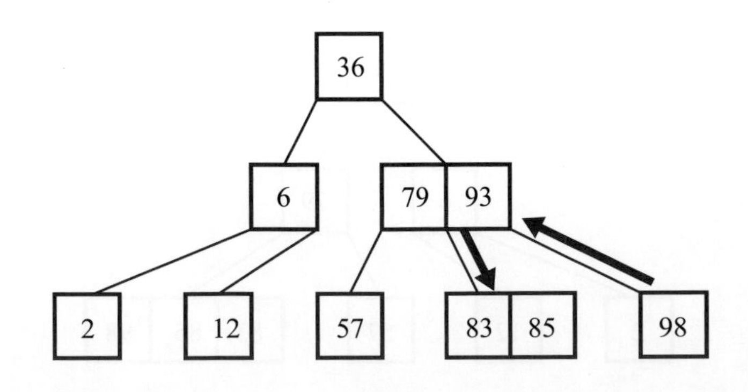

二、合併 (combine)

如果相鄰節點的元素個數都只有最低元素個數，則可以與其中一個相鄰節點合併。

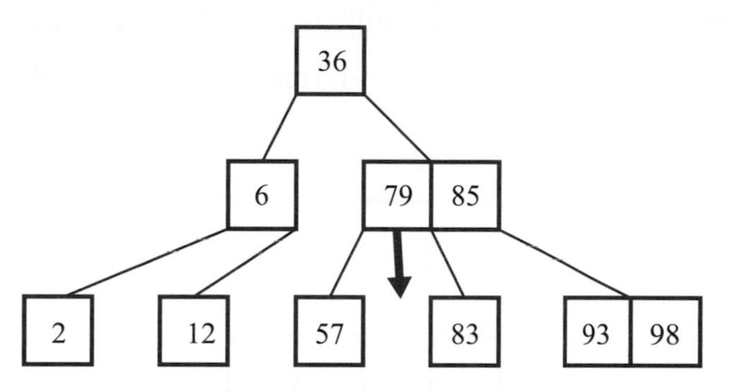

上圖爲 2-3-4 -Tree，刪除元素 57 時，會與 79 與 83 合併成一個節點，稱作合併，如下圖。

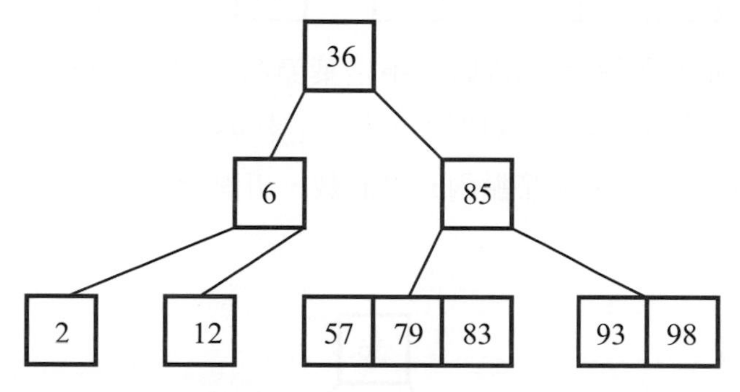

讓節點數足夠，再將元素 57 刪除。

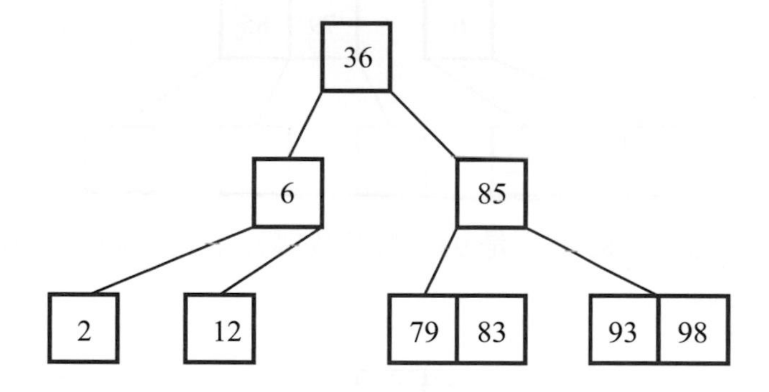

三、刪除非葉節點內的元素

若刪除元素為葉節點，就可以直接刪除元素；若刪除元素不是葉節點，則可以找尋刪除元素的左子樹最大值，或右子樹最小值的元素為替代元素，此替代元素一定在葉節點上，將此替代元素從 2-3-4-Tree 刪除，2-3-4-Tree 內找到原來要刪除元素，將刪除元素改回替代元素。

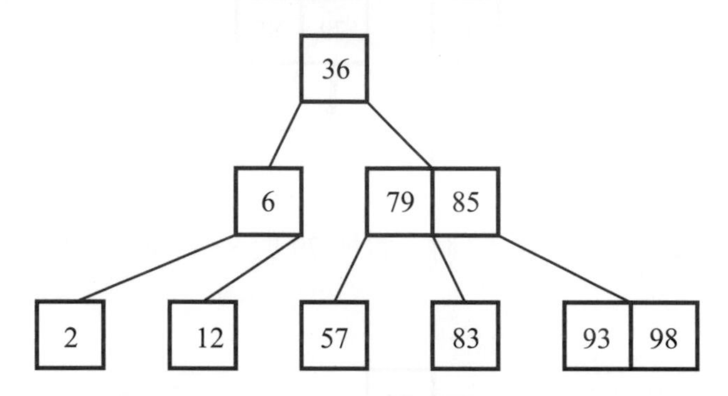

上圖為 2-3-4-Tree，刪除元素 85 時，不是葉節點，假設找尋右子樹最小值為替代元素，就會選用右子樹最小元素 93 為替代元素，元素 93 所在節點個數如果足夠就直接刪除，否則進行旋轉或合併，增加節點內元素個數，再刪除元素 93，該節點元素個數足夠所以直接刪除，如下圖。

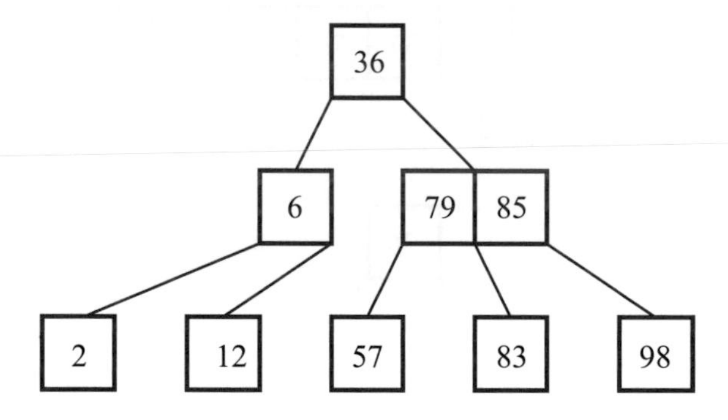

但因為要刪除的元素是 85 而不是 93，接著找尋元素 85，將其值改成 93，到此完成刪除非葉節點的元素 85。

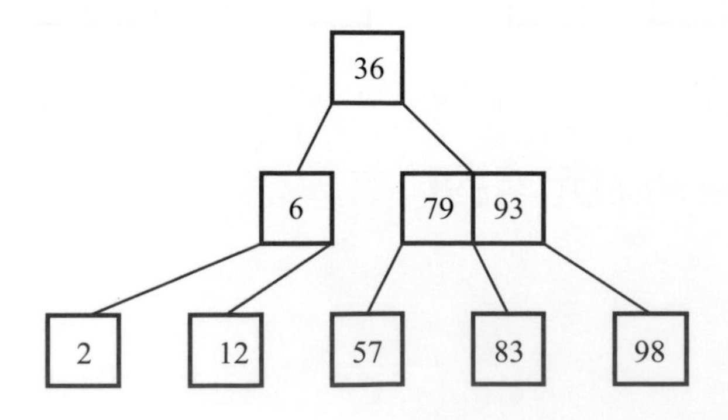

2-3-4-Tree 的程式實作，請參考下一節 B-tree 的程式實作，因爲 2-3-4-Tree 爲 B-Tree 的特例。

13-3 B-Tree

2-3-Tree 與 2-3-4-Tree 都是 B-Tree 的特例，B-Tree 可以在很短時間內找尋資料是否存在，與儲存資料到 B-Tree，例如：B-Tree 廣泛應用於資料庫系統，讓資料庫能有效率的搜尋與儲存資料。

分支度爲 m 的 B-tree 須滿足以下屬性：

(1) 每一個節點至多有 m 個小孩。
(2) 除了根節點以外的非葉節點，至少要有 m/2 個小孩。
(3) 根節點至少有兩個小孩。
(4) 有 n 個小孩的非葉節點，包含 n-1 個鍵值。
(5) 所有葉節點都在同一階層。
(6) 鍵值 k 的左子樹的每一個元素一定小於鍵值 k，鍵值 k 的右子樹的每一個元素一定大於鍵值 k。

下圖爲最大分支度爲 4(m=4)，分支度最小爲 2 的 B-Tree，也是 2-3-4-Tree，2-3-4-Tree 是 B-Tree 的特例。鍵值 6 的左子樹的每一個元素小於 6，鍵值 6 的右子樹的每一個元素大於 6；鍵值 36 的左子樹的每一個元素小於 36，鍵值 36 的右子樹的每一個元素大於 36；鍵值 79 的左子樹的每一個元素小於 79，鍵值 79 的右子樹的每一個元素大於 79。

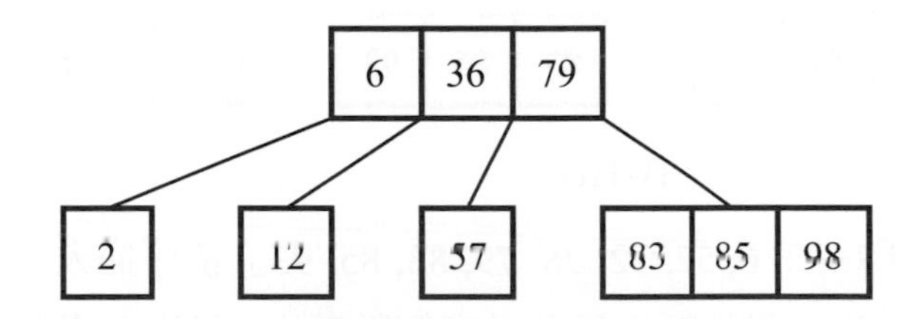

13-3-1 B-Tree 新增元素的概念說明

新增元素到 B-Tree 時，如果超過節點元素的最大上限，則中間元素往上提，併入上一層節點，如果在根節點 (root) 發生超過最大上限的元素個數，則樹的高度增加 1。

以下是分支度最大爲 6，分支度最小爲 3 的 B-Tree，爲了避免由下往上的走訪，如果在找尋元素 93 的插入節點時，從根節點開始找，發現根節點有 5 個元素，達到元素個數的最大上限，先進行分割，將元素 79 往上提。

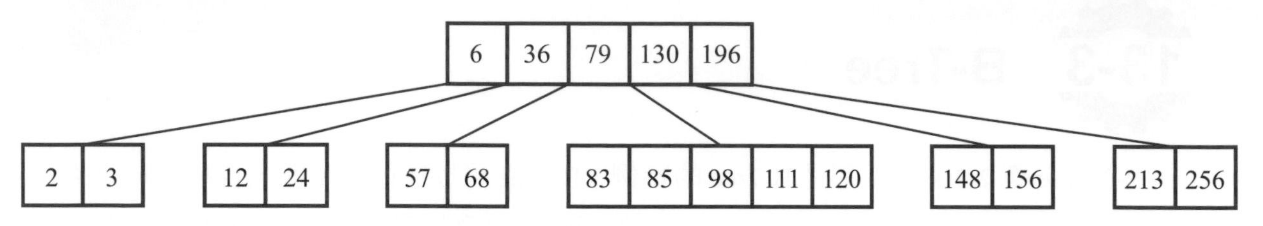

結果如下，就可以防止插入新元素 93 時，造成元素 85 往上提，形成由下往上的走訪，因爲上層節點「130,196」未達元素個數的最大上限。

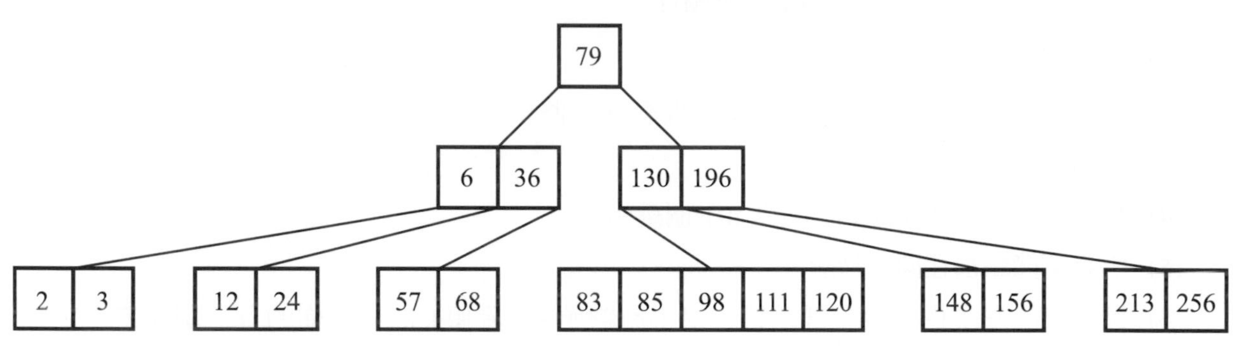

當插入 93 時，會造成元素 98 往上提到上層節點「130,196」，再插入 93。

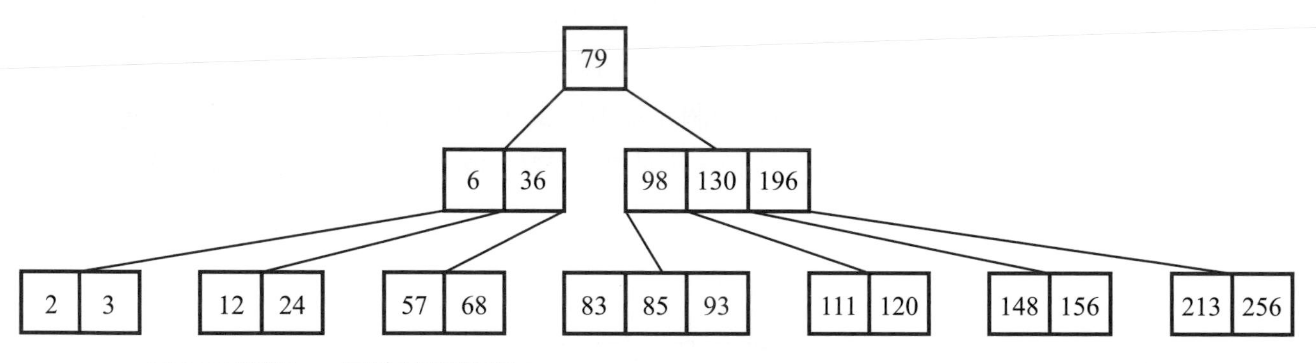

以下示範將 10 個數值新增到 B-Tree。

假設將以下元素「36, 2, 6, 57, 12, 98, 79, 83, 85, 93」依序插入分支度最大爲 6，分支度最小爲 3 的 B-Tree，也就是節點的最多元素個數爲 5，最少元素個數爲 2，B-Tree 插入的步驟如下。

STEP 01 插入元素 36 到 B-Tree。

36

STEP 02 插入元素 2 到 B-Tree。

2	36

STEP 03 插入元素 6 到 B-Tree。

2	6	36

STEP 04 插入元素 57 到 B-Tree。

2	6	36	57

STEP 05 插入元素 12 到 B-Tree。

2	6	12	36	57

STEP 06 插入元素 98 到 B-Tree，因爲已經達到節點的最多元素個數 5，所以先進行分割，將元素 12 往上提，樹的階層增加 1，再插入元素 98。

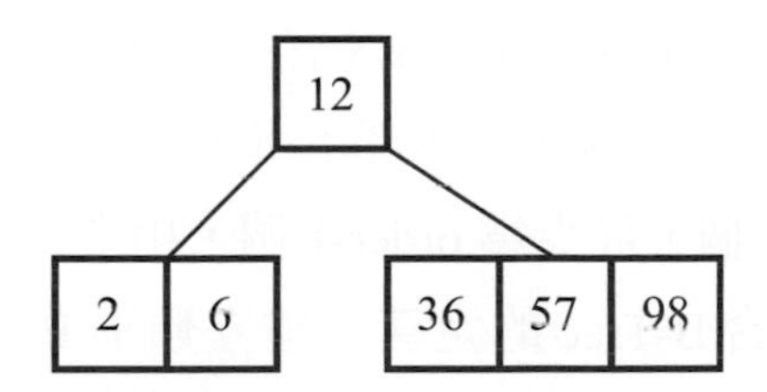

STEP 07 插入元素 79 到 B-Tree。

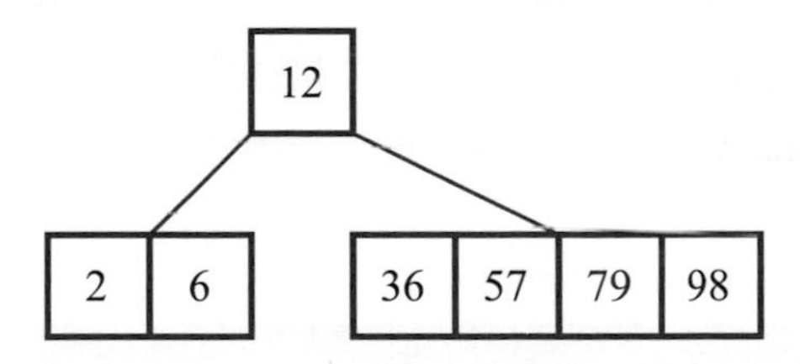

STEP 08 插入元素 83 到 B-Tree。

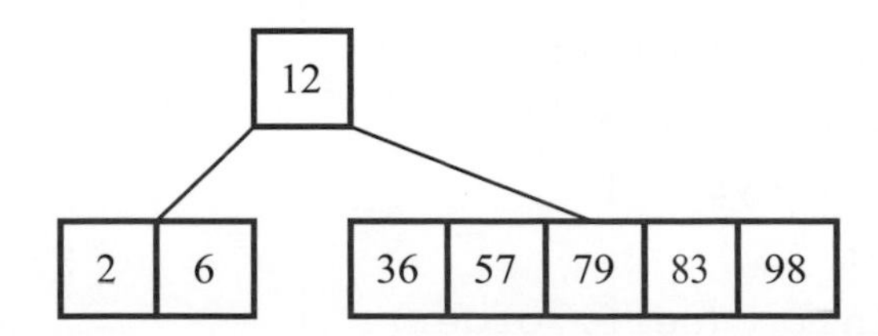

STEP 09 插入元素 85 到 B-Tree，因爲已經達到節點的最多元素個數 5，所以先進行分割，將元素 79 往上提，再插入元素 85。

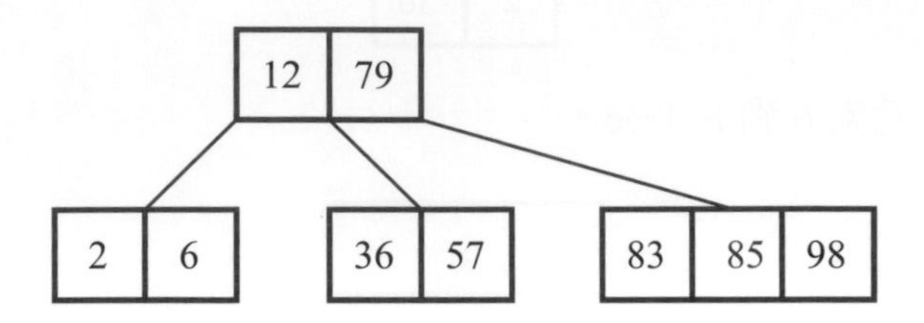

STEP 10 插入元素 93 到 B-Tree。

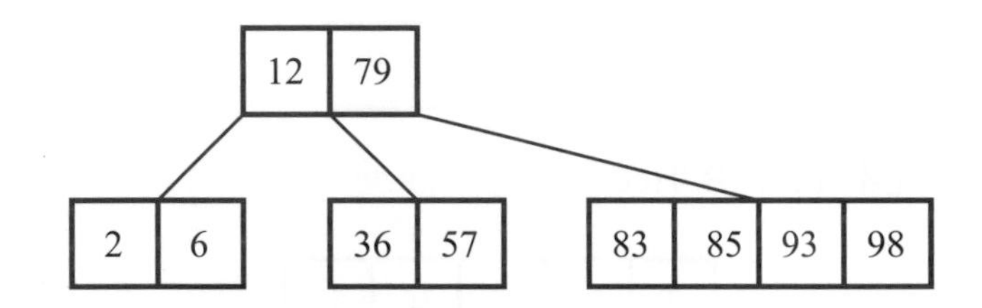

13-3-2 B-Tree 新增元素的程式實作

(1) 想法

新增類別 Node，該類別需要串列 childs 儲存節點的小孩，串列 keys 儲存節點的鍵值。爲了計算 m/2 而產生過多的除法與無條件進位運算，本範例程式轉換成 B-Tree 節點鍵值個數最多爲 2*order-1 個，最少爲 order-1 個，相當於節點的分支度最多爲 2*order 個，最少爲 order 個，也符合 B-Tree 的定義。建立類別 BTree，內建變數 order 爲限制 B-Tree 的元素個數最多爲 2*order-1 個，最少爲 order-1 個。內建變數 root 用於指向根節點，方法 getChild，找出變數 x 在 node 的第幾個小孩下，方法 insert 與 insert2，將變數 x 插入到 node 下。方法 split 將元素一分爲二，中間的鍵值移動到上一層。方法 print_btree 印出目前 B-Tree 的節點狀態。

(2) 程式碼與解說

行數	程式碼	ch14\BTree-insert.py

```
1  class Node:
2      def __init__(self):
3          self.childs = []
4          self.keys = []
5  class BTree:
6      def __init__(self, order):
7          self.order = order
```

```
8         self.root = Node()
9     def getChild(self, node, x):
10        for i in range(len(node.keys)):
11            if node.keys[i] < x:
12                i = i+1
13            else:
14                return i
15        return len(node.keys)
16    def insert(self, x):
17        if len(self.root.keys) == 2*self.order -1:
18            tmp = self.root
19            self.root = Node()
20            self.root.childs.append(tmp)
21            self.split(self.root, 0)
22            if self.root.keys[0] < x:
23                self.insert2(self.root.childs[1], x)
24            else:
25                self.insert2(self.root.childs[0], x)
26        else:
27            self.insert2(self.root, x)
28    def insert2(self, node, x):
29        if len(node.childs) == 0:
30            i = self.getChild(node, x)
31            node.keys.insert(i, x)
32        else:
33            i = self.getChild(node, x)
34            if len(node.childs[i].keys) == 2*self.order-1:
35                self.split(node, i)
36                if node.keys[i] < x:
37                    i = i+1
38                self.insert2(node.childs[i], x)
39            else:
40                self.insert2(node.childs[i], x)
41    def split(self, node, i):
42
43        tmp = node.childs[i]
```

```
44             node.keys.insert(i, tmp.keys[self.order - 1])
45             right = Node()
46             left = Node()
47             right.keys = tmp.keys[self.order: 2 * self.order - 1]
48             left.keys = tmp.keys[0: self.order - 1]
49             if len(tmp.childs) > 0:
50                 right.childs = tmp.childs[self.order : 2*self.
   order]
51                 left.childs = tmp.childs[0 : self.order]
52             node.childs[i] = left
53             node.childs.insert(i+1, right)
54         def print_btree(self):
55             node = [(self.root, 1)]
56             while len(node) > 0:
57                 n,i = node.pop(0)
58                 if len(node)>0 and i == node[0][1]:
59                     print(n.keys, end="")
60                 else:
61                     print(n.keys)
62                 if n.childs != []:
63                     i = i + 1
64                     for c in n.childs:
65                         node.append((c,i))
66             print()
67     btree = BTree(3)
68     data = [36, 2, 6, 57, 12, 98, 79, 83, 85, 93]
69     for item in data:
70         btree.insert(item)
71         btree.print_btree()
```

說明	第 1 到 4 行：定義類別 Node，方法 __init__ 內定義串列 childs 用於儲存節點的子樹，串列 keys 用於儲存節點的鍵值。 第 5 到 66 行：定義類別 BTree，方法 __init__ 內定義變數 order 爲限制 B-Tree 的元素個數最多爲 2*order-1 個，最少爲 order-1 個 (第 7 行)，變數 root 爲 Node 物件。 第 9 到 15 行：定義方法 getChild，找出 x 在 node 的第幾個小孩下，使用迴圈變數 i 由 0 變化到 node 鍵值的長度 -1，使用 node.keys[i] 依序存取 node 內的每一個鍵值，若 node.keys[i] 小於 x，變數 i 遞增 1，否則回傳變數 i。最後回傳 node 鍵值的長度。 第 16 到 27 行：定義方法 insert，若根節點 root 的鍵值個數等於 2*order-1 個，表示根節點滿了，將根節點一分爲二，且增加一層，變數 tmp 指向根節點 root(第 18 行)，根節點指向新的物件 Node(第 19 行)，將變數 tmp 加入根節點 root 的串列 childs(第 20 行)，呼叫函式 split 將根節點的 childs[0] 的中間元素往上提到根節點，其餘分成兩個子樹 (第 21 行)。若根節點的第 1 個鍵值小於 x，使用方法 insert2 將 x 插入到根節點的第 2 個小孩下，否則使用方法 insert2 將 x 插入到根節點的第 1 個小孩下 (第 22 到 25 行)。否則，根節點還未滿，則使用方法 insert2 將 x 插入到根節點 (第 27 行)。 第 28 到 40 行：定義方法 insert2，若 node 內的串列 childs 長度等於 0(第 29 行)，表示在 B-Tree 的最下層，使用方法 getChild 找出 x 要插入在 node 的哪一個子樹下儲存到變數 i(第 30 行)；將 x 插入在 node 的鍵值串列 keys 的第 i 個位置 (第 31 行)，否則不在 B-Tree 最下層，使用方法 getChild 找出 x 要插入在 node 的哪一個子樹下儲存到變數 i(第 33 行)，若節點 node 第 i 個小孩的鍵值個數等於 2*order-1 個 (第 34 行)，表示節點滿了，使用方法 split 將節點 node 第 i 個小孩一分爲二 (第 35 行)，若節點 node 的第 i 個鍵值小於 x(第 36 行)，變數 i 遞增 1(第 37 行)，使用方法 insert2 將變數 x 插入在節點 node 的第 i 個小孩 (第 38 行)。否則 (節點 node 第 i 個小孩的鍵值個數未達最大上限)，使用方法 insert2 將變數 x 插入在節點 node 的第 i 個小孩 (第 40 行)。 第 41 到 53 行：定義方法 split，將 node 的第 i 個小孩一分爲二。設定變數 tmp 爲 node.child[i] (第 43 行)，將 tmp.keys[self.order – 1] 插入在串列 node.keys 的第 i 個元素，也就是將節點 node 第 i 個小孩中間的鍵值提到節點 node(第 44 行)，設定 right 爲物件 Node，設定 left 爲物件 Node(第 45 到 46 行)，設定 right 的鍵值爲變數 tmp 內鍵值第 order 到 2*order-2 個元素 (第 47 行)，設定 left 的鍵值爲變數 tmp 內鍵值第 0 到 order-2 個元素 (第 48 行)。若 tmp 的小孩大於 0 個，設定 right 的小孩爲變數 tmp 內小孩第 order 到 2*order-1 個元素 (第 50 行)，設定 left 的小孩爲變數 tmp 內小孩第 0 到 order-1 個元素 (第 51 行)，設定 node 第 i 個小孩爲 left(第 52 行)，將 right 插入在 node 第 i+1 個小孩的位置 (第 53 行)。

說明	第 54 到 66 行：定義方法 print_btree 列印 B-Tree，設定串列 node 初始化為串列每一個元素都是 tuple，第一個元素為根節點與 1 所組成 (第 55 行)，當串列 node 還有元素 (第 56 行)，取出 node 第一個元素到 n 與 i(第 57 行)，若 node 的長度大於 0，且變數 i 等於串列 node 第 1 個元素的第 2 個元素，表示屬於同一階層，印出 n 的所有鍵值且不換行，否則印出 n 的所有鍵值且換行 (第 58 到 61 行)。若 n 的小孩不是空串列 (第 62 行)，變數 i 遞增 1(第 63 行)，取出 n 的所有小孩到變數 c，節點 node 新增變數 c 與 i 的 tuple(第 64 到 65 行)，最後換行 (第 66 行)。 第 67 行：變數 btree 指向最大分支度為 6 的 B-Tree。 第 68 行：設定串列 data 為 36、2、6、57、12、98、79、83、85 與 93。 第 69 到 71 行：使用迴圈依序取出串列 data 的每一個數值到變數 item，使用 btree 的方法 insert 插入變數 item 的數值到 btree(第 70 行)，呼叫 btree 的方法 print_btree 印出 B-Tree 目前狀態 (第 71 行)。

(3) 程式執行結果預覽

執行結果顯示在螢幕如下。

```
[36]


[2, 36]


[2, 6, 36]


[2, 6, 36, 57]


[2, 6, 12, 36, 57]


[12]
[2, 6][36, 57, 98]


[12]
[2, 6][36, 57, 79, 98]
```

```
[12]
[2, 6][36, 57, 79, 83, 98]


[12, 79]
[2, 6][36, 57][83, 85, 98]


[12, 79]
[2, 6][36, 57][83, 85, 93, 98]
```

(4) 程式效率分析

B-Tree 是高度平衡的樹，會維持節點的鍵值至少為 m/2-1 個，假設 k 等於 m/2-1，整個 B-Tree 的鍵值總個數為 N，所以 B-Tree 樹的高度約為 $\log_k N$，B-Tree 的插入演算法最多比較 O(logN) 次就可以找到插入的節點，演算法效率為 O(logN)。

13-3-3 B-Tree 刪除元素的概念說明

刪除元素所在節點內的元素如果足夠，就直接刪除該元素，否則若造成節點元素個數低於 B-Tree 的最低元素個數，就需要旋轉 (rotate) 或合併 (combine) 讓節點內元素個數增加。如果相鄰節點的元素個數足夠，就可以使用旋轉借用相鄰節點內的元素；如果相鄰節點的元素個數都只有最低元素個數，則可以與其中一個相鄰節點合併。如果合併根節點的兩個子樹，則樹的高度會減少 1 階層。合併會造成上層節點的元素個數少 1 個，有可能會讓上層節點低於最少元素個數，上層節點也需要進行旋轉或合併，為了避免由下往上的走訪，可以由上往下找尋刪除的元素時，先進行旋轉或合併，讓走訪過程中所有節點的元素個數足夠，不會刪除一個元素就低於 B-Tree 的最低元素個數。2-3-4-Tree 為 B-Tree 的一個特例，B-Tree 的刪除鍵值原理與 2-3-4-Tree 的刪除鍵值原理相同，本節仍然使用 2-3-4-Tree 進行說明，鍵值少較容易聚焦在操作細節的說明，如果在 2-3-4-Tree 已經瞭解刪除鍵值原理，可以忽略此部分。

一、旋轉 (rotate)

如果相鄰節點的元素個數足夠，就可以使用旋轉借用相鄰節點內的元素。

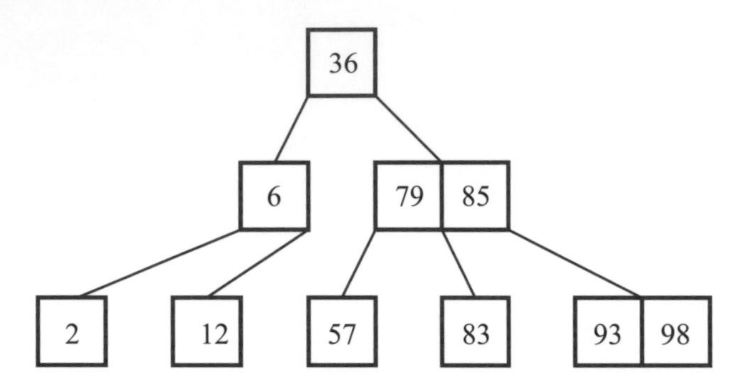

上圖爲最大節點數 3(最大分支度爲 4，分支度最小爲 2 的 B-Tree，也就是 2-3-4 樹) 的 B-Tree，刪除元素 83 時，會跟節點 93,98，借用元素 93，將元素 93 移動到上一層，將元素 85 移動到元素 83 所在節點，就可以刪除元素 83，稱作旋轉 (rotate)，如下圖。

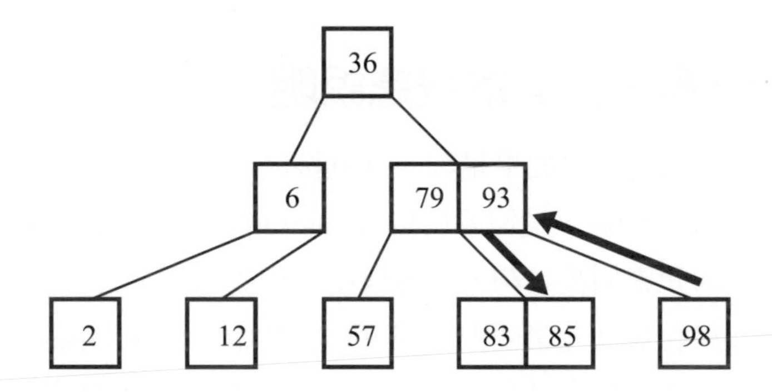

二、合併 (combine)

如果相鄰節點的元素個數都只有最低元素個數，則可以與其中一個相鄰節點合併。

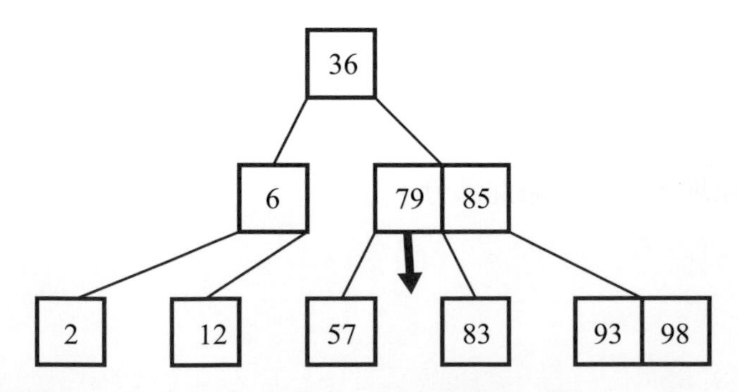

上圖爲最大節點數 3(最大分支度爲 4，分支度最小爲 2 的 B-Tree，也就是 2-3-4 樹) 的 B-Tree，刪除元素 57 時，會與節點 79 與 83 合併，稱作合併 (combine)，如下圖。

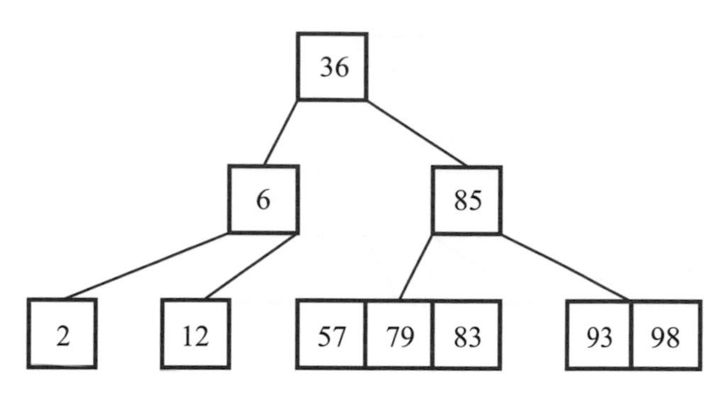

讓節點數足夠，再將元素 57 刪除。

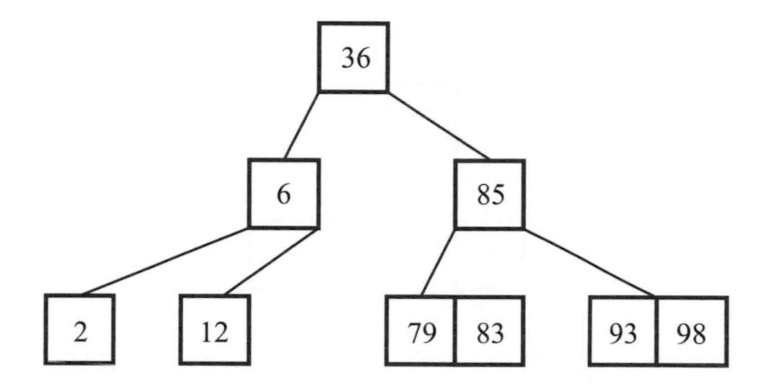

三、刪除非葉節點內的元素

若刪除元素爲葉節點，就可以直接刪除元素；若刪除元素不是葉節點，則可以找尋刪除元素的左子樹最大值，或右子樹最小值的元素爲替代元素，此替代元素一定在葉節點上，將此替代元素從 B-Tree 刪除，B-Tree 內找到原來要刪除元素，將刪除元素改回替代元素。

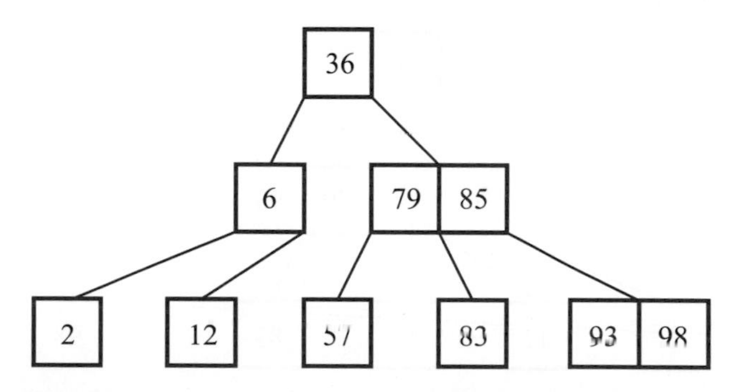

上圖爲最大節點數 3(最大分支度爲 4，分支度最小爲 2 的 B-Tree，也就是 2-3-4 樹) 的 B-Tree，刪除元素 85 時，不是葉節點，假設找尋右子樹最小值爲替代元素，就會選用右子樹最小元素 93 爲替代元素，元素 93 所在節點個數如果足夠就直接刪除，否則進行旋轉或合併，增加節點內元素個數，再刪除元素 93，該節點元素個數足夠所以直接刪除，如下圖。

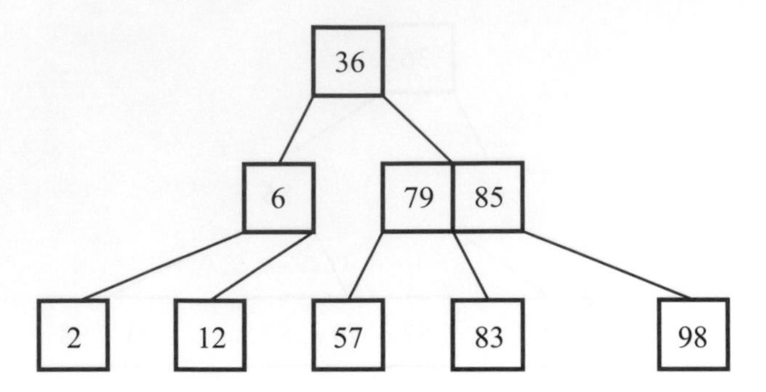

但因爲要刪除的元素是 85 而不是 93，接著找尋元素 85，將其值改成 93，到此完成刪除非葉節點的元素 85。

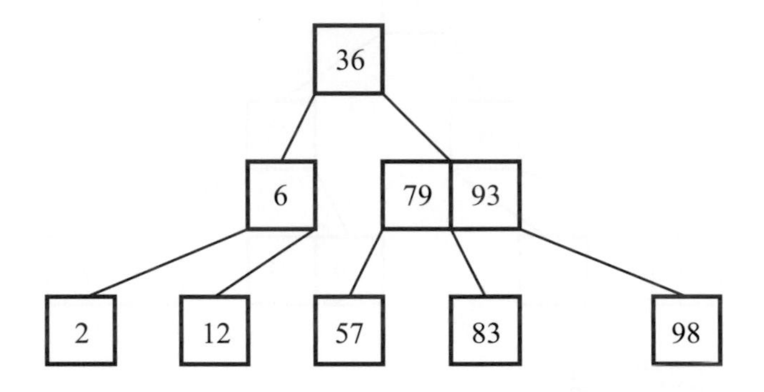

四、事先進行旋轉或合併

爲了避免由下往上的走訪，可以由上往下找尋刪除的元素時，先進行旋轉或合併，讓走訪過程中所有節點的元素個數足夠，不會刪除一個元素就低於 B-Tree 的最低元素個數。

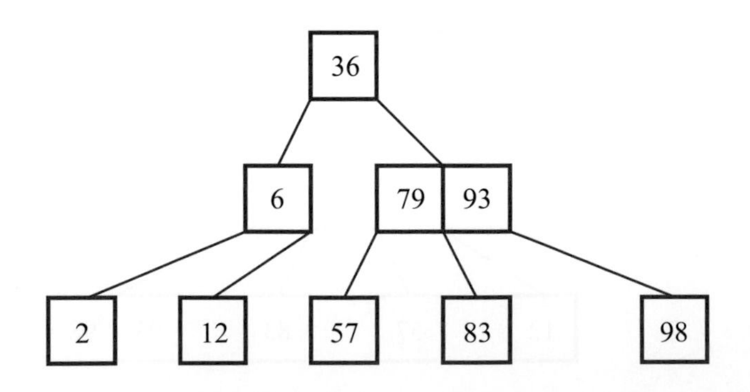

上圖爲最大節點數 3(最大分支度爲 4，分支度最小爲 2 的 B-Tree，也就是 2-3-4 樹) 的 B-Tree，刪除元素 2 時，由根節點走訪到節點 6 時，因爲右邊相鄰節點「79,93」的元素個數足夠，事先使用旋轉增加節點 6 的元素個數，將元素 79 移動到根節點，元素 36 移動到節點 6，如下圖。

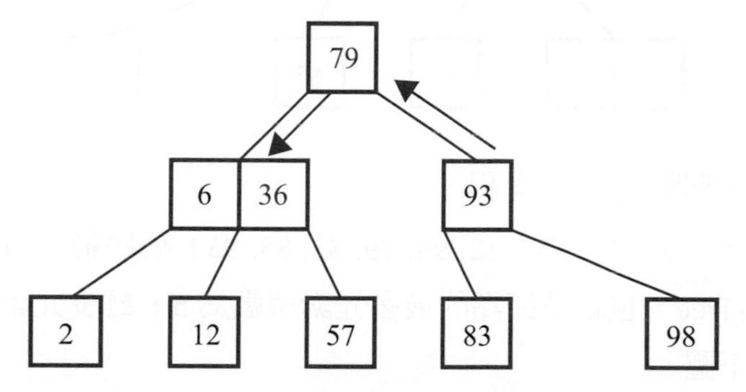

因爲節點 2 的元素個數不足，且相鄰節點元素個數也不足，所以使用合併增加節點 2 的元素個數，將元素 2、6 與 12 合併成一個節點。

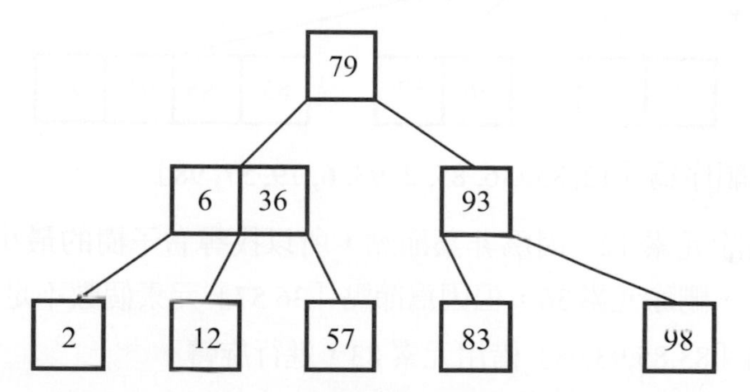

將元素 2、6 與 12 合併成一個節點後，就可以直接刪除元素 2。

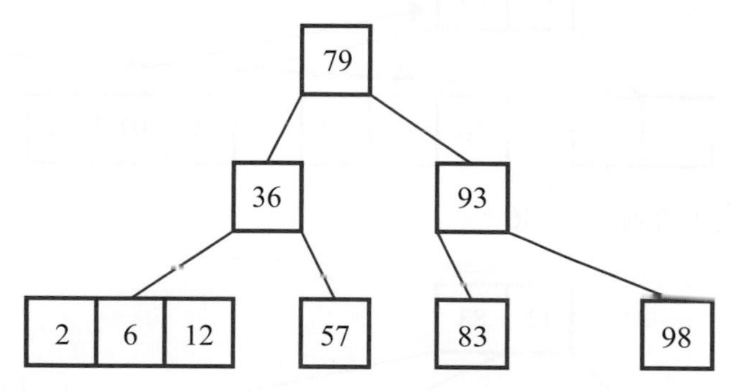

到此刪除了元素 2。

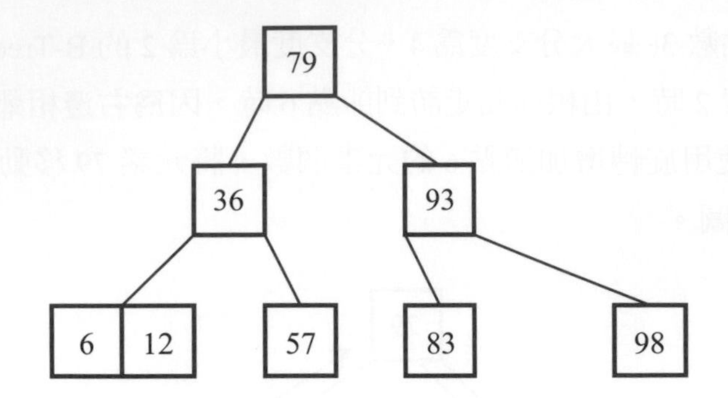

示範從 B-Tree 刪除元素的過程

假設將以下元素「36, 2, 6, 57, 12, 98, 79, 83, 85, 93」依序插入分支度最大為 6，分支度最小為 3 的 B-Tree，也就是節點的最多元素個數為 5，最少元素個數為 2，新增到 B-Tree 後，結果如下圖。

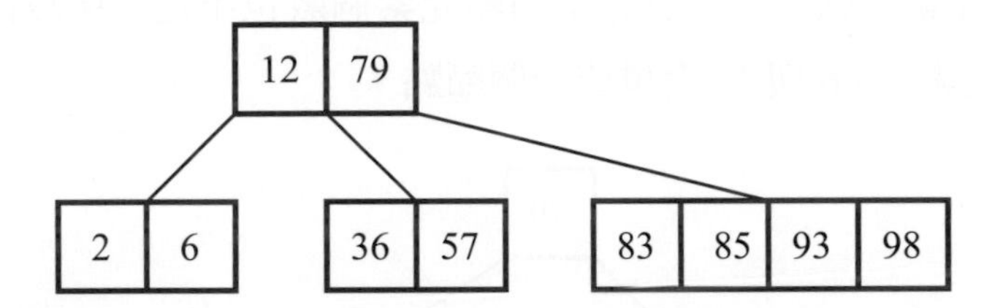

假設元素刪除順序為「12, 83, 36, 85, 2, 93, 6, 79, 57, 98」。

STEP 01 刪除元素 12，因為非葉節點，所以找尋右子樹的最小元素 36 為替代元素，刪除元素 36，但因為節點「36,57」元素個數不足，跟右邊的相鄰節點「83,85,93,98」借用元素 83，進行旋轉。

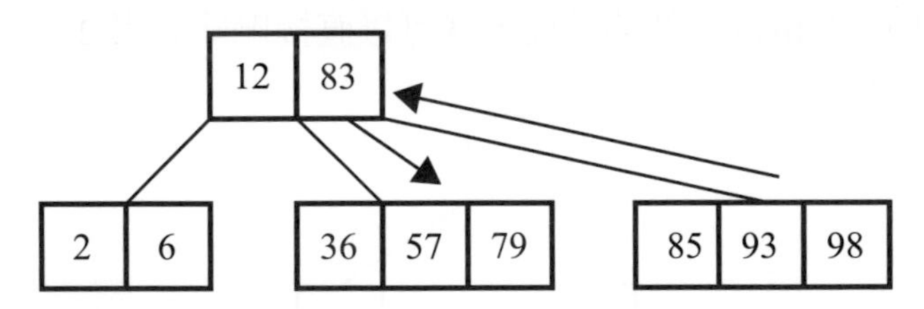

節點元素足夠後，刪除元素 36。

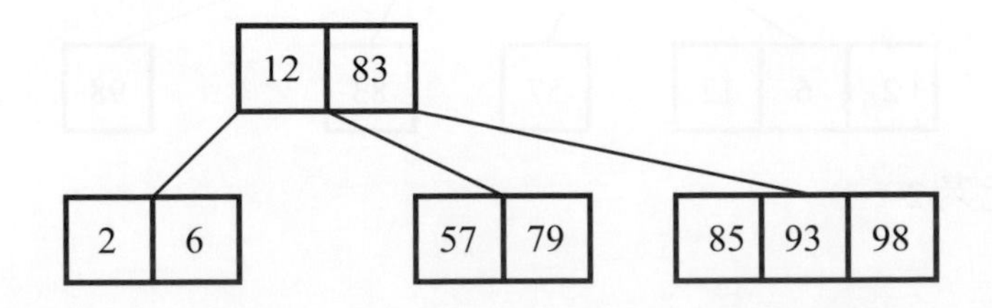

最後將元素 12 改成 36。

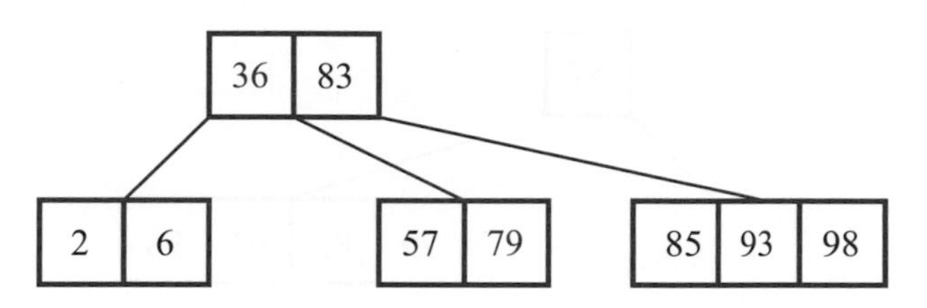

STEP 02 刪除元素 83，因爲非葉節點，所以找尋右子樹的最小元素 85 爲替代元素，刪除元素 85，但因爲節點「85,93,98」元素個數足夠，直接刪除。

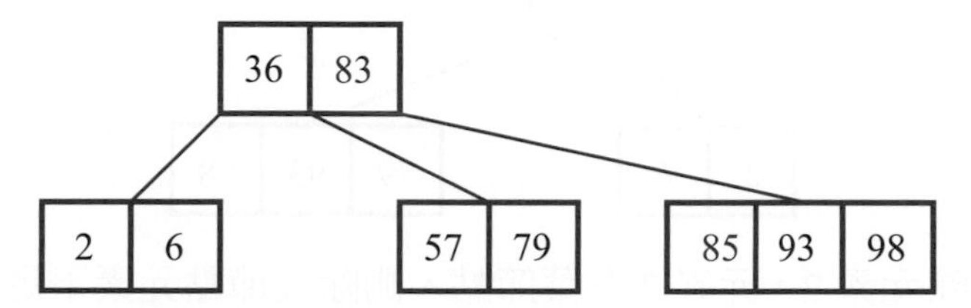

最後修改元素 83 的數值爲 85。

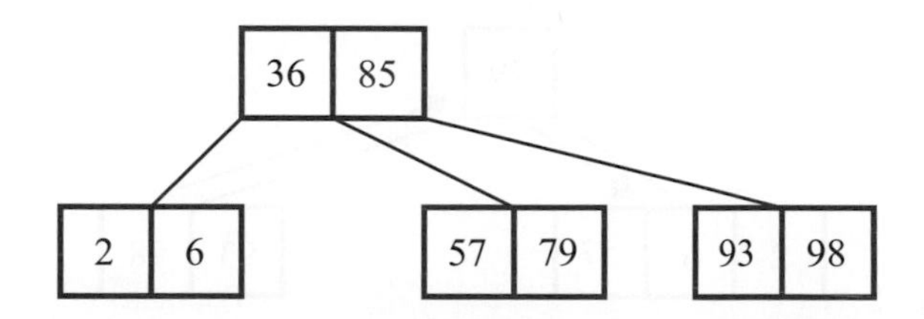

STEP 03 刪除元素 36，因爲非葉節點，所以找尋右子樹的最小元素 57 爲替代元素，刪除元素 57，但因爲節點「57,79」元素個數不足，且左右相鄰節點的元素個數都只有最低元素個數，使用合併增加節點元素個數，假設跟右邊相鄰點合併。

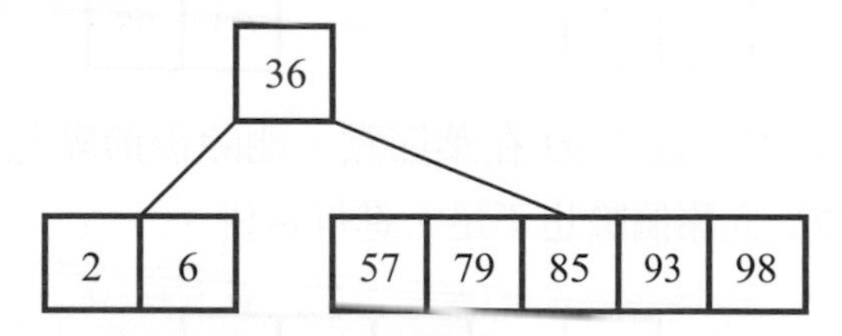

刪除元素 57，最後修改元素 36 的數值爲 57。

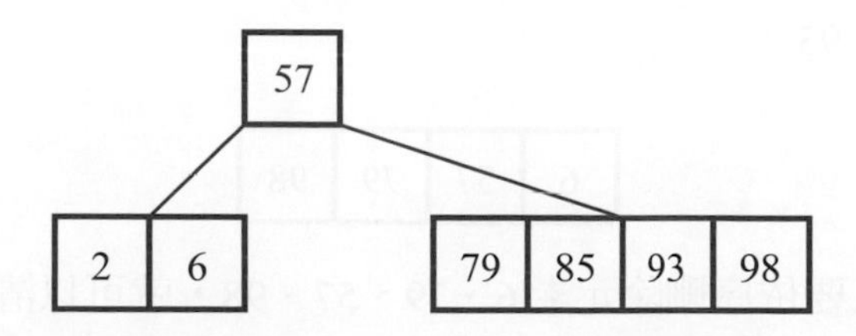

STEP 04 刪除元素 85，元素 85 在葉節點，且節點元素足夠，直接刪除。

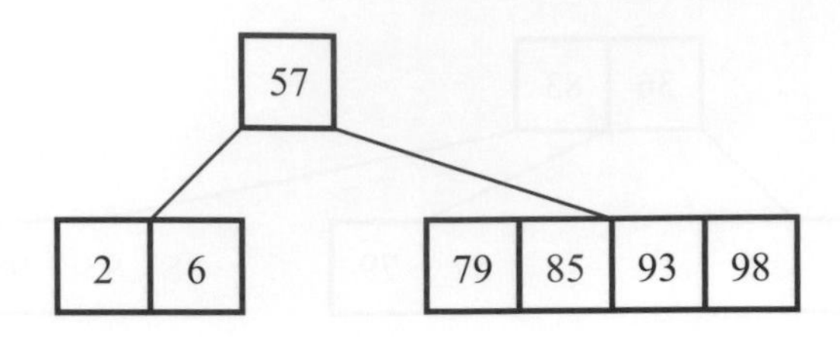

刪除元素 85 後。

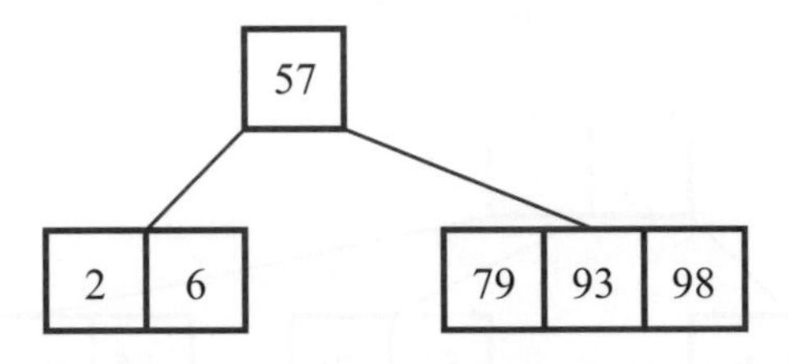

STEP 05 刪除元素 2，元素 2 在葉節點，刪除後節點元素不足，跟右邊的相鄰節點「79,93,98」借用元素 79，進行旋轉。

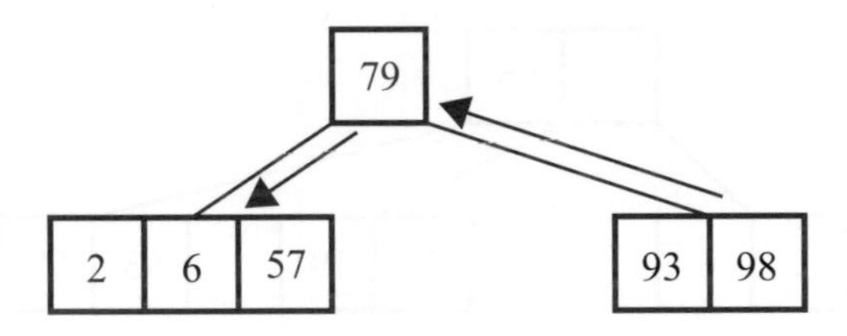

旋轉後節點「2,6,57」元素足夠，直接刪除元素 2

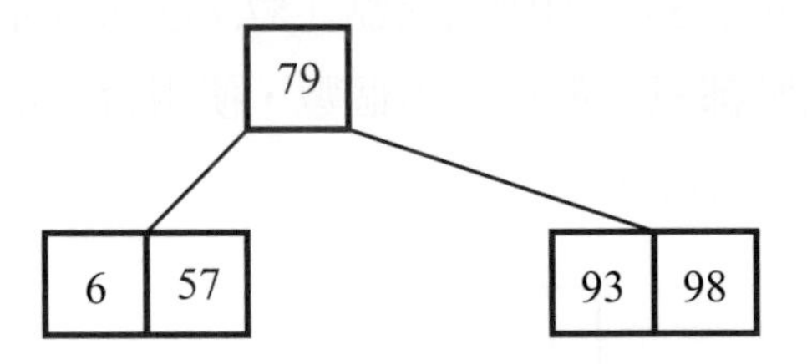

STEP 06 刪除元素 93，元素 93 在葉節點，刪除後節點元素不足，左邊的相鄰節點「6,57」元素個數也不足，進行合併。

6	57	79	93	98

合併後，刪除元素 93。

6	57	79	98

STEP 07 最後只要依序刪除元素 6、79、57、98，就可以清空 B-Tree。

13-3-4 B-Tree 刪除元素的程式實作

一、旋轉 (rotate)

(1) 想法

上一層的鍵值儲存到串列 keys 內，keys[i] 的左邊是 childs[i]，而右邊是 childs[i+1]。

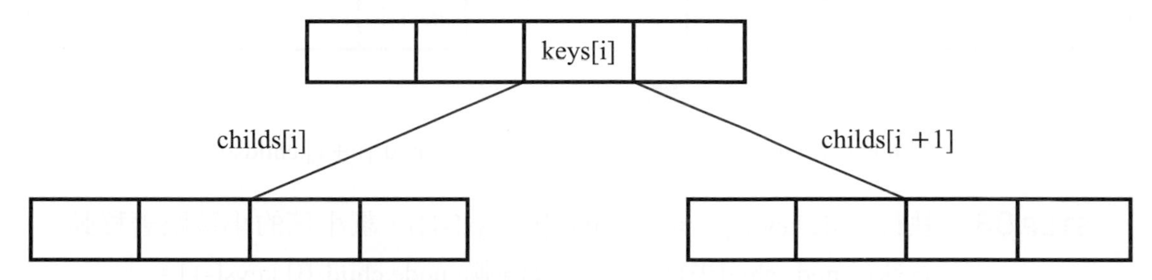

當左邊可以借用時，旋轉的程式碼如下。

```
node.childs[i+1].keys.insert(0, node.keys[i])
if len(node.childs[i].childs) > 0:
node.childs[i+1].childs.insert(0, node.childs[i].childs[-1])
node.childs[i].childs.pop(-1)
node.keys[i] = node.childs[i].keys[-1]
node.childs[i].keys.pop(-1)
```

STEP 01 執行 node.childs[i+1].keys.insert(0, node.keys[i])，將上一層的 keys[i] 加到 childs[i+1]。

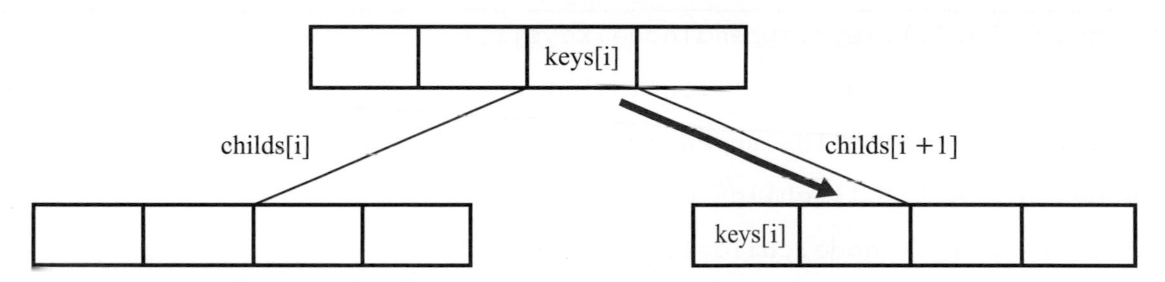

STEP 02 執行 node.childs[i+1].childs.insert(0, node.childs[i].childs[-1])，讓小孩的小孩跟著移動，接著執行「node.childs[i].childs.pop(-1)」刪除 node.childs[i].

childs[-1]。

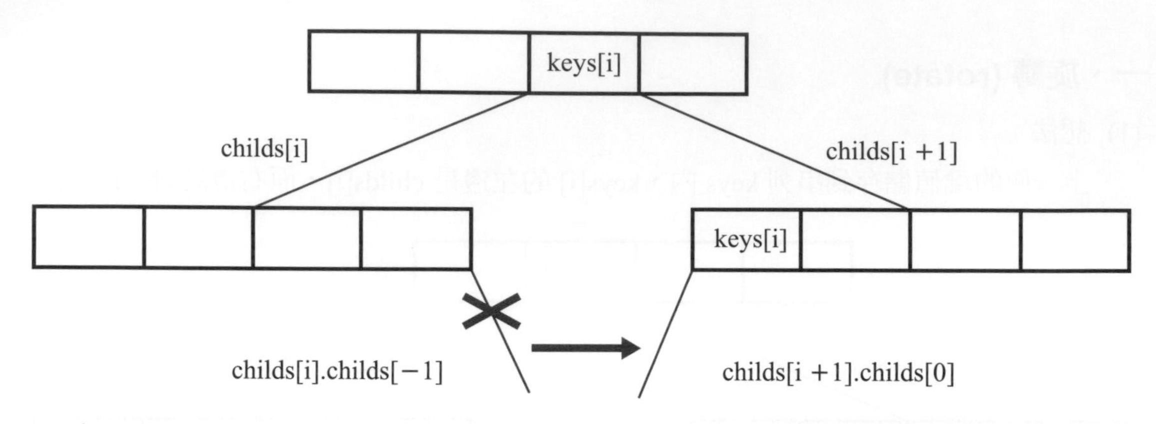

STEP 03 執行 node.keys[i] = node.childs[i].keys[-1])，讓小孩的小孩跟著移動，接著執行 node.childs[i].keys.pop(-1) 刪除 node.childs[i].keys[-1]。

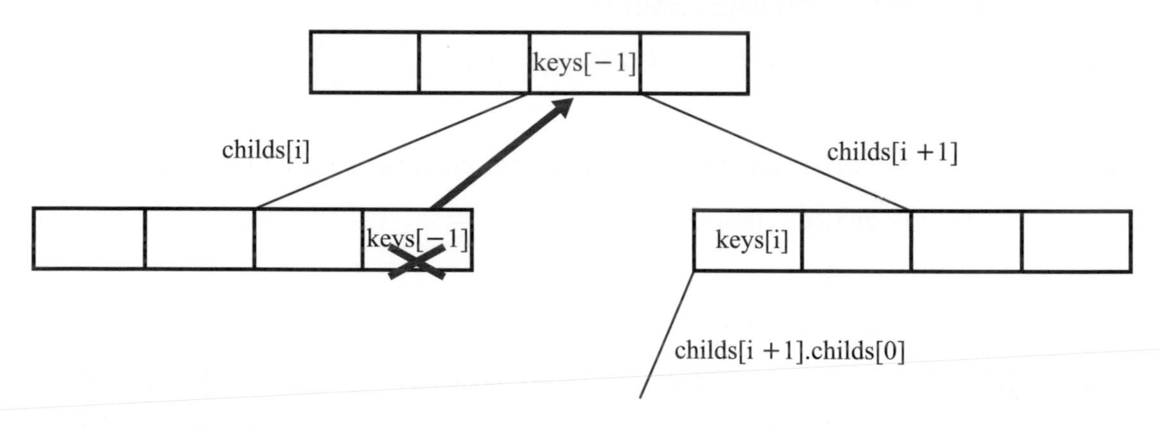

右邊可以借用的程式碼如下，與左邊可以借用的程式碼類似，就不重複說明。

```
node.childs[i].keys.append(node.keys[i])
if len(node.childs[i + 1].childs) > 0:
node.childs[i].childs.append(node.childs[i + 1].childs[0])
node.childs[i + 1].childs.pop(0)
node.keys[i] = node.childs[i + 1].keys[0]
node.childs[i + 1].keys.pop(0)
```

(2) 程式與解說

行數	程式碼 ch14\BTree.py
54	`    def rotate(self, node, i):`
55	`        if len(node.childs[i].keys) > self.order - 1:`
56	`            node.childs[i+1].keys.insert(0, node.keys[i])`

57
58
 	
59
60
61
62
63
64
65
 	
66
67
68
	<pre> if len(node.childs[i].childs) > 0:
	                node.childs[i+1].childs.insert(0, node.
	childs[i].childs[-1])
	                node.childs[i].childs.pop(-1)
	            node.keys[i] = node.childs[i].keys[-1]
	            node.childs[i].keys.pop(-1)
	        else:
	            node.childs[i].keys.append(node.keys[i])
	            if len(node.childs[i + 1].childs) > 0:
	                node.childs[i].childs.append(node.childs
	[i + 1].childs[0])
	                node.childs[i + 1].childs.pop(0)
	                node.keys[i] = node.childs[i + 1].keys[0]
	                node.childs[i + 1].keys.pop(0)</pre>

解說	第 54 到 68 行：定義方法 rotate，如果 node 的第 i 個小孩鍵值的個數大於 order-1，表示可以跟左邊借 (第 55 行)，將上一層的 node 的第 i 個鍵值，插入到 node 的第 i+1 個小孩的鍵值第一個位置，也就是將上層節點的鍵值移到下層節點 (第 56 行)。當 node 的第 i 個小孩的小孩個數大於 0 時，表示 node 的第 i 個小孩有小孩，node 的第 i 個小孩的最後一個小孩插入到 node 的第 i+1 個小孩的第一個小孩 (第 58 行)，刪除 node 的第 i 個小孩的最後一個小孩 (第 59 行)。將 node 的第 i 個小孩的最後一個鍵值，設定給 node 的第 i 個鍵值，也就是下一層的鍵值移動到上一層 (第 60 行)，刪除 node 的第 i 個小孩的最後一個鍵值 (第 61 行)；否則 node 的第 i+1 個小孩鍵值的個數大於 order-1，表示可以跟右邊借 (第 62 行)，將上一層的 node 的第 i 個鍵值，加入到 node 的第 i 個小孩的鍵值最後一個位置，也就是將上層節點的鍵值移到下層節點 (第 63 行)，當 node 的第 i+1 個小孩的小孩個數大於 0 時，表示 node 的第 i+1 個小孩有小孩，node 的第 i+1 個小孩的第一個小孩加入到 node 的第 i 個小孩的最後一個小孩 (第 65 行)，刪除 node 的第 i+1 個小孩的第一個小孩 (第 66 行)。將 node 的第 i+1 個小孩的第一個鍵值，設定給 node 的第 i 個鍵值，也就是下一層的鍵值移動到上一層 (第 67 行)，刪除 node 的第 i+1 個小孩的第一個鍵值 (第 68 行)。

二、合併

(1) 想法

以根節點 root 的合併爲例，合併後高度減 1，如下圖。

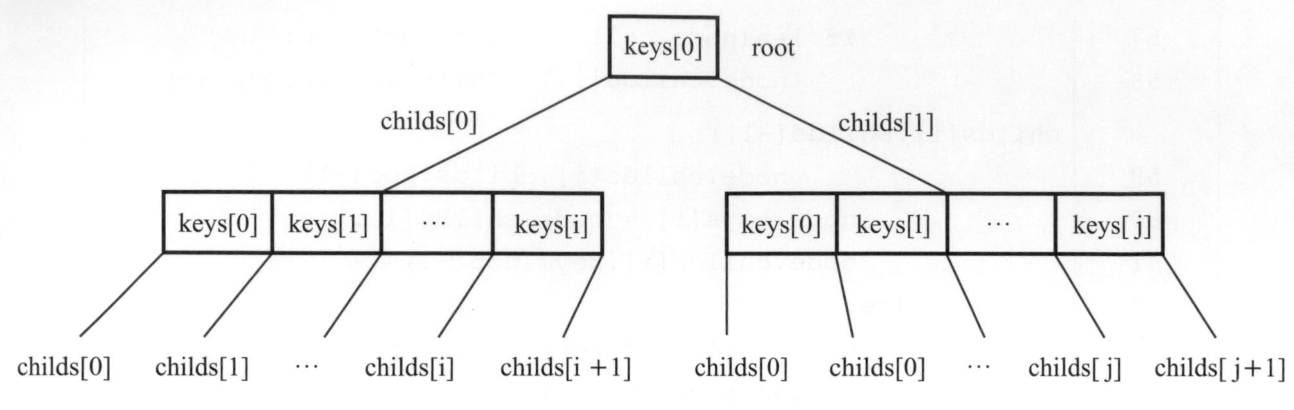

STEP 01 首先加入左子樹所有鍵值、自己與右子樹所有鍵值，如下方程式碼。

```
tmp = self.root
self.root = Node()
for k in tmp.childs[0].keys:
    self.root.keys.append(k)
self.root.keys.append(tmp.keys[0])
for k in tmp.childs[1].keys:
    self.root.keys.append(k)
```

root

keys[0]	keys[1]	…	keys[i]	keys[0]	keys[0]	keys[1]	…	keys[j]

STEP 02 加入左子樹與右子樹的所有小孩，如下方程式碼。

```
if tmp.childs[0].childs:
    for c in tmp.childs[0].childs:
        self.root.childs.append(c)
if tmp.childs[1].childs:
    for c in tmp.childs[1].childs:
        self.root.childs.append(c)
```

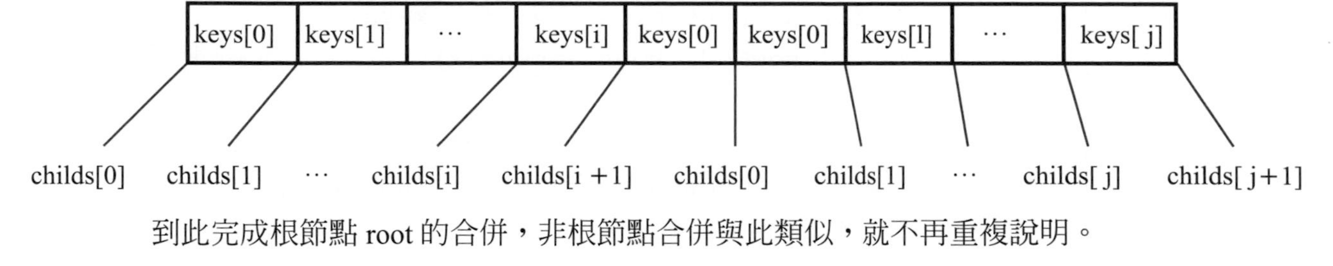

到此完成根節點 root 的合併，非根節點合併與此類似，就不再重複說明。

(2) 程式碼與解說

行數	程式碼 ch14\BTree.py
69	`    def combine(self, node, i):`
70	`        if node == self.root and len(self.root.keys) == 1:`
71	`            tmp = self.root`
72	`            self.root = Node()`
73	`            for k in tmp.childs[0].keys:`
74	`                self.root.keys.append(k)`
75	`            self.root.keys.append(tmp.keys[0])`
76	`            for k in tmp.childs[1].keys:`
77	`                self.root.keys.append(k)`
78	`            if tmp.childs[0].childs:`
79	`                for c in tmp.childs[0].childs:`
80	`                    self.root.childs.append(c)`
81	`            if tmp.childs[1].childs:`
82	`                for c in tmp.childs[1].childs:`
83	`                    self.root.childs.append(c)`
84	`            return self.root`
85	`        else:`
86	`            newNode = Node()`
87	`            for k in node.childs[i].keys:`
88	`                newNode.keys.append(k)`

```
 89            newNode.keys.append(node.keys[i])
 90            for k in node.childs[i+1].keys:
 91                newNode.keys.append(k)
 92            if node.childs[i].childs :
 93                for c in node.childs[i].childs:
 94                    newNode.childs.append(c)
 95            if node.childs[i+1].childs :
 96                for c in node.childs[i+1].childs:
 97                    newNode.childs.append(c)
 98            node.keys.pop(i)
 99            node.childs.pop(i)
100            node.childs.pop(i)
101            node.childs.insert(i, newNode)
102            return node
```

解說	第 69 到 102 行：定義函式 combine，如果 node 等於根節點 root，且根節點 root 只有一個鍵值，表示合併後要少一階層，設定變數 tmp 為根節點 root(第 71 行)，根節點 root 指向新的物件 Node(第 72 行)。 第 73 到 77 行：將所有左子樹 childs[0] 的所有鍵值加入到根節點 root(第 73 到 74 行)，將節點 tmp(原本根節點) 的鍵值加入到根節點 root(第 75 行)，將所有右子樹 childs[1] 的所有鍵值加入到根節點 root(第 76 到 77 行)。 第 78 到 83 行：如果左子樹 childs[0] 有小孩，則將所有左子樹 childs[0] 的所有小孩加入到根節點 root 的小孩 (第 78 到 80 行)，如果右子樹 childs[1] 有小孩，則將所有右子樹 childs[1] 的所有小孩加入到根節點 root 的小孩 (第 81 到 83 行)。 第 84 行：回傳此根節點 root。 第 85 到 102 行：如果不是根節點或超過兩個小孩，永遠讓 child[i] 與 child[i+1] 合併，變數 newNode 指向新的物件 Node(第 86 行)。 第 87 到 91 行：將所有左子樹 childs[i] 的所有鍵值加入到節點 newNode(第 87 到 88 行)，將節點 node 的鍵值 keys[i] 加入到節點 newNode(第 89 行)，將所有右子樹 childs[i+1] 的所有鍵值加入到節點 newNode(第 90 到 91 行)。 第 92 到 97 行：如果左子樹 childs[i] 有小孩，則將所有左子樹 childs[i] 的所有小孩加入到節點 newNode 的小孩 (第 92 到 94 行)，如果右子樹 childs[i+1] 有小孩，則將所有右子樹 childs[i+1] 的所有小孩加入到節點 newNode 的小孩 (第 95 到 97 行)。 第 98 到 101 行：刪除節點 node 索引值為 i 的鍵值 (第 98 行)，刪除節點 node 索引值為 i 與 i+1 的小孩 (第 99 與 100 行)，將 newNode 插入到 node 的第 i 個小孩 (第 101 行)。 第 102 行：回傳此節點 node。

三、刪除節點

(1) 想法

定義函式 search 找尋變數 x 在 B-Tree 的所在位置，才能夠進行刪除，回傳變數 x 所在節點 node 與鍵值索引值 i，也就是變數 x 出現在 node.keys[i]。

定義函式 find_right_child_min，找尋某個節點的右子樹的最小鍵值，當刪除的節點不在葉節點上，需轉換到右子樹的最小值節點或左子樹的最大值節點，這些節點一定在葉節點上，本程式使用右子樹的最小鍵值進行取代。

定義函式 delete，從節點 node 往下找尋鍵值 x 並刪除鍵值 x。若鍵值 x 在 B-Tree 的最後一層，呼叫函式 delete_last_level 進行刪除，否則 (不在 B-Tree 的最後一層) 呼叫函式 find_right_child_min，找出鍵值 x 的右子樹最小鍵值設定給 y，呼叫函式 delete_last_level 刪除 B-Tree 內的鍵值 y。修正原本應該要刪除鍵值 x 但卻刪除鍵值 y，呼叫函式 search 找出鍵值 x 所在節點與節點索引值，使用節點與節點索引值將 B-Tree 內的鍵值 x 改成 y。

定義函式 delete_last_level，如果節點內找到鍵值 x 則直接刪除，否則找出鍵值 x 所在小孩，若該小孩的鍵值個數只符合 B-Tree 的最少個數，且該小孩是最左邊的小孩，如果右邊的小孩有足夠的鍵值，則使用旋轉借用一個鍵值，否則使用合併，舉例如下圖，以下為分支度最大為 6，分支度最小為 3 的 B-Tree，也就是節點的最多元素個數為 5，最少元素個數為 2。

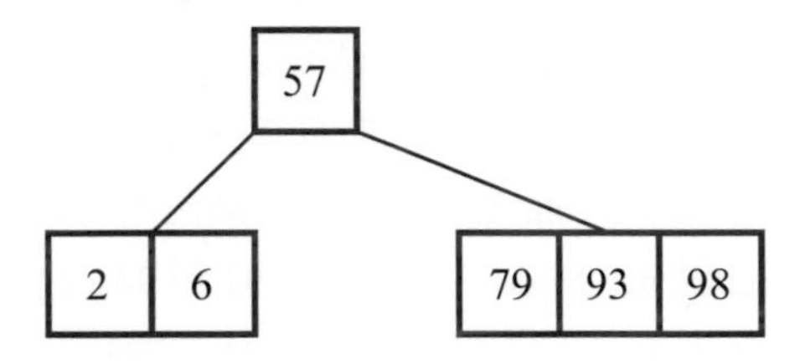

刪除元素 2，元素 2 在葉節點，刪除後節點元素不足，跟右邊的相鄰節點「79,93,98」借用元素 79，進行旋轉。

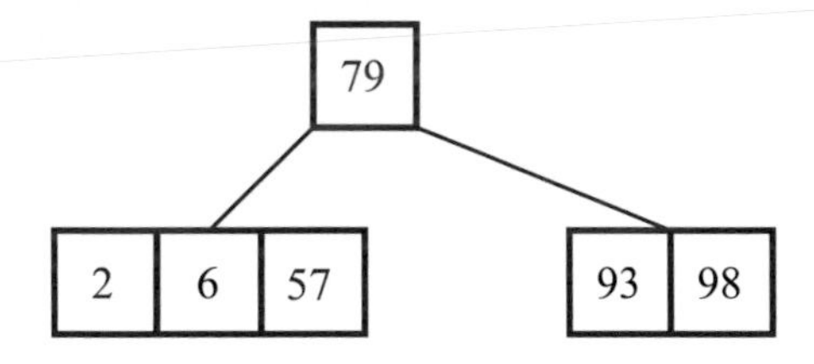

旋轉後，刪除元素 2。

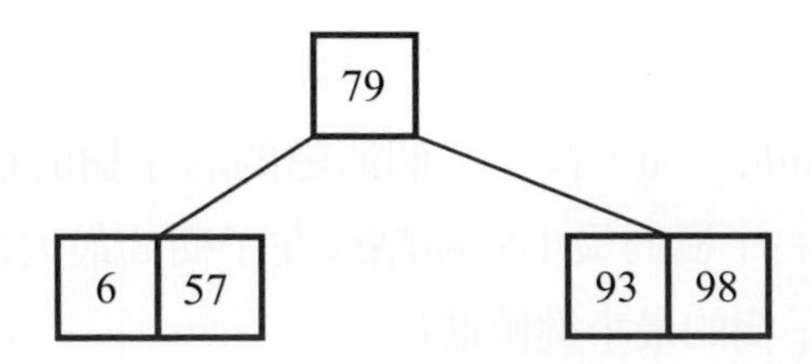

接著刪除元素 57。

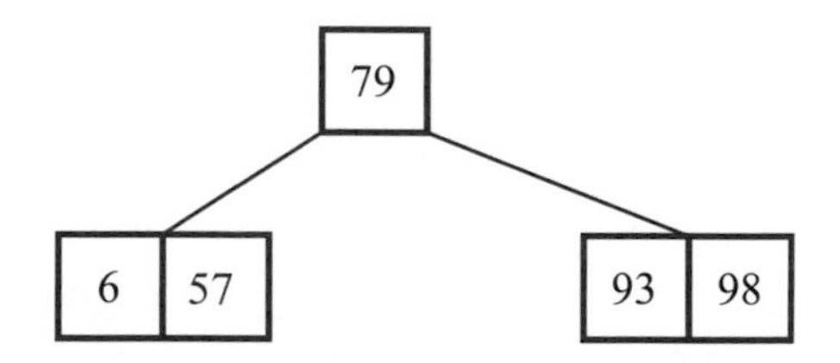

刪除元素 57，元素 57 在葉節點，刪除後節點元素不足，右邊的相鄰節點「93,98」元素個數也不足，進行合併。

6	57	79	93	98

合併後，刪除元素 57。

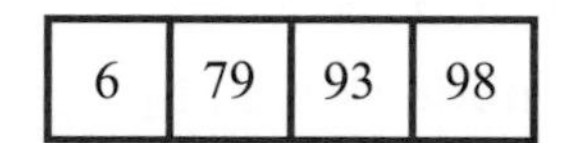

同理，若該小孩的鍵值個數只符合 B-Tree 的最少個數，且該小孩是最右邊的小孩，如果左邊的小孩有足夠的鍵值，則使用旋轉借用一個鍵值，否則使用合併。若該小孩的鍵值個數只符合 B-Tree 的最少個數，且該小孩是中間的小孩，如果左邊的小孩有足夠的鍵值，則使用旋轉借用一個鍵值，否則如果右邊的小孩有足夠的鍵值，則使用旋轉借用一個鍵值，否則選擇右邊小孩 (也可以選擇左邊小孩) 進行合併。

(2) 程式碼與解說

行數	程式碼 (ch14\BTree.py)

```
103    def search(self, node, x):
104        for i in range(len(node.keys)):
105            if node.keys[i] < x:
106                i = i+1
107            elif node.keys[i] == x:
108                return (node, i)
109            else:
110                break
111        return self.search(node.childs[i], x)
112    def find_right_child_min(self, node):
113        while len(node.childs) > 0:
114            node = node.childs[0]
115        return node.keys[0]
116    def delete(self, node, x):
117        node, i = self.search(node, x)
```

```
118            if len(node.childs) == 0:
119                self.delete_last_level(self.root, x)
120            else:
121                y = self.find_right_child_min(node.childs[i+1])
122                self.delete_last_level(self.root, y)
123                node, i = self.search(self.root, x)
124                node.keys[i] = y
125        def delete_last_level(self, node, x):
126            finish = False
127            for i in range(len(node.keys)):
128                if node.keys[i] < x:
129                    i = i + 1
130                elif node.keys[i] == x:
131                    node.keys.pop(i)
132                    finish = True
133                    return finish
134                else:
135                    break
136            if finish == False and len(node.childs[i].keys) ==
self.order - 1:
137                if i == 0:
138                        if len(node.childs[i+1].keys) > self.
order - 1:
139                        self.rotate(node, i)
140                    else:
141                        node = self.combine(node, i)
142                        return self.delete_last_level(node, x)
143                elif i == len(node.childs) - 1 :
144                    if len(node.childs[i-1].keys) > self.
order - 1:
145                        self.rotate(node, i-1)
146                    else:
147                        node = self.combine(node, i-1)
148                        return self.delete_last_level(node, x)
149                else:
```

```
150                 if  len(node.childs[i+1].keys) > self.
order - 1:
151                     self.rotate(node, i)
152                 elif len(node.childs[i-1].keys) > self.
order - 1:
153                     self.rotate(node, i-1)
154                 else:
155                    node = self.combine(node, i)
156                    return self.delete_last_level(node, x)
157         i = self.getChild(node, x)
158         return self.delete_last_level(node.childs[i], x)
```

說明

第 103 到 111 行：定義函式 search，測試 node 的所有鍵值，若鍵值 node.keys[i] 小於 x，則變數 i 遞增 1(第 105 到 106 行)，否則若鍵值 node.keys[i] 等於 x，則回傳 node 與 i (第 107 到 108 行)，否則使用 break 中斷迴圈 (第 109 到 110 行)。遞迴呼叫函式 search，回傳 node.childs[i] 下的 x 所在位置 (第 111 行)。

第 112 到 115 行：函式 find_right_child_min 找出右子樹的最小鍵值，當 node 的小孩個數大於 0 時，node 更新為第一個小孩 (第 113 到 114 行)，回傳節點 node 的第一個鍵值 (第 115 行)。

第 116 到 124 行：定義函式 delete，從節點 node 往下找尋鍵值 x，回傳鍵值 x 所在節點與鍵值索引值到 node 與 i(第 117 行)。若節點 node 沒有小孩，則鍵值 x 在 B-Tree 的最後一層，呼叫函式 delete_last_level 進行刪除 (第 118 到 119 行)，否則 (不在 B-Tree 的最後一層) 呼叫函式 find_right_child_min，找出鍵值 x 的右子樹 (node.childs[i+1]) 最小鍵值設定給 y(第 120 到 121 行)，呼叫函式 delete_last_level 刪除 B-Tree 內的鍵值 y(第 122 行)。修正原本應該要刪除鍵值 x 但卻刪除鍵值 y，呼叫函式 search 找出鍵值 x 所在節點與鍵值索引值到 node 與 i(第 123 行)，鍵值 x 在 node.keys[i]，將 node.keys[i] 改成 y(第 124 行)。

第 125 到 158 行：設定變數 finish 為 False(第 126 行)，使用迴圈找尋節點 node 內的所有鍵值 (第 127 行)，如果鍵值小於 x 則變數 i 遞增 1 (第 128 到 129 行)，否則如果節點 node 有鍵值 x 則直接刪除，設定變數 finish 為 True，回傳變數 finish (第 130 到 133 行)，否則使用 break 中斷迴圈 (第 134 到 135 行)。

說明	第 136 到 156 行：若變數 finish 等於 False 且走訪過程的節點鍵值個數只符合 B-Tree 的最少個數 (第 136 行)，如果該節點是最左邊的小孩 (第 137 行)，如果右邊的小孩有足夠的鍵值，則呼叫函式 rotate 進行旋轉向右邊的小孩借用一個鍵值 (第 138 到 139 行)，否則呼叫函式 combine 進行合併 (第 140 到 141 行)，遞迴呼叫函式 delete_last_level(第 142 行)。 第 143 到 148 行：否則若該節點是最右邊的小孩 (第 143 行)，如果左邊的小孩有足夠的鍵值，則呼叫函式 rotate 進行旋轉向左邊的小孩借用一個鍵值 (第 144 到 145 行)，否則呼叫函式 combine 進行合併 (第 146 到 147 行)，遞迴呼叫函式 delete_last_level(第 148 行)。 第 149 到 156 行：否則節點屬於中間的子樹，如果右邊的小孩有足夠的鍵值，則呼叫函式 rotate 進行旋轉向右邊的小孩借用一個鍵值 (第 150 到 151 行)，如果左邊的小孩有足夠的鍵值，則呼叫函式 rotate 進行旋轉向左邊的小孩借用一個鍵值 (第 152 到 153 行)，否則 (左右兩邊子樹的節點數皆不夠) 使用函式 combine 與右子樹合併 (第 154 到 155 行)，遞迴呼叫函式 delete_last_level(第 156 行)。 第 157 行：找出 x 在節點 node 所在的小孩索引值到變數 i。 第 158 行：遞迴呼叫函式 delete_last_level。

(3) 程式效率分析

B-Tree 是高度平衡的樹，會維持節點的鍵值至少為 m/2-1 個，假設 k 等於 m/2-1，整個 B-Tree 的鍵值總個數為 N，所以 B-Tree 樹的高度約為 $\log_k N$，所以 B-Tree 的刪除演算法最多比較 O(logN) 次就可以找到刪除的鍵值，演算法效率為 O(logN)。

四、分層印出節點的所有鍵值

(1) 想法

依序將節點加入串列 node 內，加入節點與所屬階層值，根節點所在階層值為 1，從串列 node 取出一個節點後，就印出該節點的所有鍵值，加入該節點的所有小孩與遞增 1 後的階層值到串列 node，若階層值與前一個節點的階層值相同，則不印出換行，否則印出換行。當串列 node 為空時，B-Tree 就已經輸出完畢。

(2) 程式與解說

行數	程式碼
159	`    def print_btree(self):`
160	`        node = [(self.root, 1)]`
161	`        while len(node) > 0:`
162	`            n,i = node.pop(0)`
163	`            if len(node)>0 and i == node[0][1]:`
164	`                print(n.keys, end="")`
165	`            else:`
166	`                print(n.keys)`
167	`            if n.childs != []:`
168	`                i = i + 1`
169	`                for c in n.childs:`
170	`                    node.append((c,i))`
171	`        print()`
172	`btree = BTree(3)`
173	`data = [36, 83, 85, 93, 12, 98, 2, 6, 57, 79]`
174	`for item in data:`
175	`    btree.insert(item)`
176	`    btree.print_btree()`
177	`data = [2, 93, 6, 12, 83, 36, 85, 79, 57, 98]`
178	`for item in data:`
179	`    btree.delete(btree.root, item)`
180	`    btree.print_btree()`
說明	第 159 到 171 行：定義函式 print_btree，串列 node 初始化爲 (self.root, 1)，表示根節點 self.root，與階層值 1 所組成的 tuple 到串列 node (第 160 行)，當串列 node 長度大於 0(第 161 行)，則使用方法 pop 取出串列的第一個元素，節點到變數 n，索引值到變數 i (第 162 行)。若串列 node 長度大於 0，變數 i 等於串列 node 第 1 個元素的第 2 個數值，就是串列 node 第 1 個元素的階層值，表示在同一層，印出節點 n 的所有鍵值，且不印出換行 (第 163 到 164 行)，否則印出節點 n 的所有鍵值，且印出換行 (第 165 到 166 行)。

說明	第 167 到 170 行：如果節點 n 的小孩不是空的，變數 i 遞增 1 (第 168 行)，將節點 n 的所有小孩與階層值 i 組成 tuple，加入到串列 node (第 169 到 170 行)。 第 171 行：輸出換行。 第 172 行：建立分支度最大為 6，分支度最小為 3 的 Btree，指定給 btree。 第 173 行：串列 data 初始化為「36, 83, 85, 93, 12, 98, 2, 6, 57, 79」。 第 174 到 176 行：使用迴圈依序將串列 data 的每一個元素插入到 btree (第 175 行)，並顯示 btree 狀態到螢幕上 (第 176 行)。 第 177 行：串列 data 初始化為「2, 93, 6, 12, 83, 36, 85, 79, 57, 98」。 第 178 到 180 行：使用迴圈依序將串列 data 的每一個元素從 btree 刪除 (第 179 行)，並顯示 btree 狀態到螢幕上 (第 180 行)。

(3) 程式結果預覽

執行結果顯示在螢幕如下，省略部分執行結果。

```
[36]


[36, 83]


[36, 83, 85]


[36, 83, 85, 93]


[12, 36, 83, 85, 93]


[83]
[12, 36][85, 93, 98]


[83]
[2, 12, 36][85, 93, 98]
```

```
[83]
[2, 6, 12, 36][85, 93, 98]


[83]
[2, 6, 12, 36, 57][85, 93, 98]


[12, 83]
[2, 6][36, 57, 79][85, 93, 98]
```

問答題

1. 請說明 2-3 樹、2-3-4 樹的定義，並說明兩者在插入與刪除時有何差異。

2. 請說明 B 樹的定義、用途與特性。

3. 給定數列「3, 19, 34, 6, 7, 32, 45, 12, 5, 21, 25, 15, 17, 11」，使用此數列建立 2-3 樹，並畫出 2-3 樹建立的步驟。

4. 給定數列「3, 19, 34, 6, 7, 32, 45, 12, 5, 21, 25, 15, 17, 11」，使用此數列建立 2-3-4 樹，並畫出 2-3-4 樹建立的步驟。

5. 給定數列「3, 19, 34, 6, 7, 32, 45, 12, 5, 21, 25, 15, 17, 11」，使用此數列建立分支度最大爲 6，分支度最小爲 3 的 Btree。

國家圖書館出版品預行編目資料

資料結構：使用 Python/黃建庭著. -- 增訂初版. --
新北市：全華圖書股份有限公司, 2024.05
面；　公分
ISBN 978-626-328-965-9(平裝)
1. CST: 資料結構 2.CST: Python(電腦程式語言)
312.73　　113006563

資料結構：使用 Python (增訂版)

作者／黃建庭
發行人／陳本源
執行編輯／李慧茹
封面設計／楊昭琅
出版者／全華圖書股份有限公司
郵政帳號／0100836-1 號
圖書編號／0646201
增訂初版／2024 年 5 月
定價／新台幣 550 元
ISBN／978-626-328-965-9 (平裝)
ISBN／978-626-328-958-1 (PDF)
全華圖書／ www.chwa.com.tw
全華網路書店 Open Tech／www.opentech.com.tw
若您對本書有任何問題，歡迎來信指導 book@chwa.com.tw

臺北總公司(北區營業處)
地址：23671 新北市土城區忠義路 21 號
電話：(02) 2262-5666
傳真：(02) 6637-3695、6637-3696

南區營業處
地址：80769 高雄市三民區應安街 12 號
電話：(07) 381-1377
傳真：(07) 862-5562

中區營業處
地址：40256 臺中市南區樹義一巷 26 號
電話：(04) 2261-8485
傳真：(04) 3600-9806(高中職)
(04) 3601-8600(大專)

範例檔案下載方式

本書範例檔案收錄書中所有使用範例檔。範例檔案依各章放置，建議學習過程中按照書中指示開啟使用，進行實際練習。範例檔案可依下列三種方式取得，請先將範例檔案下載到自己的電腦中，以便後續操作使用。（範例檔案解壓縮密碼：0646201）

方法 1 掃描 QR Code

方法 2 連結網址

範例檔案下載網址：https://tinyurl.com/28pjdth9

方法 3 OpenTech 網路書店（https://www.opentech.com.tw）

請至全華圖書 OpenTech 網路書店，在「我要找書」欄位中搜尋本書，進入書籍頁面後點選「課本範例」，即可下載範例檔案。

（請由此線剪下）

讀者回函卡

掃 QRcode 線上填寫 ▶▶▶

姓名：________ 生日：西元____年____月____日 性別：□男 □女

電話：(　)________ 手機：________

e-mail：(必填)________

註：數字零，請用 Φ 表示，數字 1 與英文 L 請另註明並書寫端正，謝謝。

通訊處：□□□□□________

學歷：□高中・職 □專科 □大學 □碩士 □博士

職業：□工程師 □教師 □學生 □軍・公 □其他

學校／公司：________ 科系／部門：________

・需求書類：

□ A. 電子 □ B. 電機 □ C. 資訊 □ D. 機械 □ E. 汽車 □ F. 工管 □ G. 土木 □ H. 化工 □ I. 設計

□ J. 商管 □ K. 日文 □ L. 美容 □ M. 休閒 □ N. 餐飲 □ O. 其他

・本次購買圖書為：________ 書號：________

・您對本書的評價：

封面設計：□非常滿意 □滿意 □尚可 □需改善，請說明________

內容表達：□非常滿意 □滿意 □尚可 □需改善，請說明________

版面編排：□非常滿意 □滿意 □尚可 □需改善，請說明________

印刷品質：□非常滿意 □滿意 □尚可 □需改善，請說明________

書籍定價：□非常滿意 □滿意 □尚可 □需改善，請說明________

整體評價：請說明________

・您在何處購買本書？

□書局 □網路書店 □書展 □團購 □其他________

・您購買本書的原因？（可複選）

□個人需要 □公司採購 □親友推薦 □老師指定用書 □其他________

・您希望全華以何種方式提供出版訊息及特惠活動？

□電子報 □ DM □廣告（媒體名稱________）

・您是否上過全華網路書店？（www.opentech.com.tw）

□是 □否 您的建議________

・您希望全華出版哪方面書籍？________

・您希望全華加強哪些服務？________

感謝您提供寶貴意見，全華將秉持服務的熱忱，出版更多好書，以饗讀者。

填寫日期：　/　/

2020.09 修訂

親愛的讀者：

感謝您對全華圖書的支持與愛護，雖然我們很慎重的處理每一本書，但恐仍有疏漏之處，若您發現本書有任何錯誤，請填寫於勘誤表內寄回，我們將於再版時修正，您的批評與指教是我們進步的原動力，謝謝！

全華圖書　敬上

勘誤表

書號		書名		作者	
頁數	行數	錯誤或不當之詞句		建議修改之詞句	

我有話要說：（其它之批評與建議，如封面、編排、內容、印刷品質等・・・）